Kompakt-Training
Praktische Betriebswirtschaft
Herausgeber Professor Klaus Olfert

Wirtschaftsmathematik

Von
Prof. Dr. Siegfried Kirsch und
Prof. Dr. Christian Führer

4. Auflage

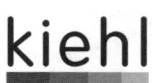

Herausgeber:
Prof. Klaus Olfert
76530 Baden-Baden

ISBN 978-3-470-**54504**-2 · 4. Auflage 2014 - 1., unveränderter Nachdruck 2016

© NWB Verlag GmbH & Co. KG, Herne 2008

Kiehl ist eine Marke des NWB Verlags

Druck: medienHaus Plump GmbH, Rheinbreitbach – ptkl

Kompakt-Training Praktische Betriebswirtschaft

Das Kompakt-Training Praktische Betriebswirtschaft ist aus der Norwendigkeit entstanden, dass Wissen immer häufiger unter erheblichem Zeit- und Erfolgsdruck erworben oder reaktiviert werdenen muss. Den vielfältigen betriebswirtschaftlichen Faktoren und Zusammenhängen, die aufzunehmen sind, stehen eng begrenzte Zeitbudgets gegenüber.

Die vorliegende Fachbuchreihe ist darauf ausgerichtet, die Leser darin zu unterstützen, rasch und fundiert in die v erschiedenen betriebswirtschaftlichen Themenbereiche einzudringen sowie diese aufzufrischen. Sie eignet sich in besonderer Weise für:

- Studierende an Fachhochschulen, Akademien und Universitäten
- Fortzubildende an öffentlichen und privaten Bildungsinstitutionen
- Fach- und Führungskräfte in Unternehmen und sonstigen Organisationen

Das Kompakt-Training Praktische Betriebswirtschaft ist auch zum Selbststudium sehr geeignet, nicht zuletzt wegen seiner herausragenden Gestaltungsmerkmale. Jeder einzelne Band der Fachbuchreihe zeichnet sich u. a. aus durch:

- kompakte und praxisbezogenen Darstellung
- systematischen und lernfreundlichen Aufbau
- viele einprägsame Beispiele, Tabellen, Abbildungen
- praxisbezogene Übungen mit Lösungen
- MiniLex mit 150 - 200 Stichworten.

Für Anregungen, die der weiteren Verbesserung dieses Lernkonzeptes dienen, bin ich dankbar.

Prof. Klaus Olfert
Herausgeber

Feedbackhinweis

Kein Produkt ist so gut, dass es nicht noch verbessert werden könnte. Ihre Meinung ist uns wichtig. Was gefällt Ihnen gut? Was können wir in Ihren Augen noch verbessern? Bitte schreiben Sie einfach eine E-Mail an: **feedback@kiehl.de**

Als kleines Dankeschön verlosen wir unter allen Teilnehmern einmal pro Monat ein Buchgeschenk!

Vorwort zur 4. Auflage

In der Wirtschaftswissenschaft wird die Mathematik als Handwerkzeug zur Untersuchung von betriebs- und volkswirtschaftlichen Zusammenhängen eingesetzt und bildet die Grundlage für die Erstellung von mathematischen Modellen. Die Vorlesung „Wirtschaftsmathematik" ist als Grundlagenveranstaltung für zukünftige Wirtschaftswissenschaftler ein Pflichtmodul an den Hochschulen geworden. Wirtschaftsmathematische Kenntnisse sind somit zwingend erforderlich um den Anforderungen in Studium und Praxis zu genügen.

Dieses Buch richtet sich besonders an alle Studierende eines betriebs- und volkswirtschaftswissenschaftlichen Studiums an Universitäten, Fachhochschulen und Akademien sowie an interessierte Praktiker.

Ein besonderer Schwerpunkt ist auf die anschauliche Darstellung des Lehrstoffes gelegt worden, sodass die wirtschaftsmathematischen Methoden nachvollziehbar und verständlich sind. Dies erleichtert besonders den Lesern ohne Breite mathematischer Grundkenntnisse einen sicheren Einstieg in den klausurrelevanten Lehrstoff. Auf Beweise wurde weitgehend verzichtet, sodass die praktische Bedeutung der Mathematik in den Vordergrund gerückt wurde. Mögliche mathematische Defizite im Grundlagenbereich können mithilfe des Kapitels A. notfalls schnell beseitigt werden.

Über 200 ausführliche Rechenbeispiele geben einen großen Überblick der praktischen Anwendung der Mathematik in der Wirtschaftswissenschaft. Sie sollen, ohne unnötigen mathematischen Ballast, eine gute Vorbereitung für die anstehenden Prüfungen geben. Damit soll der „große Berg" der mathematischen Grundvorlesungen, den der Leser haben könnte, überwunden werden.

Für die 4. Auflage wurde das vorliegende Buch sorgfältig durchgesehen, kleine Korrekturen und Aktualisierungen vorgenommen. Einen besonderen Dank möchte ich an dieser Stelle an meinen Kollegen Herrn Prof. Dr. Christian Führer für seine kollegiale Zusammenarbeit richten. Gleichzeitig bedanke ich mich herzlich bei Frau Corinna Ziegler und ihren Mitarbeitern des Kiehl Verlages für den angenehmen und professionellen Austausch.

Den Leserinnen und Lesern dieses Buches wünsche ich viele „Aha"-Erlebnisse bei der Durcharbeitung des Lehrstoffes, viel Erfolg bei der Prüfung und ein wenig Freude mit der Wirtschaftsmathematik. Anregungen, Verbesserungsvorschläge und Hinweise auf etwa noch vorhandene Druckfehler, die wie üblich zu Lasten des Autors gehen, senden Sie bitte direkt per E-Mail an: siegfried.kirsch@hs-niederrhein.de.

Siegfried Kirsch
Mönchengladbach, im April 2014

Prof. Dr. Siegfried Kirsch
ist Professor an der Hochschule Niederrhein und für die Lehrgebiete Wirtschafts- und Finanzmathematik sowie Wirtschaftsstatistik verantwortlich.

Benutzungshinweise

Aufgaben/Fälle

Die Aufgaben/Fälle im Übungsteil dienen der Wissens- und Verständniskontrolle. Auf sie wird jeweils im Textteil hingewisen:

Aufgabe 1 > Seite 123

Der Übungsteil befindet sich am Ende des Buches. Es wird empfohlen, die Aufgaben/Fälle unmittelbar nach Bearbeitung der entsprechenden Textstellen zu lösen.

Aus Gründen der Praktikabilität und besseren Lesbarkeit wird darauf verzichtet, jeweils männliche und weibliche Personenbezeichnungen zu verwenden. So können z. B. Mitarbeiter, Arbeitnehmer, Vorgesetzte grundsätzlich sowohl männliche als auch weibliche Personen sein.

INHALTSVERZEICHNIS

Allgemeine Abkürzungen und Symbole

$\mathbb{N}$	Menge der natürlichen Zahlen
$\mathbb{Z}$	Menge der ganzen Zahlen
$\mathbb{Q}$	Menge der rationalen Zahlen
$\mathbb{R}$	Menge der reellen Zahlen
{ }	Mengenklammer; die in einer Mengenklammer stehenden Elemente bilden eine Menge
$\in$	ist Element von; dieses Zeichen zeigt an, dass ein Element zu einer Menge gehört
$\notin$	ist nicht Element von; dieses Zeichen zeigt an, dass ein Element nicht zu einer Menge gehört
\	ohne; dieses Zeichen zeigt an, dass ein Element nicht zu einer gegebenen Menge gehört
$\pm$	plus oder minus; dieses Zeichen zeigt an, dass zwei Zahlen sowohl addiert als auch subtrahiert werden können
>	ist größer als
<	ist kleiner als
$\geq$	ist größer oder gleich
$\leq$	ist kleiner oder gleich
$\wedge$	und
$\vee$	oder
$\Leftrightarrow$	ist äquivalent zu
$\Rightarrow$	daraus folgt
$\rightarrow$	strebt gegen, z.B. x strebt gegen unendlich

Zahlensymbole

e	Eulersche Zahl e = 2,718...
π	Kreiszahl π = 3,141...
∞	Unendlich; ∞ ist keine Zahl im eigentlichen Sinne und tritt vor allem bei Grenzwertüberlegungen in Erscheinung (x gegen ∞)

Finanzmathematischeb Abkürzungen und Symbole

A_j	Annuität im j-ten Jahr bei Tilgungsplänen
$\ddot{a}_n$	Rentenbarwertfaktor bei vorschüssiger Zeitrente
a_n	Rentenbarwertfaktor bei nachschüssiger Zeitrente
i	Zinssatz (angegeben in % oder als Dezimalzahl)
i_e	(Jährlicher) Effektivzinssatz
i_k	Konformer unterjährlicher Zinssatz
i_m	Nominalzinssatz
i_p	Periodenzinssatz
K_0	Anfangskapital (Zeitwert eines Kapitals zum Zeitpunkt 0) **oder** Kapitalwert bei Investitionen **oder** Anfangsschuld bei einer Tilgung
K_n	Endkapital (Zeitwert eines Kapitals nach n Jahren)
$K_{t/m}$	Zeitwert eines Kapitals nach Ablauf von t unterjährlichen Zinsperioden, wenn das Jahr in m unterjährliche Zinsperioden unterteilt ist
m	Anzahl der unterjährlichen Zinsperioden bei Verzinsungsprozessen
n	Laufzeit in Jahren bei Verzinsungsprozessen
q	Aufzinsungsfaktor = 1 + i
R	Ratenhöhe bei einer Rente
R_0	Rentenbarwert (= Zeitwert einer Rente zum Zeitpunkt 0)
R_n	Rentenendwert (= Zeitwert einer Rente zum Zeitpunkt n)
$\ddot{s}_n$	Rentenendwertfaktor bei vorschüssiger Zeitrente
s_n	Rentenendwertfaktor bei nachschüssiger Zeitrente
T_j	Tilgung im j-ten Jahr bei Tilgungsplänen

v	Abzinsungs- bzw. Diskontie-rungsfaktor = $(1+i)^{-1}$
Z_j	Fällige Zinsen im j-ten Jahr bei Tilgungsplänen
Z_n	Zwischen den Zeitpunkten 0 und n anfallende Zinsen

Terme, Gleichungen, Funktionen

D_f	Definitionsbereich einer Funktion f
D_G	Definitionsbereich einer Gleichung
D_T	Definitionsbereich eines Terms T
Δx	„Kleine" Änderung der Variablen x
$\varepsilon_{f,x}$	Elastizität einer Funktion f bzgl. einer Variablen x
$f(x)$	Funktion f, deren Funktionswert von der Variablen x abhängt
$f'(x_0)$	Ableitung einer Funktion f in einem Punkt x_0
$f'(x)$	Ableitungsfunktion einer Funktion f(x)
$f_x(x,y)$	Partielle Ableitungsfunktion einer Funktion f(x,y) nach ihrer Variablen x
f^{-1}	Umkehrfunktion zu einer Funktion f
L_G	Lösungsmenge einer Gleichung
lim	Limes (Grenzwert eines Terms oder einer Funktion, wenn eine darin vorkommende Variable gegen einen bestimmten Wert strebt)
$T, T_1, T_2, ...$	Terme
$T(x)$	x-abhängiger Term
$x, y, ...$	Variable

Ökonomische Größen

C	Konsum
E	Erlös bzw. Umsatz
G	Gewinn
K	(Gesamt-)Kosten

K_f	Fixkosten
K_v	Variable Kosten
k	Stückkosten
k_f	Fixe Stückkosten = stückfixe Kosten
k_v	Variable Stückkosten = stückvariable Kosten
p	Preis
p_A, p_N	Angebotspreis bzw. Nachfragepreis
r	Faktorinput
U	Nutzen
x	Menge, z. B. abgesetzte oder produzierte Menge eines Produktes
x_A, x_N	Angebotene bzw. nachgefragte Menge
Y	Volkseinkommen
y(A, K)	Output y in Abhängigkeit von den Inputfaktoren A (Arbeit) und K (Kapital)

Lineare Algebra und lineare Optimierung

A, B, ...	Matrizen
a, b, ...	Vektoren
A^T	Transponierte Matrix zu einer Matrix A
a^T	Transponierter Vektor zu einem Vektor a
A^{-1}	Inverse Matrix zu einer Matrix A
$a_1, a_2, ...$	Einträge eines Vektors a
a_{ij}	Eintrag am Schnittpunkt von i-ter Zeile und j-ter Spalte einer Matrix A
E	Einheitsmatrix
N	Nullmatrix
NB	Nebenbedingung
NNB	Nichtnegativitätsbedingung
s_{ij}	Eintrag am Schnittpunkt von i-ter Zeile und j-ter Spalte in einem Simplextableau Schlupfvariable
$y_1, y_2, ...$	
$Z(x_1, x_2, ...)$	Zielfunktion der Variablen $x_1, x_2, ...$, die im Rahmen eines linearen Programms optimiert werden soll

A. Grundlagen

Die wichtigsten Fundamente der Wirtschaftsmathematik sind eine Reihe mathematischer Grundsätze (Kapitel A.1 - A.3) sowie einige allgemeine Regeln zum Umgang mit Gleichungen und Ungleichungen (Kapitel A.4 und A.5).

Grundlagen	Zahlenmengen
	Elementare Rechenregeln
	Potenz- und Logarithmusrechnung
	Gleichungen
	Ungleichungen

1. Zahlenmengen

Die Menge der **Zahlen** lässt sich in verschiedene **Zahlenmengen** unterteilen. Die grundlegendste Zahlenmenge ist die Menge $\mathbb{N}$ der natürlichen Zahlen, die sich aus dem Abzählen von Objekten ergibt: $\mathbb{N} = \{1, 2, 3, ...\}$. $\mathbb{N}$ ist nach oben unbegrenzt, aber abzählbar.

Wird $\mathbb{N}$ um die Zahl 0 ergänzt und werden auch natürliche Zahlen mit negativem Vorzeichen zugelassen, entsteht die Menge der **ganzen Zahlen** $\mathbb{Z} = \{..., -3, -2, -1, 0, 1, 2, 3, ...\}$, die nach oben und unten unbegrenzt ist. Natürliche und ganze Zahlen können auf einem **Zahlenstrahl** (auch **Zahlengerade**) visualisiert werden:

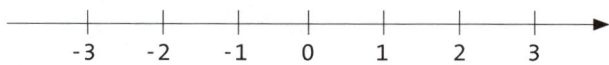

Sollen auch **Anteile** ganzer Zahlen betrachtet werden (z. B. die Hälfte von 5), müssen die **rationalen Zahlen** $\mathbb{Q}$ eingeführt werden. Sind p und q zwei ganze Zahlen ($q \neq 0$), dann beschreibt der **Bruch** (auch **Quotient**)

$$\frac{p}{q} = p : q$$

eine rationale Zahl. Für $q = 0$ ist der Ausdruck nicht sinnvoll definiert.

Beispiel

Die Ausdrücke

$$\frac{1}{2}, \frac{45}{7}, \frac{11}{3}, 0{,}55 = \frac{55}{100} = \frac{11}{20}, -11{,}9 = -\frac{119}{10}, \frac{728}{11}, 2{,}4 = \frac{24}{10}$$

sind rationale Zahlen.

Die Bruchdarstellung p/q einer rationalen Zahl ist nicht eindeutig bestimmt. So kann ein Bruch wie $^{24}/_{10}$ **gekürzt** werden, da Zähler und Nenner Vielfache von 2 sind:

$$\frac{24}{10} = \frac{12 \cdot 2}{5 \cdot 2} = \frac{12}{5}$$

Umgekehrt kann ein Bruch p/q mit einer ganzen Zahl a **erweitert** werden, in dem man Zähler und Nenner mit a multipliziert:

$$\frac{p}{q} = \frac{p \cdot a}{q \cdot a} \, , \qquad \text{also etwa} \qquad \frac{12}{5} = \frac{12 \cdot 2}{5 \cdot 2} = \frac{24}{10}$$

Rationale Zahlen können als Brüche oder **Dezimalzahlen** dargestellt werden, unter Umständen mit einer unendlichen Zahl an Nachkommastellen: $^{1}/_{3}$ = 1 : 3 = 0,3333.....

Nicht jede Zahl in Dezimaldarstellung ist eine rationale Zahl, z. B. lassen sich die Zahlen e = 2,71828... (Eulersche Zahl) und π = 3,14159...(Kreiszahl) *nicht* in Bruchform p/q darstellen. Zusammen mit den rationalen Zahlen bilden solche **irrationalen Zahlen** die Menge der **reellen Zahlen** $\mathbb{R}$.

Die reellen Zahlen liegen so dicht gepackt auf dem Zahlenstrahl, dass es zwischen ihnen keinerlei Lücken mehr gibt. Sie bilden damit die umfassendste aller diskutierten Zahlenmengen, die alle anderen Zahlenmengen enthält. Der Begriff Zahl bezieht sich im Folgenden daher auf reelle Zahlen, diese können im Einzelfalle rationale, ganze oder natürliche Zahlen sein. Die Schreibweise

$$\mathbb{N} \subset \mathbb{Z} \subset \mathbb{Q} \subset \mathbb{R}$$

deutet an, dass jede natürliche Zahl auch eine ganze Zahl, jede ganze Zahl auch eine rationale Zahl und jede rationale Zahl auch eine reelle Zahl ist. Die Umkehrungen müssen nicht gelten.

Aufgabe 1 > Seite 227

2. Elementare Rechenregeln

Die folgenden Rechenregeln werden in der Wirtschaftsmathematik vielseitig eingesetzt. a, b, c und d seien jeweils reelle Zahlen.

▸ Umgang mit Addition und Subtraktion

Regel	Beispiel
a + b = b + a (Kommutativgesetz der Addition)	4 + 3 = 3 + 4 = 7
(a + b) + c = a + (b + c) (Assoziativgesetz der Addition)	(4 + 3) + 7 = 4 + (3 + 7) = 14

Regel	Beispiel
$a + (-b) = a - b$	$4 + (-3) = 4 - 3 = 1$
$a + 0 = 0 + a = a$	$4 + 0 = 0 + 4 = 4$

▶ Umgang mit Produkten

Regel	Beispiel
$a \cdot b = b \cdot a$ (Kommutativgesetz der Multiplikation)	$4 \cdot 3 = 3 \cdot 4 = 12$
$(a \cdot b) \cdot c = a \cdot (b \cdot c)$ (Assoziativgesetz der Multiplikation)	$(4 \cdot 3) \cdot 7 = 4 \cdot (3 \cdot 7) = 84$
$-(-a) = a$	$-(-4) = 4$
$a \cdot (-b) = -a \cdot b$	$4 \cdot (-3) = -4 \cdot 3 = -12$
$(-a) \cdot (-b) = a \cdot b$ („Minus mal minus gibt plus")	$(-4) \cdot (-3) = 4 \cdot 3 = 12$
$(a + b) \cdot c = a \cdot c + b \cdot c$ (Distributivgesetz)	$(4 + 3) \cdot 7 = 4 \cdot 7 + 3 \cdot 7 = 49$

Bemerkung: Der Einfachheit halber wird auf den Malpunkt in Ausdrücken wie $a \cdot b$ häufig verzichtet und kurz ab geschrieben, also beispielsweise $3x$ anstelle von $3 \cdot x$.

▶ Umgang mit **Quotienten**

Regel	Beispiel
$\dfrac{a}{b} = a \cdot \dfrac{1}{b}$	$\dfrac{3}{8} = 3 \cdot \dfrac{1}{8} = 3 \cdot 0{,}125 = 0{,}375$
$\dfrac{a \cdot c}{b \cdot c} = \dfrac{a}{b}$ (Erweitern bzw. Kürzen von Brüchen)	$\dfrac{15}{40} = \dfrac{3 \cdot 5}{8 \cdot 5} = \dfrac{3}{8}$
$\dfrac{a}{b} + \dfrac{c}{d} = \dfrac{a \cdot d + c \cdot b}{b \cdot d}$	$\dfrac{3}{8} + \dfrac{1}{5} = \dfrac{3 \cdot 5 + 1 \cdot 8}{8 \cdot 5} = \dfrac{23}{40}$
$\dfrac{a}{b} - \dfrac{c}{d} = \dfrac{a \cdot d - c \cdot b}{b \cdot d}$	$\dfrac{3}{8} - \dfrac{1}{5} = \dfrac{3 \cdot 5 - 1 \cdot 8}{8 \cdot 5} = \dfrac{7}{40}$
$\dfrac{a}{b} \cdot \dfrac{c}{d} = \dfrac{a \cdot c}{b \cdot d}$	$\dfrac{3}{8} \cdot \dfrac{1}{5} = \dfrac{3 \cdot 1}{8 \cdot 5} = \dfrac{3}{40}$
$\dfrac{a}{b} : \dfrac{c}{d} = \dfrac{a}{b} \cdot \dfrac{d}{c} = \dfrac{a \cdot d}{b \cdot c}$	$\dfrac{3}{8} : \dfrac{1}{5} = \dfrac{3}{8} \cdot \dfrac{5}{1} = \dfrac{3 \cdot 5}{8 \cdot 1} = \dfrac{15}{8}$

▶ **Binomische Formeln**

Regel	Beispiel
$(a + b)^2 = a^2 + 2ab + b^2$ (1. Binomische Formel)	$(3 + 5)^2 = 3^2 + 2 \cdot 3 \cdot 5 + 5^2 = 64$
$(a - b)^2 = a^2 - 2ab + b^2$ (2. Binomische Formel)	$(3 - 5)^2 = 3^2 - 2 \cdot 3 \cdot 5 + 5^2 = 4$
$(a + b) \cdot (a - b) = a^2 - b^2$ (3. Binomische Formel)	$(3 + 5) \cdot (3 - 5) = 3^2 - 5^2 = -16$

▶ **Reihenfolge von Rechenoperationen** (bzgl. Potenz siehe Kapitel A.3.1)

Regel	Beispiele
„Punkt vor Strich"	$4 \cdot 3 + 7 = 12 + 7 = 19$ $15 - 2 \cdot 6 + 3 = 15 - 12 + 3 = 6$
„Potenz vor Punkt"	$4 \cdot 3^3 = 4 \cdot 27 = 108$ $3^5 \cdot 2 = 243 \cdot 2 = 486$
„Klammer vor Potenz"	$(3 + 2)^4 = 5^4 = 625$ $2^{(3 + 7)} = 2^{10} = 1.024$

Unter **Strichoperationen** werden die Addition und Subtraktion verstanden, Multiplikation und Division sind **Punktoperationen**. Die Reihenfolge von Rechenoperationen kann zusammenfassend auf die Formel

„Klammer vor Potenz vor Punkt vor Strich"

gebracht werden.

Beispiel

$5 \cdot 2^{(3+2)} - 3 = 5 \cdot 2^5 - 3 = 5 \cdot 32 - 3 = 160 - 3 = 157$

Aufgabe 2 - 3 > Seite 227

3. Potenz- und Logarithmusrechnung

Die **Potenzrechnung** beschäftigt sich mit Ausdrücken der Form a^b. Hauptschwierigkeit der Potenzrechnung ist die sinnvolle Definition solcher Ausdrücke auch für nicht natürliche Zahlen b (Kapitel A.3.2 und A.3.3). Die **Logarithmusrechnung** stellt in gewisser Weise eine Umkehrung der Potenzrechnung dar und fragt, mit welcher Zahl b eine gegebene Zahl a potenziert werden muss, um ein gefordertes Ergebnis zu erhalten (Kapitel A.3.4).

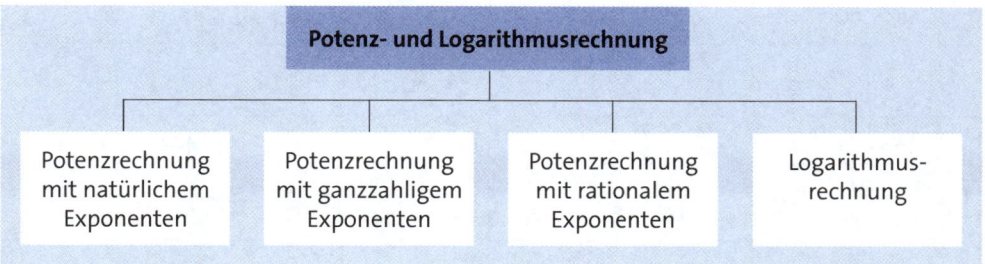

3.1 Potenzrechnung mit natürlichem Exponenten

In vielen Anwendungen der Wirtschaftsmathematik kommt es vor, dass eine reelle Zahl a n-mal (n sei eine **natürliche Zahl**) mit sich selbst multipliziert wird. Das entstehende Produkt ist die **n-te Potenz von a** (auch **Potenzwert**):

$$a \cdot a \cdot a \cdot \ldots \cdot a = a^n \qquad \text{(sprich: „a hoch n")}$$

Die Zahl a wird dabei als **Basis** (auch Grundzahl), die Zahl n als **Exponent** (auch Hochzahl) bezeichnet. Offenbar gilt $a^1 = a$.

Beispiel

$$3^3 = 3 \cdot 3 \cdot 3 = 27 \,,\, 10^4 = 10 \cdot 10 \cdot 10 \cdot 10 = 10.000 \,,\, 2^{20} = 2 \cdot 2 \cdot \ldots \cdot 2 = 1.048.576$$

Beim Rechnen mit Potenzen muss beachtet werden, ob ein negatives Vorzeichen zur Basis gehört oder nicht. Es gilt:

$$(-5)^4 = (-5) \cdot (-5) \cdot (-5) \cdot (-5) = 625 \qquad \text{(„Klammer vor Potenz")}$$

aber

$$-5^4 = -5 \cdot 5 \cdot 5 \cdot 5 = -625 \qquad \text{(Minuszeichen bleibt erhalten)}$$

Von Bedeutung sind Potenzen vor allem bei der Darstellung großer Zahlen, beispielsweise ist $1.000.000 = 10^6$. Näherungsweise gilt nach Rundung unter Verwendung von Zehnerpotenzen: $3.271.389 \approx 3{,}27 \cdot 10^6 = 3{,}27$ Millionen oder $55.827.702.278 \approx$ $5{,}58 \cdot 10^{10} = 55{,}8 \cdot 10^9 = 55{,}8$ Milliarden.

Für Potenzen gelten die folgenden **Potenzgesetze**, die die Multiplikation und Division von Potenzen regeln (a und b seien reelle Zahlen, m und n natürliche Zahlen):

Regel	Beispiel
$a^m \cdot a^n = a^{m+n}$	$2^3 \cdot 2^5 = 2^{3+5} = 2^8 = 256$
$\dfrac{a^m}{a^n} = a^{m-n}, a \neq 0, m > n$	$\dfrac{4^5}{4^3} = 4^{5-3} = 4^2 = 16$
$(a \cdot b)^n = a^n \cdot b^n$	$(4 \cdot 3)^2 = 4^2 \cdot 3^2 = 16 \cdot 9 = 144$
$\left(\dfrac{a}{b}\right)^n = \dfrac{a^n}{b^n}, b \neq 0$	$\left(\dfrac{4}{3}\right)^2 = \dfrac{4^2}{3^2} = \dfrac{16}{9} = 1{,}77$
$\left(a^m\right)^n = a^{m \cdot n}$	$\left(3^2\right)^3 = 3^{2 \cdot 3} = 3^6 = 729$

Bemerkung: Für die Addition und Subtraktion von Potenzen existieren *keine* vergleichbaren Regeln. Ein Ausdruck der Form $a^m + a^n$ kann daher *nicht* als a^{m+n} geschrieben werden:

$$a^m + a^n \neq a^{m+n}$$

3.2 Potenzrechnung mit ganzzahligem Exponenten

Mithilfe der Definitionen (a $\neq$ 0, m sei eine natürliche Zahl):

$$a^{-m} = \frac{1}{a^m}$$

und

$$a^0 = 1$$

können Potenzen auch für **ganzzahlige Exponenten** definiert werden (für eine natürliche Zahl m ist $(-m) < 0$). Der Ausdruck 0^0 ist nicht sinnvoll definierbar.

Beispiel

$$3^{-2} = \frac{1}{3^2} = \frac{1}{9}, \quad 1{,}62^0 = 1, \quad 10^{-4} = \frac{1}{10^4} = \frac{1}{10.000} = 0{,}0001,$$

$$(-5)^{-3} = \frac{1}{(-5)^3} = \frac{1}{(-5) \cdot (-5) \cdot (-5)} = -\frac{1}{125}$$

Für ganzzahlige Exponenten behalten alle Potenzgesetze aus Kapitel A.3.1 ihre Gültigkeit. Zusätzlich kann das Potenzgesetz

$$\frac{a^m}{a^n} = a^{m-n}$$

jetzt auch für beliebige natürliche Zahlen m und n formuliert werden. Zum Beispiel gilt:

$$\frac{5^2}{5^4} = 5^{2-4} = 5^{-2} = \frac{1}{5^2} = \frac{1}{25} = 0{,}04$$

Aufgabe 4 - 5 > Seite 227

3.3 Potenzrechnung mit rationalem Exponenten

In der Praxis wird man oft mit **Potenzgleichungen** der Form $x^n = a$ konfrontiert, bei denen die reelle Unbekannte $x \geq 0$ bei gegebenem a (reelle Zahl; $a \geq 0$) und n (natürliche Zahl) bestimmt werden soll, beispielsweise $x^2 = 81$. In diesen Fällen definiert man x als die positive **n-te Wurzel von a**:

$$x^n = a \iff x = a^{\frac{1}{n}} = \sqrt[n]{a}$$

x ist also diejenige positive reelle Zahl, deren n-te Potenz gerade a (den **Radikanden**) ergibt. Speziell für n = 2 spricht man auch von x als der (positiven) **Quadratwurzel von a**:

$$x^2 = a \iff x = a^{\frac{1}{2}} = \sqrt[2]{a}$$

Bei Quadratwurzeln wird auf eine Erwähnung des Exponenten beim Wurzelzeichen meist verzichtet und einfach von der **Wurzel a** gesprochen:

$$\sqrt[2]{a} = \sqrt{a}$$

Beispiel

$$x^2 = 81 \implies x = 81^{\frac{1}{2}} = \sqrt[2]{81} = \sqrt{81} = 9,$$

d. h., x = 9 ist diejenige positive reelle Zahl, für die $x^2 = 81$ gilt.

Bemerkung: Für **gerade Exponenten** n und a > 0 besitzt die Gleichung $x^n = a$ stets **zwei reelle Lösungen**. Zum Beispiel wird die Gleichung $x^2 = 81$ wegen $(-9) \cdot (-9) = 81$ auch von (-9) erfüllt. Die Zahl (-9) wird deshalb auch die negative Wurzel von 81 genannt.

Für **ungerade Exponenten n** kann der Ausdruck

$$a^{\frac{1}{n}} = \sqrt[n]{a}$$

auch für a < 0 sinnvoll definiert werden, da das Produkt einer ungeraden Anzahl negativer Faktoren wieder negativ ist. Beispielsweise gilt:

$$(-2) \cdot (-2) \cdot (-2) = (-2)^3 = -8 \Leftrightarrow -2 = \sqrt[3]{-8} = (-8)^{\frac{1}{3}}$$

Mithilfe der **Potenzgesetze** und der n-ten Wurzel können Potenzen auch für **rationale Exponenten** der Form m/n definiert werden, wobei m eine ganze und n eine natürliche Zahl ist (a > 0 sei eine reelle Zahl):

$$a^{\frac{m}{n}} = a^{m \cdot \frac{1}{n}} = (a^m)^{\frac{1}{n}} = \sqrt[n]{a^m}$$

Für m = n ergibt sich:

$$a^{\frac{m}{n}} = \sqrt[n]{a^m} = \sqrt[n]{a^n} = a \qquad \text{ausgehend von} \qquad \frac{m}{a^n} = \sqrt[n]{a^m} \Rightarrow \sqrt[n]{a^n} = a$$

Wurzelziehen und Potenzieren heben sich also gegenseitig auf.

Beispiel

$$2^{\frac{1}{2}} = \sqrt{2} \approx 1,41, \quad \sqrt[n]{0} = 0, \quad \sqrt[4]{15^4} = 15^{\frac{4}{4}} = 15^1 = 15,$$

$$3^{\frac{4}{3}} = \sqrt[3]{3^4} = \sqrt[3]{81} \approx 4,33, \quad 10^{-1,25} = 10^{-\frac{5}{4}} = \sqrt[4]{10^{-5}} = \sqrt[4]{0,00001} \approx 0,056$$

Bemerkung: Die **Potenzgesetze** aus Kapitel A.3.1 sind auch für **rationale Exponenten** gültig, siehe etwa *Tietze*.

Aufgabe 6 > Seite 228

Bemerkung: Eine nochmalige Erweiterung des Potenzbegriffs für allgemeine **reelle Exponenten** ist möglich. Zu diesem Zweck denke man sich eine gegebene **irrationale Zahl** wie die Kreiszahl π durch eine rationale Zahl m/n beliebig genau angenähert, z. B. gilt π = 3,14159265... $\approx$ 3,14 = 314/100, sodass näherungsweise

$$2^{\pi} \approx 2^{3,14} = 2^{\frac{314}{100}}$$

(rationaler Exponent) gilt. Durch Aufnahme zusätzlicher Nachkommastellen kann eine beliebige Genauigkeit erreicht werden. Beispielsweise ist

$$2^{\frac{314.159}{100.000}} = 2^{3,14159}$$

ein besserer Näherungswert für 2^{π} als $2^{3,14}$.

3.4 Logarithmusrechnung

Tritt die Unbekannte x einer Gleichung im **Exponenten** auf, spricht man von einer **Exponentialgleichung**: $a^x = b$ (a > 0 und b > 0 seien reelle Zahlen; zusätzlich gelte a ≠ 1), die reelle Lösung x der Gleichung wird als **Logarithmus von b zur Basis a** bezeichnet:

$$a^x = b \iff x = \log_a(b) \qquad \text{(sprich: Logarithmus von b zur Basis a)}$$

Der Logarithmus von b zur Basis a beantwortet also die Frage, mit welchem reellen Exponenten x die Basis a potenziert werden muss, um b zu erhalten (siehe Bemerkung in Kapitel A.3.3 zur Potenzbildung mit reellen Exponenten).

Beispiele

1. Beispiel:
Die Gleichung $3^x = 9$ hat die Lösung x = 2, da $3^2 = 3 \cdot 3 = 9$, also ist $\log_3(9) = 2$. Ebenso ist $\log_5(625) = 4$, da $5^4 = 625$ oder etwa $\log_{10}(1.000) = 3$. x kann auch negative Werte annehmen, zum Beispiel ist $\log_5(0,2) = -1$, da $5^{-1} = 1/5 = 0,2$. Offenbar gilt $\log_a(a) = 1$, da $a^1 = a$, sowie $\log_a(1) = 0$, da $a^0 = 1$ (beachte, dass a > 0). Der Ausdruck $\log_a(0)$ ist nicht definiert, da $a^x > 0$.

Besondere Logarithmen in der praktischen Anwendung sind die dekadischen Logarithmen (Logarithmen zur Basis 10) und die natürlichen Logarithmen (Logarithmen mit der Eulerschen Zahl e als Basis; e $\approx$ 2,71...):

$$\log_{10}(b) = \lg(b) \qquad \text{(geht hervor aus } 10^x = b)$$

bzw.

$$\log_e(b) = \ln(b) \qquad \text{(geht hervor aus } e^x = b)$$

2. Beispiel:

Die Gleichung $10^x = 100$ hat die Lösung $x = \lg(100) = 2$, da $10^2 = 100$. Für die Gleichung $e^x = 10$ ergibt sich als Lösung $x = 2{,}3085\ldots$, d. h. $e^{2,3085\ldots} = 10$. Da sich der natürliche Logarithmus auf die Basis e bezieht, gilt $\ln(e) = 1$ und allgemein $\ln(e^a) = a$, also etwa $\ln(e^{6,77}) = 6{,}77$.

Logarithmieren und Potenzieren verhalten sich zueinander wie **Umkehroperationen**, da gilt:

$$\log_a(a^b) = b \cdot \log_a(a) = b \qquad \text{(erst potenziert, dann logarithmiert)}$$

bzw.

$$a^{\log_a(b)} = b \qquad \text{(erst logarithmiert, dann potenziert)}$$

3. Beispiel:

$\ln(e^1) = 1$, $\log_3(3^7) = 7 \cdot \log_3(3) = 7$, $4^{\log_4(18)} = 18$

Aufgrund der Verwandtschaft der Logarithmen zu den Potenzen können aus den fünf Potenzgesetzen drei entsprechende **Logarithmusgesetze** abgeleitet werden. Hierzu seien a, b und c reelle Zahlen mit $a > 0$, $b > 0$, $c > 0$ und zusätzlich $a \neq 1$. d sei eine beliebige reelle Zahl.

Regel	Beispiel
$\log_a(b \cdot c) = \log_a(b) + \log_a(c)$	$\log_3(9 \cdot 27) = \log_3(9) + \log_3(27)$ $= 2 + 3 = 5$ (Entsprechend gilt $\log_3(9 \cdot 27) = \log_3(243) = 5$, da $3^5 = 243$)
$\log_a\left(\dfrac{b}{c}\right) = \log_a(b) - \log_a(c)$	$\log_2\left(\dfrac{8}{4}\right) = \log_2(8) - \log_2(4) = 3 - 2 = 1$ (Entsprechend gilt $\log_2\left(\dfrac{8}{4}\right) = \log_2(2) = 1$)
$\log_a(b^d) = d \cdot \log_a(b)$	$\log_2(8^{10}) = 10 \cdot \log_2(8) = 10 \cdot 3 = 30$ (Entsprechend gilt $\log_2(8^{10}) = \log_2(2^3)^{10} = \log_2(2^{30}) = 30$)

Eine weitere wichtige Rechenregel für Logarithmen ist

$$\log_a(b) = \frac{\log_c(b)}{\log_c(a)} \ ,$$

da mit ihrer Hilfe ein Logarithmus zur Basis a als Quotient zweier Logarithmen zu einer anderen Basis (hier c) ausgedrückt werden kann. Als Spezialfälle ergeben sich die Regeln

$$\log_a(b) = \frac{\lg(b)}{\lg(a)} \ \text{und} \ \log_a(b) = \frac{\ln(b)}{\ln(a)} \ ,$$

die die Umrechnung eines Logarithmus zu einer beliebigen Basis a > 0 in dekadische bzw. natürliche Logarithmen gestatten. Mithilfe dieser Relationen können beliebige Logarithmen leicht auf Taschenrechnern berechnet werden, die über Tasten für natürliche oder dekadische Logarithmen verfügen.

Beispiel

$$\log_3(27) = \frac{\lg(27)}{\lg(3)} \ \frac{1{,}4313 \dots}{0{,}4771 \dots} = 3 \ , \ \log_5(1.000) = \frac{\ln(1.000)}{\ln(5)} \ \frac{6{,}9077 \dots}{1{,}6094 \dots} \approx 4{,}292$$

Aufgabe 7 - 8 > Seite 228

4. Gleichungen

Unter einer mathematischen **Gleichung** versteht man eine **Aussageform**, die zwei mathematische **Terme** T_1 und T_2 gleichsetzt:

$$T_1 = T_2$$

Ein Term kann dabei im einfachsten Fall eine reelle Zahl sein, in komplizierten Fällen kann ein Term auch mehrere mathematische **Operationen** und unbekannte **Variable** enthalten (meist mit x oder y bezeichnet; man denke sich hierfür zunächst beliebige reelle Zahlen).

Sinn und Zweck einer Gleichung ist es, unabhängig von der genauen Struktur zweier Terme die Aussage zu treffen, dass diese Terme **mathematisch gleich** sind, also denselben Zahlenwert darstellen.

Beispiel

Sei $T_1 = x^2 + 3$ und $T_2 = 19$. Gleichsetzen beider Terme ergibt:

$$x^2 + 3 = 19$$

Für $x = 3$ führt diese Gleichung zu einer falschen Aussage, da $x^2 + 3 = 3^2 + 3 = 12 \neq 19$. Für $x = 4$ hingegen ergibt die Gleichung eine wahre Aussage, da $x^2 + 3 = 4^2 + 3 = 19$.

Im Folgenden wird zunächst der wichtige Begriff der **Äquivalenzumformungen** eingeführt (Kapitel A.4.1), mit dessen Hilfe die Lösung **linearer, quadratischer** und einiger noch **komplizierterer Gleichungen** (Kapitel A.4.2 - A.4.4) möglich wird.

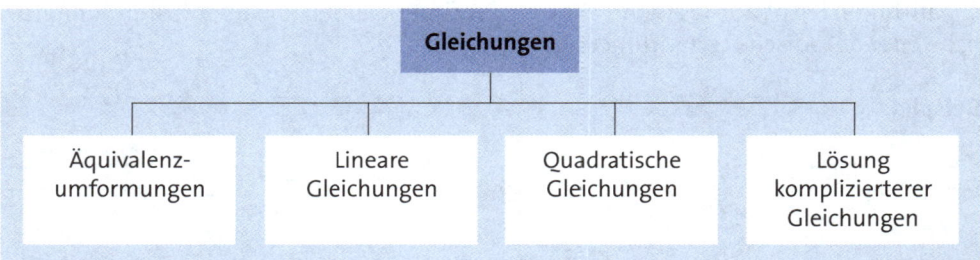

4.1 Äquivalenzumformungen

In der Praxis wird man oft mit Problemen konfrontiert, in denen eine unbekannte reelle Zahl x (auch **Unbekannte** oder **Lösungsvariable**) so bestimmt werden soll, dass eine gegebene Gleichung erfüllt wird, die durch die Gleichung ausgedrückte Aussage also wahr ist. Um x zu bestimmen, muss die Gleichung $T_1 = T_2$ durch **Äquivalenzumformungen** solange in äquivalente Gleichungen $T_1^{\,*} = T_2^{\,*}$ umgeformt werden, bis eine Gleichung der Form x = ... entsteht, aus der x direkt abgelesen werden kann. Zwei Gleichungen $T_1 = T_2$ und $T_1^{\,*} = T_2^{\,*}$ sind **äquivalent**, wenn sie dieselbe **Lösungsmenge** L_G besitzen, also durch dieselben reellen Zahlen x erfüllt werden:

$$T_1 = T_2 \Leftrightarrow T_1^{\,*} = T_2^{\,*}$$

Beispiel

Die Gleichungen

x + 4 = 8   und   - 3 = 1 - x

sind zueinander äquivalent, da beide durch x = 4 erfüllt werden. Das heißt, für die Lösungsmenge gilt in beiden Fällen L_G = {4}. Die Gleichungen

x + 4 = 8   und x^2 - 16 = 0

sind hingegen nicht zueinander äquivalent, da die erste Gleichung nur durch x = 4 erfüllt wird, die zweite Gleichung aber die Lösungsmenge L_G = {- 4, 4} besitzt.

Nach Berechnung einer Lösungsmenge L_G muss häufig noch überprüft werden, ob die gefundenen x-Werte im mathematischen **Definitionsbereich** D_G der Gleichung liegen. Der Definitionsbereich stellt die Gesamtheit aller x-Werte dar, für die beide Terme einer Gleichung mathematisch sinnvoll definiert werden können. Der Definitionsbereich eines Terms, für den der Term mathematisch sinnvoll definierbar ist, wird mit D_T bezeichnet.

Beispiel

Term T	Definitionsbereich DT
x + 1	$D_T = \mathbb{R}$
$\sqrt{x - 3}$	$D_T = \{x \in \mathbb{R} \mid x \geq 3\}$ = alle reellen Zahlen x mit x ≥ 3 (Term unter Wurzel muss ≥ 0 sein)
$\ln(x^2 - 1)$	$D_T = \{x \in \mathbb{R} \mid x > 1 \vee x < -1\}$ = alle reellen Zahlen x, die entweder x > 1 oder x < -1 sind (Argument von ln muss > 0 sein)
e^{-x}	$D_T = \mathbb{R}$

Aufgabe 9 > Seite 228

Folgende **Äquivalenzumformungen** überführen eine gegebene Gleichung in eine zu ihr äquivalente Gleichung mit identischer Lösungsmenge (T_1, T_2 und T_3 seien jeweils Terme, a eine positive reelle Zahl, n eine natürliche Zahl):

Äquivalenzumformung	Beispiel
$T_1 = T_2 \Leftrightarrow T_1 + T_3 = T_2 + T_3$ (Addition eines Terms)	$x - 5 = 3 \Leftrightarrow x - 5 + 5 = 3 + 5$, also $x = 8$ (auf beiden Seiten 5 addiert)
$T_1 = T_2 \Leftrightarrow T_1 - T_3 = T_2 - T_3$ (Subtraktion eines Terms)	$x + 2 = 3 \Leftrightarrow x + 2 - 2 = 3 - 2$, also $x = 1$ (auf beiden Seiten 2 subtrahiert)
$T_1 = T_2 \Leftrightarrow T_1 \cdot T_3 = T_2 \cdot T_3$ (Multiplikation mit einem Term $\neq 0$)	$0,5 \cdot x = 3 \Leftrightarrow 0,5 \cdot x \cdot 2 = 3 \cdot 2$ also $x = 6$ (beide Seiten mit 2 multipliziert)
$T_1 = T_2 \Leftrightarrow \dfrac{T_1}{T_3} = \dfrac{T_2}{T_3}, T_3 \neq 0$ (Division durch einen Term $\neq 0$)	$6x = 12 \Leftrightarrow \dfrac{6x}{6} = \dfrac{12}{6}$, also $x = 2$ (beide Seiten durch 6 dividiert)
$T_1 = T_2 \Leftrightarrow a^{T_1} = a^{T_2}, a \neq 1$ (Exponentialbildung)	$\ln(x) = 4 \Leftrightarrow e^{\ln(x)} = e^4$, also $x = e^4 \approx 54,598$
$T_1 = T_2 \Leftrightarrow \log_a(T_1) = \log_a(T_2)$ (Logarithmieren)	$7^x = 49 \Leftrightarrow \log_7(7^x) = \log_7(49)$ $\Leftrightarrow x \cdot \log_7(7) = \log_7(49)$, also $x = 2$ (auf beiden Seiten zur Basis 7 logarithmiert)
$T_1 = T_2 \Leftrightarrow T_1{}^n = T_2{}^n$, n ungerade (Potenzieren)	$x^{\frac{1}{3}} = 2 \Leftrightarrow \left(x^{\frac{1}{3}}\right)^3 = 2^3 \Leftrightarrow x = 8$ (auf beiden Seiten mit 3 potenziert)
$T_1 = T_2 \Leftrightarrow \sqrt[n]{T_1} = \sqrt[n]{T_2}$ n ungerade (Wurzelziehen)	$x^5 = 32 \Leftrightarrow \sqrt[5]{x^5} = \sqrt[5]{32} \Leftrightarrow x = \sqrt[5]{32} = 2$ (auf beiden Seiten die 5. Wurzel gezogen)

Potenzieren und **Wurzelziehen** sind nur dann Äquivalenzumformungen, wenn der Exponent n **ungerade** ist; bei **geradem** Exponenten kann sich die Lösungsmenge verändern. Ist es zum Lösen einer Gleichung $T_1 = T_2$ erforderlich, die Gleichung mit einem geraden Exponenten n zu potenzieren, müssen alle Elemente der Lösungsmenge der neuen Gleichung $T_1{}^n = T_2{}^n$ in die ursprüngliche Gleichung eingesetzt werden, um sicherzustellen, dass diese auch tatsächlich Elemente der Lösungsmenge sind (**Probe**). Gleiches gilt für das Ziehen der n-ten Wurzel mit geradem n.

Beispiel

Die Gleichung x - 2 = 4 hat die Lösungsmenge L_G = {6}. Quadrieren der Gleichung (Potenzieren mit 2) ergibt $(x - 2)^2$ = 16, die Lösungsmenge ist nun L_G = {- 2, 6}. Durch das Quadrieren der Ursprungsgleichung ist also eine zusätzliche Lösung erzeugt worden, die die ursprüngliche Gleichung nicht löst, was durch Probe erkannt werden kann: (- 2) ist keine Lösung der Gleichung x - 2 = 4.

4.2 Lineare Gleichungen

Ein in der Praxis weit verbreiteter Gleichungstyp sind lineare Gleichungen, bei denen die Terme T_1 und T_2 nur **Linearkombinationen** erster und nullter Potenzen von x enthalten (a und b seien reelle Zahlen):

$$ax + b = 0$$

Die Lösungsmenge linearer Gleichungen kann durch elementare Äquivalenzumformungen (Addition geeigneter Terme etc.) leicht bestimmt werden. Der Definitionsbereich D_G ist stets durch $\mathbb{R}$ gegeben, d. h. für x können in beide Terme beliebige reelle Zahlen eingesetzt werden.

Beispiele

1. Beispiel:
Ein Uhrenhersteller habe **Fixkosten** von 100.000 €. Pro hergestellter Uhr fallen daneben **variable Kosten** von 20 € an. Werden insgesamt x Uhren produziert, betragen die **Gesamtkosten**

100.000 + 20x ,

also etwa für 20.000 Uhren: 100.000 + 20 · 20.000 = 500.000 €. Hat das Unternehmen Gesamtkosten von 800.000 €, führt dies auf die Gleichung:

100.000 + 20x = 800.000

Um die Zahl x der produzierten Uhren zu finden, wendet man folgende Äquivalenzumformungen an:

100.000 + 20x = 800.000

$\Leftrightarrow$ 20x = 700.000   (auf beiden Seiten 100.000 subtrahiert)

$\Leftrightarrow$ x = 35.000 Uhren   (beide Seiten durch 20 dividiert)

2. Beispiel:

Ein Hersteller von Kochtöpfen habe Fixkosten von 20.000 € und variable Kosten von 5 € pro Kochtopf. Verkauft das Unternehmen x Kochtöpfe für einen Preis von je 10 €, gilt für den Break-Even-Punkt die lineare Gleichung:

$$10x = 20.000 + 5x \quad \text{(Umsatzerlöse = Gesamtkosten)}$$

$$\Leftrightarrow \quad 5x = 20.000 \qquad \text{(auf beiden Seiten 5x subtrahiert)}$$

$$\Leftrightarrow \quad x = 4.000 \text{ Kochtöpfe} \quad \text{(auf beiden Seiten durch 5 dividiert)}$$

Für eine Absatzmenge von x = 4.000 Kochtöpfen sind die Umsatzerlöse damit gleich den Gesamtkosten.

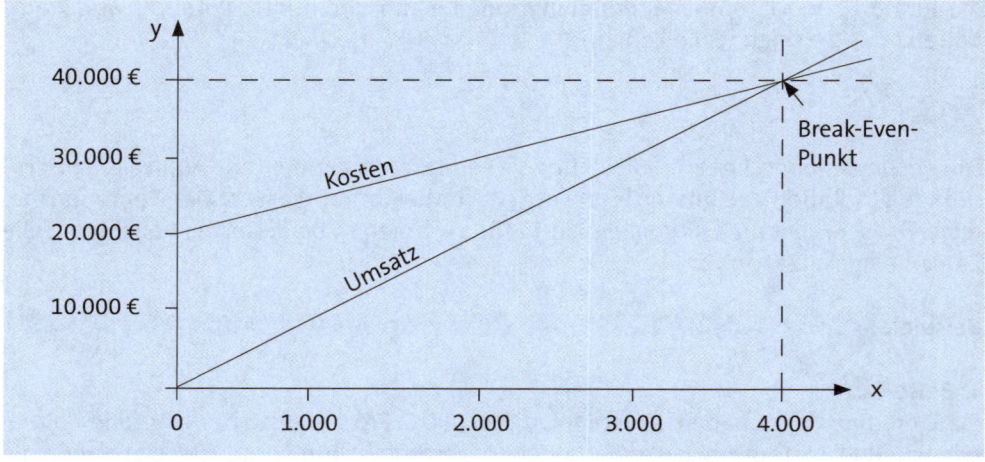

Aufgabe 10 - 11 > Seite 228

4.3 Quadratische Gleichungen

Treten in den Termen einer Gleichung neben einem linearen Teil zusätzlich noch zweite Potenzen einer Unbekannten x auf, spricht man von einer quadratischen Gleichung. Durch Addition und Subtraktion einzelner Summanden kann eine solche Gleichung immer in eine Gleichung der Form

$$ax^2 + bx + c = 0$$

überführt werden (**abc-Form**), wobei a, b und c reelle Zahlen sind und zusätzlich a ≠ 0 gilt (sonst liegt eine lineare Gleichung vor).

Quadratische Gleichungen haben entweder zwei, eine oder gar keine reelle Lösung. Ist die **Diskriminante** $D = b^2 - 4ac > 0$, liegen **zwei reelle Lösungen** x_1 und x_2 vor, die mithilfe der Formel

$$x_{1,2} = \frac{-b \pm \sqrt{b^2 - 4ac}}{2a}$$

gefunden werden können. Das Zeichen „±" ist dabei so zu verstehen, dass für x_1 das Pluszeichen, für x_2 das Minuszeichen verwendet wird.

Für $D = b^2 - 4ac = 0$ fallen diese Lösungen zusammen (Wurzelausdruck verschwindet), sodass nur noch **eine reelle Lösung** existiert:

$$x_{1,2} = \frac{-b \pm \sqrt{b^2 - 4ac}}{2a} = \frac{-b \pm 0}{2a} = \frac{-b}{2a}$$

Ist die Diskriminante negativ ($D = b^2 - 4ac < 0$), hat die quadratische Gleichung **keine reelle Lösung** (Wurzel aus D ist nicht mehr berechenbar, die Lösungsmenge damit leer: $L_G = \{\}$).

Beispiele

1. Beispiel:

$$2x^2 + 5x - 4 = 0 \qquad (a = 2, b = 5, c = -4)$$

$$\Rightarrow \quad D = b^2 - 4ac = 5^2 - 4 \cdot 2 \cdot (-4) = 57 > 0,$$

also existieren **zwei reelle Lösungen** x_1 und x_2:

$$x_1 = \frac{-5 + \sqrt{57}}{4} = 0{,}637..., \quad x_2 = \frac{-5 - \sqrt{57}}{4} = -3{,}137...$$

2. Beispiel:

$$2x^2 + 4x + 2 = 0 \qquad (a = 2, b = 4, c = 2)$$

$$\Rightarrow \quad D = b^2 - 4ac = 4^2 - 4 \cdot 2 \cdot 2 = 0,$$

also existiert **eine reelle Lösung** x:

$$x = \frac{-b}{2a} = \frac{-4}{4} = -1$$

3. Beispiel:

$$3x^2 - x + 2 = 0 \qquad (a = 3, b = -1, c = 2)$$

$$\Rightarrow \quad D = b^2 - 4ac = (-1)^2 - 4 \cdot 3 \cdot 2 = -23 < 0,$$

also existiert **keine reelle Lösung**.

Eine etwaige negative Lösung einer quadratischen Gleichung liegt zwar grundsätzlich im mathematischen **Definitionsbereich** D_G der quadratischen Gleichung, stellt aber unter Umständen keine **betriebswirtschaftlich sinnvolle Lösung** dar. Bei ökonomischen Anwendungen stellt die Unbekannte x oftmals Produktionszahlen, Preise oder abgesetzte Stückzahlen dar, die naturgemäß **nicht negativ** werden können. Stellenweise wird der Begriff des Definitionsbereichs in der Literatur deshalb auch gleich auf betriebswirtschaftlich sinnvolle reelle Zahlen eingegrenzt.

Beispiel

Der Term $T_1 = x^2 + 100x + 40.000$ stelle die Gesamtkosten eines Kleinbetriebes dar (die Fixkosten betragen 40.000 €, die variablen Kosten in Abhängigkeit von der Ausbringungsmenge $x^2 + 100x$). Bei Gesamtkosten des Betriebes von $T_2 = 100.000$ € ergibt sich für x damit die Gleichung:

$$x^2 + 100x + 40.000 = 100.000$$

$$\Leftrightarrow \quad x^2 + 100x - 60.000 = 0$$

$$\Rightarrow \quad D = 100^2 - 4 \cdot 1 \cdot (-60.000) = 250.000 > 0$$

Also existieren zwei reelle Lösungen:

$$x_1 = \frac{-100 + \sqrt{250.000}}{2} = 200, \quad x_2 = \frac{-100 - \sqrt{250.000}}{2} = -300.$$

Die negative Lösung x_2 ergibt keinen betriebswirtschaftlichen Sinn, da eine Ausbringungsmenge nicht negativ sein kann. Die Lösungsmenge L_G besteht damit zwar formal aus beiden Lösungen, die betriebswirtschaftlich sinnvolle Lösung aber lautet alleine $x_1 = 200$.

Division durch a ≠ 0 überführt die abc-Form einer quadratischen Gleichung in ihre **Normalform** (auch **pq-Form**):

$$x^2 + \frac{b}{a}x + \frac{c}{a} = x^2 + px + q = 0,$$

wobei p = b/a und q = c/a. Die Lösungsformel der abc-Form kann entsprechend in die pq-Form umgeschrieben werden:

$$x_{1,2} = -\frac{p}{2} \pm \sqrt{\left(\frac{p}{q}\right)^2 - q}$$

mit Diskriminante $\quad D = \left(\frac{p}{2}\right)^2 - q$

Wie bei der abc-Form einer quadratischen Gleichung sind nun erneut die Fälle D > 0 (zwei Lösungen), D = 0 (eine Lösung) und D < 0 (keine reelle Lösung) zu unterscheiden.

Beispiel

Die quadratische Gleichung in abc-Form

$2x^2 + 8x - 4 = 0$

hat die Normalform (Division durch 2):

$x^2 + 4x - 2 = 0$

mit Diskriminante $\quad D = \left(\frac{p}{2}\right)^2 - q = \left(\frac{4}{2}\right)^2 - (-2) = 6 > 0.$

Es ergeben sich folglich zwei Lösungen x_1 und x_2:

$$x_1 = -\frac{4}{2} + \sqrt{\left(\frac{4}{2}\right)^2 - (-2)} \approx 0{,}449, \quad x_2 = -\frac{4}{2} - \sqrt{\left(\frac{4}{2}\right)^2 - (-2)} \approx -4{,}449.$$

Aufgabe 12 > Seite 228
Aufgabe 13 - 14 > Seite 229

4.4 Lösung komplizierterer Gleichungen

Enthalten die Terme in Gleichungen Potenzen höherer als zweiter Ordnung, Logarithmusausdrücke oder etwa Brüche, kann sich die Auflösung nach x relativ schwierig gestalten, weshalb hier keine generellen Lösungsverfahren existieren. Es gibt jedoch Strategien, die bei vielen praktisch relevanten Gleichungen zum Erfolg führen.

Im Folgenden werden neben **Gleichungen höheren Grades** und **Bruchgleichungen** (Kapitel A.4.4.1 bzw. Kapitel A.4.4.2) auch die auf Potenzen und Logarithmen zurückgehenden **Wurzel-, Exponential-** und **Logarithmusgleichungen** (Kapitel A.4.4.3 - A.4.4.5) besprochen.

4.4.1 Gleichungen höheren Grades

Werden in beiden Termen einer Gleichung jeweils Vielfache von Potenzen von x lediglich addiert oder voneinander subtrahiert und tritt x dabei insgesamt mit höchstens n-ter Potenz auf, spricht man von einer **Gleichung n-ten Grades** (beide Terme sind **Polynome höchstens n-ten Grades**, vgl. Kapitel C.2.1). Durch geeignete Additionen und Subtraktionen von Summanden lässt sich jede Gleichung n-ten Grades in die Form

$$a_n x^n + a_{n-1} x^{n-1} + \dots + a_1 x + a_0 = 0 \qquad \text{(Polynom n-ten Grades = 0)}$$

überführen, wobei a_n, a_{n-1}, ..., a_1, a_0 reelle Zahlen sind und $a_n \neq 0$ (sonst nicht n-ten Grades). Für Gleichungen n-ten Grades mit n > 2 gibt es **keine allgemein gültigen Lösungsmethoden**, lediglich für einige **Sonderfälle**:

► **Sonderfall I: Gleichungen der Form $a_m x^m + a_0 = 0$** (d. h. die Gleichung ist eine einfache **Potenzgleichung**)

In diesem Falle lässt sich die Lösungsmenge durch Wurzelziehen bestimmen:

$$a_m x^m + a_0 = 0 \Leftrightarrow x^m = -\frac{a_0}{a_m} \Leftrightarrow x = \left(-\frac{a_0}{a_m}\right)^{\frac{1}{m}} = \sqrt[m]{-\frac{a_0}{a_m}}$$

Voraussetzung ist, dass die auftretenden Ausdrücke überhaupt berechenbar sind (Vorzeichen des Quotienten im Radikanten; genau einer der beiden Koeffizienten a_m und a_0 muss ein negatives Vorzeichen haben, damit ein positiver Radikant entsteht).

Beispiel

$$2x^8 - 512 = 0 \Leftrightarrow 2x^8 + (-512) = 0 \Rightarrow x = \left(-\frac{(-512)}{2}\right)^{\frac{1}{8}} = 256^{\frac{1}{8}} = \pm 2$$

Wegen $(-2)^8 = 256$ ist auch (-2) eine Lösung der Gleichung: $L_G = \{-2, 2\}$, vgl. Kapitel A.3.3. Die Gleichung $2x^8 + 512 = 0$ führt hingegen bei Anwendung der obigen Lösungsstrategie auf die 8. Wurzel aus (-256) und besitzt daher keine reelle Lösung.

► **Sonderfall II: Gleichungen der Form $a_n x^n + a_{n/2} x^{n/2} + a_0 = 0$ mit geradem n > 2** (**biquadratische Gleichungen**; für n = 2 ergibt sich eine quadratische Gleichung)

Gleichungen dieser Bauart lassen sich durch die **Substitution** $y := x^{n/2}$ lösen, d. h. in der Gleichung wird $x^{n/2}$ durch eine neue Variable y ersetzt. Wegen $x^n = (x^{n/2})^2 = y^2$ ergibt sich damit eine quadratische Gleichung in y, die nach den Methoden in Kapitel A.4.3 gelöst werden kann:

$$a_n y^2 + a_{n/2} y + a_0 = 0 \qquad \text{(linke Seite nun Polynom 2. Grades in y)}$$

x ergibt sich dann aus

$$x^{n/2} = y \Leftrightarrow x = y^{2/n} = y^{2\frac{1}{n}} = (y^2)^{\frac{1}{n}} = \sqrt[n]{y^2}.$$

Beispiel

$$-4x^6 + 4x^3 - 1 = 0 \qquad\qquad (n = 6)$$
$$\Rightarrow -4y^2 + 4y - 1 = 0 \qquad\qquad \text{(Substitution } y := x^3)$$
$$\Rightarrow D = b^2 - 4ac = 4^2 - 4 \cdot (-4) \cdot (-1) = 0 \qquad \text{(es existiert genau eine reelle Lösung)}$$
$$\Rightarrow y = \frac{-b}{2a} = \frac{-4}{2 \cdot (-4)} = 0,5$$
$$\Rightarrow x = y^{2/6} = y^{1/3} = \sqrt[3]{y} = \sqrt[3]{0,5} \approx 0,7937$$

▸ **Sonderfall III: Gleichungen der Bauart $T_1 \cdot T_2 \cdot ... \cdot T_m = 0$ mit Termen T_i, die alle entweder höchstens Polynome 2. Grades in x sind oder zu den vorangegangenen Sonderfällen gehören**

Gleichungen dieses Typs lassen sich mithilfe der Überlegung lösen, dass ein Produkt aus m Faktoren nur dann gleich null sein kann, wenn mindestens einer der Faktoren gleich null ist. Folglich ergeben sich die Lösungen der Gleichung aus den Lösungen der Gleichungen $T_1 = 0$, $T_2 = 0$, ..., $T_m = 0$.

Beispiel

Die Lösungen der Gleichung

$$(x + 5)(x^2 - 4) = 0$$

ergeben sich aus den Gleichungen $(x + 5) = 0$ und $(x^2 - 4) = 0$. Damit ist $L_G = \{-5, -2, 2\}$. Wegen

$$(x + 5)(x^2 - 4) = x^3 + 5x^2 - 4x - 20 = 0$$

lösen alle Elemente der gefundenen Lösungsmenge eine Gleichung dritten Grades

Um die Lösungsstrategie von Sonderfall III anwenden zu können, muss die linke Seite der Gleichung als **Produkt** geeigneter Terme vorliegen, was in der Praxis oft nicht der Fall ist. Dennoch lässt sich aus Sonderfall III eine Strategie ableiten, mit deren Hilfe Gleichungen n-ten Grades vereinfacht werden können, wenn eine Lösung schon bekannt ist, die **Polynomdivision**.

Grundlage der Polynomdivision ist die Idee, dass ein **Linearfaktor** $(x - x_1)$ einer bekannten Lösung einer polynomialen Gleichung n-ten Grades aus dem Polynom abgespalten werden kann. Ist x_1 eine bekannte Lösung der Gleichung $a_n x^n + a_{n-1} x^{n-1} + ... + a_1 x + a_0 = 0$, lässt sich das Polynom schreiben als:

$$(b_{n-1} x^{n-1} + b_{n-2} x^{n-2} + ... + b_1 x + b_0) \cdot (x - x_1)$$

Der Polynomgrad ist also durch Abspaltung des Linearfaktors $(x - x_1)$ um eins reduziert worden.

Beispiel

Die Gleichung $x^3 + 2x^2 - 13x + 10 = 0$ hat die Lösung $x_1 = 2$ (gefunden durch kluges Raten – hierfür gibt es keine festen Regeln). Damit lässt sich das vorliegende Polynom in der Form

$$x^3 + 2x^2 - 13x + 10 = (b_2 x^2 + b_1 x + b_0) \cdot (x - 2)$$

schreiben. Die gesuchten Koeffizienten b_2, b_1 und b_0 des im Grade reduzierten Restpolynoms lassen sich durch die Überlegung finden, dass formal

$$(x^3 + 2x^2 - 13x + 10) : (x - 2) = (b_2 x^2 + b_1 x + b_0)$$

gelten muss. Konkrete Durchführung dieser Polynomdivision ergibt:

$$
\begin{array}{l}
(x^3 + 2x^2 - 13x + 10) : (x - 2) = x^2 + 4x - 5 \\
\underline{-(x^3 - 2x^2)} \\
\qquad 4x^2 - 13x \\
\qquad \underline{-(4x^2 - 8x)} \\
\qquad\qquad -5x + 10 \\
\qquad\qquad \underline{-(-5x + 10)} \\
\qquad\qquad\qquad 0
\end{array}
$$

Die Lösungen der Gleichung $b_2 x^2 + b_1 x + b_0 = x^2 + 4x - 5 = 0$ können dann mit den Methoden aus Kapitel A.4.3 bestimmt werden. Es ergibt sich $x_2 = 1$ und $x_3 = -5$, sodass für die Lösungsmenge der ursprünglichen Gleichungen gilt: $L_G = \{-5, 1, 2\}$. Damit folgen automatisch

$$(x^2 + 4x - 5) = (x + 5)(x - 1)$$

sowie

$$x^3 + 2x^2 - 13x + 10 = (x + 5)(x - 1)(x - 2).$$

Erlaubt keine der genannten Methoden die Lösung einer Gleichung n-ten Grades, muss auf **numerische Methoden** zurückgegriffen werden, die zumindest eine Näherungslösung liefern (vgl. Kapitel D.7).

Aufgabe 15 - 16 > Seite 229

4.4.2 Bruchgleichungen

In Bruchgleichungen tritt die Lösungsvariable x im Nenner eines Terms auf. Liegen keine weiteren Schwierigkeiten in einer Bruchgleichung vor (Logarithmen, Potenzen etc.), lässt sich eine Bruchgleichung durch **Multiplikation mit dem Hauptnenner** in eine äquivalente lineare Gleichung umwandeln. Der Hauptnenner ist das kleinste gemeinsame Vielfache aller auftretenden Nenner.

Beispiele

1. Beispiel:

$$4 = \frac{20}{x+3}$$

$\Leftrightarrow \quad 4(x+3) = 20 \qquad$ (Multiplikation mit Hauptnenner $(x+3)$)

$\Rightarrow \quad x = 2 \qquad$ (zuerst -12 auf beiden Seiten, dann Gleichung durch 4 dividiert)

2. Beispiel:

$$2 + \frac{1}{x+5} = \frac{10}{x} + \frac{1}{10}$$

$\Leftrightarrow \quad 20x(x+5) + 10x = 100(x+5) + x(x+5) \qquad$ (mit Hauptnenner $10x(x+5)$ multipliziert)

$\Leftrightarrow \quad 19x^2 + 5x - 500 = 0 \qquad$ (Terme auf linke Seite gebracht und nach x-Potenzen zusammengefasst)

$\Rightarrow \quad x_1 = \frac{-5+195}{38} = 5, \quad x_2 = \frac{-5-195}{38} = -5,26 \ldots$

(quadratische Gleichung mit D > 0, daher zwei reelle Lösungen)

Wichtig bei der Umformung von Bruchgleichungen ist die genaue Bestimmung des **Definitionsbereichs D_G**, da die auftretenden Nenner für einzelne Werte von x (auch für Elemente der Lösungsmenge) durchaus Null werden können.

$$\frac{1}{x+3} = \frac{-6}{x^2-9}$$

$\Rightarrow$ x - 3 = -6   (Multiplizieren mit Hauptnenner x^2 - 9 = (x + 3)(x - 3))

$\Rightarrow$ x = -3   (auf beiden Seiten 3 addiert)

Wegen

$D_G = \mathbb{R} \setminus \{-3, 3\}$

liegt die gefundene „Lösung" x = - 3 nicht im Definitionsbereich D_G, die Lösungsmenge L_G ist also leer: L_G = { }.

Kommen weitere Besonderheiten zu einer Bruchgleichung hinzu, kann sich die Lösung der Gleichung nach Multiplikation mit dem Hauptnenner schwierig gestalten, sodass keine allgemein gültige Lösungsstrategie angegeben werden kann.

Aufgabe 17 > Seite 229

4.4.3 Wurzelgleichungen

In Wurzelgleichungen tritt die Unbekannte x im **Radikanden** („unter der Wurzel") auf. Da Wurzelausdrücke im Allgemeinen nicht für alle reellen Werte von x definiert sind, muss zunächst der Definitionsbereich D_G der Gleichung bestimmt werden. Beispielsweise darf unter einer Quadratwurzel kein negativer Ausdruck stehen.

Wurzelgleichung	Definitionsbereich D_G
$\sqrt[4]{x-3} = 4$	$D_G = \{x \in \mathbb{R} \mid x \geq 3\}$ = alle reellen Zahlen x mit x ≥ 3
$\sqrt[3]{x^2+3} + 2 = 2x$	$D_G = \mathbb{R}$ (Radikant ist immer > 0)
$\sqrt{5-x} + x = 13$	$D_G = \{x \in \mathbb{R} \mid x \leq 5\}$ = alle reellen Zahlen x mit x ≤ 5

Als Lösungsstrategie für Wurzelgleichungen bietet sich ein- oder mehrmaliges **Potenzieren** an. Dabei ist zu beachten, dass Potenzieren mit geraden Exponenten n keine Äquivalenzumformung darstellt, weshalb mit allen Lösungen der potenzierten Gleichung eine **Probe** in der ursprünglichen Wurzelgleichung durchgeführt werden muss.

Beispiele

1. Beispiel:

$$\sqrt{x-3} = 4$$

$\Leftrightarrow \quad x - 3 = 16$ (Quadrieren der Gleichung)

$\Leftrightarrow \quad x = 19$ (Probe bestätigt, dass $L_G = \{19\}$)

Tritt x auch außerhalb der Wurzel auf, muss die Wurzel vor dem Potenzieren auf einer Seite der Gleichung durch Äquivalenzumformungen isoliert werden, anderenfalls verschwindet die Wurzel nicht.

2. Beispiel:

$$\sqrt{x+3} + 5x = 7$$

$\Rightarrow \quad \sqrt{x+3} = 7 - 5x$ (Wurzel durch Subtraktion von $-5x$ auf beiden Seiten isoliert)

$\Rightarrow \quad x + 3 = 49 - 70x + 25x^2$ (Quadrieren der Gleichung; auf der rechten Seite 2. binomische Formel angewendet)

$\Rightarrow \quad -25x^2 + 71x - 46 = 0$ (Terme nach Potenzen von x auf der linken Seite zusammengefasst).

Wegen $D = 71^2 - 4(-25)(-46) = 441 > 0$ (positive Diskriminante) existieren zwei reelle Lösungen:

$$x_1 = \frac{-71 + \sqrt{441}}{-50} = 1, \quad x_2 = \frac{-71 - \sqrt{441}}{-50} = 1,84$$

Die Probe in der Ursprungsgleichung ergibt:

$$\sqrt{x_1 + 3} + 5x_1 = 7,$$

aber

$$\sqrt{x_2 + 3} + 5x_2 = \sqrt{1,84 + 3} + 5 \cdot 1,84 \approx 11,4 \neq 7,$$

$x_2 = 1,84$ ist also **keine** Lösung der Wurzelgleichung, womit $L_G = \{1\}$ (beachte, dass x_1 und x_2 Teil der Definitionsmenge D_G sind).

Treten zwei oder mehr Wurzeln in einer Wurzelgleichung auf, muss eventuell mehrfach potenziert werden, um alle Wurzeln zu eliminieren.

Beispiel

$$\sqrt{x+5} = \sqrt{8-x} + 1$$
$$\Rightarrow \quad x+5 = 8-x+2\sqrt{8-x}+1 \qquad \text{(Quadrieren der Gleichung)}$$
$$\Rightarrow \quad x-2 = \sqrt{8-x} \qquad \text{(Isolieren der Wurzel)}$$
$$\Rightarrow \quad x^2-4x+4 = 8-x \qquad \text{(Quadrieren der Gleichung)}$$
$$\Rightarrow \quad x^2-3x-4 = 0 \qquad \text{(Potenzen von x auf linker Seite zusammengefasst).}$$

Es ergeben sich die Lösungen (beachte, dass $D > 0$)

$$x_1 = \frac{3+\sqrt{25}}{2} = 4, \, x_2 = \frac{3-\sqrt{25}}{2} = -1,$$

von denen nur $x_1 = 4$ die Ursprungsgleichung erfüllt und zusätzlich noch Element der Definitionsmenge D_G ist: $L_G = \{4\}$.

Aufgabe 18 > Seite 229

4.4.4 Exponentialgleichungen

In Exponentialgleichungen tritt die Unbekannte x in einem oder mehreren Exponenten auf. Aufgrund von $\log_a(b^d) = d \cdot \log_a(b)$ (siehe **Logarithmusgesetze** in Kapitel A.3.4) bietet sich **Logarithmieren** der Gleichung als Lösungsstrategie an, da die Unbekannte so zu einem multiplikativen Faktor wird. Es ist dabei nicht von Bedeutung, zu welcher Basis logarithmiert wird, weshalb sich in der Praxis entweder der natürliche oder der dekadische Logarithmus anbietet.

Beispiel

$$5^x = 25 \Leftrightarrow \ln(5^x) = \ln(25) \Leftrightarrow x\ln(5) = \ln(25) \Rightarrow x = \frac{\ln(25)}{\ln(5)} = 2$$
$$3^{x-1} = 4^{2x} \Leftrightarrow \ln(3^{x-1}) = \ln(4^{2x}) \Leftrightarrow (x-1)\ln(3) = 2x\ln(4)$$
$$\Leftrightarrow x\ln(3) - 2x\ln(4) = \ln(3) \Rightarrow x = \frac{\ln(3)}{\ln(3) - 2\ln(4)} \approx -0,656$$

Die **Logarithmusgesetze** aus Kapitel A.3.4 gestatten die Lösung bestimmter Exponentialgleichungen, bei denen „hinreichend einfache" Ausdrücke in x (etwa Polynome maximal zweiten Grades) in Exponenten zu verschiedenen Basen auftreten (a_1, a_2, ..., a_n und b seien positive reelle Zahlen, $T_1(x)$, $T_2(x)$, ..., $T_n(x)$ Terme in x):

$$a_1^{T_1(x)} \cdot a_2^{T_2(x)} \cdot ... \cdot a_n^{T_n(x)} = b \iff T_1(x) \cdot \ln(a_1) + T_2(x) \cdot \ln(a_2) + ... + T_n(x) \cdot \ln(a_n) = \ln(b)$$

Beispiel

$$2^{x-4} \cdot 5^{0,25(x+1)} = 200$$
$$\iff (x-4)\ln(2) + 0,25(x+1)\ln(5) = \ln(200)$$
$$\Rightarrow x = \frac{\ln(200) + 4\ln(2) - 0,25\ln(5)}{\ln(2) + 0,25\ln(5)} = 7$$

Aufgabe 19 > Seite 229

4.4.5 Logarithmusgleichungen

Zur Lösung von Logarithmusgleichungen, in denen die Unbekannte x **logarithmiert** wird (d. h. als Argument in einem Logarithmus auftritt), bietet sich das **Potenzieren** der Gleichung an, da sich Potenzieren und Logarithmieren zueinander wie Umkehroperationen verhalten, vgl. Kapitel A.3.4. Auch hier ist es wichtig, den jeweils gültigen Definitionsbereich der Gleichung zu beachten.

Beispiel

$$\ln(1+x) = 3 \iff e^{\ln(1+x)} = e^3 \Rightarrow 1+x = e^3 \Rightarrow x = e^3 - 1 \approx 19,09$$
$$\log_3(x^3-4) = 2 \iff 3^{\log_3(x^3-4)} = 3^2 \Rightarrow x^3 - 4 = 9 \Rightarrow x = \sqrt[3]{13} \approx 2,35$$

Aufgabe 20 > Seite 230

5. Ungleichungen

In **Ungleichungen** werden zwei Terme T_1 und T_2 nicht einander gleichgesetzt, sondern mithilfe der Relationen

„kleiner als"	(Zeichen < ; z. B. 5 < 9 , -1 < 5 , -7 < -2),
„kleiner oder gleich"	(Zeichen ≤ ; z. B. 6 ≤ 6 , -5 ≤ 8 , -3 ≤ -3),
„größer als"	(Zeichen > ; z. B. 5 > 0 , 1 > -5 , -2 > -7),
„größer oder gleich"	(Zeichen ≥ ; z. B. 5 ≥ 5 , 1 ≥ -1 , -7 ≥ -7),

miteinander **verglichen**. Die Ungleichung a ≤ b bedeutet, dass entweder a < b oder a = b gilt. Hängen die Terme einer Ungleichung von einer Unbekannten x ab, gelten für die **Definitionsmenge** D_G die gleichen Regeln wie bei Gleichungen. Die **Lösungsmenge** L_G einer Ungleichung besteht normalerweise aus einem oder mehreren **Intervallen** reeller Zahlen, die alle die Ungleichung erfüllen.

Beispiel

Die Ungleichung x + 3 > 5 hat alle reellen Zahlen als Definitionsmenge, für die Lösungsmenge gilt

$$L_G = \{x \in \mathbb{R} | x > 2\},$$

da x größer als 2 sein muss, um die Ungleichung zu erfüllen.

Die Ungleichung x + 3 < 5 hat entsprechend die Lösungsmenge:

$$L_G = \{x \in \mathbb{R} | x < 2\}$$

Wird das <-Zeichen in dieser Ungleichung durch ≤ ersetzt (also x + 3 ≤ 5), wird die Lösungsmenge um x = 2 ergänzt:

$$L_G = \{x \in \mathbb{R} | x \leq 2\}$$

Soll die Lösungsmenge einer komplizierteren Ungleichung bestimmt werden, muss diese Ungleichung mithilfe von **Äquivalenzumformungen** (vgl. Kapitel A.4.1) solange umgeformt werden, bis die Lösungsmenge direkt abgelesen werden kann. Dabei ist zu beachten, dass manche Äquivalenzumformungen eine **Richtungsumkehrung des Ungleichzeichens** bewirken (der Einfachheit halber werden ausschließlich <-Relationen betrachtet; alle Aussagen gelten auch in den Fällen >, ≤ und ≥; a, b und c seien jeweils reelle Zahlen, n eine natürliche Zahl):

Äquivalenzumformung	Beispiel
$a < b \Leftrightarrow c \cdot a > c \cdot b, c < 0$ (Multiplikation mit einer negativen Zahl)	$2 < 3 \Leftrightarrow (-1) \cdot 2 > (-1) \cdot 3 \Leftrightarrow -2 > -3$ (auf beiden Seiten mit (-1) multipliziert)
$a < b \Leftrightarrow \dfrac{a}{c} > \dfrac{b}{c}, c < 0$ (Division durch eine negative Zahl)	$4 < 8 \Leftrightarrow \dfrac{4}{(-2)} > \dfrac{8}{(-2)} \Leftrightarrow -2 > -4$ (auf beiden Seiten durch -2 dividiert)
$0 < a < b \Rightarrow a^{-c} > b^{-c}, c > 0$ (Potenzieren mit einer negativen Zahl bei positiver Basis a und b; für c = -1 wird der Kehrwert gebildet)	$2 < 5 \Rightarrow 2^{-2} > 5^{-2} \Rightarrow \dfrac{1}{4} > \dfrac{1}{25}$ (auf beiden Seiten mit (-2) potenziert)

Beispiel

$$-3x + 5 > 4x - 9$$

$\Leftrightarrow \quad -7x > -14$ (x-Ausdrücke auf linker Seite zusammengefasst)

$\Rightarrow \quad x < 2$ (durch (-7) dividiert, Ungleichzeichen dabei umgekehrt)

Wird die Möglichkeit einer Umkehrung des Ungleichzeichens bei einer Umformung nicht beachtet, verändert sich die Lösungsmenge der Ungleichung. Die Umformung ist damit **keine Äquivalenzumformung** mehr.

Besonders kompliziert kann die Behandlung von Ungleichungen werden, wenn mit x-abhängigen Termen multipliziert oder durch x-abhängige Terme dividiert wird, da das Vorzeichen von x im vorhinein nicht bekannt ist. Um festzustellen, ob ein **Produkt** oder ein **Quotient** zweier Terme positiv oder negativ ist (und damit eventuell die Richtung des Ungleichzeichens verändert werden muss), sind deshalb **Fallunterscheidungen** erforderlich (es sei a ≠ 0 und b ≠ 0):

▸ Ist das Produkt a · b oder der Quotient a/b zweier reeller Zahlen **positiv**, so sind a und b entweder **beide positiv** oder **beide negativ**.

▸ Ist das Produkt a · b oder der Quotient a/b zweier reeller Zahlen **negativ**, so haben a und b **unterschiedliche Vorzeichen**.

Müsste zur Isolierung von x auf einer Seite einer Ungleichung mit x-abhängigen Termen multipliziert oder durch x-abhängige Terme dividiert werden (deren Vorzeichen nicht bekannt ist, da x noch unbekannt ist), empfiehlt es sich meist, die Ungleichung stattdessen in die Form

$$\frac{T_1(x)}{T_2(x)} > 0$$

zu überführen.

Beispiele

1. Beispiel:

$$\frac{4}{x+3} > 2 \qquad \text{(beachte, dass } x \neq -3 \text{ gelten muss)}$$

$$\Leftrightarrow \quad \frac{4}{x+3} - 2 > 0 \qquad \text{(auf beiden Seiten -2 subtrahiert)}$$

$$\Rightarrow \quad \frac{4}{x+3} - \frac{2(x+3)}{x+3} > 0 \qquad \text{(Erweiterung mit } (x+3))$$

$$\Rightarrow \quad \frac{-2x-2}{x+3} > 0 \qquad \text{(Brüche addiert)}$$

Damit der erhaltene Quotient positiv ist, müssen Zähler und Nenner entweder beide positiv oder beide negativ sein, d. h. es muss gelten:

$$-2x-2 > 0 \ \wedge \ x+3 > 0 \qquad \text{oder} \qquad -2x-2 < 0 \ \wedge \ x+3 < 0$$

Dies führt auf die Bedingungen:

$$x < -1 \ \wedge \ x > -3 \qquad \text{oder} \qquad x > -1 \ \wedge \ x < -3$$

Das erste Bedingungspaar wird für $-3 < x < -1$ erfüllt, das zweite Bedingungspaar kann nicht erfüllt werden, da x nicht gleichzeitig größer als -1 und kleiner als -3 sein kann. Es folgt:

$$L_G = \{x \in \mathbb{R} \mid -3 < x < -1\}$$

Für $x > -1$ wird der Nenner des Bruchs auf der linken Seite der Ungleichung zu groß (der Bruch selbst damit zu klein), für $x < -3$ wird der Quotient negativ, weshalb die Ungleichung dann nicht mehr erfüllt sein kann.

Ähnliche Fallunterscheidungen müssen vorgenommen werden, **wenn quadratische Ausdrücke** in einer Ungleichung auftreten, da zum Beispiel die Ungleichung $x^2 > 4$ sowohl für hinreichend große positive als auch für hinreichend große negative x-Werte erfüllt ist (zum Beispiel erfüllen sowohl $x = 3$ als auch $x = -3$ diese Ungleichung).

2. Beispiel:
Die Ungleichung $(x-2)^2 \geq 5$ ist erfüllt, wenn

$$(x-2) \geq \sqrt{5}$$

gilt, da Quadrieren und Wurzelziehen die Richtung des Ungleichzeichens nicht verändert. Zusätzlich ist die Ungleichung auch erfüllt, wenn

$$(x-2) \leq -\sqrt{5},$$

der Ausdruck (x − 2) also hinreichend negativ wird. Die Lösungsmenge ergibt sich damit aus den Ungleichungen

$x \geq \sqrt{5} + 2$ und $x \leq -\sqrt{5} + 2$,

x muss also entweder hinreichend positiv oder hinreichend negativ sein:

$L_G = \{x \in \mathbb{R} \mid x \geq \sqrt{5} + 2 \ \vee \ x \leq \sqrt{5} + 2\}$

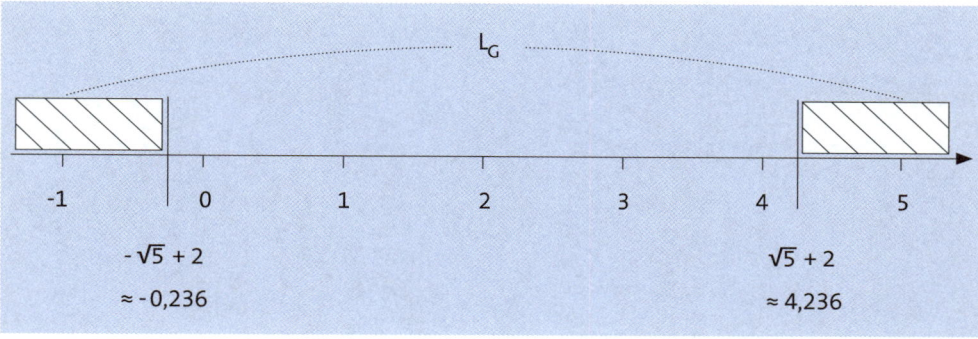

Aufgabe 21 - 22 > Seite 230

B. Finanzmathematik

Die Finanzmathematik gliedert sich in die **Zinsrechnung** (Kapitel B.1), die **Rentenrechnung** (Kapitel B.2) und die **Tilgungsrechnung** (Kapitel B.3), die im weiteren Sinne eine Anwendung der Rentenrechnung darstellt.

Finanzmathematik	Zinsrechnung
	Rentenrechnung
	Tilgungsrechnung

1. Zinsrechnung

Überlässt ein Gläubiger einem Schuldner für einen begrenzten Zeitraum Kapital (Darlehen, Sparplan bei einer Bank), wird für diesen Zeitraum ein Nutzungsentgelt in Form von **Zinsen** fällig. Die **Zinsrechnung** stellt mathematische Verfahren zur Berechnung der fälligen Zinsen bereit. Man unterscheidet die **einfache Verzinsung** und die **Verzinsung mit Zinseszinsen** (Kapitel B.1.1 bzw. B.1.2).

Beiden Verzinsungsformen ist gemeinsam, dass sie die anfallenden Zinsen **zeitanteilig** berechnen, d. h. je länger das Kapital beim Schuldner verbleibt, desto höher fallen die Zinszahlungen aus. Die Dauer der Kapitalüberlassung ist bei beiden Verzinsungsformen in einzelne **Zinsperioden** unterteilt (z. B. einzelne Jahre bei einem mehrjährigen Banksparplan), an deren Ende jeweils die Zinsen gut geschrieben werden (**nachschüssiger** Charakter der Verzinsung).

Ist die Laufzeit bei einer Verzinsung mit Zinseszinsen nicht in ganzen Jahren angebbar, wird in der Praxis gerne auf **gemischte Verzinsung** zurückgegriffen (Kapitel B.1.3). Diese Verzinsungsform stellt eine Mischform aus einfacher Verzinsung und Verzinsung mit Zinseszinsen dar.

Mit dem **Barwertbegriff** wird es in der Finanzmathematik möglich, auch zeitlich separierte Zahlungen miteinander zu vergleichen (Kapitel B.1.4). Der Barwert stellt dabei den Wert einer Zahlung zum Zeitpunkt 0 dar. Haben zwei Zahlungen denselben Barwert, gelten sie als **äquivalent**. Äquivalente Zahlungen müssen nicht identisch sein.

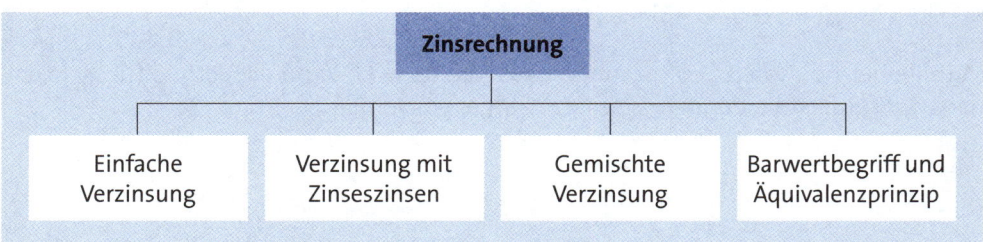

1.1 Einfache Verzinsung

Bei der einfachen Verzinsung nehmen bereits angefallene Zinsen an der weiteren Verzinsung *nicht* teil und werden dem eingesetzten Kapital erst am Ende der Kapitalüberlassung zugeschlagen. Das Gesamtkapital (Kapital + Zinsen) wächst **linear** an (daher auch **lineare Verzinsung**). Einfache Verzinsung kann für **jährliche** und **unterjährliche Zinsperioden** betrachtet werden (Kapitel B.1.1.1 bzw. B.1.1.2).

1.1.1 Jährliche Verzinsung

Im Folgenden wird zunächst die **jährliche Verzinsung** untersucht, bei der jeweils nach Ablauf eines vollen Jahres Zinsen fällig werden. Sei dazu:

K_0	**(Anfangs-)Kapital** zum Zeitpunkt 0 (= Anfangszeitpunkt der Verzinsung)
K_n	**(End-)Kapital** zum Zeitpunkt n, i. A. nach n Jahren (Endzeitpunkt der Verzinsung)
Z_n	Zwischen den Zeitpunkten 0 und n anfallende **Zinsen**
i	**Zinssatz**, d. h. der relative Anteil des angelegten Kapitals, der während eines Jahres als Zinsen fällig wird.

Der Zinssatz wird entweder als **Prozentsatz** (5 %), als **Dezimalzahl** (0,05) oder – seltener – als **Bruchzahl** (5/100) angegeben. Der gelegentlich verwendete Zinsfuß p errechnet sich zu $p = i \cdot 100$.

Für das erste Jahr fallen Zinsen in Höhe von $Z_1 = K_0 \cdot i$ an, nach Ablauf von n Jahren insgesamt $Z_n = K_0 \cdot i \cdot n$. Es folgt:

$$K_n = K_0 + Z_n = K_0 + K_0 \cdot i \cdot n = K_0 \cdot (1 + i \cdot n)$$

Beispiele

1. Beispiel:
Ein Kapital von 5.000 € werde bei einem Zins von 6 % linear verzinst. Nach drei Jahren ergibt sich damit:

$$K_n = K_3 = 5.000 \cdot (1 + 0,06 \cdot 3) = 5.900 \, €$$

Mithilfe der Äquivalenzumformungen aus Kapitel A.4.1 kann die Formel für K_n leicht nach der Laufzeit n oder dem Zinssatz i aufgelöst werden.

2. Beispiel:
Ein Kapital von 1.000 € ist bei einfacher Verzinsung nach sechs Jahren Laufzeit auf 1.240 € angewachsen. Damit gilt für den Zinssatz i:

$$K_n = K_0 \cdot (1 + i \cdot n) \Leftrightarrow \frac{K_n}{K_0} = 1 + i \cdot n \Rightarrow \left(\frac{K_n}{K_0} - 1\right) \cdot \frac{1}{n} = i$$

also $\quad i = \left(\dfrac{K_n}{K_0} - 1\right) \cdot \dfrac{1}{n} = \left(\dfrac{1.240}{1.000} - 1\right) \cdot \dfrac{1}{6} = 0{,}04 = 4\,\%$

Aufgabe 23 > Seite 230

1.1.2 Unterjährliche Verzinsung

Wird die Laufzeit der Verzinsung in **Tagen** bzw. **Monaten** angegeben (das heißt, m = 360 bzw. m = 12 unterjährliche Zinsperioden), errechnen sich die Zinsen $Z_{t/360}$ nach t Tagen bzw. $Z_{t/12}$ nach t Monaten anteilig nach den Formeln:

$$Z_{t/m} = Z_{t/360} = K_0 \cdot i \cdot \frac{t}{360} \quad \text{bzw.} \quad Z_{t/m} = Z_{t/12} = K_0 \cdot i \cdot \frac{t}{12}$$

Bemerkung: Das Jahr wird bei einfacher Verzinsung in der Praxis meist mit 360 Tagen angesetzt, die einzelnen Monate mit 30 Tagen.

Für das Kapital $K_{t/360}$ nach t Tagen bzw. $K_{t/12}$ nach t Monaten gilt:

$$K_{t/360} = K_0 + Z_{t/360} = K_0 \cdot \left(1 + i \cdot \frac{t}{360}\right) \quad \text{bzw.} \quad K_{t/12} = K_0 + Z_{t/12} = K_0 \cdot \left(1 + i \cdot \frac{t}{12}\right)$$

Beispiel

10.000 € werden zu 2,5 % angelegt. Nach 72 Tagen errechnet sich $K_{t/360}$ zu:

$$K_{t/360} = K_{72/130} = 10.000 \cdot \left(1 + 0{,}025 \cdot \frac{72}{360}\right) = 10.050\,€$$

Nach 7 Monaten beträgt das Kapital:

$$K_{t/12} = K_{7/12} = 10.000 \cdot \left(1 + 0{,}025 \cdot \frac{7}{12}\right) = 10.145{,}83\,€$$

Aufgabe 24 > Seite 230

1.2 Verzinsung mit Zinseszinsen

Bei der Verzinsung mit Zinseszinsen (auch **zusammen gesetzte Verzinsung**) nehmen bereits angefallene Zinsen an der weiteren Verzinsung teil und werden dem Kapital jeweils am Ende einer Zinsperiode zugeschlagen. Die Folge ist, dass die Zinsen einem immer größeren Kapital hinzu gerechnet werden, das nun nicht mehr linear, sondern **exponentiell** wächst. Verzinsung mit Zinseszinsen kann für **jährliche** und **unterjährliche** Zinsperioden betrachtet werden (Kapitel B.1.2.1 bzw. 1.2.2).

1.2.1 Jährliche Verzinsung

Bei jährlicher Verzinsung mit Zinseszinsen wird das bis zu einem Zeitpunkt angehäufte Kapital jeweils jährlich mit $(1 + i)$ multipliziert, wodurch bereits angefallene Zinsen mitverzinst werden:

Zeitpunkt n	Kapital K_n
0	K_0
1	$K_1 = K_0 \cdot (1 + i)$
2	$K_2 = K_1 \cdot (1 + i) = K_0 \cdot (1 + i)^2$
3	$K_3 = K_2 \cdot (1 + i) = K_0 \cdot (1 + i)^3$
...	...
n	$K_n = K_{n-1} \cdot (1 + i) = K_0 \cdot (1 + i)^n$

Zum Zeitpunkt n (= nach n Jahren) gilt bei der Verzinsung mit Zinseszinsen daher:

$$K_n = K_0 \cdot (1 + i)^n$$

Das Kapital wächst also **exponentiell**.

Beispiele

1. Beispiel:
Ein Kapital von 5.000 € werde bei einem Zinssatz von 6 % verzinst. Nach drei Jahren ergibt sich damit:

$$K_n = K_3 = 5.000 \cdot (1 + 0{,}06)^3 = 5.955{,}08 \,€$$

Zum Vergleich: In Kapitel B.1.1 wurde bei ansonsten gleichen Daten mit einfacher Verzinsung nach drei Jahren ein Kapital von lediglich 5.900 € erzielt.

Die Diskrepanz in den Werten für K_n bei einfacher Verzinsung bzw. Verzinsung mit Zinseszinsen wird umso größer, je größer n und i sind. Für n = 1 erzielen beide Verzinsungsformen das gleiche Kapital K_1, da:

$$(1 + i)^n = (1 + i)^1 = (1 + i) = (1 + i \cdot 1) = (1 + i \cdot n)$$

2. Beispiel:

Ein Kapital von 5.000 € werde bei einem Zinssatz von 6 % einmal mit einfacher Verzinsung und einmal mit Zinseszinsen verzinst (Zahlenwerte auf ganze Euro gerundet, Zinsperiode betrage jeweils ein Jahr).

Laufzeit n	Kapital K_n bei einfacher Verzinsung	Kapital K_n bei Verzinsung mit Zinseszinsen
0	**5.000 €**	**5.000 €**
1	$5.000 \cdot (1 + 0,06 \cdot 1) =$ **5.300 €**	$5.000 \cdot (1 + 0,06)^1 =$ **5.300 €**
2	$5.000 \cdot (1 + 0,06 \cdot 2) =$ **5.600 €**	$5.000 \cdot (1 + 0,06)^2 =$ **5.618 €**
5	$5.000 \cdot (1 + 0,06 \cdot 5) =$ **6.500 €**	$5.000 \cdot (1 + 0,06)^5 =$ **6.691 €**
10	$5.000 \cdot (1 + 0,06 \cdot 10) =$ **8.000 €**	$5.000 \cdot (1 + 0,06)^{10} =$ **8.954 €**
25	$5.000 \cdot (1 + 0,06 \cdot 25) =$ **12.500 €**	$5.000 \cdot (1 + 0,06)^{25} =$ **21.459 €**
50	$5.000 \cdot (1 + 0,06 \cdot 50) =$ **20.000 €**	$5.000 \cdot (1 + 0,06)^{50} =$ **92.101 €**

3. Beispiel:

Ein Kapital von 5.000 € werde bei unterschiedlichen Zinssätzen über 25 Jahre einmal mit einfacher Verzinsung und einmal mit Zinseszinsen verzinst (Zahlenwerte auf ganze Euro gerundet, Zinsperiode betrage jeweils ein Jahr).

Zinssatz i	Kapital K_n bei einfacher Verzinsung	Kapital K_n bei Verzinsung mit Zinseszinsen
0 %	**5.000 €**	**5.000 €**
1 %	$5.000 \cdot (1 + 0,01 \cdot 25) =$ **6.250 €**	$5.000 \cdot (1 + 0,01)^{25} =$ **6.412 €**
2 %	$5.000 \cdot (1 + 0,02 \cdot 25) =$ **7.500 €**	$5.000 \cdot (1 + 0,02)^{25} =$ **8.203 €**
3 %	$5.000 \cdot (1 + 0,03 \cdot 25) =$ **8.750 €**	$5.000 \cdot (1 + 0,03)^{25} =$ **10.469 €**
5 %	$5.000 \cdot (1 + 0,05 \cdot 25) =$ **11.250 €**	$5.000 \cdot (1 + 0,05)^{25} =$ **16.932 €**
10 %	$5.000 \cdot (1 + 0,1 \cdot 25) =$ **17.500 €**	$5.000 \cdot (1 + 0,1)^{25} =$ **54.174 €**
20 %	$5.000 \cdot (1 + 0,2 \cdot 25) =$ **30.000 €**	$5.000 \cdot (1 + 0,2)^{25} =$ **476.981 €**

Etwas komplizierter als bei der einfachen Verzinsung gestaltet sich bei der Verzinsung mit Zinseszinsen die Auflösung der Formel für K_n nach i bzw. n:

▸ **Auflösen nach dem Zinsatz i** erfordert nach Division durch K_0 das Ziehen der n-ten Wurzel (= Potenzieren mit 1/n):

$$K_n = K_0 \cdot (1+i)^n \Leftrightarrow \frac{K_n}{K_0} = (1+i)^n \Rightarrow \sqrt[n]{\frac{K_n}{K_0}} = 1+i \Rightarrow i = \sqrt[n]{\frac{K_n}{K_0}} - 1$$

▸ **Auflösen nach der Laufzeit n** erfordert nach Division durch K_0 die Anwendung der ln-Funktion, wobei die Beziehung $\ln(a^b) = b \cdot \ln(a)$ genutzt wird:

$$K_n = K_0 \cdot (1+i)^n \Leftrightarrow \frac{K_n}{K_0} = (1+i)^n \Rightarrow \ln\left(\frac{K_n}{K_0}\right) = \ln((1+i)^n) = n \cdot \ln(1+i)$$

$$\Rightarrow n = \frac{\ln\left(\frac{K_n}{K_0}\right)}{\ln(1+i)} = \frac{\ln(K_n) - \ln(K_0)}{\ln(1+i)}$$

Beispiel

Wie lange muss ein Kapital von 8.000 € bei einem Zinssatz von 4 % angelegt werden, um auf 80.000 € anzuwachsen?

$$n = \frac{\ln(K_n) - \ln(K_0)}{\ln(1+i)} = \frac{\ln(80.000) - \ln(8.000)}{\ln(1+0,04)} = 58,71 \approx 59 \text{ Jahre}$$

Bemerkung: Wegen

$$\ln(K_n) - \ln(K_0) = \ln\left(\frac{K_n}{K_0}\right) = \ln\left(\frac{80.000}{8.000}\right) = \ln(10)$$

spielt es in obigem Beispiel keine Rolle, dass genau 8.000 € verzehnfacht worden sind. Der Zahlenwert n = 58,71 gibt an, wie lange es allgemein dauert, ein Kapital K_0 bei einem Zinssatz von 4 % zu verzehnfachen. Bei der Division K_n/K_0 verschwindet der Absolutwert des Kapitals, übrig bleibt das Verhältnis von End- zu Anfangskapital, in diesem Falle 10.

Aufgabe 25 - 26 > Seite 231

1.2.2 Unterjährliche Verzinsung

Soll eine Verzinsung mit Zinseszinsen **unterjährlich** erfolgen, wird das Jahr in **m Zinsperioden** unterteilt, an deren Ende jeweils Zinsen fällig und dem Kapital zugeschlagen werden. Der angegebene Jahreszinssatz (**Nominalzinssatz** i_m) wird dazu durch m dividiert, das Ergebnis $i_m/m = i_p$ (der **Periodenzinssatz**) auf die m Zinsperioden angewendet.

Das Kapital $K_{t/m}$ nach t Zinsperioden bei unterjährlicher Verzinsung mit m Zinsperioden pro Jahr errechnet sich zu:

$$K_{t/m} = K_0 \cdot \left(1 + \frac{i_m}{m}\right)^t = K_0 \cdot (1 + i_p)^t$$

Beispiel

Eine Bank biete ein Wertpapier mit einer Laufzeit von drei Monaten und einem jährlichen Nominalzinssatz von 6 % an. Sollen die Zinsen vierteljährlich für ein Jahr berechnet werden (m = 4, t = 1, $i_p = i_m/m = 1{,}5$ %), bedeutet dies:

$$K_{t/4} = K_{1/4} = 10.000 \cdot \left(1 + \frac{0{,}06}{4}\right)^1 = 10.000 \cdot (1 + 0{,}015) = 10.150 \, €$$

Werden die Zinsen hingegen **monatlich** gut geschrieben, ergibt sich bei gleicher Laufzeit (m = 12, t = 1, $i_p = 0{,}5$ %):

$$K_{t/12} = K_{1/12} = 10.000 \cdot \left(1 + \frac{0{,}06}{12}\right)^1 = 10.000 \cdot (1 + 0{,}005)^{12} = 10.616{,}78 \, €$$

Fallen die Zinsen **täglich** an (m = 360, t = 1, $i_p = 0{,}01667$ %), so folgt (leichte Rundungsabweichung):

$$K_{t/360} = K_{1/360} = 10.000 \cdot \left(1 + \frac{0{,}06}{360}\right)^{360} = 10.000 \cdot (1 + 0{,}0001667)^{360} = 10.618{,}31 \, €$$

Bemerkung: Bei taggenauer Verzinsung werden in praktischen Anwendungen bei der Rechnung mit Zinseszinsen sowohl 360 als auch 365 Tage verwendet. Letzteres mag genauer erscheinen, ist aber wegen der Schaltjahrproblematik auch mit einem leichten Fehler behaftet.

Der **Effektivzinssatz** i_e zu einem gegebenen Nominalzinssatz i_m und einer unterjährlichen Zinsperiodenanzahl m gibt an, welcher Zins mit einer unterjährlichen Verzinsung auf das ganze Jahr gesehen erzielt wird. m unterjährliche Zinsperioden mit einem Periodenzinssatz $i_p = i_m/m$ entsprechen folglich gerade i_e. Es gilt:

$$1 + i_e = \left(1 + \frac{i_m}{m}\right)^m \Rightarrow i_e = \left(1 + \frac{i_m}{m}\right)^m - 1 = (1 + i_p)^m - 1$$

Beispiel

Eine Bank biete einem Anleger einen Nominalzinssatz von 6 % bei monatlicher Verzinsung. Damit ergibt sich:

$$i_e = \left(1 + \frac{i_m}{m}\right)^m - 1 = \left(1 + \frac{0{,}06}{12}\right)^{12} - 1 = 0{,}0617 = 6{,}17\,\%\,,$$

es gilt also $i_e > i_m$, was eine Folge des Zinseszinseffektes bei mehrmaliger unterjährlicher Verzinsung ist. Im Falle m = 1 sind beide Zinssätze identisch.

Soll ein Kapital K_0 **unterjährlich** bei Vorgabe eines Effektivzinssatzes verzinst werden (m unterjährige Zinsperioden), errechnet sich das Kapital $K_{t/m}$ nach Ablauf von t der m Zinsperioden nach

$$K_{t/m} = K_0 \cdot (1 + i_e)^{t/m}$$

d. h. es wird bei der Formel für die jährliche Verzinsung lediglich der Exponent n (= Anzahl der Jahre) durch den Anteil t/m eines Jahres ersetzt, den die Verzinsung läuft. Ist t ein Vielfaches von m, geht der Ausdruck für $K_{t/m}$ in die Formel für die jährliche Verzinsung über.

Bemerkung: Es gilt

$$K_{t/m} = K_0 \cdot (1 + i_e)^{t/m} = K_0 \cdot (1 + (1 + i_p)^m - 1)^{t/m} = K_0 \cdot ((1 + i_p)^m)^{t/m} = K_0 \cdot (1 + i_p)^t$$

die Berechnung von $K_{t/m}$ mithilfe des Effektivzinssatzes i_e entspricht also der Berechnung mithilfe des zugehörigen Nominalzinssatzes i_m bzw. Periodenzinssatzes i_p (vgl. oben).

Beispiel

Ein Kapital von 8.000 € werde für 126 Tage bei einem jährlichen Effektivzinssatz von 5 % angelegt (das Jahr zu 360 Tagen). Damit ergibt sich ein Endkapital von:

$$K_{t/365} = K_{126/360} = 8.000 \cdot (1 + 0{,}05)^{126/360} = 8.137{,}78\,\text{€}$$

Würde die Anlage 720 Tage lang laufen (= 2 Jahre), ergäbe sich:

$$K_{t/360} = K_{720/360} = 8.000 \cdot (1 + 0{,}05)^{720/360} = 8.000 \cdot (1 + 0{,}05)^2 = 8.820 \,€$$

Die Formel für die unterjährliche Verzinsung stellt also eine Verallgemeinerung der Formel für die jährliche Verzinsung dar.

Aufgabe 27 - 28 > Seite 231

In manchen Anwendungen ist auch die Berechnung eines **konformen unterjährlichen Zinssatzes** i_k aus einem gegebenen jährlichen **Effektivzinssatz** i_e gefragt. Läuft die Verzinsung über n Jahre und wird das Jahr in m unterjährliche Zinsperioden unterteilt, folgt:

$$K_0 \cdot (1 + i_k)^{n \cdot m} = K_0 \cdot (1 + i_e)^n$$

$$\Leftrightarrow (1 + i_k)^{n \cdot m} = (1 + i_e)^n \Rightarrow (1 + i_k)^m = (1 + i_e) \Rightarrow i_k = (1 + i_e)^{1/m} - 1$$

Beispiel

Eine Bank biete einen Sparplan mit vierteljähriger Verzinsung bei einer effektiven jährlichen Verzinsung von 6 % an. Damit der geforderte effektive Jahreszins von 6 % nach vier Quartalen erzielt wird, muss die Bank einen konformen Vierteljahreszins von

$$i_k = (1 + 0{,}06)^{1/4} - 1 = 0{,}01467 = 1{,}467\,\%$$

verwenden:

$$(1 + i_k)^4 = (1 + 0{,}01467)^4 = 1{,}06 = 1 + 0{,}06 = (1 + i_e)$$

Bemerkung: Der **Periodenzinssatz** errechnet sich aus dem **Nominalzinssatz** i_m bei m unterjährlichen Zinsperioden mittels $i_p = i_m/m$. Durch m-malige Anwendung des Periodenzinssatzes während eines Jahres ergibt sich auf das ganze Jahr gesehen ein **Effektivzinssatz** i_e. Der **konforme unterjährliche Zinssatz** i_k wird hingegen aus dem Effektivzinssatz i_e berechnet und gibt an, welcher unterjährliche Zins verwendet werden muss, um bei m-maliger Anwendung einen vorgegebenen Effektivzins zu erzielen.

Aufgabe 29 > Seite 231

1.3 Gemischte Verzinsung

Wird ein Kapital K_0 nicht für eine ganzzahlige Anzahl an Jahren, sondern z. B. für fünf Jahre und drei Monate angelegt, verwenden viele Banken eine Mischform aus linearer Verzinsung und Verzinsung mit Zinseszinsen, die **gemischte Verzinsung**. Bei dieser Form der Verzinsung werden ganze Jahre unter Berücksichtung des Zinseszinses, angebrochene Jahre am Anfang und Ende der Kapitalüberlassung hingegen linear verzinst.

Umfasst die Laufzeit einer Kapitalüberlassung bei gemischter Verzinsung einen unterjährlichen Anteil t_a des Anfangsjahres ($0 < t_a \leq 1$), n ganze Jahre und einen unterjährlichen Anteil t_e des Endjahres ($0 < t_e \leq 1$), errechnet sich das Kapital K_t am Ende der Laufzeit zu

$$K_t = K_0 \cdot (1 + i \cdot t_a) \cdot (1 + i)^n \cdot (1 + i \cdot t_e).$$

Die Verwendung der linearen Verzinsung im Anfangs- und Endjahr führt zu einer Erhöhung von K_t im Vergleich zu einer ausschließlichen Verwendung der Verzinsung mit Zinseszinsen, da lineare Verzinsung bei Laufzeiten von unter einem Jahr zu höheren Zinsen führt.

Beispiel

Ein Bankkunde zahle am 01.04.2005 einen Geldbetrag von 50.000 € in einen Sparplan mit gemischter Verzinsung ein (Zinssatz 5 %). Möchte er sein Kapital samt Zinsen zum 01.07.2012 wieder abheben, wird die Bank vom ersten Anlagejahr einen Anteil von $t_a = 9/12$ (9 Monate des Jahres 2005), vom letzten Anlagejahr einen Anteil von $t_e = 6/12$ (6 Monate des Jahres 2012) berücksichtigen; dazu kommen die mit Zinseszins verzinsten sechs vollen Jahre 2006-2011. Damit ergibt sich für das Kapital zum Ablauf des Sparplans:

$$K_t = 50.000 \cdot \left(1 + 0,05 \cdot \frac{9}{12}\right) \cdot (1 + 0,05)^6 \cdot \left(1 + 0,05 \cdot \frac{6}{12}\right) = 71.255,40 \, €$$

Würde ausschließlich Verzinsung mit Zinseszinsen verwendet werden, ergäbe sich:

$$K_t = 50.000 \cdot (1 + 0,05)^{9/12} \cdot (1 + 0,05)^6 \cdot (1 + 0,05)^{6/12} = (1 + 0,05)^{7,25} = 71.218,43 \, €$$

vgl. Kapitel B.1.2.2.

Aufgabe 30 > Seite 232

1.4 Barwertbegriff und Äquivalenzprinzip

In der Finanzwirtschaft wird davon ausgegangen, dass vorhandenes Kapital stets an laufenden Verzinsungsprozessen beteiligt ist, d.h. alles Kapital erfährt zwischen zwei Zeitpunkten gewisse Zinszuwächse. Sollen zwei Zahlungen, die zu **unterschiedlichen Zeitpunkten** erfolgen, miteinander verglichen werden, müssen Zinszuwächse zwischen beiden Zeitpunkten daher aus der Betrachtung herausgerechnet werden. Dies geschieht mithilfe einer **Aufzinsung** oder **Abzinsung** (auch **Diskontierung**) der Zahlungen.

Bei einer **Aufzinsung** werden einem Anfangskapital K_0 die Zinsen Z_n hinzugerechnet und somit das Endkapital K_n berechnet, bei einer **Abzinsung** ist es genau umgekehrt.

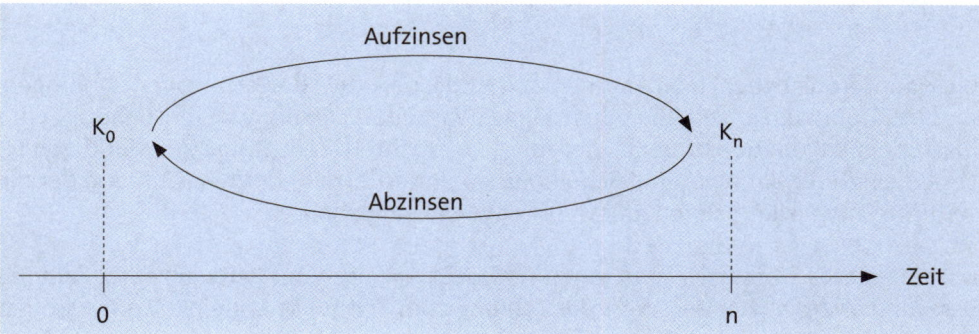

Bei der meist verwendeten Verzinsung mit Zinseszinsen und jährlicher Verzinsung bedeutet dies unter Verwendung des **Aufzinsungsfaktors** $q = 1 + i$:

$$K_n = K_0 \cdot (1 + i)^n = K_0 \cdot q^n \text{ (Aufzinsen)}$$

bzw.

$$K_0 = \frac{K_n}{(1 + i)^n} = \frac{K_n}{q^n} \quad \text{(Abzinsen)}$$

In der Praxis wird oftmals der **Abzinsungsfaktor** $v = q^{-1} = (1 + i)^{-1}$ (**Diskontierungsfaktor**) verwendet, mit dessen Hilfe der Abzinsungsprozess in der Form $K_0 = K_n \cdot v^n$ geschrieben werden kann.

Beispiel

Nach sechsjähriger Anlagedauer bei Verzinsung mit Zinseszinsen (jährlicher Zinssatz 4,5 %) ist ein Anfangskapital auf 26.045,20 € angewachsen. Das Anfangskapital beträgt damit:

$$K_0 = \frac{26.045,20}{(1 + 0,045)^6} = 20.000\,€$$

In diesem Beispiel beträgt der Aufzinsungsfaktor $q = 1,045$, der Abzinsungsfaktor errechnet sich zu $v = q^{-1} \approx 0,957$.

Ein Hauptproblem der Finanzmathematik ist die objektive **Bewertung** von Zahlungen, die zu Zeitpunkten in Vergangenheit, Gegenwart oder Zukunft erfolgen. Benötigt wird hierfür ein **Kalkulationszinssatz**, der für die betrachtete Zeitspanne am Markt von allen Beteiligten (Gläubiger und Schuldner) garantiert erzielt werden kann und der die zeitliche Entwicklung eines Kapitals unter Verzinsung abbildet.

Mithilfe dieses Zinssatzes kann durch Auf- oder Abzinsen der **Zeitwert** einer Zahlung berechnet werden, der den **Wert der Zahlung zum Zeitpunkt t** angibt. Meist wird der Zeitwert zum **Zeitpunkt 0** betrachtet, der **Barwert** (engl. **present value**; dieser ist bei Verzinsungsprozessen wie in den Kapiteln B.1.1 - 1.3 dargestellt identisch mit dem Anfangskapital K_0).

Beispiel

Herr Glücklich erwartet in drei Jahren die Auszahlung von 60.000 € aus seiner Lebensversicherung. Unter der Annahme eines Zinssatzes von $i = 0,05$ hat diese in der Zukunft fällig werdende Auszahlung einen Barwert von:

$$K_0 = \frac{60.000}{(1 + 0,05)^3} = 51.830,26\,€$$

Hier muss abgezinst werden, da die Zahlung aus der Lebensversicherung erst in der Zukunft fällig wird. Der Zahlenwert 51.830,26 € entspricht dem Kapital, das zum Zeitpunkt 0 (= heute) bereit stehen muss, damit in drei Jahren – ein Jahreszins von 5 % vorausgesetzt – ein Endwert von 60.000 € an Herrn Glücklich ausgezahlt werden kann:

$$51.830,26 \cdot (1 + 0,05)^3 = 60.000\,€$$

In der Betriebswirtschaftslehre findet der Barwertbegriff vor allem in der Investitions-rechnung breite Anwendung, vgl. etwa *Olfert*. Hier stellt sich oft das Problem, den Wert einer geplanten Investition anhand erwarteter Rückflüsse G_i $(1 \leq i \leq n)$ in der Zukunft zu ermitteln (die Rückflüsse können Gewinne oder Verluste sein). In diesen Fällen muss der Barwert eines ganzen **Zahlungsstromes** auf Basis eines geeigneten Kalkulationszins-satzes berechnet werden, was durch Addieren der Einzelbarwerte geschieht.

Werden zusätzlich die Anfangsinvestition A_0 zum Zeitpunkt 0 sowie eventuelle **Liqui-dationserlöse** bzw. **Liquidationsaufwände** L_n berücksichtigt, wird der Gesamtbarwert auch als **Kapitalwert** K_0 der Investition bezeichnet:

$$K_0 = -A_0 + \frac{G_1}{q} + \frac{G_2}{q^2} + \frac{G_3}{q^3} + \ldots + \frac{G_n}{q^n} \pm \frac{L_n}{q^n}$$

K_0 errechnet sich damit durch Aufsummieren der Barwerte aller in Zukunft auftreten-den Zahlungen. Erlöse oder Gewinne treten dabei mit einem positiven Vorzeichen auf, Investitionen oder Verluste mit einem negativen Vorzeichen.

Beispiel

Herr Strebsam investiert 40.000 € $(= A_0)$ in ein Reisebüro, das er für die nächsten drei Jahre betreiben möchte. Ein Unternehmensberater sagt ihm für diese drei Jahre Ge-winne von $G_1 = 12.000$ € und $G_2 = G_3 = 15.000$ € jährlich voraus, den Liquidationserlös am Ende des dritten Jahres beziffert er auf $L_3 = 20.000$ €. Damit errechnet sich der Ka-pitalwert der Gesamtinvestition unter Verwendung eines Kalkulationszinssatzes von 5 % $(q = 1,05)$ zu:

$$K_0 = -40.000 + \frac{12.000}{1,05} + \frac{15.000}{1,05^2} + \frac{15.000}{1,05^3} + \frac{20.000}{1,05^3} = 15.268,33 \, €$$

Der positive Kapitalwert zeigt an, dass sich die geplante Investition besser verzinst als der vorgegebene Kalkulationszinssatz von 5 %. Ein Ergebnis $K_0 = 0$ würde bedeuten, dass die Investition eine Rendite in Höhe des Kalkulationszinssatzes aufweist.

Aufgabe 31 > Seite 232

Auf der Grundlage des Barwertbegriffs können **beliebige Zahlungsströme** miteinander verglichen werden. Sind die Barwerte zweier Zahlungsströme identisch, gelten sie als **äquivalent**, da sie zum Zeitpunkt 0 den gleichen Wert haben (**Äquivalenzprinzip**). Die Gleichungen

$$K_n = K_0 \cdot (1 + i \cdot n)$$ (einfache Verzinsung)

und

$$K_n = K_0 \cdot (1 + i)^n$$ (Verzinsung mit Zinseszinsen)

besagen letztlich, dass K_0 und K_n in beiden Fällen jeweils zueinander äquivalent sind, da sie bei den verwendeten Zinssätzen und Verzinsungsformen denselben Wert zum Zeitpunkt 0 (= Barwert) haben.

Beispiel

Frau Glücklich hat in der Lotterie einen Preis von 100.000 € gewonnen, der in fünf Jahresraten à 20.000 € ausgezahlt werden soll (die erste Zahlung erfolgt sofort). Wird ein Kalkulationszinssatz von 5 % jährlich angenommen, entspricht dieser Gewinn einem Barwert von:

$$K_0 = 20.000 + \frac{20.000}{1,05} + \frac{20.000}{1,05^2} + \frac{20.000}{1,05^3} + \frac{20.000}{1,05^4} = 90,919,01\,€$$

Ihr Gewinn ist damit äquivalent zu einem Sofortgewinn von 90.919,01 €. Wird der Kalkulationszinssatz auf 2 % abgesenkt, ergibt sich ein höherer Barwert:

$$K_0 = 20.000 + \frac{20.000}{1,02} + \frac{20.000}{1,02^2} + \frac{20.000}{1,02^3} + \frac{20.000}{1,02^4} = 96,154,57\,€$$

Aus Sicht der Lotteriegesellschaft bedeutet der niedrigere Zinssatz, dass zum Zeitpunkt 0 ein höheres Anfangskapital vorhanden sein muss, um alle fünf Zahlungen in der Zukunft mithilfe des Zinses finanzieren zu können.

Aufgabe 32 > Seite 232

2. Rentenrechnung

Erfolgt eine Zahlung in regelmäßigen Zeitabständen mehrmals hintereinander, spricht man von einer **Rente**, die einzelnen Zahlungen heißen **Raten**. Beispielsweise erhält Frau Glücklich aus dem Beispiel in Kapitel B.1.4 von ihrer Lotteriegesellschaft eine Rente mit fünf jährlichen Raten über 20.000 €. Die **Rentenperiode** (Zeitintervall, in dem die Rate ausbezahlt wird) beträgt in diesem Beispiel ein Jahr, ebenso die **Zinsperiode** (= Zeitintervall, in dem die Verzinsung erfolgt).

Das Hauptproblem der Rentenrechnung ist die **Bewertung von Renten**, was mithilfe des **Barwertbegriffes** geschieht. Der **Rentenbarwert** R_0 gibt den Zeitwert einer Rente zu Beginn der Ratenzahlungen an, der **Rentenendwert** R_n beschreibt entsprechend den Zeitwert zum Zeitpunkt n unmittelbar nach Ende der Ratenzahlungen. Im Laufe der Ratenzahlungen wird R_0 sukzessive um die einzelnen Raten reduziert, zwischenzeitlich erfolgende Zinszahlungen erhöhen den Restbarwert, der nach n Renten- bzw. Zinsperioden schließlich auf Null fällt (**Kapitalverzehr**). In der Rentenrechnung wird üblicherweise alleine der Fall einer **Verzinsung mit Zinseszinsen** betrachtet.

Zeitrenten (Kapitel B.2.1) werden nur für eine begrenzte Zeit gezahlt (z. B. 20 Jahre), bei **ewigen Renten** (Kapitel B.2.2) ist die Anzahl der Raten unbegrenzt. Sowohl Zeitrenten als auch ewige Renten können jeweils zu Beginn oder zum Ende einer Rentenperiode gezahlt werden. Bei **vorschüssigen Renten** werden die Raten zu Beginn jeder Rentenperiode gezahlt, beginnend mit dem Zeitpunkt 0. Bei **nachschüssigen Renten** ist die erste Rate erst nach Ablauf einer Rentenperiode fällig. Entsprechend werden die Raten bei nachschüssigen Renten auch eine Rentenperiode länger gezahlt.

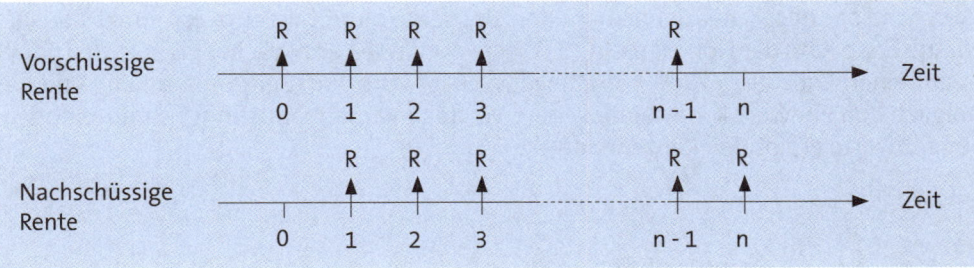

Beträgt die Rentenperiode bei einer Rente weniger als ein Jahr (monatliche, quartalsweise oder halbjährliche Ratenzahlung), spricht man von **unterjährlichen Renten**. Kapitel B.2.3 beschäftigt sich speziell mit **unterjährlichen Zeitrenten**.

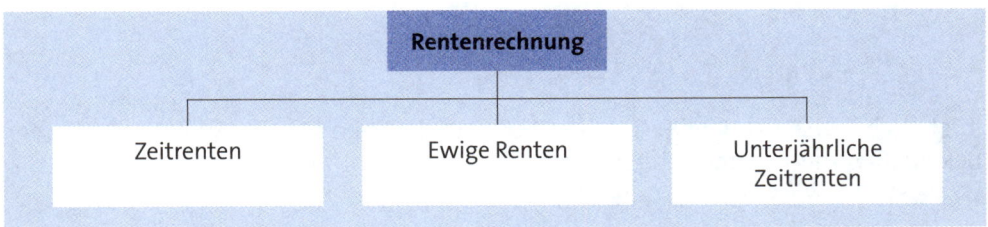

2.1 Zeitrenten

Im Folgenden werden zunächst nur solche Zeitrenten betrachtet, bei denen die Renten- und Zinsperiode jeweils genau ein Jahr beträgt. Die Laufzeit der Zeitrenten (= Anzahl der Raten) betrage jeweils n Jahre. Für die **Endwerte** der einzelnen Raten R bei einer **nachschüssigen Zeitrente** gilt (q = 1 + i wird aus einem geeigneten **Kalkulationszinssatz** i ermittelt):

Zeitpunkt (in Jahren)	Endwert der Rate
1	$R \cdot q^{n-1}$
2	$R \cdot q^{n-2}$
...	...
n - 1	$R \cdot q$
n	R

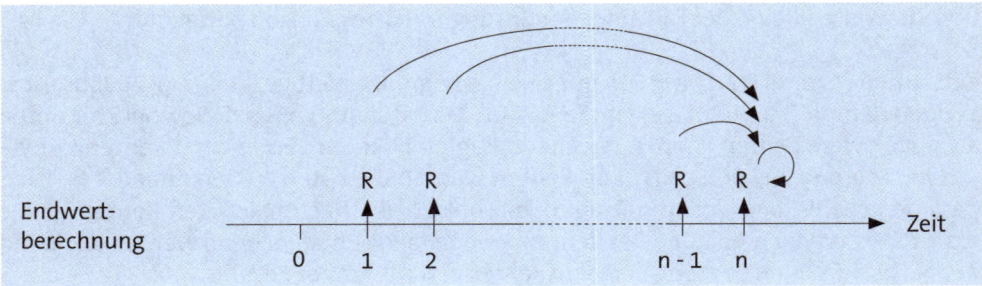

Aufgrund des nachschüssigen Charakters der Rente nimmt die zum Zeitpunkt 1 ausgezahlte erste Rate der Höhe R an (n - 1) Zinsperioden teil und wächst bis zum Zeitpunkt n auf einen Endwert $R \cdot q^{n-1}$ an. Die letzte Rate wird zum Zeitpunkt n fällig und hat folglich den Endwert R, da keine weitere Verzinsung mehr stattfindet. Summation aller Endwerte ergibt den **Rentenendwert**:

$$R_n = R \cdot q^{n-1} + R \cdot q^{n-2} + ... + R \cdot q + R$$

$$= R \cdot (q^{n-1} + q^{n-2} + ... + q + 1) = R \cdot s_n$$

$s_n = (q^{n-1} + q^{n-2} + ... + q + 1)$ ist der **nachschüssige Rentenendwertfaktor**.

Wegen

$$s_n \cdot (q - 1) = (q^{n-1} + q^{n-2} + ... + q + 1) \cdot (q - 1)$$

$$= (q^n + q^{n-1} + ... + q) - (q^{n-1} + ... + q + 1) = q^n - 1$$

folgt nach Division durch (q - 1) (bis auf q^n und -1 kürzen sich alle Summanden in den beiden Klammern gegenseitig heraus):

$$s_n = \frac{q^n - 1}{q - 1}$$

und damit für den **Rentenendwert der n-jährigen nachschüssigen Zeitrente mit jährlicher Ratenzahlung**:

$$R_n = R \cdot s_n = R \cdot \frac{q^n - 1}{q - 1}$$

Für den **Rentenendwert der n-jährigen vorschüssigen Zeitrente mit jährlicher Ratenzahlung** gilt:

$$R_n = R \cdot \ddot{s}_n = R \cdot q \cdot \frac{q^n - 1}{q - 1}$$

Der zusätzliche q-Faktor berücksichtigt dabei die im vorschüssigen Fall hinzukommende Zinsperiode. Die einzelnen Raten werden ein Jahr früher ausbezahlt und können folglich ein Jahr länger verzinst werden.

Rentenendwerte und -barwerte sind zueinander **äquivalent**, weil zwischen beiden Zeitwerten lediglich n Zinsperioden liegen. Eine Division der Rentenendwerte durch q^n liefert daher im vor- und nachschüssigen Fall direkt die zugehörigen **Rentenbarwerte**.

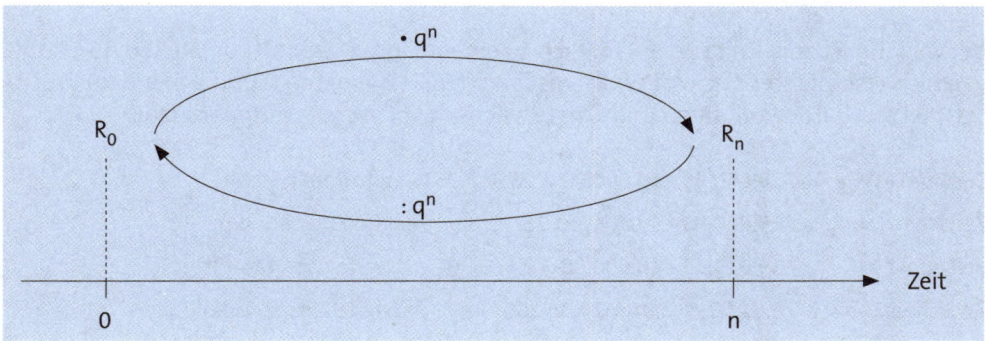

Rentenbarwert der n-jährigen vorschüssigen Zeitrente mit jährlicher Ratenzahlung:

$$R_0 = R_n \cdot \frac{1}{q^n} = R \cdot \frac{q^n - 1}{q - 1} \cdot \frac{1}{q^{n-1}}$$

Rentenbarwert der n-jährigen nachschüssigen Zeitrente mit jährlicher Ratenzahlung:

$$R_0 = R_n \cdot \frac{1}{q^n} = R \cdot \frac{q^n - 1}{q - 1} \cdot \frac{1}{q^n}$$

Mithilfe der **Rentenbarwertfaktoren**

$$\ddot{a}_n = \frac{q^n - 1}{q - 1} \cdot \frac{1}{q^{n-1}} \quad \text{und} \quad a_n = \frac{q^n - 1}{q - 1} \cdot \frac{1}{q^n}$$

errechnen sich die Rentenbarwerte zu

$$R_0 = R \cdot \ddot{a}_n \quad \text{(vorschüssig)} \quad \text{bzw.} \quad R_0 = R \cdot a_n \text{ (nachschüssig).}$$

Dabei gilt $\ddot{a}_n = q \cdot a_n$ bzw. $a_n = v \cdot \ddot{a}_n$, was bedeutet, dass jede Rate im nachschüssigen Fall ein Jahr zusätzlich diskontiert werden muss.

Beispiel

Herr Glücklich hat in einer Lotterie einen Preis in Höhe von 30.000 € gewonnen, der ihm in drei vorschüssigen Jahresraten zu je 10.000 € ausbezahlt wird. Legt Herr Glücklich einen Kalkulationszinssatz von 4 % zu Grunde, besitzt diese Zeitrente einen Rentenbarwert von

$$R_0 = R \cdot \ddot{a}_3 = 10.000 \cdot \frac{1{,}04^3 - 1}{1{,}04 - 1} \cdot \frac{1}{1{,}04^{3-1}} = 28.860{,}95 \, \text{€},$$

der Gewinn ist zum Zeitpunkt 0 folglich zu einem Einmalgewinn von 28.860,95 € äquivalent. Dieser Rentenbarwert wird zwischen den Zeitpunkten 0 und 2 in einem Wechselspiel aus Ratenzahlungen und Zinszuwächsen vollständig aufgebraucht:

Zeitpunkt 0	: 28.860,95 - 10.000,00 = 18.860,95	(erste Rate gezahlt)
Zwischen 0 und 1	: 18.860,95 • 1,04 = 19.615,39	(erste Zinsperiode)
Zeitpunkt 1	: 19.615,39 - 10.000.00 = 9.615,39	(zweite Rate gezahlt)
Zwischen 1 und 2	: 9.615,39 • 1,04 = 10.000,00	(zweite Zinsperiode)
Zeitpunkt 2	: 10.000,00 - 10.000,00 = 0,00	(dritte Rate gezahlt)

Nach drei Ratenzahlungen ist der Rentenbarwert aufgezehrt. Der Rentenendwert beträgt ($n = 3$):

$$R_3 = R \cdot \ddot{s}_3 = 10.000 \cdot 1{,}04 \cdot \frac{1{,}04^3 - 1}{1{,}04 - 1} = 32.464{,}64 \, \text{€}$$

Da Rentenbarwert und Rentenendwert zueinander äquivalent sind (d. h. den Zeitwert des gleichen Kapitals zu unterschiedlichen Zeitpunkten abbilden), gilt:

$$R_3 = R_0 \cdot q^3 = 28.860{,}95 \cdot 1{,}04^3 = 32.464{,}64 \, \text{€}$$

Aufgabe 33 > Seite 232
Aufgabe 34 > Seite 233

2.2 Ewige Renten

Da bei einer ewigen Rente unendliche viele Ratenzahlungen erfolgen, ist die Berechnung eines Rentenendwerts nicht möglich. Der Rentenbarwert einer ewigen Rente lässt sich als **Grenzwert** der entsprechenden Rentenbarwerte von Zeitrenten ermitteln (vgl. Kapitel C.3.1). Für den **Rentenbarwert der nachschüssigen ewigen Rente** bedeutet dies:

$$R_0 = R \cdot a_\infty = R \cdot \lim_{n \to \infty} a_n = R \cdot \lim_{n \to \infty} \frac{q^n - 1}{q - 1} \cdot \frac{1}{q^n} = R \cdot \lim_{n \to \infty} \frac{q^n - 1}{q^n} \cdot \frac{1}{q - 1} = R \cdot \frac{1}{q - 1}$$

Der Rentenbarwert einer ewigen Rente ist also endlich. Ursache hierfür ist, dass die jährlich anfallenden Zinsen die jährlichen Ratenzahlungen gerade kompensieren und der für Zeitrenten übliche Kapitalverzehr nicht stattfindet.

Beispiel

Herr Nett stiftet für einen jährlich zu vergebenden Kunstpreis eine Summe von 1.000.000 €, die mit 5 % jährlich verzinst wird. Soll der Preis nachschüssig ausgezahlt werden, kann die Stiftung einen Preis in Höhe von

$$R = \frac{R_0}{a_\infty} = \frac{R_0}{\frac{1}{q - 1}} = R_0 \cdot (q - 1) = 1.000.000 \cdot (1,05 - 1) = 50.000 \, €$$

ausschreiben. Dieses Ergebnis spiegelt wieder, dass die jährlich anfallenden Zinsen (50.000 €) gleich der Ratenhöhe R sein müssen, damit der Rentenbarwert nicht aufgezehrt wird:

Zeitpunkt 0   : Es passiert nichts, da die Rente nachschüssig gezahlt wird.

Zwischen 0 und 1 : 1.000.000 · 1,05 = 1.050.000   (erste Zinsperiode)

Zeitpunkt 1   : 1.050.000 - 50.000 = 1.000.000   (erste Rate gezahlt)

Zwischen 1 und 2 : 1.000.000 · 1,05 = 1.050.000   (zweite Zinsperiode)

Zeitpunkt 2   : 1.050.000 - 50.000 = 1.000.000   (zweite Rate gezahlt)

usw.

Im vorschüssigen Fall ist zu beachten, dass nun die Ratenhöhe so gewählt werden muss, dass sich nach Verzinsung gerade wieder der ursprüngliche Rentenbarwert ergibt. Der **Rentenbarwert der vorschüssigen ewigen Rente** errechnet sich zu:

$$R_0 = R \cdot ä_\infty = R \cdot \lim_{n \to \infty} ä_n = R \cdot \lim_{n \to \infty} a_n \cdot q = R \cdot q \cdot \lim_{n \to \infty} a_n = R \cdot \frac{q}{q - 1}$$

Erneut zeigt sich der Unterschied zum nachschüssigen Fall durch einen zusätzlichen q-Faktor, vgl. Kapitel B.2.1.

Aufgabe 35 - 36 > Seite 233

2.3 Unterjährliche Zeitrenten

Bei Bankspar- oder Ratenzahlplänen ist eine **unterjährliche** (zumeist monatliche) Zahlweise verbreitet. Im Folgenden werden die in der Praxis wichtigsten Formen unterjährlicher Zeitrenten (= Renten mit unterjährlicher Ratenzahlung) diskutiert:

▸ **unterjährliche Zeitrenten mit jährlicher Zinsberechnung**

▸ **unterjährliche Zeitrenten mit unterjährlicher Zinsberechnung**; hier soll der Einfachheit halber angenommen werden, dass Renten- und Zinsperiode stets übereinstimmen.

Der theoretisch denkbare Fall einer unterjährlichen Zeitrente, bei der die Rentenperiode länger als die Zinsperiode ist (z. B. vierteljährliche Ratenzahlung bei monatlicher Verzinsung), spielt in der Praxis nur eine untergeordnete Rolle.

2.3.1 Unterjährliche Zeitrenten mit jährlicher Zinsberechnung

Erfolgen die Ratenzahlungen unterjährlich in m Raten, werden die Zinsen jedoch jährlich nachschüssig gut geschrieben, wird zunächst eine **konforme Ersatzrentenrate** R_k berechnet, die den Rentenendwert der Ratenzahlungen am Ende des ersten Jahres (erster Verzinsungstermin) unter Verwendung einfacher Verzinsung angibt. Mithilfe von R_k kann der Endwert einer unterjährlichen Zeitrente dann wie in Kapitel B.2.1 berechnet werden.

Bei **nachschüssiger** unterjährlicher Ratenzahlung verzinsen sich die einzelnen Raten bis zum Jahresende gemäß (**einfache Verzinsung**):

	Endwert der Rate zum Jahresende
1. Rate	$R \cdot (1 + i \cdot (m - 1)/m)$
2. Rate	$R \cdot (1 + i \cdot (m - 2)/m)$
3. Rate	$R \cdot (1 + i \cdot (m - 3)/m)$
...	...
(m - 1)-te Rate	$R \cdot (1 + i \cdot 1/m)$
m-te Rate	R

Wegen der nachschüssigen Ratenzahlweise wird die letzte Rate (fällig nach Ablauf eines Jahres = m Rentenperioden) nicht mehr verzinst, die erste Rate erlebt hingegen (m - 1) der m unterjährlichen Rentenperioden und wächst durch **einfache unterjährliche Verzinsung** auf einen Endwert $R \cdot (1 + i \cdot (m - 1)/m)$ an. Die konforme Ersatzrentenrate R_k ergibt sich als Summe aller Rentenendwerte des ersten Jahres:

$$R_k = R \cdot \left(1 + i \cdot \frac{m-1}{m}\right) + R \cdot (1 + i \cdot \frac{m-2}{m}) + \dots + R \cdot \left(1 + i \cdot \frac{1}{m}\right) + R$$

Auflösen der Klammerausdrücke und anschließendes Ausklammern von $R \cdot i/m$ liefert:

$$R_k = m \cdot R + R \cdot i \cdot \frac{m-1}{m} + R \cdot i \cdot \frac{m-2}{m} + \dots + R \cdot i \cdot \frac{1}{m}$$

$$= m \cdot R + \frac{R \cdot i}{m} \cdot ((m-1) + (m-2) + \dots + 1)$$

Wegen

$$(m-1) + (m-2) + \dots + 1 = \frac{m \cdot (m-1)}{2}$$

folgt daraus

$$R_k = m \cdot R + \frac{R \cdot i}{m} \cdot \frac{m \cdot (m-1)}{2} = m \cdot R + \frac{R \cdot i \cdot (m-1)}{2} = R \cdot \left(m + \frac{i \cdot (m-1)}{2} \right).$$

Beispiel

Frau Senior bezieht aus ihrer privaten Rentenversicherung eine nachschüssige monatliche Rente der Ratenhöhe $R = 1.000\,€$. Die konforme jährliche Ersatzrentenrate beträgt damit ($i = 0,04$):

$$R_k = 1.000 \cdot \left(12 + \frac{0,04 \cdot (12-1)}{2} \right) = 12.220\,€$$

Die 12 Raten des ersten Rentenbezugsjahres haben also zum Jahresende einen Rentenendwert von 12.220 €. Würde die Rente in gleicher Höhe nur halbjährlich gezahlt werden ($m = 2$, erste Rate nach 6 Monaten, zweite Rate nach 12 Monaten), ergäbe sich bei gleichem Zins

$$R_k = 1.000 \cdot \left(2 + \frac{0,04 \cdot (2-1)}{2} \right) = 2.020\,€ \, .$$

In diesem Beispiel ist die erste Rate mit 2 % verzinst worden (= Hälfte von 4 % aufgrund einfacher Verzinsung), die zweite Rate überhaupt nicht. Alternativ kann die konforme Ersatzrentenrate daher in diesem einfachen Fall auch mittels $R_k = R \cdot (1 + 0,02) + R = 1.020 + 1.000 = 2.020\,€$ berechnet werden.

Der **Rentenendwert** errechnet sich aus der konformen Ersatzrentenrate nach:

$$R_n = R_k \cdot \frac{q^n - 1}{q - 1}$$

Die konforme Ersatzrentenrate wird dabei wie eine nachschüssige Jahresrate behandelt (vgl. Kapitel B.2.1).

Werden die einzelnen unterjährlichen Raten **vorschüssig** gezahlt (etwa zu Monatsbeginn), errechnet sich R_k nach der Formel

$$R_k = R \cdot \left(m + \frac{i \cdot (m + 1)}{2}\right),$$

die analog zum nachschüssigen Fall hergeleitet werden kann. Der Rentenendwert R_n wird dann nach der *gleichen* Formel berechnet wie im nachschüssigen Fall, da der vorschüssige Charakter der unterjährlichen Rente bereits bei der Berechnung von R_k berücksichtigt worden ist.

Beispiel

Bezieht Frau Senior aus dem vorangegangenen Beispiel ihre nachschüssige monatliche Rente der Höhe $R = 1.000 \, €$ über 20 Jahre, beträgt der Rentenendwert bei einem Zinssatz von 4% ($R_k = 12.220 \, €$):

$$R_n = R_{20} = 12.220 \cdot \frac{1{,}04^{20} - 1}{1{,}04 - 1} = 363.888{,}12 \, €$$

Würde die gleiche Rente monatlich vorschüssig gezahlt werden, ergäbe sich

$$R_k = 1.000 \cdot \left(12 + \frac{0{,}04 \cdot (12 + 1)}{2}\right) = 12.260 \, €$$

und damit

$$R_n = R_{20} = 12.260 \cdot \frac{1{,}04^{20} - 1}{1{,}04 - 1} = 365.079{,}24 \, €$$

Der relativ geringe Unterschied bei der konformen Ersatzrentenrate führt hier aufgrund der hohen Zahl an Raten ($n \cdot m = 240$) zu einem erheblichen Unterschied bei den Rentenendwerten.

Aufgabe 37 - 38 > Seite 233

2.3.2 Unterjährliche Zeitrenten mit unterjährlicher Zinsberechnung

Kommt eine Zeitrente unterjährlich mit m identischen **Renten-** und **Zinsperioden** über n Jahre hinweg zur Auszahlung, können die Bar- und Endwerte dieser Zeitrente analog dem Vorgehen bei jährlichen Zeitrenten (Kapitel B.2.1) berechnet werden. Die gesamte Rentenlaufzeit besteht in diesem Fall aus n • m Renten- und Zinsperioden, sodass sich für den **Rentenbarwert der vorschüssigen unterjährlichen Rente**

$$R_0 = R \cdot \frac{q^{n \cdot m} - 1}{q - 1} \cdot \frac{1}{q^{n \cdot m - 1}}$$

für den **Rentenbarwert der nachschüssigen unterjährlichen Rente**

$$R_0 = R \cdot \frac{q^{n \cdot m} - 1}{q - 1} \cdot \frac{1}{q^{n \cdot m}}$$

ergibt. Der in q = 1 + i verwendete Zinssatz ist dabei je nach Aufgabenstellung entweder der **Periodenzinssatz**

$$i_p = \frac{i_m}{m} \qquad \text{(vorgegeben ist der jährliche Nominalzins } i_m\text{)}$$

oder der **konforme unterjährliche Zinssatz**

$$i_k = (1 + i_e)^{1/m} - 1 \qquad \text{(vorgegeben ist der jährliche Effektivzinssatz } i_e\text{),}$$

siehe Kapitel B.1.2.2.

Beispiel

Herr Senior bezieht aus einer privaten Rentenversicherung vorschüssige monatliche Raten von 500 €. Wird die Zeitrente über 20 Jahre bei einem jährlichen Effektivzinssatz von 5 % gezahlt, beträgt der konforme unterjährliche Zinssatz

$$i_k = (1 + 0{,}05)^{1/12} - 1 \approx 0{,}00407 = 0{,}407\,\%$$

der Rentenbarwert damit (q = 1 + i_k = 1,00407)

$$R_0 = 500 \cdot \frac{1.00407^{20 \cdot 12} - 1}{1.00407 - 1} \cdot \frac{1}{1{,}00407^{20 \cdot 12 - 1}} = 76.814{,}91\,€.$$

Würde der jährliche Nominalzinssatz 5 % betragen, ergäbe sich

$$i_p = \frac{0,05}{12} \approx 0,00417 = 0,417\,\%$$

dies würde zu $(q = 1 + i_p = 1,00417)$

$$R_0 = 500 \cdot \frac{1,00417^{20 \cdot 12} - 1}{1,00417 - 1} \cdot \frac{1}{1,00417^{20 \cdot 12 - 1}} = 76.053,12\,€$$

führen. Der Rentenbarwert fällt nun geringer aus, da der jährliche Effektivzinssatz größer als 5 % ist (vgl. Kapitel B.1.2.2). Folglich genügt zum Zeitpunkt 0 ein geringerer Rentenbarwert zur Finanzierung der 240 Ratenzahlungen.

Bemerkung: Da im obigen Beispiel mit einer relativ großen Zahl potenziert wird ($n \cdot m = 240$) können kleine Rundungsabweichungen bei den verwendeten Zinssätzen relativ große Abweichungen beim Rentenbarwert hervorrufen. Wird zum Beispiel bei einem jährlichen Nominalzinssatz von 5 % bei der i_p-Berechnung eine weitere Nachkommastelle mit berücksichtigt (also $i_p \approx 0,004167$ statt $i_p \approx 0,00417$), ergibt sich ein Resultat von $R_0 = 76.075,81\,€$ statt $76.053,12\,€$.

Die Rentenendwerte können aus Rentenbarwerten durch Multiplikation mit $q^{n \cdot m}$ gewonnen werden (vgl. Kapitel B.2.1). Durch diese Operation wird der Barwert um $n \cdot m$ Zeitperioden in die Zukunft verschoben und so zum Endwert. Der **Rentenendwert im vorschüssigen Fall** beträgt:

$$R_n = R_0 \cdot q^{n \cdot m} = R \cdot q \cdot \frac{q^{n \cdot m} - 1}{q - 1}\,,$$

der **Rentenendwert im nachschüssigen Fall** entsprechend

$$R_n = R_0 \cdot q^{n \cdot m} = R \cdot \frac{q^{n \cdot m} - 1}{q - 1}$$

Beispiel

Der Rentenendwert von Herrn Seniors vorschüssiger Monatsrente über 500 € (siehe vorheriges Beispiel) errechnet sich bei 20 Jahren Rentenbezugszeit und einem jährlichen Effektivzinssatz von 5 % ($q = 1 + i_k = 1,00407$) zu:

$$R_n = 500 \cdot 1,00407 \cdot \frac{1,00407^{20 \cdot 12} - 1}{1,00407 - 1} = 203.612,03\,€$$

Das gleiche Ergebnis kann man direkt aus dem Rentenbarwert gewinnen:

$$R_n = R_0 \cdot q^{n \cdot m} = 76.814,91 \cdot 1,00407^{20 \cdot 12} = 203.612,03\,€$$

Aufgabe 39 > Seite 234

3. Tilgungsrechnung

Die Tilgungsrechnung (auch **Amortisationsrechnung**) beschäftigt sich mit dem Abbau einer finanziellen Schuld (z. B. Kredit oder Hypothek) durch regelmäßig oder unregelmäßig erfolgende Zahlungen eines Schuldners an seinen Gläubiger (Kapitel B.3.1). In der Praxis besonders verbreitete Formen der Tilgungsrechnung sind die **Annuitätentilgung** und die **Ratentilgung** (Kapitel B.3.2 bzw. B.3.3).

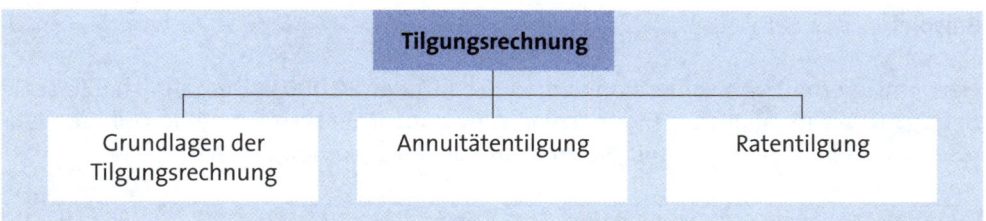

3.1 Grundlagen der Tilgungsrechnung

Die im Jahre j fällige **Annuität** A_j (= Zinsleistungen auf die dann noch bestehende Restschuld) und einen **Tilgungsanteil** T_j, der die Restschuld reduziert:

$$A_j = Z_j + T_j, j = 1, 2, 3, \dots .$$

A_j, Z_j und T_j werden stets **nachschüssig** gezahlt und im Folgenden ausschließlich jährlich fällig. Für die zum Ende des j-ten Jahres bestehende Restschuld K_j bedeutet dies:

$$K_j = K_{j-1} - T_j$$

(Restschuld K_{j-1} vom Ende des Vorjahres verringert sich um T_j). Die Zinsen Z_j werden auf die zu Jahresbeginn bestehende Restschuld gezahlt:

$$Z_j = K_{j-1} \cdot i$$

Nach dem **Äquivalenzprinzip** der Finanzmathematik ist die Anfangsschuld K_0 äquivalent zur Summe aller n Annuitäten:

$$K_0 = \frac{A_1}{q} + \frac{A_2}{q^2} + \dots + \frac{A_n}{q^n}$$

K_0 stellt folglich den **Barwert** aller Annuitäten dar. Nach n Jahren ist die Schuld vollständig getilgt, d.h. $K_n = 0$. Dies bedeutet wiederum, dass K_0 gleich der Summe aller Tilgungsleistungen T_j sein muss:

$$K_0 = T_1 + T_2 + \dots + T_n$$

Beispiel

Herr Emsig erhält von seiner Bank einen Kredit über 20.000 €. Der jährliche Zinssatz beträgt 10 %. Ein möglicher **Tilgungsplan** wäre dann (Jahr j bezeichnet jeweils den Jahresendzeitpunkt, zu dem Annuitätenzahlungen fällig werden):

Jahr j	Restschuld K_{j-1}	Zinsen $Z_j = K_{j-1} \cdot i$	Tilgung T_j	Annuität $A_j = Z_j + T_j$	Restschuld $K_j = K_{j-1} - T_j$
1	20.000	2.000	2.000	4.000	18.000
2	18.000	1.800	3.000	4.800	15.000
3	15.000	1.500	8.500	10.000	6.500
4	6.500	650	6.500	7.150	0

Nach n = 4 Jahren wäre Herr Emsig somit schuldenfrei. Für K_0 und die vier Annuitäten A_1, A_2, A_3 und A_4 gilt obiges Äquivalenzprinzip:

$$20.000 = \frac{4.000}{1,1} + \frac{4.800}{1,1^2} + \frac{10.000}{1,1^3} + \frac{7.150}{1,1^4},$$

die vier Tilgungszahlungen erfüllen entsprechend (vgl. oben):

$$20.000 = 2.000 + 3.000 + 8.500 + 6.500$$

Alternativ hätte Herr Emsig seine Schulden auch mit folgendem Rückzahlungsplan begleichen können:

Jahr j	Restschuld K_{j-1}	Zinsen $Z_j = K_{j-1} \cdot i$	Tilgung T_j	Annuität $A_j = Z_j + T_j$	Restschuld $K_j = K_{j-1} - T_j$
1	20.000	2.000	0	2.000	20.000
2	20.000	2.000	-2.000	0	22.000
3	22.000	2.200	3.500	5.700	18.500
4	18.500	1.850	18.500	20.350	0

Hier wird im ersten Jahr keine Tilgungsleistung erbracht, die Restschuld bleibt daher konstant 20.000 €. Im zweiten Jahr wird keine Annuität gezahlt ($A_2 = 0$), weshalb die hier anfallenden Zinsen in Höhe von 2.000 € wegen $A_2 = Z_2 + T_2 = 2.000 + (-2.000)$ zu einer negativen Tilgung führen. Die nicht gezahlten Zinsen erhöhen folglich die Restschuld.

Das Äquivalenzprinzip ist trotzdem erfüllt:

$$20.000 = \frac{2.000}{1,1} + \frac{0}{1,1^2} + \frac{5.700}{1,1^3} + \frac{20.350}{1,1^4}$$

Ebenso gilt für die Tilgungen:

$$20.000 = 0 + (-2.000) + 3.500 + 18.500$$

Aufgabe 40 > Seite 234

Das Äquivalenzprinzip kann auch auf spätere Zeitpunkte eines Tilgungsplans angewendet werden, um die **ausstehende Restschuld** zu berechnen. Wird eine Schuld K_0 mit n Annuitäten A_1, A_2, ..., A_n über n Jahre getilgt, lautet das Äquivalenzprinzip zum Zeitpunkt 0 (Schuldner erhält Darlehen):

$$K_0 = \frac{A_1}{q} + \frac{A_2}{q^2} + ... \frac{A_n}{q^n}$$

Nach Ablauf von r Jahren ($0 \leq r \leq n - 1$) und r Annuitätenzahlungen A_1, A_2, ..., A_r stehen noch (n - r) Zahlungen A_{r+1}, A_{r+2}, ..., A_n aus. Die Restschuld K_r ist zum Barwert dieser Zahlungen (bezogen auf den Zeitpunkt r) äquivalent:

$$K_r = \frac{A_{r+1}}{q} + \frac{A_{r+2}}{q^2} + ... + \frac{A_n}{q^{n-r}}$$

Die Annuitäten werden auf den Zeitpunkt r abgezinst, der nun der Gegenwart entspricht. Es ist also nicht erforderlich, den gesamten Tilgungsplan für alle Jahre aufzustellen, um die Restschuld zu einem Zeitpunkt r der Tilgung zu ermitteln. Vielmehr genügt es, die Höhe der noch ausstehenden Annuitäten zu kennen.

Beispiel

Ein Schuldner tilge ein Darlehen über 5.000 € mit drei Annuitäten A_1 = 2.000 €, A_2 = 2.000 € und A_3 = 2.035 € nach jeweils einem, zwei und drei Jahren (der Zins betrage 10 %). Seine Restschuld nach r Jahren zeigt damit folgenden Verlauf:

Zum Zeitpunkt 0 (r = 0): $\qquad K_0 = \frac{2.000}{1,1} + \frac{2.000}{1.1^2} + \frac{2.035}{1,1^3} = 5.000\,€$

Nach einem Jahr (r = 1): $\qquad K_1 = \frac{2.000}{1,1} + \frac{2.035}{1.1^2} = 3.500\,€$

Nach zwei Jahren (r = 2): $\qquad K_2 = \frac{2.035}{1,1} = 1.850\,€$

Aufgabe 41 > Seite 234

In praktischen Anwendungen werden zumeist Tilgungspläne bevorzugt, die dem Schuldner ein hohes Maß an Transparenz und Kalkulationssicherheit bieten. Bei **Annuitätentilgungen** (Kapitel B.3.2) ist die Höhe der jährlich zu zahlenden Annuitäten zeitlich konstant, bei **Ratentilgungen** (Kapitel B.3.3) die Höhe der jährlichen Tilgung.

3.2 Annuitätentilgung

Bei der Annuitätentilgung gilt:

$$A_1 = A_2 = \ldots = A_n$$

Der Schuldner zahlt also n Annuitäten gleicher Höhe (im Folgenden mit A bezeichnet), was diese Form der Tilgung besonders überschaubar macht. Die Höhe der Annuitäten kann mithilfe des Äquivalenzprinzips berechnet werden:

$$K_0 = \frac{A}{q} + \frac{A}{q^2} + \ldots \frac{A}{q^n} = A \cdot \left(\frac{1}{q} + \frac{1}{q^2} + \ldots + \frac{1}{q^n} \right) = A \cdot \frac{q^n - 1}{q - 1} \cdot \frac{1}{q^n}$$

$$\Leftrightarrow \quad A = K_0 \cdot \frac{q - 1}{q^n - 1} \cdot q^n$$

Die Schuldentilgung wird dabei als nachschüssige Zeitrente aufgefasst, die Darlehenshöhe K_0 ist der zugehörige Rentenbarwert (vgl. Kapitel B.2.1).

Beispiel

Frau Fleissig möchte ihren Bankkredit über 50.000 € mit zehn Annuitäten vollständig tilgen. Wird ein Zinssatz von 8 % unterstellt, ergibt dies eine Annuität (q = 1,08)

$$A = 50.000 \cdot \frac{1,08 - 1}{1,08^{10} - 1} \cdot 1,08^{10} = 7.451,47 \, € \, ,$$

es gilt also (Äquivalenzprinzip):

$$50.000 = \frac{7.451,47}{1,08} + \frac{7.451,47}{1,08^2} + \ldots + \frac{7.451,47}{1,08^{10}}$$

Würde Frau Fleissig nur vier Annuitäten zahlen wollen, würde die Annuität

$$A = 50.000 \cdot \frac{1,08 - 1}{1,08^4 - 1} \cdot 1,08^4 = 15.096,04 \, €$$

betragen, für den Tilgungsplan ergäbe sich (Rundungsabweichungen):

Jahr j	Restschuld K_{j-1}	Zinsen $Z_j = K_{j-1} \cdot i$	Tilgung T_j	Annuität $A_j = Z_j + T_j$	Restschuld $K_j = K_{j-1} - T_j$
1	50.000,00	4.000,00	11.096,04	15.096,04	38.903,96
2	38.903,96	3.112,32	11.983,72	15.096,04	26.920,24
3	26.920,24	2.153,62	12.942,42	15.096,04	13.977,82
4	13.977,82	1.118,23	13.977,82	15.096,04	0

Aufgabe 42 > Seite 235

Ein Hauptproblem der Annuitätentilgung ist die **Ermittlung der Tilgungsdauer** n aus einer gegebenen Schuldenhöhe K_0, einem Jahreszinssatz i und einer Annuität A. Das Äquivalenzprinzip für die Annuitätentilgung

$$K_0 = \frac{A}{q} + \frac{A}{q^2} + \ldots + \frac{A}{q^n} = A \cdot \frac{q^n - 1}{q - 1} \cdot \frac{1}{q^n}$$

führt auf (Multiplikation mit $(q - 1) \cdot q^n$):

$$K_0 \cdot (q - 1) \cdot q^n = A \cdot (q^n - 1) = A \cdot q^n - A$$

bzw. (A wird auf die linke, $K_0 \cdot (q - 1) \cdot q^n$ auf die rechte Seite gebracht):

$$A = A \cdot q^n - K_0 \cdot (q - 1) \cdot q^n = (A - K_0 \cdot (q - 1)) \cdot q^n$$

Damit ergibt sich nach Division durch $A - K_0 \cdot (q - 1) = A - K_0 \cdot i$:

$$q^n = \frac{A}{A - K_0 \cdot (q - 1)} = \frac{A}{A - K_0 \cdot i}$$

was nach Anwendung der ln-Funktion (es wird $\ln(q^n) = n \cdot \ln(q)$ genutzt) und Division durch $\ln(q)$ schließlich auf

$$n = \frac{\ln\left(\frac{A}{A - K_0 \cdot i}\right)}{\ln(q)}$$

führt.

Aufgabe 43 > Seite 235

Beispiel

Zahlt Frau Fleissig aus dem vorherigen Beispiel Annuitäten über 7.451,47 € zur Tilgung ihres Bankkredits über 50.000 € (Zinssatz 8 %), ergibt sich:

$$n = \frac{\ln\left(\frac{7.451,47}{7.451,47 - 50.000 \cdot 0,08}\right)}{\ln(1,08)} = 10 \text{ Jahre}$$

Sie ist nach Zahlung von zehn Annuitäten also in der Tat schuldenfrei. Würde Sie Annuitäten in Höhe von 15.000 € zahlen, wäre sie schon nach

$$n = \frac{\ln\left(\frac{15.000}{15.000 - 50.000 \cdot 0,08}\right)}{\ln(1,08)} = 4,03 \text{ Jahren}$$

schuldenfrei, also nach etwa vier Jahren. Da die Annuitätenhöhe in diesem Beispiel vorgegeben worden ist, kann nicht mehr davon ausgegangen werden, dass die Schulden nach einer ganzzahligen Zahl von Jahren vollständig getilgt sind. Das Dezimalergebnis $n = 4,03$ deutet dies an:

Jahr j	Restschuld K_{j-1}	Zinsen $Z_j = K_{j-1} \cdot i$	Tilgung T_j	Annuität $A_j = Z_j + T_j$	Restschuld $K_j = K_{j-1} - T_j$
1	50.000,00	4.000,00	11.000,00	15.000,00	39.000,00
2	39.000,00	3.120,00	11.880,00	15.000,00	27.120,00
3	27.120,00	2.169,60	12.830,40	15.000,00	14.289,60
4	14.289,60	1.143,17	13.856,83	15.000,00	432,77
5	432,77	34,62	432,77	467,39	0

Im 5. Jahr verbleibt eine geringe Restschuld (432,77 €), zu deren Tilgung weniger als A benötigt wird: $A_5 = 467,39 € < A$.

Aufgabe 44 - 45 > Seite 235
Aufgabe 46 > Seite 236

3.3 Ratentilgung

Bei einer Ratentilgung bleibt die Höhe der Tilgungszahlungen zeitlich konstant:

$$T_1 = T_2 = \ldots = T_n$$

Die Restschuld wird also jedes Jahr um den gleichen Betrag T (im Folgenden die Tilgungshöhe) reduziert. Die fälligen Annuitäten haben damit die Höhe

$$A_j = Z_j + T_j = Z_j + T,$$

was wegen der abnehmenden Restschuld und der damit sinkenden Zinsen Z_j zur Folge hat, dass

$$A_1 > A_2 > \ldots > A_n.$$

Soll der Schuldner nach n Jahren schuldenfrei sein, errechnet sich die Höhe der Tilgungsrate T aufgrund von

$$K_0 = T_1 + T_2 + \ldots T_n = T + T + \ldots + T = n \cdot T$$

zu

$$n = \frac{K_0}{T}$$

Beispiel

Frau Fleissig aus Kapitel B.3.2 möchte ihren Bankkredit über 50.000 € (Zinssatz 8 %) über eine Ratentilgung zurückzahlen. Bei einer jährlichen Tilgung von 12.500 € bedeutet dies:

Jahr j	Restschuld K_{j-1}	Zinsen $Z_j = K_{j-1} \cdot i$	Tilgung T_j	Annuität $A_j = Z_j + T_j$	Restschuld $K_j = K_{j-1} - T_j$
1	50.000	4.000	12.500	16.500	37.500
2	37.500	3.000	12.500	15.500	25.000
3	25.000	2.000	12.500	14.500	12.500
4	12.500	1.000	12.500	13.500	0

Sie ist also nach

$$n = \frac{50.000}{12.500} = 4 \text{ Jahren}$$

schuldenfrei.

Im Vergleich zur Annuitätentilgung weist die Ratentilgung die höchsten Annuitäten zu Beginn des Schuldenabbaus auf, weshalb diese Tilgungsform für viele Schuldner bei gleichem Zinssatz eher unattraktiv ist:

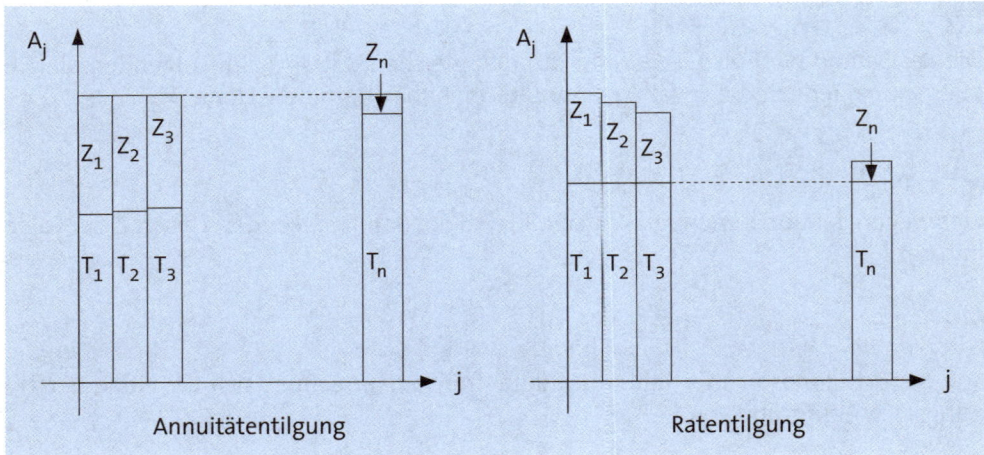

Aufgabe 47 > Seite 236

C. Funktionen einer Variablen

Mathematische **Funktionen** stellen ein zentrales Hilfsmittel der Wirtschaftsmathematik dar, da mit ihrer Hilfe Zusammenhänge zwischen unterschiedlichen betriebs- und volkswirtschaftlichen Größen modellhaft beschrieben werden können.

1. Funktionsbegriff

Eine Funktion f ist eine **Abbildung** (auch **Zuordnungsvorschrift**), die jedem Element x einer **Ausgangsmenge** X (auch **Definitionsbereich** D_f) genau ein Element f(x) einer **Zielmenge** Y zuordnet:

$$f: x \rightarrow f(x)$$ (sprich: f ist eine Funktion von x) .

Die Variable x wird dabei als **unabhängige Variable**, die Variable y = f(x) als **abhängige Variable** bezeichnet. Diejenigen Elemente von Y, die sich in der Form y = f(x) schreiben lassen und damit Funktionswerte von f sind, bilden den **Wertebereich** W_f der Funktion. Der Wertebereich ist folglich eine **Untermenge** der Zielmenge Y.

Beispiele

Beispiele für Funktionen:

► Preise im Supermarkt: Jeder Ware x wird genau ein Preis y = f(x) zugeordnet. Die Ausgangsmenge X sind damit alle Waren des Supermarktes, die rationalen Zahlen bilden die Zielmenge Y (Preise wie 1,99 € etc.). Die tatsächlich als Preise im Supermarkt anzutreffenden rationalen Zahlen bilden den Wertebereich W_f der Funktion. Der Preis 1.000.000 € ist zwar in der Zielmenge, dürfte aber kaum im Wertebereich der Funktion liegen.

► Jahresbruttoeinkommen von Arbeitnehmern: Jedem Arbeitnehmer x wird genau ein Jahresbruttoeinkommen y = f(x) zugeordnet.

► Das Bruttosozialprodukt einer Volkswirtschaft: Jedem Jahr x kann genau ein Zahlenwert y = f(x) zugeordnet werden, der das Bruttosozialprodukt in diesem Jahr angibt.

Bemerkung: Die durch eine Funktion beschriebene Zuordnungsvorschrift ist eindeutig bezüglich des Elements y = f(x), das einem Element x der Ausgangsmenge zugeordnet wird, nicht jedoch umgekehrt. Jede Ware x hat im Supermarkt genau einen ihr zugeordneten Preis, die Umkehrung gilt jedoch nicht, da i. A. einzelne Preise auch bei mehr als einer Ware zu finden sind (sowohl die Kartoffelchips als auch die Butterkekse können 1,49 € kosten).

In den Wirtschaftswissenschaften werden für x und y bzw. f auch andere Bezeichnungen verwendet, um den jeweiligen Anwendungsbereich einer Funktion kenntlich zu machen. Die unabhängige Variable kann zum Beispiel auch t (= Zeit nach engl. time), p (= Preis) oder r (= Input), die abhängige Variable auch K (= Kosten), E (= Erlös bzw. Umsatz) oder etwa C (= Konsum nach engl. consumption) heißen.

Funktionen können **tabellarisch, analytisch** oder **grafisch** dargestellt werden. Nicht jede dieser **Darstellungsformen** eignet sich dabei gleichermaßen für jede Funktion:

► **Tabellarische Darstellung von Funktionen**
Bei der tabellarischen Darstellung einer Funktion können immer nur einzelnen x-Werten die entsprechenden y-Werte in einer **Wertetabelle** zugeordnet werden.

Beispiel

Preise im Supermarkt, jeweils bezogen auf eine Einheit der genannten Waren:

Ware	Apfel (Stück)	Jogurt (Becher)	Milch (1 l)	Chips (150 g)	...
Preis in € pro Einheit	0,99	0,39	0,89	1,59	...

Für große Datenmengen eignet sich die tabellarische Darstellungsweise nicht.

► **Analytische Darstellung von Funktionen**
Viele Funktionen können durch mathematische Terme analytisch dargestellt werden. Beispielsweise entspricht die Schreibweise

$f(x) = x^2 + 3$

der **Rechenvorschrift** „Nehme den gegebenen x-Wert, quadriere ihn und addiere dann 3". Mithilfe dieser Rechenvorschrift kann beliebig vielen x-Werten ein Funktionswert $f(x)$ zugeordnet werden, soweit die verwendeten x-Werte im Definitionsbereich D_f der Funktion liegen. Hat ein Unternehmen variable Kosten K_v von 30 € pro produziertem Stück x ($K_v = K_v(x) = 30x$) und x-unabhängige Fixkosten K_f von 50.000 €, können die Gesamtkosten $K = K(x)$ in der Form

$K(x) = K_v(x) + K_f = 30x + 50.000$

dargestellt werden. Für eine gegebene Ausbringungsmenge x entspricht die Funktion K der Rechenvorschrift „Multipliziere x mit 30 und addiere dann 50.000".

► **Grafische Darstellung von Funktionen**
Um einen schnellen Überblick über die Gestalt einer Funktion zu erhalten, bietet sich in Ergänzung zur analytischen Darstellung eine grafische Darstellung in einem **Schaubild** an. Dazu werden in einem rechtwinkligen **kartesischen Koordinatensystem** aus einer horizontalen Achse (**Abszissenachse, x-Achse**) und einer vertikalen Achse (**Ordinatenachse, y-Achse**) die x-Werte auf der horizontalen Achse, die Funktionswerte $y = f(x)$ auf der vertikalen Achse aufgetragen. Für jeden Wert x_0 im Definitionsbereich von f findet sich in diesem Schaubild genau ein Punkt P, dessen Koordinaten durch x_0 und den zugehörigen Funktionswert $y_0 = f(x_0)$ gegeben sind: $P = (x_0, y_0) = (x_0, f(x_0))$. Der Kreuzungspunkt beider Achsen wird **Ursprung** genannt (= Punkt mit den Koordinaten (0,0)).

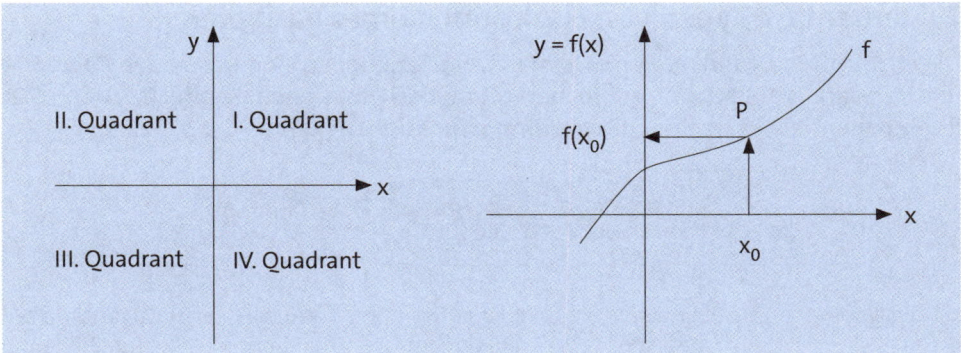

Da bei einer Funktion jedem x-Wert im Definitionsbereich *genau ein* Wert $y = f(x)$ zugeordnet wird, kann es bei der grafischen Darstellung einer Funktion (kurz: **Graf**) nicht vorkommen, dass zwei oder mehr Punkte übereinander liegen.

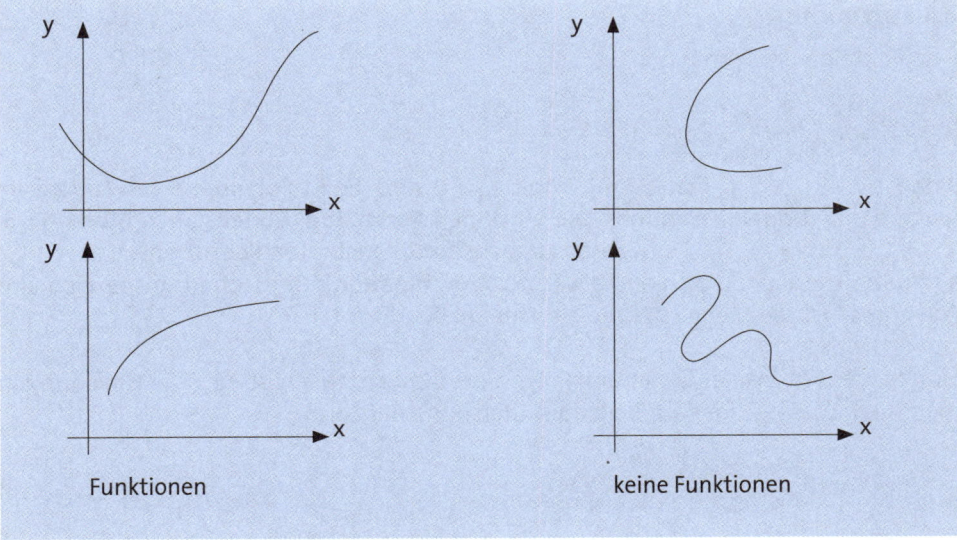

In den Wirtschaftswissenschaften werden überwiegend Funktionen in analytischer und/oder grafischer Darstellungsweise zur Beschreibung betriebs- und volkswirtschaftlicher Prozesse verwendet. Die wichtigsten mathematischen Grundtypen werden im Folgenden diskutiert.

2. Elementare Typen von Funktionen einer Variablen

Die wichtigsten Grundtypen mathematischer Funktionen sind neben den **Polynomen** und den daraus ableitbaren **gebrochen-rationalen Funktionen** (Kapitel C.2.1 und C.2.2) die **Exponential-, Wurzel-** und **Logarithmusfunktionen** (Kapitel C.2.3 - C.2.5):

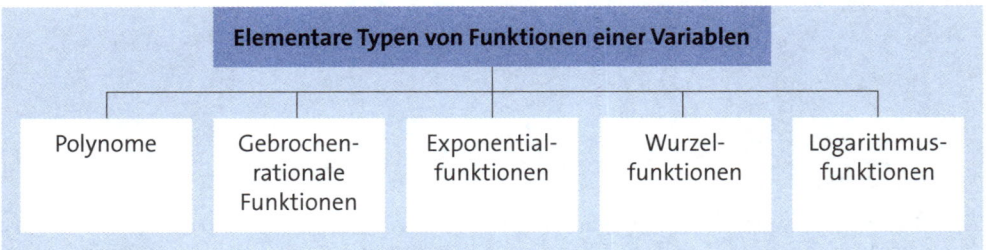

2.1 Polynome

Eine Funktion der Form

$$f(x) = a_n x^n + a_{n-1} x^{n-1} + \dots + a_1 x + a_0,$$

wobei a_n, a_{n-1}, ..., a_0 reelle Zahlen mit $a_n \neq 0$ sind, heißt **Polynom n-ten Grades in x** (auch **ganzrationale Funktion**). Die einzelnen **Potenzfunktionen** (auch **Monome**) x^n, x^{n-1}, ..., x^2, $x^1 (= x)$, $x^0 (= 1)$ werden zunächst mit konstanten Koeffizienten a_n, a_{n-1}, ..., a_0 multipliziert und dann addiert (**Linearkombination**). Der Definitionsbereich eines Polynoms f ist die Menge der reellen Zahlen: $D_f = \mathbb{R}$.

Sind beide Terme einer Gleichung Polynome, lässt sich die Lösung x der Gleichung immer durch Lösung einer äquivalenten Gleichung der Form

$$a_n x^n + a_{n-1} x^{n-1} + \dots + a_1 x + a_0 = 0$$

gewinnen, vgl. Kapitel A.4.4.1. Allgemein hat eine Gleichung dieser Form höchstens n reelle Lösungen, die **Nullstellen des Polynoms**. In den Nullstellen schneidet der Graf der Funktion die x-Achse.

Praxisrelevante Spezialfälle von Polynomen sind:

► **Konstante Funktionen (n = 0)**
Hier ist $f(x) = a_0$, die Funktion nimmt also für alle x-Werte den konstanten Wert a_0 an.

► **Lineare Funktionen (n = 1)**
Lineare Funktionen besitzen die Form $f(x) = a_1 x + a_0$, bestehen also aus einem konstanten Teil a_0 und einem x-abhängigen Teil $a_1 x$. In der Literatur findet sich oft die Schreibweise $y = mx + b$ (d. h. $m = a_1$, $b = a_0$), wobei m als **Steigung** und b als **y-Achsenabschnitt** bezeichnet wird. Der Zahlenwert von m gibt an, um wie viel $y = f(x)$ ansteigt bzw. abfällt, wenn x um eins zunimmt. Ein großer positiver bzw. negativer

Zahlenwert m sorgt dafür, dass die Funktionswerte schon bei kleinen Zuwächsen in x stark steigen bzw. fallen. Der Graf einer linearen Funktion ist eine Gerade.

Lineare Funktionen werden wegen ihrer Einfachheit gerne in ökonomischen Modellen verwendet. Dabei kann die Variable x auch als abhängige Variable auftreten, zum Beispiel in **Angebots-** und **Nachfragefunktionen**.

Beispiel

Sei x_N die **Nachfrage** nach einem Gut, p_N der **Nachfragepreis** pro Einheit des Gutes. Dann beschreibt

$$x_N(p_N) = a_1 p_N + a_0$$

die Nachfrage x_N nach dem Gut als Funktion des dafür verlangten Nachfragepreises p_N. Aus ökonomischer Sicht erscheint es sinnvoll, die Nachfrage mit steigendem Nachfragepreis fallen zu lassen und stets $x_N > 0$ zu fordern, weshalb meist $a_1 < 0$ und $a_0 > 0$ verwendet wird. Solche Funktionen sind etwa

$$x_N(p_N) = -20p_N + 400 \qquad \text{oder} \qquad x_N(p_N) = -10p_N + 200 \,,$$

die beide für steigenden Nachfragepreis p_N eine immer geringere Nachfrage x_N liefern. Beachte, dass für einen zu hohen Nachfragepreis in beiden Beispielfunktionen eine negative Nachfrage erzeugt werden kann. Für solche Nachfragepreise verlieren derartige Modelle ihre ökonomische Anwendbarkeit.

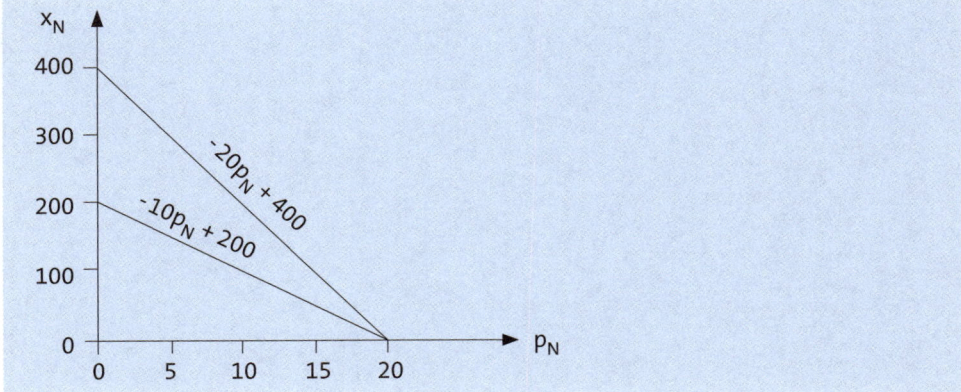

Soll die Relation zwischen **Angebot** x_A und **Angebotspreis** p_A untersucht werden, ist es sinnvoll, das (positive) Angebot mit steigendem Angebotspreis zunehmen zu lassen, was zu $a_1 > 0$ und $a_0 > 0$ führt. Beispiele sind:

$$x_A(p_A) = 5p_A + 100 \qquad \text{oder} \qquad x_A(p_A) = 10p_A + 20$$

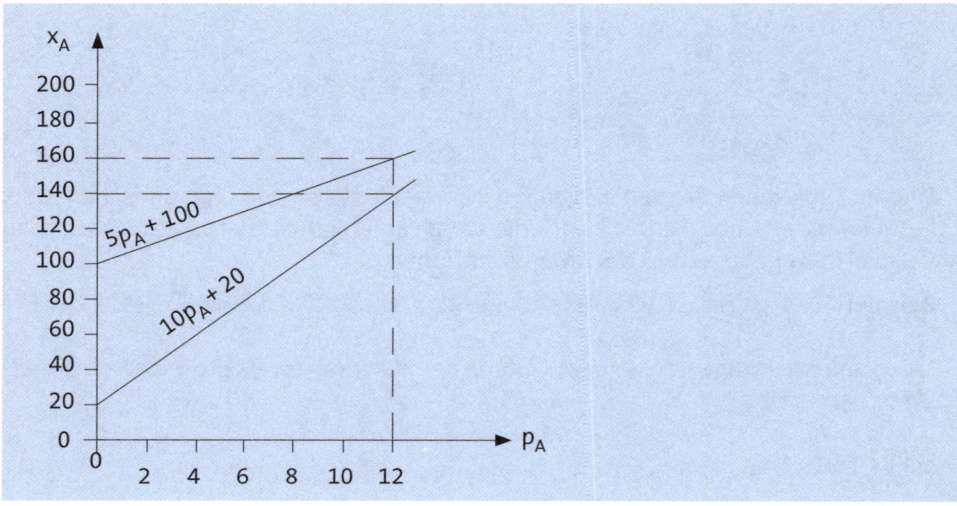

Der Schnittpunkt einer Angebots- und Nachfragefunktion definiert das **Marktgleichgewicht**. Im Marktgleichgewicht stimmen nachgefragte und angebotene Menge sowie Nachfragepreis und Angebotspreis überein, d. h. es gilt:

$$x_N(p_N) = x_A(p_A) \qquad \text{(Nachfrage = Angebot)}$$

und

$$p_N = p_A \qquad \text{(Nachfragepreis = Angebotspreis)}$$

Beispiel

Gegeben seien die Nachfrage- und Angebotsfunktionen:

$$x_N(p_N) = -20p_N + 400 \qquad \text{bzw.} \qquad x_A(p_A) = 5p_A + 100$$

Gleichsetzen von x_N und x_A ergibt (die ebenfalls gleichen Preise werden nun mit p bezeichnet):

$$x_N(p) = x_A(p) \quad \Rightarrow \quad -20p + 400 = 5p + 100$$

$\Rightarrow$

$$300 = 25p \qquad \text{(auf beiden Seiten 100 subtrahiert und 20p addiert)}$$

$\Rightarrow$

$$12 = p \qquad \text{(Division durch 25)}$$

Für einen Preis $p = p_N = p_A = 12$ und eine Menge $x_N(12) = x_A(12) = -20 \cdot 12 + 400 = 160$ besteht damit Marktgleichgewicht.

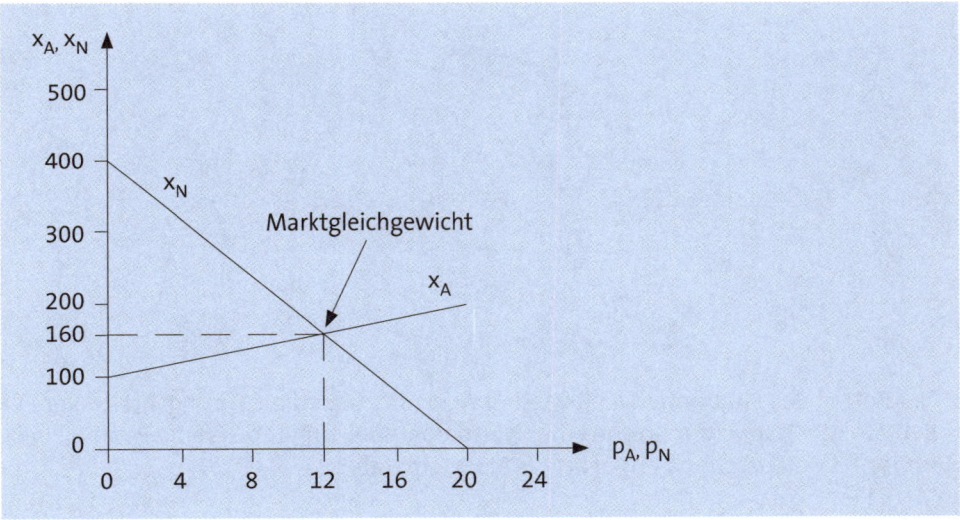

Aufgabe 48 > Seite 236

85

▶ **Quadratische Funktionen (n = 2)**

Quadratische Funktionen lassen sich in der Form $f(x) = ax^2 + bx + c$ $(a \neq 0)$ schreiben und ergeben in der grafischen Darstellung **Parabeln**. Die **Lageparameter** a, b und c bestimmen dabei die geometrische Lage der Parabel relativ zu den Achsen im Koordinatensystem. Es gilt:

$a > 0$ → Parabel ist nach oben geöffnet
$a < 0$ → Parabel ist nach unten geöffnet
$c > 0$ → Parabel ist nach oben verschoben
$c < 0$ → Parabel ist nach unten verschoben

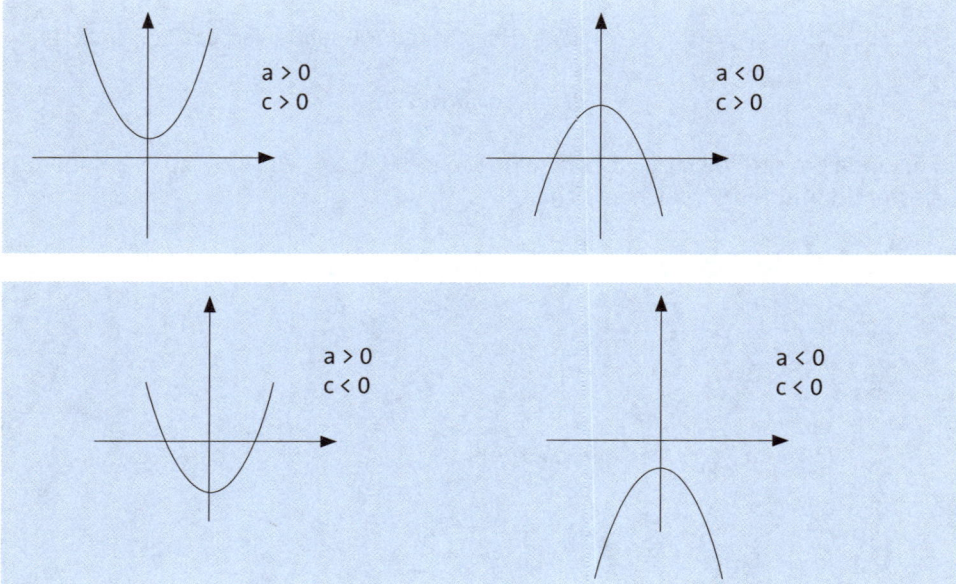

Der Betrag des **Parameters** a gibt ferner Auskunft über die **Öffnungsbreite** der Parabel. Für $|a| = 1$ spricht man von einer **Normalparabel**, für $|a| < 1$ ist die Parabel breiter, für $|a| > 1$ entsprechend enger als die Normalparabel.

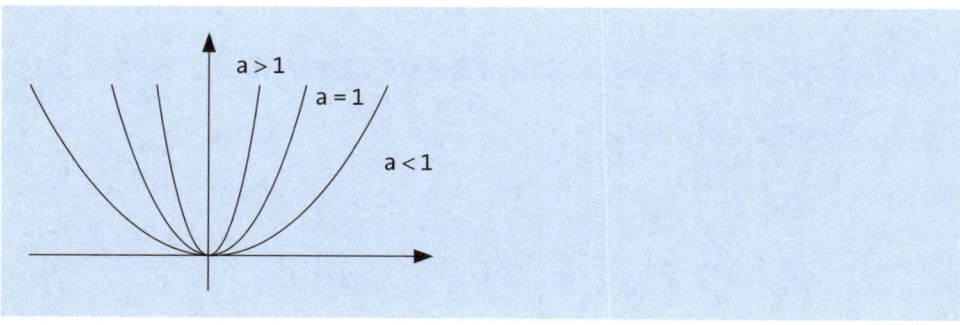

Polynome zweiten Grades werden in mathematischen Modellen verwendet, in denen das Verhalten einer ökonomischen Variablen als näherungsweise quadratisch angenommen werden kann.

Beispiel

Ein Unternehmen habe Fixkosten K_f von 50.000€ und variable Kosten, die quadratisch mit der Ausbringungsmenge x steigen: $K_v = K_v(x) = x^2$. Die Gesamtkosten betragen damit:

$K(x) = K_f + K_v(x) = 50.000 + x^2$

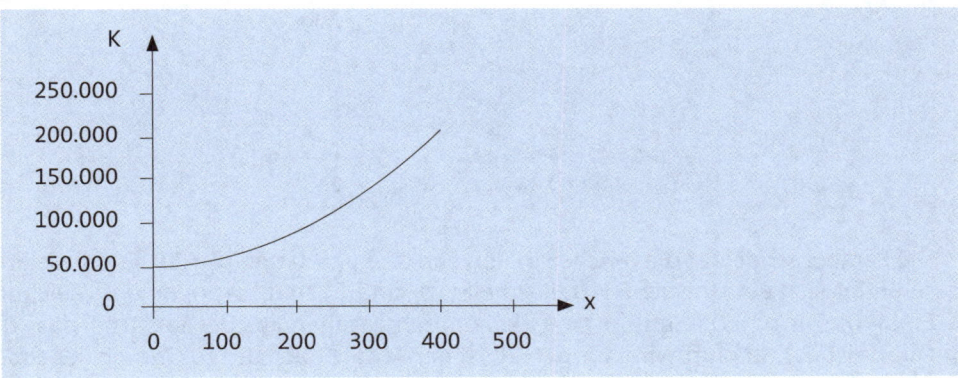

Einen solchen **progressiven Gesamtkostenverlauf** kann man z. B. im Bergbau finden, wo die Produktionskosten K mit steigender Fördermenge x überproportional stark zunehmen, da immer tiefer gegraben werden muss, um an neue Bodenschätze zu gelangen.

In der Mikroökonomie treten quadratische Funktionen als **Umsatz-** oder **Erlösfunktionen** E auf, wenn für ein Gut eine lineare Preis-Absatz-Beziehung unterstellt wird. In einem solchen Fall errechnet sich die **Absatzmenge** x des Gutes gemäß der linearen Absatzfunktion ($a_1 < 0$, $a_0 > 0$):

$x(p) = a_1 p + a_0$

Der Umsatz E ergibt sich aus der einfachen Relation „Umsatz = Absatzmenge mal Preis" als quadratische Funktion von p:

$E(p) = x(p)p = (a_1 p + a_0)p = a_1 p^2 + a_0 p$

Beispiel

Die Absatzfunktion $x(p) = -20p + 400$ impliziert die Umsatzfunktion

$E(p) = -20p^2 + 400p$,

eine nach unten geöffnete Parabel.

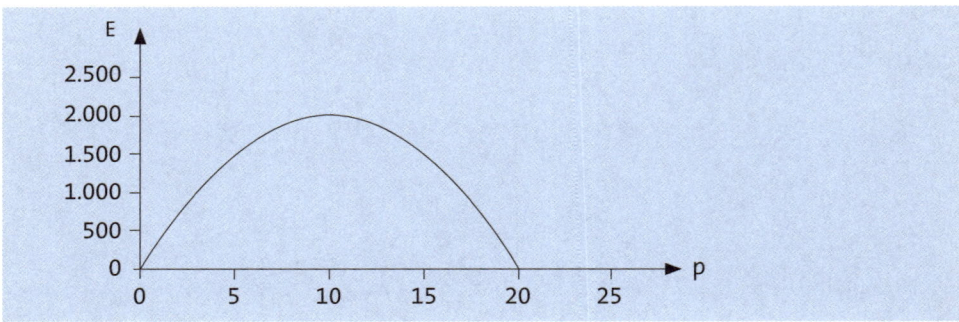

Die Parabel schneidet die p-Achse in den Punkten $p_1 = 0$ und $p_2 = 20$. Für diese Preise ergibt sich ein Umsatz $E = 0$ (das heißt, p_1 und p_2 sind Lösungen der Gleichung $E(p) = 0$). Für $p_1 = 0$ folgt $E(p_1) = 0$ ökonomisch gesehen aus der Tatsache, dass das Gut umsonst verkauft wird, für $p_2 = 20$ ist der Absatz nach der zu Grunde liegenden Absatzfunktion auf Null abgesunken. Es wird nichts mehr verkauft, da der Preis nun zu hoch ist. Seinen Maximalwert nimmt der Umsatz für $p = 10$ an ($E(10) = 2.000$). Ab diesem Preis bricht der Umsatz bei weiteren Preiserhöhungen ein.

Aufgabe 49 > Seite 236

▶ **Polynome dritten Grades (n = 3)**
Polynome dritten Grades ($f(x) = a_3x^3 + a_2x^2 + a_1x + a_0$; auch **kubische Funktionen**) treten in ökonomischen Anwendungen meist als **ertragsgesetzliche Produktions-** oder **Kostenfunktionen** auf, die ein charakteristisches Schwankungsverhalten zeigen.

Bei **Produktionsfunktionen** wird ein **Output** x (= produzierte Menge) in Abhängigkeit von einem **Input** (auch **Faktorinput**) r untersucht: x(r). Die Idee speziell bei **ertragsgesetzlichen** Produktionsfunktionen ist, dass x für kleine Werte von r zunächst **progressives** Wachstum zeigt, das für steigendes r erst in **degressives** Wachstum übergeht (dieser Übergang wird **Schwelle des Ertragsgesetzes** genannt), bevor eine weitere Zunahme des Inputs sogar eine Abnahme des Outputs bewirkt, vgl. *Feess/Tibitanzl*.

Beispiel

Die Produktionsfunktion

$$x(r) = -0{,}2r^3 + 12r^2 + 63{,}75r$$

besitzt ertragsgesetzlichen Verlauf.

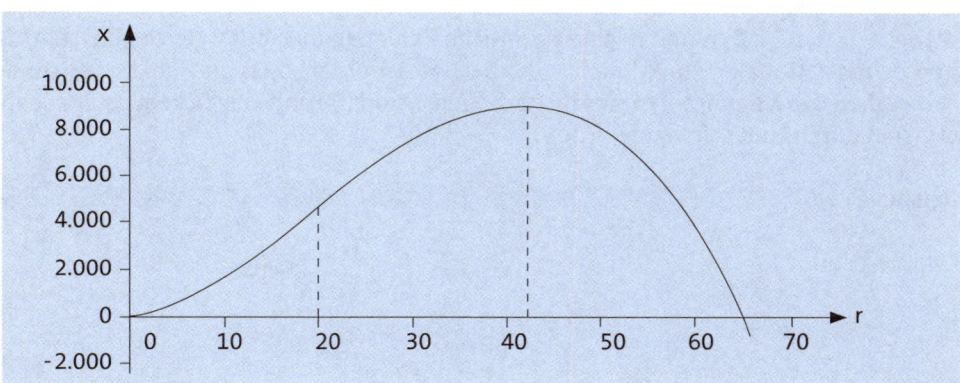

Für $0 \leq r < 20$ zeigt x progressives Wachstum mit r. Das heißt, nicht nur x, sondern auch die Zunahme von x nimmt zu, der Graf wird in diesem Bereich folglich immer steiler. Im Intervall $20 < r < 42{,}5$ weist x nur noch degressives Wachstum auf. Die Funktion steigt zwar noch, flacht sich aber zusehends ab. Für $r = 42{,}5$ nimmt x(r) ein Maximum an $(x(42{,}5) = 9.031{,}25)$, für $r > 42{,}5$ fällt die Funktion.

Als praktische Anwendung derartiger Produktionsfunktionen denke man sich einen Landwirt in einer sehr trockenen Weltgegend. Bewässert er nicht (Input $r = 0$), erntet er auch nichts (Output $x(0) = 0$). Beginnt er mit der Bewässerung, erhöht sich sein Ertrag zunächst zögerlich, mit zunehmender Wassermenge dann aber immer schneller. Bewässert er immer mehr, nimmt sein Ertrag irgendwann nicht mehr so stark zu $(20 < r < 42{,}5)$. Schließlich bewässert er so viel $(r > 42{,}5)$, dass seine Pflanzen gar ertrinken, der Ertrag nimmt folglich ab.

Obiges Beispiel verdeutlicht, dass nicht jedes Polynom dritten Grades einen ertragsgesetzlichen Funktionsverlauf bedingt, z. B. sollte aus nachvollziehbaren Gründen stets $a_0 = 0$ gelten, ansonsten würde ein Output $\neq 0$ ohne jeglichen Input erzeugt werden.

2.2 Gebrochen-rationale Funktionen

Eine gebrochen-rationale Funktion lässt sich als Quotient zweier Polynome mit nicht notwendigerweise gleichem Grad darstellen:

$$f(x) = \frac{a_n x^n + a_{n-1} x^{n-1} + \dots + a_1 x + a_0}{b_m x^m + b_{m-1} x^{m-1} + \dots + b_1 x + b_0}$$

wobei $a_n \neq 0$, $b_m \neq 0$; n und m sind natürliche Zahlen (n darf auch gleich Null sein). Bei gebrochen-rationalen Funktionen muss beachtet werden, dass die Funktionen an den **Nullstellen des Nennerpolynoms** nicht definiert sind (**Definitionslücken**, da ansonsten Division durch Null erfolgen würde).

Beispiele

Die Funktion

$$f(x) = \frac{1}{x-1}$$

ist für $x = 1$ nicht definiert ($D_f = \mathbb{R} \setminus \{1\}$), das Nennerpolynom der Funktion

$$f(x) = \frac{x^2 - 3}{x^3 + 4x^2 - 7x - 10}$$

hat wegen $x^3 + 4x^2 - 7x - 10 = (x+5)(x+1)(x-2)$ die Nullstellen $x_1 = -5$, $x_2 = -1$ und $x_3 = 2$, also folgt für den Definitionsbereich: $D_f = \mathbb{R} \setminus \{-5, -1, 2\}$.

Das Nennerpolynom der Funktion

$$f(x) = \frac{x-3}{x^2 + 1}$$

hat keine Nullstellen, weshalb $D_f = \mathbb{R}$.

Das Verhalten gebrochen-rationaler Funktionen in der Nähe von Definitionslücken wird in Kapitel C.3.2 untersucht.

Aufgabe 50 > Seite 237

2.3 Exponentialfunktionen

Für alle reellen Zahlen x kann die Exponentialfunktion $f(x) = a^x$ definiert werden, wobei $a > 0$ und $a \neq 1$ gilt (für $a = 1$ ergibt sich die konstante Funktion $f(x) = 1^x = 1$). Im Unterschied zu Potenzfunktionen x^n ist bei Exponentialfunktionen der **Exponent** die Variable, während die **Basis** durch eine reelle Zahl a fest vorgegeben ist.

Beispiel

$f(x) = e^x$ ($e \approx 2,71...$ ist die Eulersche Zahl, vgl. Kapitel A.3.4)

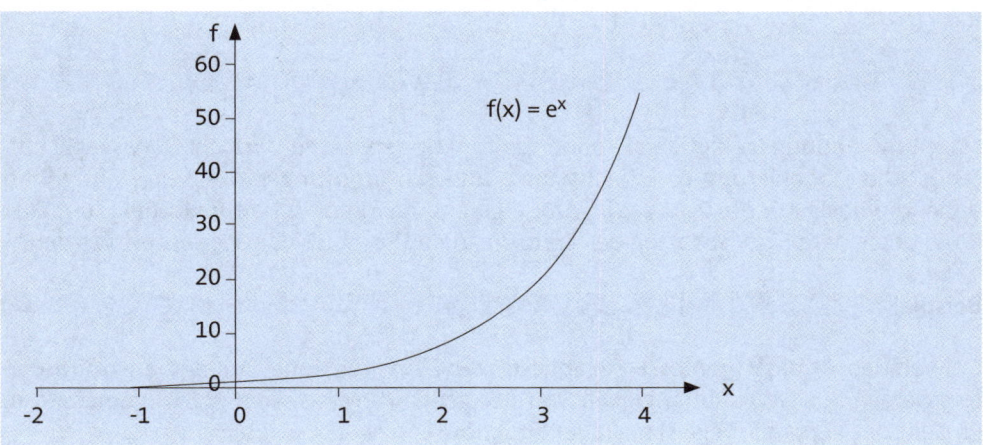

Aus den **Potenzgesetzen** für ganzzahlige Exponenten folgt (vgl. Kapitel A.3.2)

$$a^{-x} = \frac{1}{a^x} = \left(\frac{1}{a}\right)^x,$$

also zum Beispiel

$$f(x) = 2^{-x} = \frac{1}{2^x} = \left(\frac{1}{2}\right)^x.$$

Für alle zulässigen Basen a gilt $f(0) = a^0 = 1$, sodass der Punkt $(0,1)$ immer zum Grafen einer Exponentialfunktion a^x gehört. Für $0 < a < 1$ nimmt a^x für steigendes x immer kleinere Werte an, für $a > 1$ hingegen immer größere Zahlenwerte. Stets gilt $a^x > 0$.

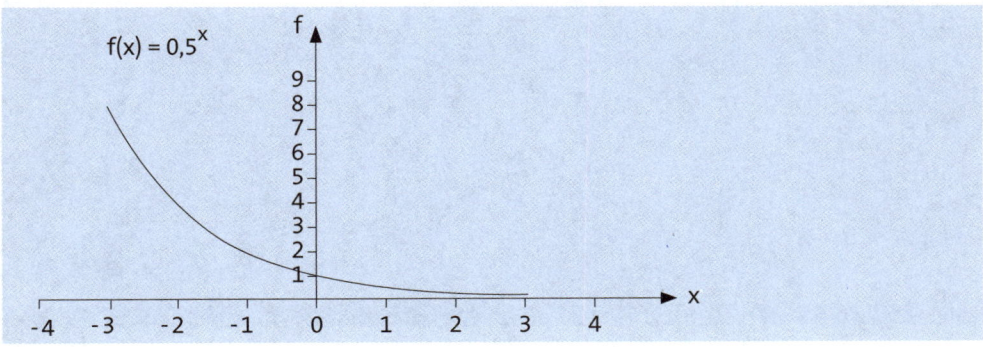

Allgemeiner werden auch Funktionen als Exponentialfunktionen bezeichnet, bei denen eine Basis g(x) (statt konstantem a nun ein x-abhängiger Ausdruck g(x) als Basis) mit einem x-abhängigen Exponenten h(x) potenziert wird:

$$f(x) = g(x)^{h(x)}$$

Beispiel

$f(x) = (10x)^{x+1}$, $f(x) = x^{2+5x}$, $f(x) = (3x^2 + 1)^{\sqrt{x+1}}$

Hauptanwendungsgebiet von Exponentialfunktionen in den Wirtschaftswissenschaften ist die Modellierung von Wachstums- und Schrumpfungsprozessen. Häufig wird dabei die Basis a = e = 2,71... zu Grunde gelegt, da Exponentialfunktionen zu dieser Basis besondere Eigenschaften besitzen, die in Kapitel D.1.2 näher erläutert werden.

Beispiel

Der Vertriebserfolg V (gemessen in abgesetzten Einheiten) eines Außendienstmitarbeiters berechne sich in Abhängigkeit von der gewährten Provision x ≥ 0 (gemessen in Prozent des Verkaufspreises) nach der Funktion:

$$V(x) = 50(1 - e^{-0,7x})$$

Für x-Werte nahe Null (minimale Provision) ergibt sich $V(x) \approx V(0) = 50(1 - e^{-0,7 \cdot 0}) = 0$, der Außendienstmitarbeiter verkauft fast gar nichts. Mit steigender Provision nimmt sein Vertriebserfolg zu, flacht sich dann aber zusehends ab, da der Außendienstmitarbeiter trotz steigender Provision verständlicherweise nicht beliebig viele Produkte verkaufen kann. Für extrem große Werte von x strebt $e^{-0,7x}$ gegen Null, weshalb: $V(x) \approx 50(1 - 0) = 50$.

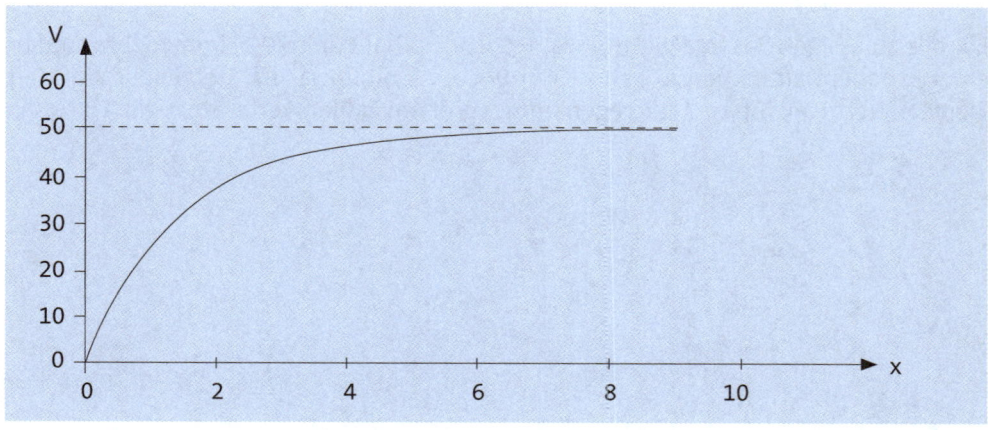

Eine Exponentialfunktion a^x zu einer beliebigen Basis a kann leicht in eine Exponentialfunktion zur Basis e umgeschrieben werden:

$$a^x = \left(e^{\ln(a)}\right)^x = e^{x\,\ln(a)}, \qquad \text{also etwa} \qquad 2^x = \left(e^{\ln(2)}\right)^x = e^{x\,\ln(2)}$$

2.4 Wurzelfunktionen

Wurzelfunktionen sind Umkehrfunktionen (vgl. Kapitel D.6) zu **Potenzfunktionen**:

$$x = y^n \implies y = x^{\frac{1}{n}} = \sqrt[n]{x} = f(x),$$

wobei n eine natürliche Zahl ist. Allgemeiner können alle Funktionen als Wurzelfunktionen bezeichnet werden, bei denen die Unbekannte x im Radikanten einer Wurzel auftritt. Zu beachten ist der jeweils gültige Definitionsbereich (vgl. Kapitel A.4.4.3).

Beispiele

1. Beispiel:
Die Funktion

$$f(x) = \sqrt{x-2}$$

hat den Definitionsbereich $D_f = \{x \in \mathbb{R}\,|\,x \geq 2\}$. Für ungerades n kann die n-te Wurzel aus x auch für negative x-Werte erklärt werden, weshalb die Funktion

$$f(x) = \sqrt[3]{x}$$

für alle reellen Zahlen x definiert ist: $D_f = \mathbb{R}$, vgl. Kapitel A.3.3. Die Funktion $f(x) = \sqrt{x}$ ist hingegen nur für positive x-Werte definiert:

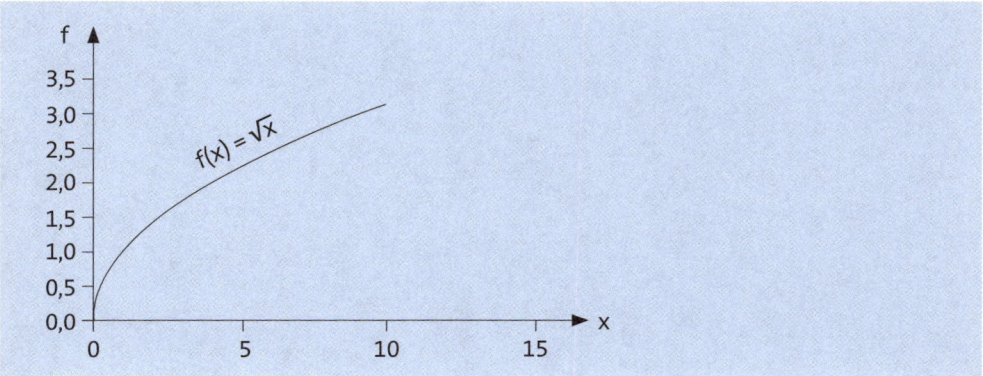

Wurzelfunktionen können dazu verwendet werden, Wachstumsprozesse zu modellieren, bei denen sich das Wachstum der betrachteten Funktion f mit steigendem x immer mehr abflacht. Dabei werden auch oftmals solche Wurzelfunktionen verwendet, die sich aus **Potenzfunktionen** mit nicht natürlichem Exponenten n ableiten lassen, etwa $f(x) = x^{0,3}$.

2. Beispiel:

Funktionen der Form $x(r) = ar^b$ mit $a > 0$ und $0 < b < 1$ finden in der Mikroökonomie häufig als Produktionsfunktionen Anwendung. Beispiele sind $x(r) = 0,7r^{0,8}$ oder $x(r) = 1.000r^{0,6}$. Allen Produktionsfunktionen dieser Form ist gemein, dass sich wegen $0 < b < 1$ das Wachstum des Outputs x mit steigendem Input r verlangsamt.

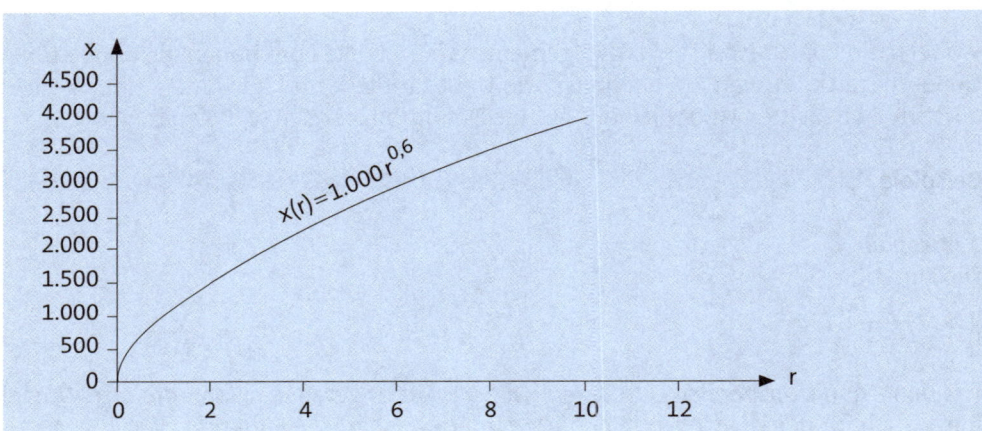

Aufgabe 51 - 52 > Seite 237

2.5 Logarithmusfunktionen

Logarithmusfunktionen sind die Umkehrfunktionen (vgl. Kapitel D.6) zu Exponential-funktionen a^x und haben die allgemeine Form

$$f(x) = \log_a (x) \qquad \text{(Logarithmus x zur Basis, wobei } a > 0, a \neq 1)$$

Speziell gilt:

$$x = a^y \;\Rightarrow\; y = \log_a(x) = f(x).$$

Der Definitionsbereich einer Logarithmusfunktion $\log_a(x)$ ist durch die Menge der positiven reellen Zahlen gegeben: $D_f = \mathbb{R}^+$. Die Logarithmusfunktion zur Basis $e = 2{,}71\ldots$ (**natürlicher Logarithmus**) wird mit $\ln(x)$ bezeichnet und bildet die Umkehrfunktion zur Exponentialfunktion e^x:

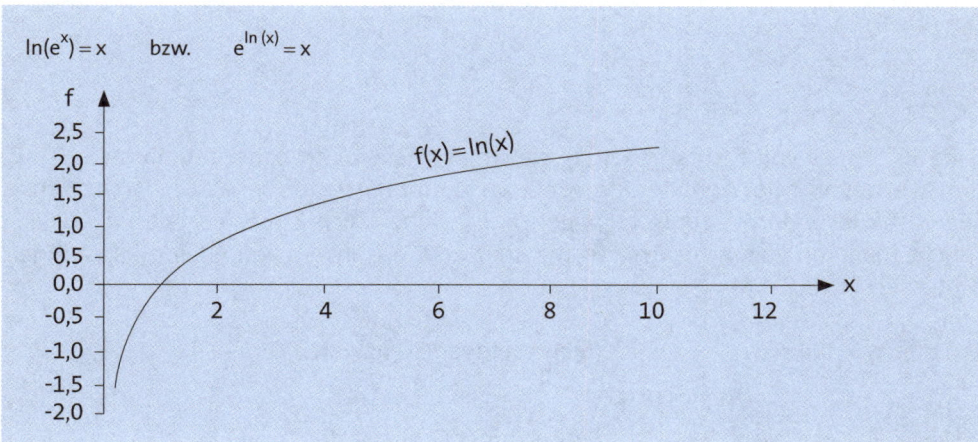

Mithilfe der Logarithmusgesetze können komplizierte Logarithmusfunktionen häufig einfacher dargestellt werden (vgl. Kapitel A.3.4).

Beispiel

$$\ln (3x^5\sqrt{x+1}) = \ln(3) + 5\ln(x) + \frac{1}{2}\ln(x+1)$$

Aufgabe 53 > Seite 237

3. Elementare Eigenschaften von Funktionen einer Variablen

Wichtige Eigenschaften mathematischer Funktionen sind neben ihrem Verhalten bei Annäherung des Variablenwertes x an einen bestimmten Zahlenwert x_0 und dem daraus ableitbaren **Stetigkeitsbegriff** (Kapitel C.3.1 und C.3.2) vor allem Fragen nach dem Vorliegen von **Asymptoten** (Kapitel C.3.3) sowie nach der **Beschränktheit** der Funktionswerte und etwaigem **Symmetrieverhalten** (Kapitel C.3.4 bzw. C.3.5).

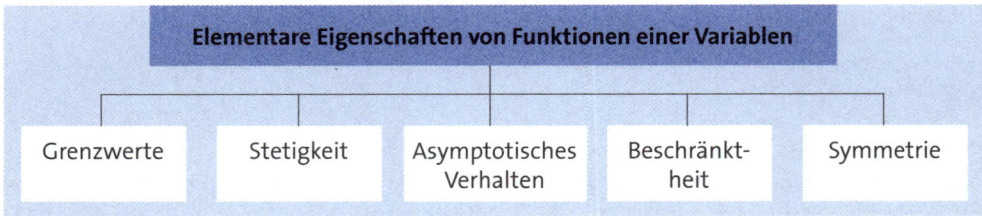

3.1 Grenzwerte

Der Ausdruck

$$\lim_{x \to x_0} f(x) = g$$

wird als „Limes von f für x gegen x_0 gleich g" gelesen und bedeutet, dass die Funktionswerte von f bei Annäherung von x an x_0 immer näher bei einem **Grenzwert** g liegen (f **konvergiert** gegen g für x gegen x_0). Nähert sich x von rechts an x_0 (x > x_0), spricht man von einem **rechtsseitigen** Grenzwert, ansonsten von einem **linksseitigen** Grenzwert (x < x_0):

$$\lim_{x \to x_0^+} f(x) = \lim_{\substack{x \to x_0, \\ x > x_0}} f(x)$$ (rechtsseitiger Grenzwert)

$$\lim_{x \to x_0^-} f(x) = \lim_{\substack{x \to x_0, \\ x < x_0}} f(x)$$ (linksseitiger Grenzwert)

Wird auf die Begriffe rechtsseitig und linksseitig bei einem Grenzwert verzichtet, kann x sowohl von rechts als auch von links gegen x_0 konvergieren.

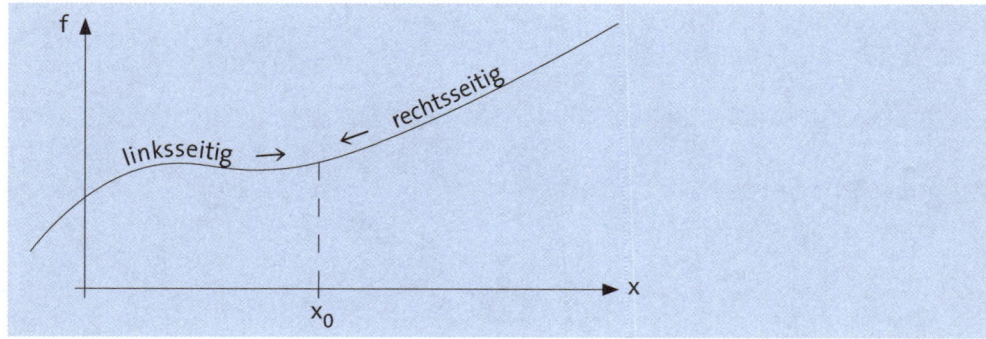

Beispiel

$$\lim_{x \to 2} x^2 = 4, \quad \lim_{x \to 4} (\sqrt{x} + 1)^2 = 9, \quad \lim_{x \to -1^+} (x - 2)^3 = \lim_{x \to -1^-} (x - 2)^3 = \lim_{x \to -1} (x - 2)^3 = -27$$

Um den Grenzwert einer Funktion f für x gegen x_0 zu bestimmen, genügt es meist, das Verhalten von f bei Annäherung an x_0 zu untersuchen. Oft kann der Grenzwert auch durch bloßes Einsetzen von x_0 in f direkt ermittelt werden.

Beispiel

Zur Ermittlung des Grenzwertes von

$$f(x) = \frac{x + 5}{(x^2 + 4x - 5)}$$

für x gegen $x_0 = 0$ kann x_0 direkt in f eingesetzt werden, was $\lim_{x \to 0} f(x) = f(0) = -1$ liefert.

Soll hingegen der Grenzwert von f für x gegen $x_0 = -5$ berechnet werden, ergibt bloßes Einsetzen das mathematisch nicht definierte Resultat „0/0". Nähert man sich $x_0 = -5$ jedoch langsam von rechts, zeigt sich:

$$
\begin{aligned}
f(-4) &= -0{,}2 \\
f(-4{,}9) &= -0{,}1694... \\
f(-4{,}99) &= -0{,}1669... \\
f(-4{,}999) &= -0{,}1666...,
\end{aligned}
$$

also folgt $\lim_{x \to -5^+} f(x) = -0{,}16666 \ldots = -\frac{1}{6}$. Annäherung von links liefert das gleiche

Ergebnis:

$$
\begin{aligned}
f(-6) &= -0{,}1428... \\
f(-5{,}1) &= -0{,}1639... \\
f(-5{,}01) &= -0{,}1663... \\
f(-5{,}001) &= -0{,}1666...,
\end{aligned}
$$

also folgt $\lim_{x \to -5^-} f(x) = -0{,}16666 \ldots = -\frac{1}{6}$. Der Grenzwert von f in $x_0 = -5$ ist damit gleich $-0{,}1666...$, obwohl f(-5) selbst gar nicht definiert ist.

Der Grenzwert einer Funktion f in einem Punkt x_0 muss nicht existieren. In solchen Fällen **divergiert** f in x_0. Beispielsweise ist der Ausdruck

$$\lim_{x \to 0^+} f(x) = \lim_{x \to 0^+} \frac{1}{x}$$

nicht definiert. Setzt man für x nahe bei 0 liegende positive Zahlenwerte ein (von rechts kommend, also x > 0), ergeben sich immer größere Zahlenwerte für f(x), ohne dass ein Konvergenzverhalten zu beobachten wäre:

f(0,1)   =   10
f(0,01)   =   100
f(0,001)   =   1.000 etc.

Folglich divergiert die Funktion f für x gegen 0^+.

Aufgabe 54 > Seite 237

3.2 Stetigkeit

3.2.1 Stetigkeit in einem Punkt

Eine Funktion f ist in einem Punkt x_0 **stetig**, wenn der Graf der Funktion an dieser Stelle ohne Abzusetzen durchgezeichnet werden kann, die Funktion in x_0 also keinen Sprung oder anderweitige Bruchstelle besitzt. Mathematisch bedeutet dies:

► Die Funktion f ist in x_0 definiert, d. h. $f(x_0)$ existiert.

► Die links- und rechtsseitigen Grenzwerte der Funktion f in x_0 stimmen miteinander und mit $f(x_0)$ überein, d. h.

$$\lim_{x \to x_0} f(x) = \lim_{x \to x_0^+} f(x) = \lim_{x \to x_0^-} f(x) = f(x_0).$$

Beispiele

Die Funktion $f(x) = x^2$ ist im Punkte $x_0 = 3$ stetig, da $f(3) = 3^2 = 9$ und

$$\lim_{x \to 3} x^2 = \lim_{x \to 3^+} x^2 = \lim_{x \to 3^-} x^2 = 9,$$

wie man leicht durch Einsetzen in die Funktion bestätigt. Im Unterschied dazu ist die stückweise definierte Funktion

$$f(x) = \begin{cases} 3 \text{ für } x \le 1 \\ 2 \text{ für } x > 1 \end{cases}$$

im Punkte x = 1 **unstetig**, da

$$\lim_{x \to 1^+} f(x) = 2 \ne \lim_{x \to 1^-} f(x) = 3.$$

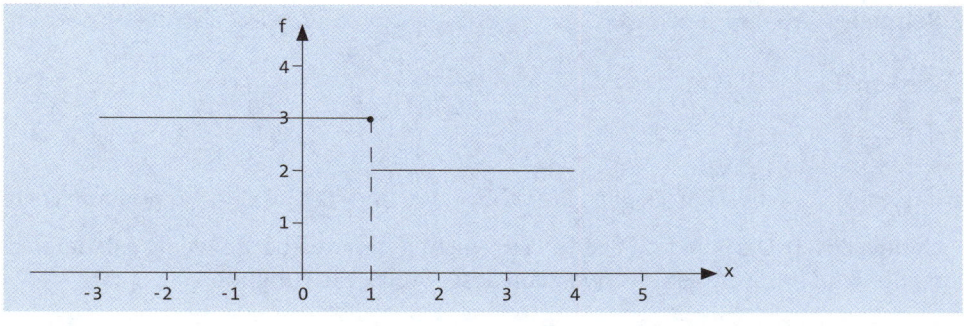

3.2.2 Stetigkeit von Funktionen

Eine Funktion heißt allgemein **stetig**, wenn sie in **allen Punkten** ihres Definitionsbereichs stetig ist. Die meisten betriebswirtschaftlich relevanten Funktionen sind innerhalb ihres Definitionsbereichs stetig, dies gilt vor allem für alle Polynome, Exponential-, Wurzel- und Logarithmusfunktionen. Gebrochen-rationale Funktionen sind mit Ausnahme der Nullstellen des Nenners überall stetig.

Ist eine Funktion **nicht stetig**, liegt in der Regel entweder ein **Pol**, eine **hebbare Lücke** (auch **hebbare Unstetigkeit**) oder ein **Sprung** vor (üblicherweise bei stückweise definierten Funktionen, vgl. Beispiel in Kapitel C.3.2.1).

▸ Ein **Pol** (auch **Polstelle**) ist eine senkrechte Gerade in einem Punkt x = a, in dem die Funktion f nicht definiert ist. Charakteristisch für Pole ist, dass f bei Annäherung an den Pol entweder gegen +∞ oder -∞ strebt (∞ = unendlich; wenn f gegen +∞ strebt, nimmt f immer größere positivere Zahlenwerte an und überschreitet schließlich alle **oberen Schranken**, vgl. Kapitel C.3.4).

Pole sind üblicherweise bei gebrochen-rationalen Funktionen zu finden, wo sie in den Nullstellen des Nenners auftreten können. Pole sind Spezialfälle der **Asymptoten**, vgl. Kapitel C.3.3.

Beispiel

Die Funktion

$$f(x) = \frac{2}{x - 5}$$

hat bei $x = 5$ einen Pol. Es gilt: $\lim\limits_{x \to 5^+} f(x) = +\infty$ und $\lim\limits_{x \to 5^-} f(x) = -\infty$ (**Pol mit Vorzei-chenwechsel**). Die Funktion f ist für $x = 5$ nicht definiert, ebenso wenig existieren der rechts- und linksseitige Grenzwert an dieser Stelle. Die Funktion

$$f(x) = \frac{2}{(x - 5)^2}$$

besitzt an der gleichen Stelle einen **Pol ohne Vorzeichenwechsel**, da nun wegen des quadratischen Terms im Nenner $\lim\limits_{x \to 5^+} f(x) = \lim\limits_{x \to 5^-} f(x) = +\infty$ gilt. In beiden Fällen ist die Gerade $x = 5$ eine **senkrechte Asymptote** der Funktionen, an die sich die Funktionen immer näher anschmiegen vgl. Kapitel C.3.3.

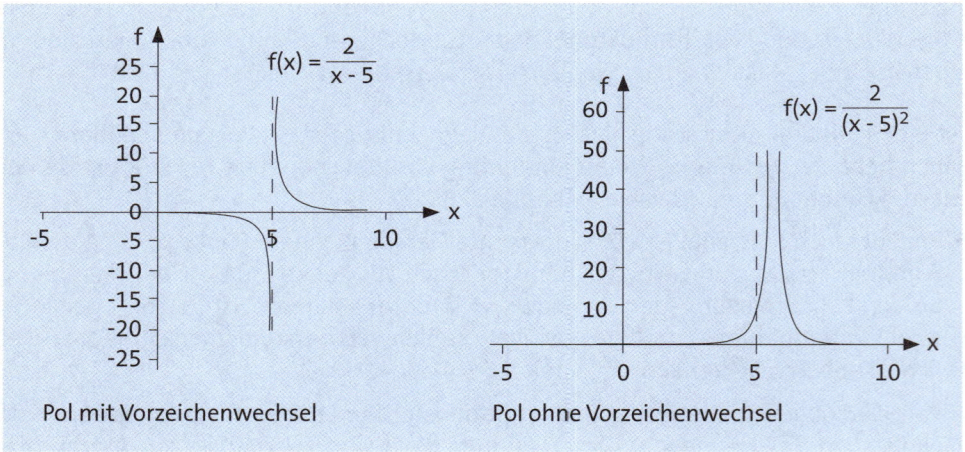

Pol mit Vorzeichenwechsel   Pol ohne Vorzeichenwechsel

► Bei einer **hebbaren Lücke** $x = a$ existieren der rechts- und linksseitige Grenzwert bei Annäherung an a, jedoch ist die Funktion f im Punkte a selbst nicht definiert und somit unstetig. Da sich f in der Nähe von a beliebig nah an einen endlichen Grenzwert annähert, kann eine hebbare Lücke durch Neudefinition der Funktion f behoben werden. Sei dazu b der Grenzwert von f für x gegen a, d. h.:

$$\lim\limits_{x \to a} f(x) = \lim\limits_{x \to a^+} f(x) = \lim\limits_{x \to a^-} f(x) = b \,.$$

Definiere dann die neue (stetige) Funktion: $g(x) = \begin{cases} f(x) \text{ für } x \neq a \\ b \text{ für } x = a \end{cases}$

Beispiel

Die Funktion

$$f(x) = \frac{x^2 - 1}{x + 1}$$

besitzt in $a = -1$ eine hebbare Lücke, da f im Punkte $x = -1$ aber nicht definiert ist. Um Stetigkeit herzustellen, definiert man:

$$g(x) = \begin{cases} \frac{x^2 - 1}{x + 1} \text{ für } x \neq -1 \\ -2 \text{ für } x = -1 \end{cases}$$

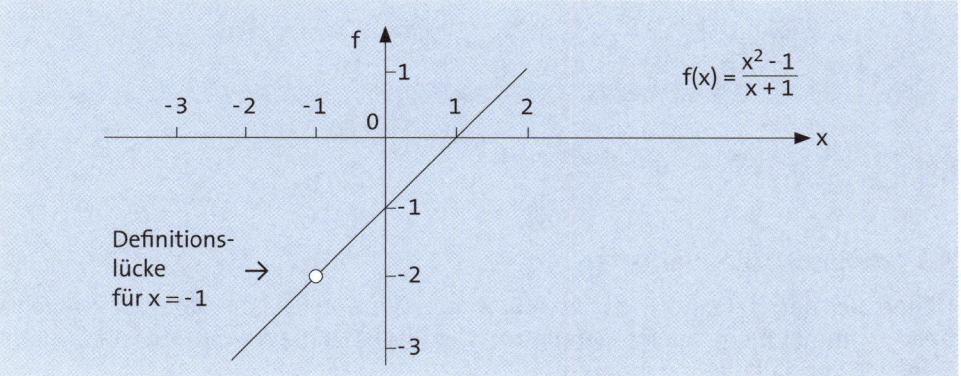

▶ Abschnittsweise definierte Funktionen enthalten oft **Sprünge**, an denen die Funktion abrupt ihren Funktionswert ändert und somit nicht stetig ist.

Beispiel

Die Höhe des von einem Arbeitgeber gewährten Urlaubsgeldes berechnet sich nach der Betriebszugehörigkeit der Arbeitnehmer in Jahren:

Betriebszugehörigkeit in Jahren	Höhe des Urlaubsgeldes in Euro
$x < 5$	400
$5 \leq x < 10$	600
$10 \leq x < 20$	800
$x \geq 20$	1.000

Der Graf der zugehörigen Funktion (Urlaubsgeld als Funktion der Betriebszugehörigkeit) ist damit eine **Treppenfunktion** mit entsprechenden Sprüngen (Unstetigkeitsstellen).

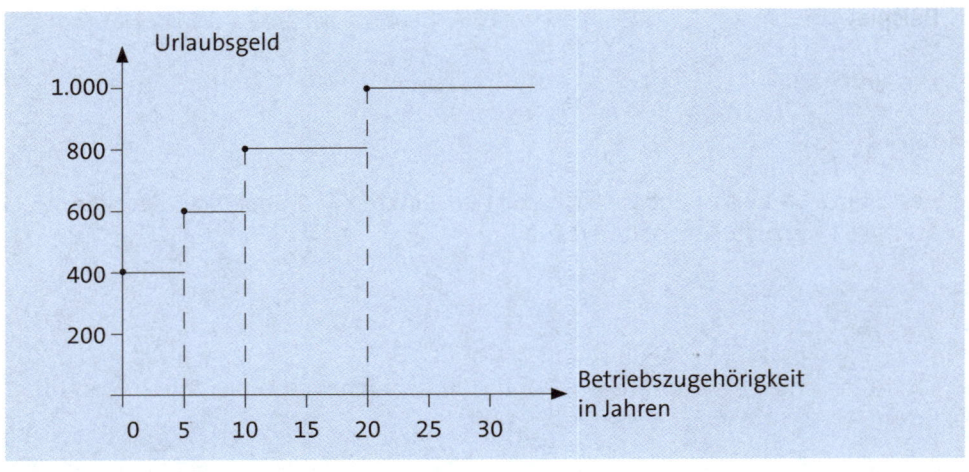

Aufgabe 55 > Seite 238

3.3 Asymptotisches Verhalten

Nähert sich der Graf einer Funktion f für x gegen eine reelle Zahl a oder für x gegen $+\infty$ bzw. $-\infty$ immer mehr an eine **Gerade** an, wird diese Gerade **Asymptote** von f genannt. Folgende Spezialfälle sind möglich:

- ▶ An **Polstellen** (x strebt gegen Wert a) liegen **senkrechte Asymptoten** x = a vor, vgl. Kapitel C.3.2.2.

- ▶ Für x gegen $+\infty$ bzw. $-\infty$ kann sich eine **waagerechte Asymptote** y = b oder **schiefe Asymptote** y = mx + b ergeben. Um Asymptoten dieser Art zu identifizieren, empfiehlt es sich meist, entsprechend große positive bzw. negative Zahlenwerte für x in f einzusetzen.

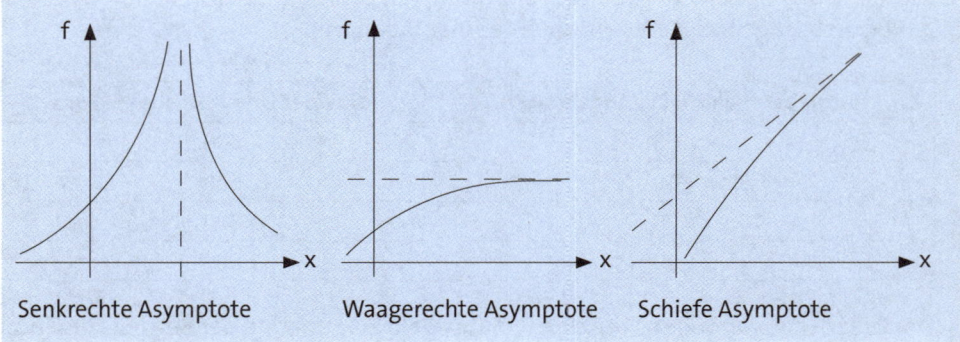

Beispiel

Die Funktion $f(x) = 1 - 2e^{-x}$ strebt für große positive Werte von x gegen 1, da der Exponentialanteil für x gegen $+\infty$ gegen Null strebt. Folglich hat f die waagerechte Asymptote y = 1. Dagegen besitzt die Funktion

$$f(x) = x - 2 + \frac{3}{x + 5}$$

eine senkrechte Asymptote im Punkt x = -5 (Pol mit Vorzeichenwechsel), da

$$\lim_{x \to -5^+} f(x) = +\infty, \quad \lim_{x \to -5^-} f(x) = -\infty$$

sowie die schiefe Asymptote y = x - 2, da der gebrochenrationale Anteil von f für große positive Werte von x gegen Null strebt.

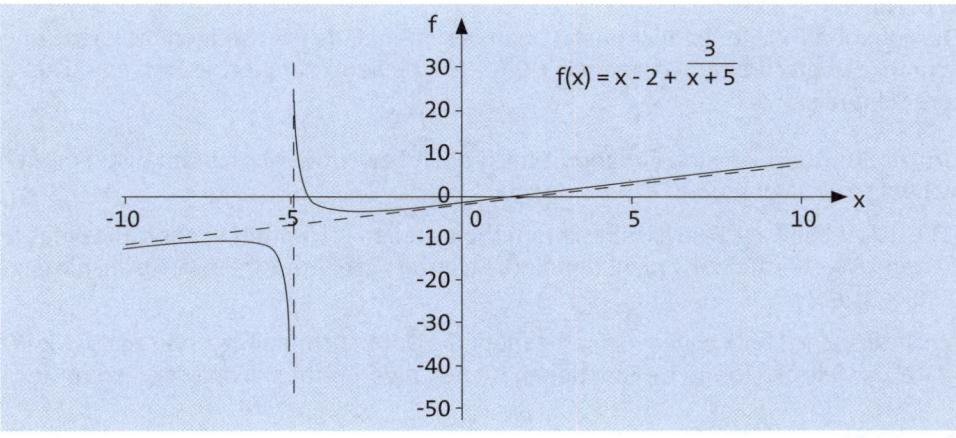

Aufgabe 56 > Seite 238

3.4 Beschränktheit
Eine Funktion f(x) heißt **nach oben beschränkt** in ihrem Definitionsbereich, falls für alle zulässigen x-Werte eine feste Konstante c_o (= **obere Schranke**) existiert, sodass gilt: $f(x) \leq c_o$. Entsprechend ist f **nach unten beschränkt**, falls für eine feste konstante Zahl c_u (= **untere Schranke**) gilt: $c_u \leq f(x)$. Ist f sowohl nach oben als auch nach unten beschränkt, gilt für alle zulässigen x:

$$c_u \leq f(x) \leq c_o$$

f wird dann als **beschränkt** bezeichnet.

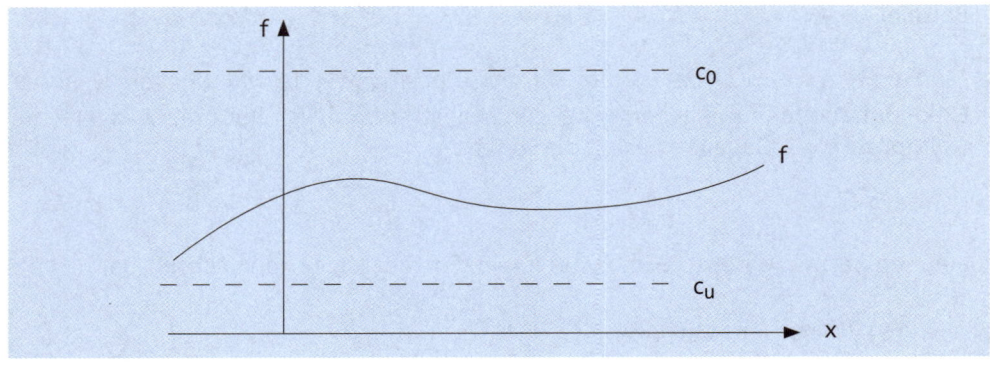

Beispiele

1. Beispiel:
Die Funktion $f(x) = e^x$ ist nicht nach oben beschränkt, da f für steigendes x jede obere Schranke überschreitet. Wegen $f(x) > 0$ für alle reellen x fungiert jedoch $c_u = 0$ als untere Schranke.

Um zu ermitteln, ob eine Funktion f nach oben bzw. unten beschränkt ist, empfiehlt sich folgendes Vorgehen:

(1) Untersuche f auf Pole („Unbeschränktheitsstellen"). Nimmt f in der Nähe eines festen x-Wertes, für den f nicht definiert ist, immer größere Zahlenwerte an, die gegen $\pm\infty$ streben?

(2) Untersuche f für x gegen $\pm\infty$; oft genügt die Untersuchung für große positive x-Werte, da viele ökonomische Funktionen für negative x nicht sinnvoll definierbar sind.

2. Beispiel:
Die Kostenfunktion

$$K(x) = 60 + 2e^{0,01x}, x > 0$$

hat keine Pole, da es keinen festen x-Wert gibt, in dessen Nähe K immer größere Zahlenwerte annimmt. Für große positive Werte von x übersteigt K alle oberen Schranken, sodass K nach oben unbeschränkt ist. Allerdings ist $62 \leq K(x)$ für $x > 0$, die Fixkosten $K_f = K(0) = 60 + 2e^0 = 62$ bilden also eine untere Schranke für positive x-Werte. Im strengen mathematischen Sinne ist K nach unten durch 60 beschränkt, da der positive Ausdruck $2e^{0,01x}$ für x gegen große negative Werte gegen null strebt: $60 \leq K(x)$, genauer: $60 < K(x)$.

Aufgabe 57 > Seite 238

3.5 Symmetrie

Eine Funktion f wird als **achsensymmetrisch** zu einer senkrechten Geraden x = a (der **Spiegelachse**) bezeichnet, wenn gilt:

$$f(a - x) = f(a + x) \quad \text{für alle } x \in D_f$$

Speziell für a = 0 ergibt sich **Achsensymmetrie zur y-Achse**, d. h. f(x) = f(-x). Die Funktion f wird dann als **gerade** bezeichnet.

Beispiele

1. Beispiel:
Das Polynom vierten Grades $f(x) = x^4 - 6x^2 + 3$ ist gerade, da:

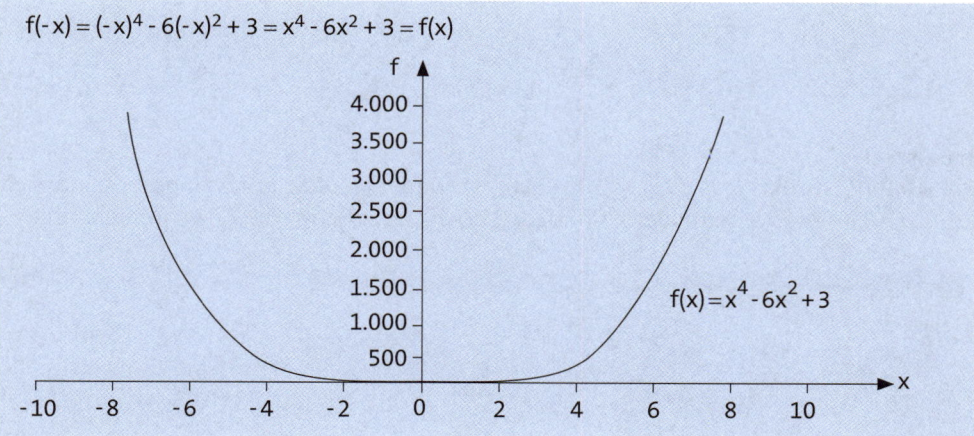

$$f(-x) = (-x)^4 - 6(-x)^2 + 3 = x^4 - 6x^2 + 3 = f(x)$$

Allgemein sind alle Funktionen innerhalb ihres Definitionsbereichs D_f gerade, die **nur gerade Potenzen** von x enthalten, z. B.

$$f(x) = 3x^6 + 2\frac{x^2 - 7}{5e^{x^2}}, \quad f(x) = \sqrt[3]{x^2 - 3}, \quad f(x) = \ln\left(x^4 + x^2 - 13\right).$$

Eine Funktion wird **ungerade** genannt, wenn f(-x) = -f(x) gilt. In diesen Fällen ist der Graf der Funktion **punktsymmetrisch** zum Ursprung (0,0).

2. Beispiel:

Die Funktion $f(x) = -5x^3 + 4x$ ist ungerade, weil:

$$f(-x) = -5(-x)^3 + 4(-x) = 5x^3 - 4x = -(-5x^3 + 4x) = -f(x)$$

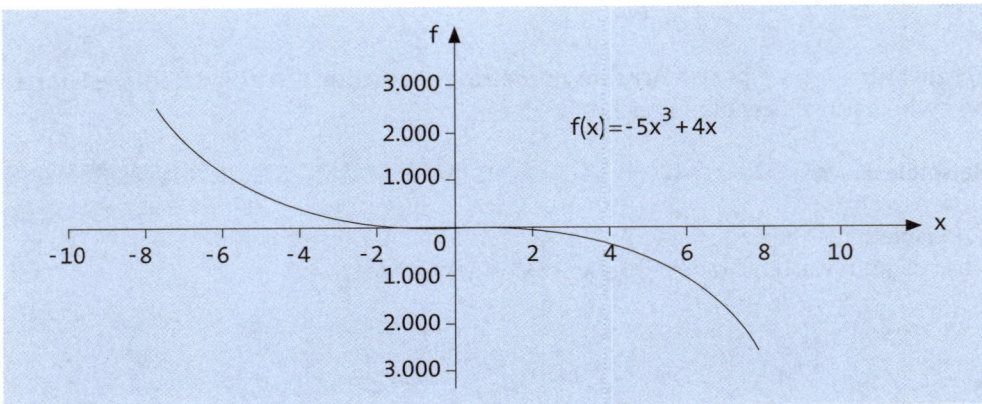

3. Beispiel:

Die Angebotsfunktion $p_A(x_A) = 10 + 2x_A$ ist weder gerade noch ungerade, da sich $p_A(-x_A) = 10 - 2x_A$ weder in der Form $p_A(x_A)$ noch in der Form $-p_A(x_A)$ schreiben lässt.

Aufgabe 58 > Seite 238

D. Differenzialrechnung von Funktionen einer Variablen

Mithilfe des **Ableitungsbegriffs** (Kapitel D.1) kann das **Monotonie-** und **Krümmungsverhalten** von Funktionen (Kapitel D.2) untersucht und der Frage nachgegangen werden, ob eine gegebene Funktion **Extremwerte** annimmt (Kapitel D.3). Beides sind wichtige Grundlagen in der Wirtschaftsmathematik, speziell in der Anwendung auf **Durchschnittsfunktionen** wie etwa die Durchschnittskosten (Kapitel D.4). Weitere wichtige Anwendungen des Ableitungsbegriffs sind die Untersuchung des Verhaltens von Funktionen für große Zahlenwerte der unabhängigen Variablen oder etwa die Bestimmung einer **Umkehrfunktion** zu einer gegebenen Funktion (Kapitel D.5 bzw. D.6). Zur Lösung komplizierter Nullstellenprobleme vom Typ $f(x) = 0$ kann unter bestimmten Voraussetzungen auf das **Newton-Verfahren** zurückgegriffen werden, das neben der Funktion selbst auch die erste Ableitungsfunktion auswertet (Kapitel D.7).

Differenzialrechnung von Funktionen einer Variablen	Differenzieren von Funktionen einer Variablen
	Monotonie und Krümmungsverhalten
	Extremwertbestimmung
	Begriff der Grenz- und Durchschnittsfunktion
	Regel von de l'Hôpital zur Grenzwertbestimmung
	Umkehrfunktion
	Numerische Nullstellenbestimmung mittels Newtonverfahren

1. Differenzieren von Funktionen einer Variablen

Die **Differenzialrechnung** beschäftigt sich mit dem **Änderungsverhalten von Funktionen**. Da Funktionen in den Wirtschaftswissenschaften zur Beschreibung von Beziehungen zwischen Größen wie Preis, Nachfrage, Umsatz, Kosten, Gewinn etc. verwendet werden, stellt sich die Frage, wie sich eine Änderung einer unabhängigen Variablen x auf die zugehörige abhängige Variable $y = f(x)$ auswirkt. Beispiele wären die Auswirkungen einer Preiserhöhung auf die Nachfrage nach einem Gut oder die Änderung des Gewinns infolge einer Produktionsausweitung.

Der **Differenzialquotient** (auch **Ableitung**) gestattet eine analytische Beschreibung des Änderungsverhaltens einer Funktion in einem Punkt (Kapitel D.1.1). Da sich seine Berechnung relativ schwierig gestalten kann, wird für kompliziertere Funktionen auf **Ableitungsregeln** zurückgegriffen (Kapitel D.1.2), mit denen auch die effiziente Berechnung höherer Ableitungen problemlos möglich ist (Kapitel D.1.3).

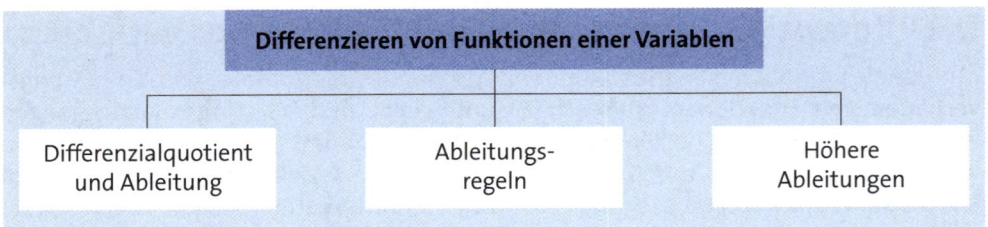

1.1 Differenzialquotient und Ableitung

Das **Änderungsverhalten** einer Funktion f in x_0 wird durch die **Steigung** m der Funktion in diesem Punkt beschrieben. Je **steiler** der Graf von f in x_0 verläuft (= je größer die Steigung), umso stärker wirkt sich eine kleine Änderung des x-Wertes auf den Funktionswert aus.

Beispiel

Die Kostenfunktion eines Kleinunternehmens mit nur einem Produkt sei durch die Funktion

$K(x) = 50x^2 + 9.000$

gegeben (x = Ausbringungsmenge des Produkts; die Kosten werden in Euro angegeben). Wenn das Unternehmen $x_0 = 10$ Einheiten produziert, hat es Kosten von $50 \cdot 10^2$ + 9.000 = 14.000 €. Wird die Produktion um eine Einheit erhöht, steigen die Kosten auf $50 \cdot 11^2$ + 9.000 = 15.050 €, also um 1.050 €.

Würde das Unternehmen seine Produktion ausgehend von $x_0 = 20$ Einheiten um eine Einheit erhöhen, würden sich die Kosten von $50 \cdot 20^2$ + 9.000 = 29.000 € auf $50 \cdot 21^2$ + 9.000 = 31.050 € erhöhen, also um 2.050 €. Offenbar führt eine zusätzlich produzierte Einheit zu umso höheren Zusatzkosten, je höher die Zahl x_0 der schon produzierten Einheiten ist. Der Graf von f verläuft entsprechend für größere x-Werte immer steiler.

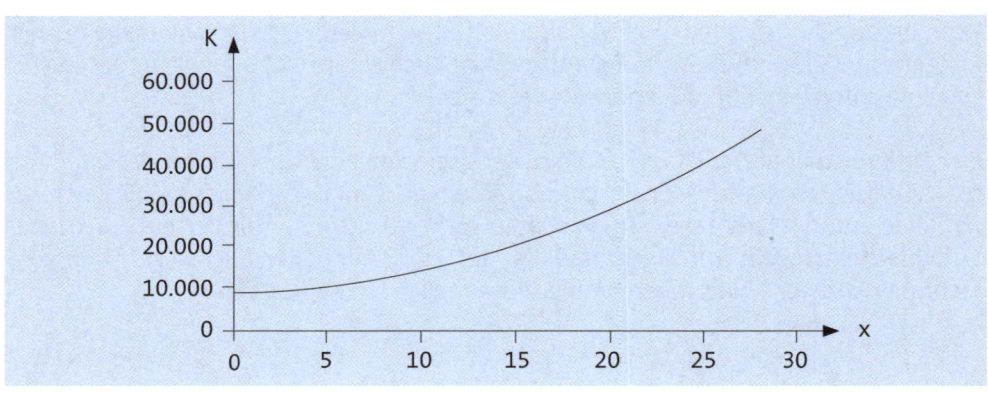

Die Steigung m einer Funktion f in einem Punkt x_0 ist identisch mit der Steigung der **Tangenten** an den Graf von f in diesem Punkt. Die unbekannte Tangentensteigung kann durch eine **Sekantensteigung** m_s angenähert werden, vorausgesetzt, die dafür verwendeten Punkte $(x_0, f(x_0))$ und $(x_0 + \Delta x, f(x_0 + \Delta x))$ liegen hinreichend nahe beieinander ($= \Delta x$ ist hinreichend klein). Δx kann positiv oder negativ sein, $x_0 + \Delta x$ also rechts oder links von x_0 liegen.

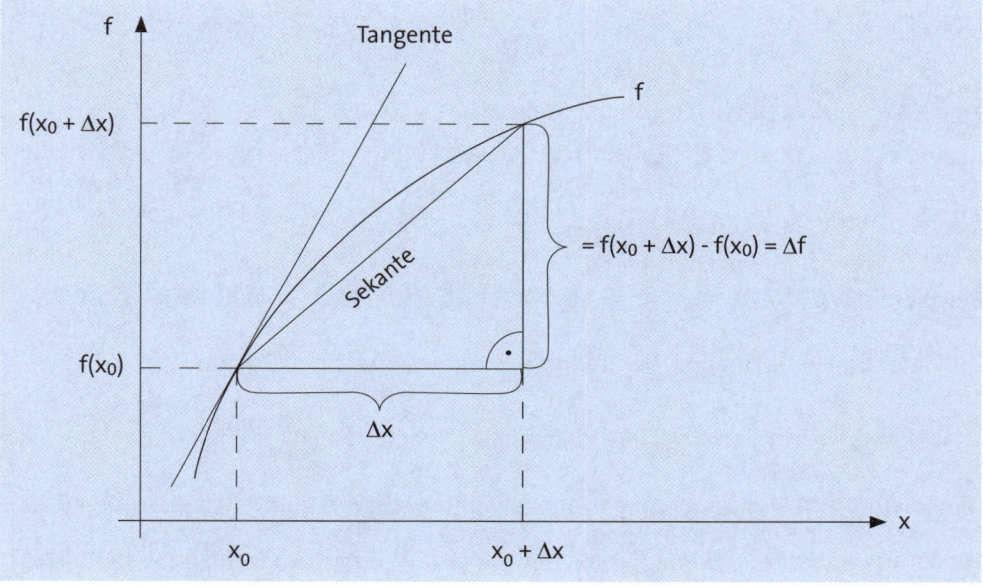

Die Sekantensteigung m_s ergibt sich als der **Quotient** aus der Veränderung $\Delta f = f(x_0 + \Delta x) - f(x_0)$ des Funktionswertes und Δx (**Differenzenquotient**):

$$m_s = \frac{\Delta f}{\Delta x} = \frac{f(x_0 + \Delta x) - f(x_0)}{\Delta x}.$$

Die Abschätzung

m = Tangentensteigung in $x_0 \approx m_s$ = Sekantensteigung

ist umso exakter, je kleiner Δx ist. Im Grenzwert für Δx gegen Null ergibt sich:

$$m = \lim_{\Delta x \to 0} m_s = \lim_{\Delta x \to 0} \frac{f(x_0 + \Delta x) - f(x_0)}{\Delta x}.$$

Der für die Tangentensteigung m gefundene Zahlenwert wird als **Differenzialquotient** von f (auch **Ableitung**) bezeichnet. Der Differenzialquotient ist damit der Grenzwert des Differenzenquotienten für Δx gegen Null. Existiert der Differenzialquotient an einer Stelle x_0, so ist f **differenzierbar** in x_0 (auch **ableitbar**). In der Literatur haben sich für die Ableitung in einem Punkt x_0 verschiedene Schreibweisen eingebürgert:

$f'(x_0)$ (sprich: f-Strich an der Stelle x_0)

oder

$\dfrac{df(x_0)}{dx}$ (sprich: df nach dx an der Stelle x_0)

oder

$f_x(x_0)$ (sprich: f-x an der Stelle x_0)

Beispiel

Die Ableitung einer linearen Funktion $f(x) = mx + b$ errechnet sich zu:

$$f'(x_0) = \lim_{\Delta x \to 0} \frac{f(x_0 + \Delta x) - f(x_0)}{\Delta x} = \lim_{\Delta x \to 0} \frac{m(x_0 + \Delta x) + b - mx_0 - b}{\Delta x} = \lim_{\Delta x \to 0} \frac{m \Delta x}{\Delta x} = m$$

Die Ableitung ist also unabhängig vom gewählten x_0-Wert gleich m (vgl. Kapitel C.2.1).

Für die quadratische Funktion $f(x) = x^2$ ergibt sich (1. Binomische Formel, vgl. Kapitel A.2):

$$f'(x_0) = \lim_{\Delta x \to 0} \frac{(x_0 + \Delta x)^2 - x_0^2}{\Delta x} = \lim_{\Delta x \to 0} \frac{x_0^2 + 2x_0 \Delta x + (\Delta x)^2 - x_0^2}{\Delta x}$$

$$= \lim_{\Delta x \to 0} \frac{2x_0 \Delta x + (\Delta x)^2}{\Delta x} = \lim_{\Delta x \to 0} 2x_0 + \lim_{\Delta x \to 0} \Delta x = 2x_0$$

Näherungsweise gibt die erste Ableitung im Punkt x_0 an, um wie viele Einheiten der Funktionswert $f(x_0)$ zu- oder abnimmt, wenn x_0 geringfügig (um Δx) erhöht wird. Dies kann man erkennen, wenn man den Differenzialquotienten durch den Differenzenquotienten annähert und dann nach $f(x_0 + \Delta x)$ auflöst:

$$f'(x_0) = \lim_{\Delta x \to 0} \frac{f(x_0 + \Delta x) - f(x_0)}{\Delta x} \approx \frac{f(x_0 + \Delta x) - f(x_0)}{\Delta x}$$

$$\Rightarrow \quad f(x_0 + \Delta x) \approx f(x_0) + \Delta x \cdot f'(x_0) \, .$$

Der Funktionswert $f(x_0 + \Delta x)$ errechnet sich nach dieser Näherungsformel als der Funktionswert $f(x_0)$ plus einem Vielfachen von Δx, wobei der Ableitungswert $f'(x_0)$ als multiplikativer Faktor auftritt.

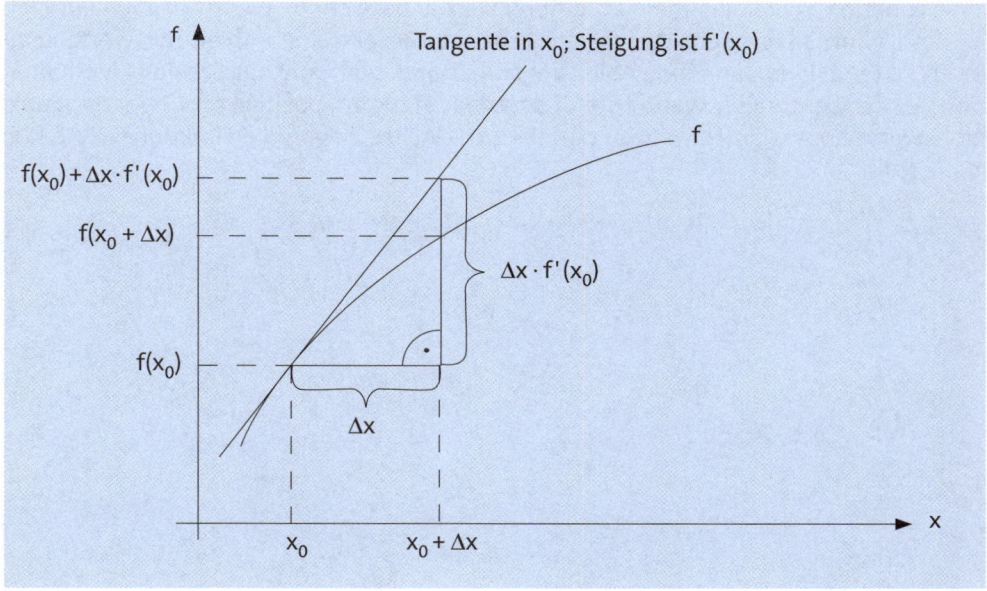

Eine Funktion f muss nicht in jedem Punkt x_0 differenzierbar sein, der zugehörige Grenzwert entsprechend nicht immer existieren.

Beispiel

Bei **limitationalen Produktionsfunktionen** wird davon ausgegangen, dass der Output $x = x(r)$ zunächst linear mit dem Input r steigt, dann aber ab einem bestimmten Schwellenwert s konstant bleibt.

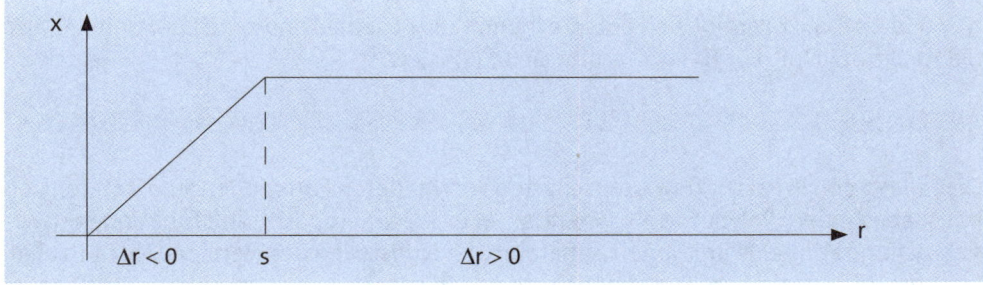

Im Punkt s ist die Funktion nicht differenzierbar, da der Differenzialquotient an dieser Stelle nicht definiert ist. Wird $\Delta r > 0$ gewählt (Annäherung an s von rechts), ergibt sich ein Differenzialquotient von Null, da die Funktion für $r > s$ konstant ist (Steigung somit gleich Null). Für $\Delta r < 0$ (Annäherung an s von links) ergibt sich hingegen eine konstante Steigung ungleich Null, da die Funktion für $r < s$ linear ansteigt. Der Knickstelle $r = s$ kann folglich keine eindeutige Steigung m zugeordnet werden. Das heißt, x ist in s nicht differenzierbar.

Eine Funktion f wird allgemein als **differenzierbar** bezeichnet, wenn f in allen Punkten x_0 des Definitionsbereichs D_f differenzierbar ist. Die einzelnen Ableitungswerte in allen Punkten bilden dann eine **Ableitungsfunktion** f' von f, die das Steigungsverhalten von f global beschreibt. Wenn f steigt bzw. fällt, nimmt f' positive bzw. negative Funktionswerte an. Verläuft f nahezu parallel zur x-Achse, liegen die Funktionswerte f'(x) nahe Null.

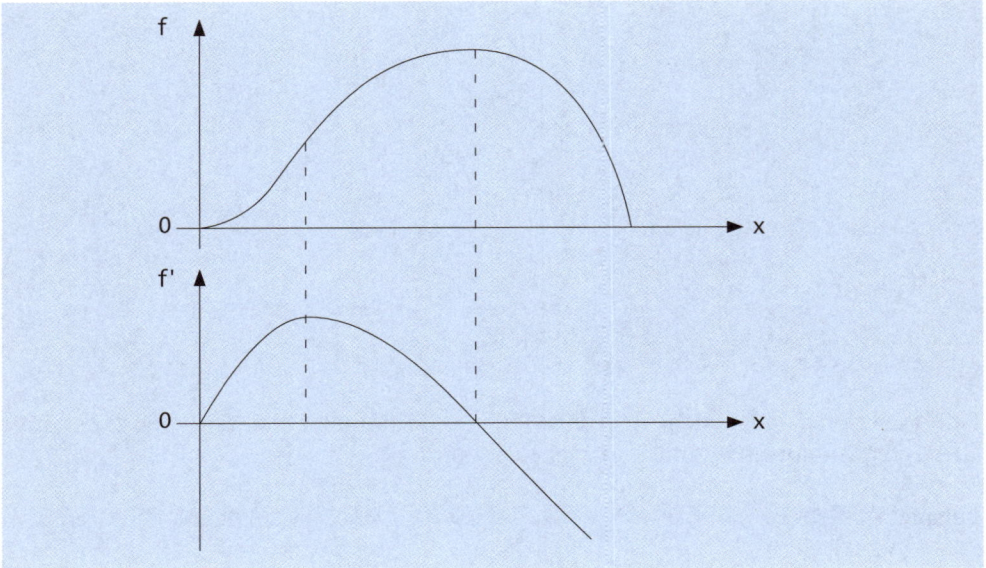

Beispiel

Eine lineare Funktion $f(x) = mx + b$ hat eine konstante Ableitungsfunktion: $f'(x) = m$. Ist $m = 0$ (d. h. $f(x) = b$) ergibt sich entsprechend $f'(x) = 0$, eine konstante Funktion hat also die Ableitung Null. Für $f(x) = x^2$ ergibt sich $f'(x) = 2x$.

Fast alle in den Wirtschaftswissenschaften verwendeten Funktionen sind differenzierbar, insbesondere Polynome, Exponential-, Wurzel- und Logarithmusfunktionen sowie gebrochen-rationale Funktionen außerhalb der Nullstellen des Nenners. Nicht in allen Punkten differenzierbare Funktionen sind neben der schon diskutierten limitationalen Produktionsfunktion vor allem alle unstetigen Funktionen, vgl. Kapitel C.3.2.2.

1.2 Ableitungsregeln

Da sich die Berechnung des Differenzialquotienten schon für einfache Funktionen relativ kompliziert gestalten kann, werden in der Praxis die folgenden Ableitungsregeln verwendet. Die Funktionen f, g, u und v hängen dabei alle von einer Variablen x ab und seien in allen Punkten differenzierbar; n sei eine natürliche Zahl.

Funktion f(x)	Ableitung f'(x)	Beispiel
x^n	nx^{n-1} (Umgang mit Potenzen)	$f(x) = x^{16} \Rightarrow f'(x) = 16x^{15}$
$c \cdot g(x), c \in \mathbb{R}$	$c \cdot g'(x)$ (Multiplikative Konstante)	$f(x) = 5x^2 \Rightarrow f'(x) = 5 \cdot 2 \cdot x = 10x$
$u(x) \pm v(x)$	$u'(x) \pm v'(x)$ (Ableitung von Summen)	$f(x) = 5x^2 + x \Rightarrow f'(x) = 10x + 1$
$u(x) \cdot v(x)$	$u'(x) \cdot v(x) + u(x) \cdot v'(x)$ (Produktregel)	$f(x) = 5x \cdot (x^2 - 2) \Rightarrow$ $f'(x) = 5 \cdot (x^2 - 2) + 5x \cdot 2x = 15x^2 - 10$
$\dfrac{u(x)}{v(x)}$	$\dfrac{u'(x) \cdot v(x) - u(x) \cdot v'(x)}{(v(x))^2}$ (Quotientenregel)	$f(x) = \dfrac{5x}{x+1} \Rightarrow$ $f'(x) = \dfrac{5 \cdot (x+1) - 5x \cdot 1}{(x+1)^2} = \dfrac{5}{(x+1)^2}$
$f(g(x))$	$f'(g(x)) \cdot g'(x)$ (Kettenregel)	$f(x) = f(g(x)) = (5x^2 + 1)^2$, also $g(x) = 5x^2 + 1$ und $f(g) = g^2 \Rightarrow$ $f'(x) = 2(5x^2 + 1) \cdot 10x = 20x(5x^2 + 1)$
e^x	e^x (Exponentialfunktion zur Basis e)	$f(x) = e^{2x+5} \Rightarrow f'(x) = e^{2x+5} \cdot 2 = 2e^{2x+5}$ (parallele Anwendung der Kettenregel)
$\ln(x)$	$\dfrac{1}{x}$	$f(x) = \ln(x+1) \Rightarrow f'(x) = \dfrac{1}{x+1}$

Die Ableitungsregel für den Umgang mit einfachen Potenzfunktionen x^n mit natürlichem Exponenten n gilt auch für reelle Exponenten. Damit lassen sich u.a. die Ableitungen von Wurzelfunktionen berechnen:

$$f(x) = \sqrt{x} = x^{\frac{1}{2}} \Rightarrow f'(x) = \frac{1}{2}x^{\frac{1}{2}-1} = \frac{1}{2}x^{-\frac{1}{2}} = \frac{1}{2\sqrt{x}},$$

$$f(x) = 4x^{0,6} \Rightarrow f'(x) = 4 \cdot 0,6 \cdot x^{0,6-1} = 2,4x^{-0,4},$$

$$f(x) = \frac{1}{x} = x^{-1} \Rightarrow f'(x) = (-1) \cdot x^{-1-1} = (-1) \cdot x^{-2} = -\frac{1}{x^2}.$$

Die **Kettenregel** kommt bei komplizierter gebauten Funktionen f zum Einsatz, die als „Verschachtelung" zweier Funktionen interpretiert werden können. Im obigen Beispiel lässt sich die Funktion $f(x) = (5x^2 + 1)^2$ als Hintereinanderausführung zweier Funktionen verstehen. Zuerst wird der Ausdruck $g(x) = 5x^2 + 1$ berechnet, dann wird das Ergebnis quadriert: $f = g(x)^2$. Der Term $g(x)$ erzeugt beim Ableiten eine innere Ableitung $g'(x)$, die Funktion f selbst (nun als bloße Quadratur von g verstanden) eine äußere Ableitung $f'(g)$.

Beispiele

$$f(x) = \sqrt{x^2 + 1} \;\Rightarrow\; f'(x) = \frac{1}{2\sqrt{x^2 + 1}} \cdot 2x = \frac{x}{\sqrt{x^2 + 1}}$$

($g(x) = x^2 + 1$, Wurzel wird auf g angewendet; innere Ableitung ist $2x$)

$$f(x) = \ln(\sqrt{x}) \;\Rightarrow\; f'(x) = \frac{1}{\sqrt{x}} \cdot \frac{1}{2\sqrt{x}} = \frac{1}{2x}$$

$\left(g(x) = \sqrt{x}; \text{ innere Ableitung ist } \dfrac{1}{2\sqrt{x}} \right)$

Die Exponentialfunktion zur Basis $e = 2{,}71\ldots$ ist übrigens die einzige Exponentialfunktion, die sich selbst zur Ableitung hat. Wegen

$$f(x) = a^x = e^{\ln(a^x)} = e^{x\ln(a)}$$

lässt sich aus der Ableitungsregel für die Exponentialfunktion zur Basis e eine Ableitungsregel für beliebige Exponentialfunktionen herleiten. Es gilt:

$$f'(x) = (a^x)' = (e^{x\ln(a)})' = e^{x\ln(a)} \cdot \ln(a) = a^x \cdot \ln(a),$$

d. h. die Funktion f als solche bleibt erhalten (äußere Ableitung), $\ln(a)$ tritt als innere Ableitung dazu (Ableitung von $x \cdot \ln(a)$ nach x).

Bemerkung: Beachte, dass beim Ableiten oftmals mehr als eine der genannten Regeln gleichzeitig zur Anwendung kommt, meist nimmt die Kettenregel dabei eine zentrale Rolle ein.

Beispiel

Beim Ableiten der folgenden Funktion werden die Produktregel und die Kettenregel nebeneinander angewendet, der Term $2x$ ist dabei innere Ableitung:

$$f(x) = x \cdot e^{x^2} \;\Rightarrow\; f'(x) = 1 \cdot e^{x^2} + x \cdot e^{x^2} \cdot 2x = (1 + 2x^2) \cdot e^{x^2}$$

Aufgabe 59 > Seite 238

1.3 Höhere Ableitungen

Die meisten Funktionen können **mehr als einmal differenziert** werden und besitzen somit höhere Ableitungen. Die n-te Ableitung einer Funktion f wird dabei als erste Ableitung der (n - 1)-ten Ableitung von f definiert und entsprechend mithilfe des Differenzialquotienten bestimmt. Beispielsweise ist die zweite Ableitung die erste Ableitung der ersten Ableitung, die dritte Ableitung entsprechend die erste Ableitung der zweiten Ableitung usw. Alle Regeln bezüglich der Existenz des Differenzialquotienten sowie der Ableitung spezieller Funktionen behalten dabei ihre Gültigkeit.

An Bezeichnungsweisen für die n-te Ableitung einer Funktion f in x_0 finden sich in der Literatur:

$$f^{(n)}(x_0) \quad \text{und} \quad \frac{d^n f(x_0)}{dx^n}$$

Bei den besonders wichtigen zweiten oder dritten Ableitungen sind auch üblich:

$$f^{(2)}(x_0) = \frac{d^2 f(x_0)}{dx^2} = f_{xx}(x_0) = f''(x_0) \quad \text{bzw.} \quad f^{(3)}(x_0) = \frac{d^3 f(x_0)}{dx^3} = f_{xxx}(x_0) = f'''(x_0)$$

Beispiele

f(x)	f'(x)	f''(x)	f'''(x)
$mx + b$	m	0	0
x^3	$3x^2$	$6x$	6
$2x^5$	$10x^4$	$40x^3$	$120x^2$
e^x	e^x	e^x	e^x
$\ln(x)$	$\frac{1}{x}$	$-\frac{1}{x^2}$	$\frac{2}{x^3}$
$\sqrt{x} = x^{\frac{1}{2}}$	$\frac{1}{2}x^{-\frac{1}{2}} = \frac{1}{2\sqrt{x}}$	$-\frac{1}{4}x^{-\frac{3}{2}} = -\frac{1}{4\sqrt{x^3}}$	$\frac{3}{8}x^{-\frac{5}{2}} = -\frac{3}{8\sqrt{x^5}}$

Aufgrund der Ableitungsregel für Potenzen x^n verringert sich der Grad eines Polynoms mit jeder weiteren Ableitung um eins. Ist der Grad Null erreicht, sind alle weiteren Ableitungen konstant Null.

Beispiel

$K(x) = x^3 - 20x^2 + 100x + 5.000$
$K'(x) = 3x^2 - 40x + 100$
$K''(x) = 6x - 40$
$K'''(x) = 6$, alle höheren Ableitung sind gleich Null: $K^{(n)}(x) = 0$ für $n > 3$

Die n-te Ableitungsfunktion beschreibt das Änderungsverhalten der vorangegangenen (n - 1)-ten Ableitungsfunktion. Die erste Ableitung der quadratischen Funktion $f(x) = x^2$ besagt beispielsweise, dass sich die Steigung der Funktion linear mit x ändert ($f'(x) = 2x$).

Für große Werte von x ergibt sich damit eine größere Steigung als für kleine x-Werte. Die zweite Ableitung $f''(x) = 2$ besagt, dass die Steigung $m = f'(x) = 2x$ der Funktion mit steigendem x selbst auch ansteigt, der Graf von f wird also immer steiler. Anders bei einer linearen Funktion $f(x) = mx + b$. Hier bedeutet die Aussage $f''(x) = 0$, dass die Steigung des Grafen von f konstant ist. Dies entspricht der Beobachtung: f beschreibt eine Gerade mit konstanter Steigung: $f'(x) = m$.

Aufgabe 60 > Seite 238

2. Monotonie- und Krümmungsverhalten

Da die erste Ableitung einer Funktion in einem Punkt x_0 angibt, wie sich der Funktionswert $f(x_0)$ bei einer „hinreichend kleinen" Änderung des Wertes x_0 ändert, kann mithilfe der ersten Ableitung ermittelt werden, ob eine Funktion in x_0 steigt oder fällt. Für $f'(x_0) > 0$ kann gefolgert werden, dass f in x_0 steigt, für $f'(x_0) < 0$ fällt f in x_0.

Der Begriff der **Monotonie** einer Funktion f wendet diese Überlegung auf alle Punkte eines Intervalls [a,b] des Definitionsbereichs von f an. Eine Funktion **steigt monoton** in einem Intervall [a,b] ihres Definitionsbereichs, wenn für zwei beliebige Werte x_1, x_2 aus [a,b] mit $x_1 < x_2$ folgt, dass $f(x_1) \leq f(x_2)$. Die Funktion f **fällt monoton** in [a,b], wenn aus $x_1 < x_2$ die Ungleichung $f(x_1) \geq f(x_2)$ folgt.

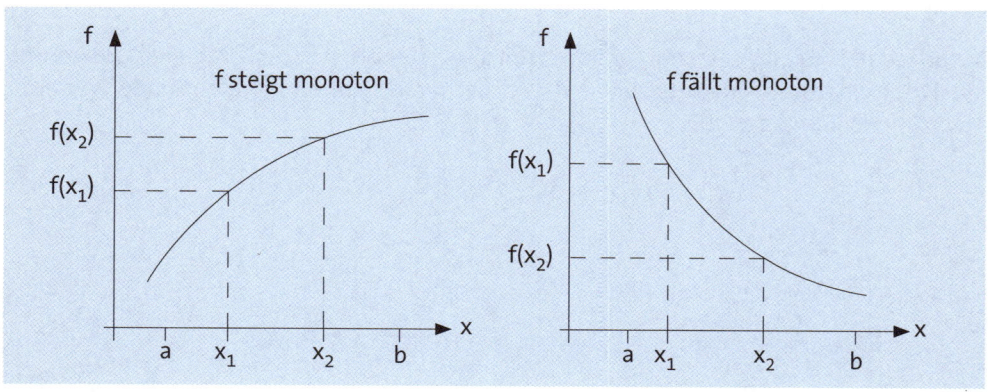

Verwendung der ersten Ableitung f' ergibt:

$f'(x) \geq 0$ für alle x aus einem Intervall [a,b] : **f steigt monoton in [a,b]**

$f'(x) \leq 0$ für alle x aus einem Intervall [a,b] : **f fällt monoton in [a,b]**

Gelten gar die strengeren Bedingungen $f'(x) > 0$ bzw. $f'(x) < 0$ **steigt** bzw. **fällt f streng monoton**.

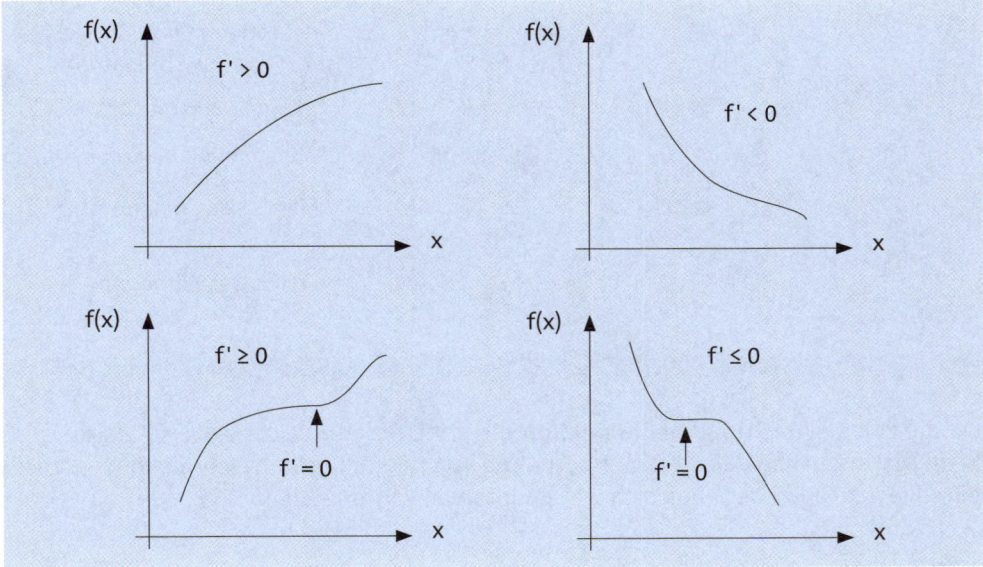

Bemerkung: Der Ausdruck [a,b] beinhaltet alle Zahlenwerte x mit $a \leq x \leq b$. Das heißt, die beiden Randwerte a und b gehören zu diesem abgeschlossenen Intervall. Sollen a und b nicht zum (dann offenen) Intervall gezählt werden, verwendet man]a,b[(dies entspricht $a < x < b$). Mit der Schreibweise [0,∞[werden alle Werte $x \geq 0$ bezeichnet (Intervall ist nach ∞ hin offen, da keine obere Grenze vorhanden). Es gilt: $\mathbb{R}^+ = {]0,∞[}$ und $\mathbb{R}_0^+ = [0,∞[$.

Da Ableitungen nur auf offenen Intervallen sinnvoll definiert werden können (Annäherung von beiden Seiten an x_0 muss möglich sein), ergibt eine Aussage wie „$f'(x) \geq 0$ in [a,b]" nur dann Sinn, wenn f über die Intervallränder hinaus noch differenzierbar ist. Alternativ könnte man auch mit offenen Intervallen arbeiten.

Beispiele

f(x)	Betrachtetes Intervall	f'(x)	Monotonieverhalten von f im betrachteten Intervall
$2x + 5$	$\mathbb{R}$	$2 > 0$	f steigt streng monoton
x^2	$\mathbb{R}$	$2x > 0$ für $x > 0$ $2x < 0$ für $x < 0$ $2x = 0$ für $x = 0$	f steigt streng monoton für $x > 0$ f fällt streng monoton für $x < 0$
x^3	$\mathbb{R}$	$3x^2 > 0$ für $x \neq 0$ $3x^2 = 0$ für $x = 0$	f steigt monoton (für $x \neq 0$ streng monoton)
$12e^{3x}$	$\mathbb{R}$	$36e^{3x} > 0$	f steigt streng monoton
$\ln(x)$	$\mathbb{R}^+$	$\frac{1}{x} > 0$ für $x > 0$	f steigt streng monoton
$-\sqrt{x}$	$\mathbb{R}^+$	$-\frac{1}{2\sqrt{x}} < 0$	f fällt streng monoton
$\frac{1}{x+5}$	$\mathbb{R} \setminus \{-5\}$	$-\frac{1}{(x+5)^2} < 0$	f fällt streng monoton

Da die zweite Ableitung einer Funktion die erste Ableitung der ersten Ableitung ist, kann mit ihrer Hilfe das Steigungsverhalten von f detaillierter beschrieben werden. Es gilt (alle Aussagen beziehen sich auf ein Intervall von zulässigen x-Werten):

$f''(x) > 0 \Rightarrow$ f' steigt streng monoton
$f''(x) < 0 \Rightarrow$ f' fällt streng monoton

In beiden Fällen kann f'(x) positiv oder negativ sein, die Funktion f selbst beliebiges Änderungsverhalten zeigen. Die zweiten Ableitungen beschreiben, wie das Steigen und/oder Fallen von f vor sich geht. Steigt f' streng monoton an (d. h. die Steigung von f nimmt zu), spricht man von f als einer in [a,b] **konvexen** Funktion, fällt f' streng monoton (d. h. die Steigung von f nimmt ab), heißt f **konkav**. Werden die beiden ersten Ableitungen gemeinsam betrachtet, können folgende Fälle unterschieden werden:

$f'(x) > 0$ und $f''(x) > 0$ $\Rightarrow$ f **steigt** streng monoton und ist **konvex**
                                         $\Rightarrow$ f steigt **progressiv**

$f'(x) < 0$ und $f''(x) > 0$ $\Rightarrow$ f **fällt** streng monoton und ist **konvex**
                                         $\Rightarrow$ f fällt, flacht sich dabei ab

$f'(x) > 0$ und $f''(x) < 0$ $\Rightarrow$ f **steigt** streng monoton und ist **konkav**
                                         $\Rightarrow$ f steigt **degressiv**

$f'(x) < 0$ und $f''(x) < 0$ $\Rightarrow$ f **fällt** streng monoton und ist **konkav**
                                         $\Rightarrow$ f fällt immer steiler

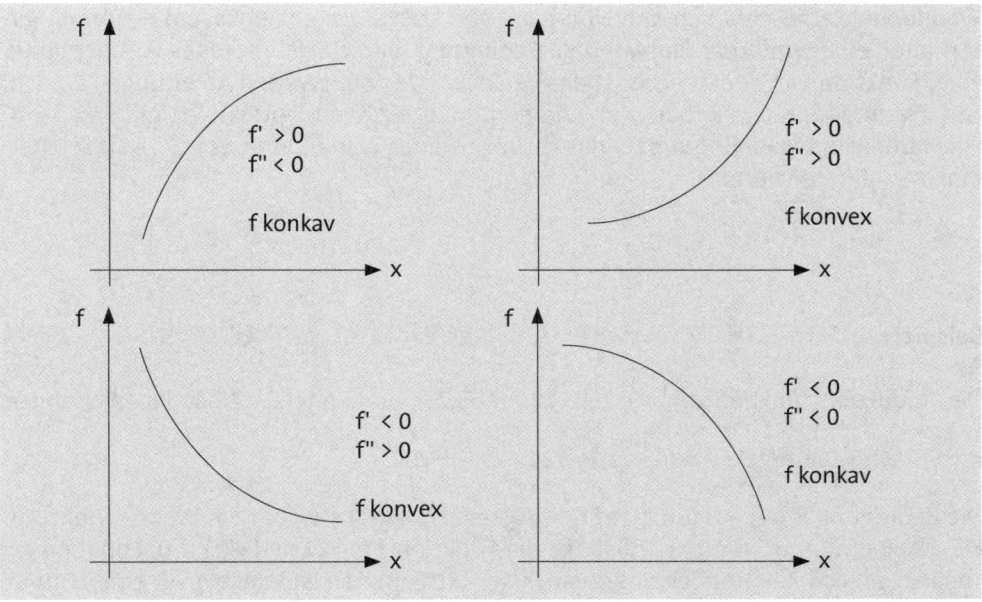

Beispiel

Die neoklassische Kostenfunktion $K(x) = 50.000 + 32x^2$ ist wegen $K'(x) = 64x > 0$ streng monoton steigend für $x > 0$ (= betriebswirtschaftlich sinnvolles Intervall von x). Da $K''(x) = 64 > 0$, hat K darüber hinaus konvexen Charakter, steigt also progressiv. Mit steigendem x „explodieren" die Kosten.

Für die Produktionsfunktion $x(r) = 0,5r^{0,6}$ gilt hingegen:

$x'(r) = 0,5 \cdot 0,6 \cdot r^{-0,4} = 0,3r^{-0,4} > 0$ für alle $r > 0$ und
$x''(r) = 0,3 \cdot (-0,4) \cdot r^{-1,4} = -0,12r^{-1,4} < 0$ für alle $r > 0$

x steigt degressiv, die Zunahme des Outputs x nimmt mit steigendem Input r ab (vgl. **Gesetz vom abnehmenden Grenzertrag** aus der Mikroökonomie, siehe etwa *Feess/Tibitanzl*).

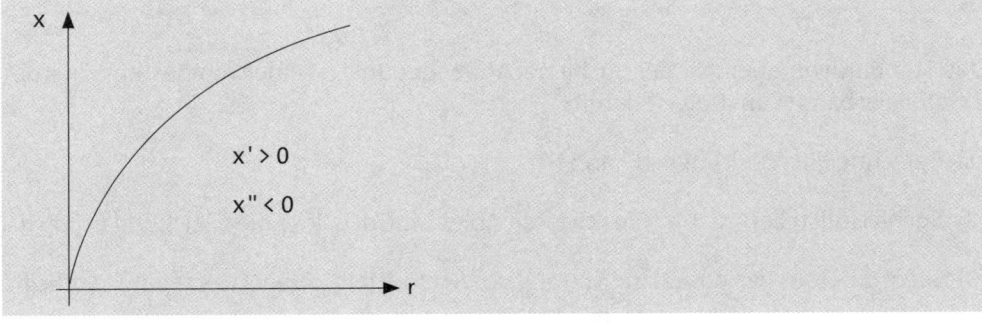

Wendepunkte beschreiben den Übergang von konvexem zu konkavem Krümmungsverhalten einer Funktion. **Notwendige Bedingung** für die Existenz eines Wendepunkts einer Funktion f an der Stelle x_0 ist das Verschwinden der zweiten Ableitung in x_0, d. h. ist f zweimal differenzierbar in x_0 und liegt in x_0 ein Wendepunkt vor, gilt $f''(x_0) = 0$. Eine **hinreichende Bedingung** für das Vorliegen eines Wendepunktes in x_0 ist (f sei dreimal in x_0 differenzierbar):

$$f''(x_0) = 0 \quad \text{und} \quad f'''(x_0) \neq 0$$

Beispiel

Die Produktionsfunktion $x(r) = -0{,}2r^3 + 12r^2 + 63{,}75r$ aus Kapitel C.2.1 hat die Ableitungen

$$x'(r) = -0{,}6r^2 + 24r + 63{,}75, \quad x''(r) = -1{,}2r + 24, \quad x'''(r) = -1{,}2.$$

Die Bedingung $x''(r_0) = 0$ führt auf $r_0 = 20$; wegen $x'''(r_0) \neq 0$ liegt ein Wendepunkt vor. Bis zu einem Input von $r_0 = 20$ steigt die Funktion progressiv ($x''(r) > 0$, Funktion ist konvex), ab $r_0 = 20$ nur noch degressiv ($x''(r) < 0$, Funktion ist konkav). Ab einem Input von 20 macht sich damit das Gesetz vom abnehmenden Grenzertrag bemerkbar.

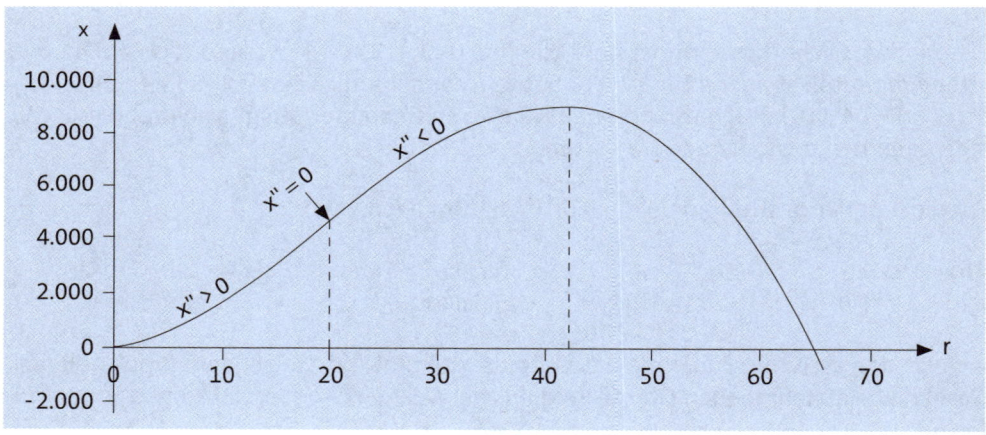

Das Standardvorgehen bei der Suche nach Wendepunkten einer mindestens dreimal differenzierbaren Funktion ist damit:

(1) Berechne die Ableitungen f'' und f'''.

(2) Suche Nullstellen $x_1, x_2, \dots$ der zweiten Ableitung, d. h. löse die Gleichung $f''(x) = 0$.

(3) Setze die Lösungen aus (2) in $f'''(x)$ ein, um zu ermitteln, ob ein Wendepunkt vorliegt.

Aufgabe 61 > Seite 239

3. Extremwertbestimmung

Eine Funktion f hat in einem Punkt x_0 ein **relatives (lokales) Maximum** bzw. **Minimum**, wenn für alle x in einer beidseitigen Umgebung von x_0 gilt:

$f(x_0) > f(x)$ (Maximum)

$f(x_0) < f(x)$ (Minimum)

Ist f in der besagten Umgebung von x_0 **differenzierbar**, muss bei Vorliegen eines solchen **Extremwertes** $f'(x_0) = 0$ gelten (**notwendiges** Kriterium für die Existenz eines Extremwertes). Die verschwindende erste Ableitung in x_0 bedeutet, dass f in x_0 weder steigt noch fällt und somit in x_0 einen Extremwert besitzen kann, aber nicht notwendigerweise besitzen muss. Die Stelle x_0 kann im Fall $f'(x_0) = 0$ ebenso eine bloße **stationäre Stelle** sein. Das heißt, f hat hier Steigung Null und damit eine waagerechte Tangente, ohne dass ein Extremwert vorliegt.

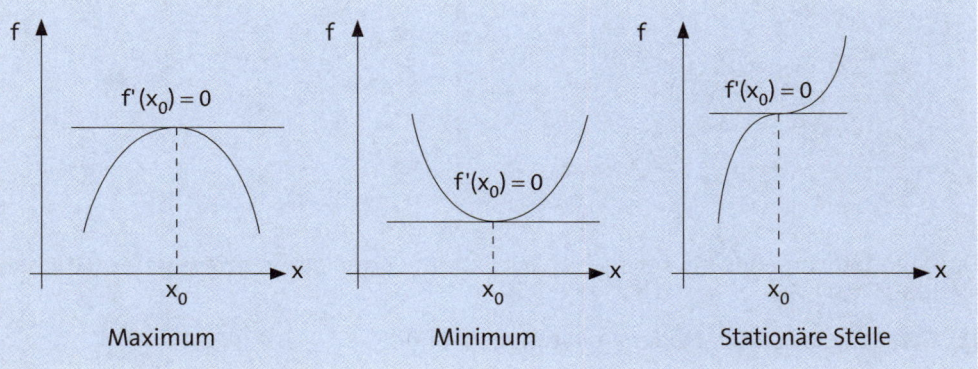

| Maximum | Minimum | Stationäre Stelle |

Beispiel

Die beiden Funktionen $f(x) = x^2$ und $f(x) = x^3$ erfüllen beide in $x_0 = 0$ die Bedingung $f'(x_0) = 0$, jedoch liegt nur bei $f(x) = x^2$ tatsächlich ein Extrempunkt (Minimum) vor.

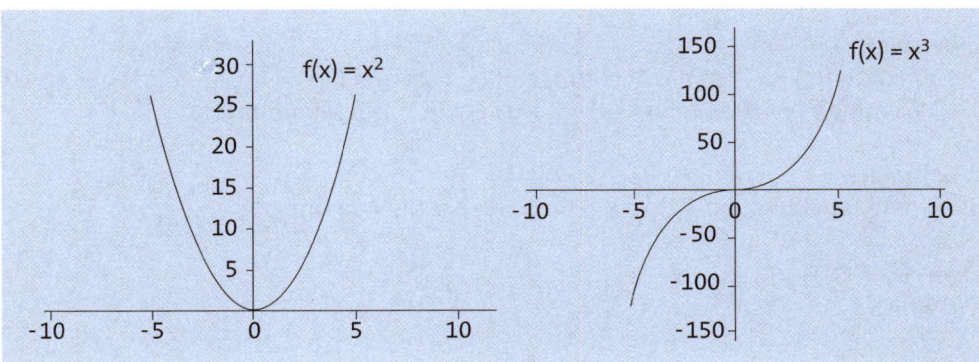

Ist eine Funktion in einem Punkt x **mindestens zweimal differenzierbar**, können **Maxima** und **Minima** mithilfe eines **hinreichenden Kriteriums** identifiziert werden. Ausgangspunkt ist die Überlegung, dass f' bei einem Maximum in x_0 in einer Umgebung um diesen Punkt monoton fallen muss, was f''(x) < 0 in dieser Umgebung um x_0 impliziert. Es gilt:

f'(x) = 0 und f''(x) < 0 $\Rightarrow$ f hat in x ein lokales **Maximum**

f'(x) = 0 und f''(x) > 0 $\Rightarrow$ f hat in x ein lokales **Minimum**

f'(x) = 0 und f''(x) = 0 $\Rightarrow$ Keine Aussage möglich

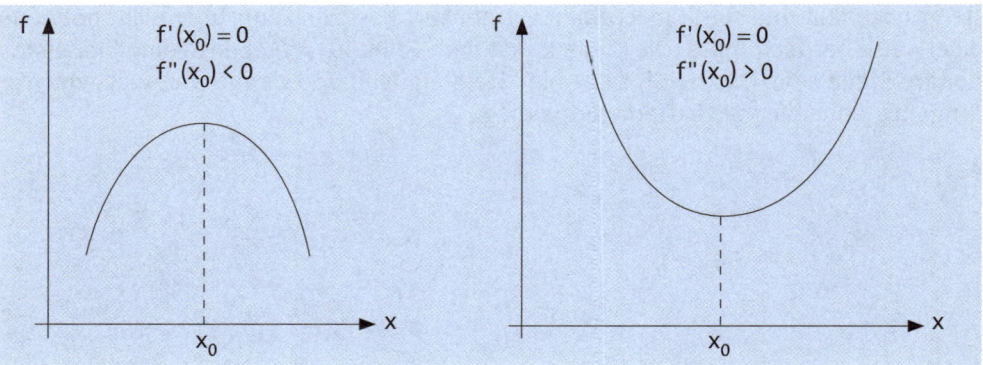

Das Standardvorgehen bei der Suche nach Extremwerten differenzierbarer Funktionen ist damit:

(1) Berechne die ersten beiden Ableitungen f' und f''.

(2) Suche Nullstellen x_1, x_2, ... der ersten Ableitung, d. h. löse die Gleichung f'(x) = 0.

(3) Setze die Lösungen aus (2) in f''(x) ein, um zu ermitteln, ob und was für ein Extremwert vorliegt.

Beispiele

1. Beispiel:
Die Funktion $f(x) = x^2$ hat die Ableitungen f'(x) = 2x und f''(x) = 2. Damit löst nur $x_1 = 0$ die Gleichung f'(x) = 0, wegen f''(0) = 2 > 0 liegt in x_1 ein Minimum vor.

2. Beispiel:
Die Produktionsfunktion $x(r) = -r^3 + 6r^2 + 36r$ hat die Ableitungen

$x'(r) = -3r^2 + 12r + 36$
$x''(r) = -6r + 12$

Die Lösungen der Gleichung $x'(r) = 0$ sind $r_1 = -2$ und $r_2 = 6$ (vgl. Kapitel A.4.3). Einsetzen in die zweite Ableitung ergibt:

$$x''(-2) = 24 > 0 \quad \text{und} \quad x''(6) = -24 < 0$$

Also hat x in $r_1 = -2$ ein (lokales) Minimum und in $r_2 = 6$ ein (lokales) Maximum: $x(6) = 216$. Aus betriebswirtschaftlicher Sicht ist nur das Maximum von Bedeutung, da r nicht negativ sein kann.

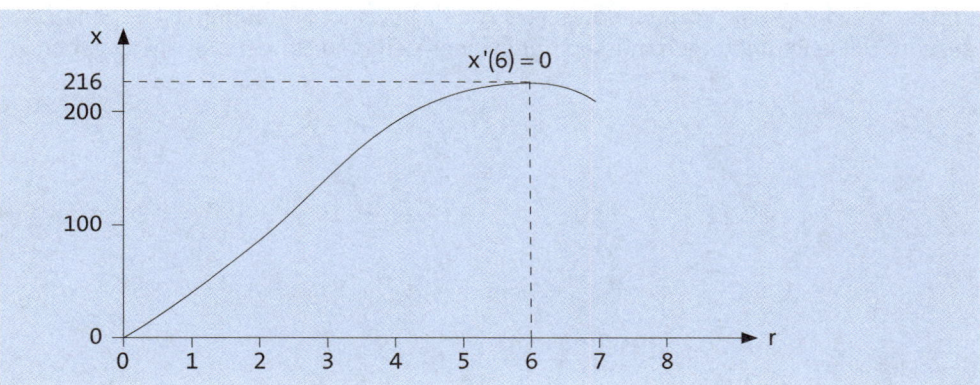

3. Beispiel:

Die Umsatzfunktion $E(p) = -20p^2 + 400p$ aus Kapitel C.2.1 hat die Ableitungen:

$$E'(p) = -40p + 400 \quad \text{und} \quad E''(p) = -40$$

Die einzige Nullstelle der ersten Ableitung ergibt sich für $p_1 = 10$, die zweite Ableitung ist immer negativ. Folglich hat $E(p)$ in p_1 ein Maximum, der maximal erzielbare Umsatz beträgt $E(10) = 2.000$.

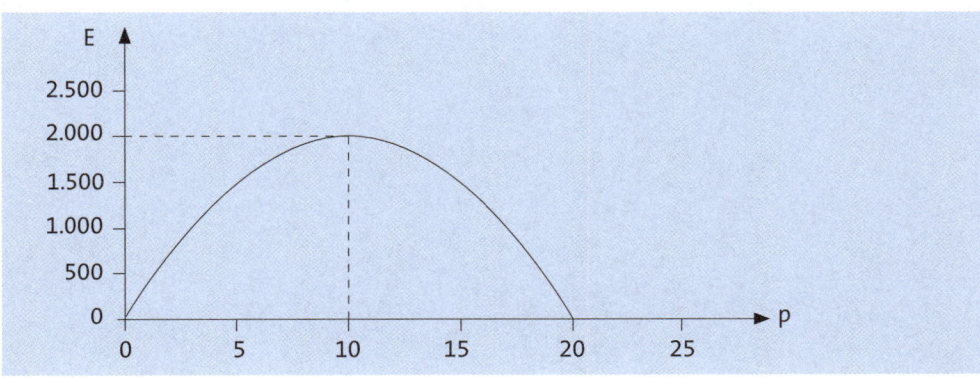

Aufgabe 62 > Seite 239

Ist eine stetige Funktion f in x_0 **nicht differenzierbar**, können allgemeinere Monotonieüberlegungen häufig bei der Suche nach Extremwerten helfen. Damit f in x_0 einen Extremwert hat, muss gelten (hinreichendes Kriterium für stetige Funktionen):

$f'(x) > 0$ für $x < x_0$ und $f'(x) < 0$ für $x > x_0 \Rightarrow$ f hat in x ein **Maximum**
$f'(x) < 0$ für $x < x_0$ und $f'(x) > 0$ für $x > x_0 \Rightarrow$ f hat in x ein **Minimum**

Anschaulich bedeuten diese Bedingungen, dass f bei einem Maximum links von x_0 steigt und rechts von x_0 fällt (**Vorzeichenwechsel** von f'), bei einem Minimum ist es genau umgekehrt. Beide Bedingungen müssen nur in einer kleineren Umgebung um x_0 gelten.

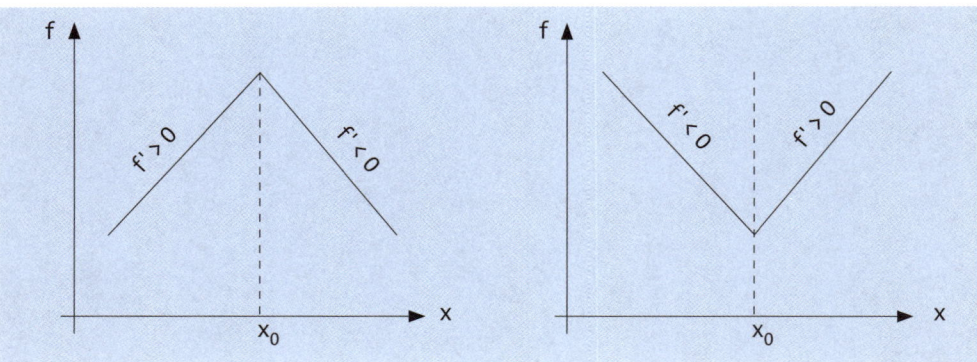

4. Begriff der Grenz- und Durchschnittsfunktion

In den Wirtschaftswissenschaften werden die ersten Ableitungen ökonomischer Funktionen häufig als **Grenzfunktionen** oder **Marginalfunktionen** bezeichnet. Hintergrund ist die Erkenntnis, dass die erste Ableitung einer Funktion f in einem Punkt x_0 näherungsweise angibt, wie stark der Funktionswert $f(x_0)$ zu- oder abnimmt, wenn x_0 geringfügig erhöht wird, der Wert x_0 also grenzwertig bzw. marginal erhöht wird: $f(x_0 + \Delta x) \approx f(x_0) + \Delta x \cdot f'(x_0)$, vgl. Kapitel D.1.1.

Beispiel

Funktion	Beschreibung	Ableitungsfunktion
Umsatzfunktion = Erlösfunktion E(p) bzw. E(x)	Umsatz (Erlös) als Funktion der (abgesetzten) Menge x bzw. des Preises p	Grenzumsatz = Grenzerlös E'(p) bzw. E'(x)
Kostenfunktion K(x)	Kosten als Funktion der (produzierten) Menge x	Grenzkosten K'(x)
Gewinnfunktion G(x) = E(x) - K(x)	Gewinn als Funktion der (abgesetzten) Menge x	Grenzgewinn G'(x) = E'(x) - K'(x)
Produktionsfunktion x(r)	Output als Funktion des (Faktor-)Inputs r	Grenzproduktivität = Grenzertrag x'(r)
Konsumfunktion C(Y)	Konsumausgaben als Funktion des Haushaltseinkommens Y	Marginale Konsumquote C'(Y)
Sparfunktion S(Y)	Ersparnis als Funktion des Haushaltseinkommens Y	Marginale Sparquote S'(Y)

Ähnlich wichtig für das Verständnis betriebs- und volkswirtschaftlicher Zusammenhänge sind die für viele ökonomischen Funktionen definierbaren **Durchschnittsfunktionen**. Die Durchschnittsfunktion einer Funktion f ist definiert als

$$\overline{f}(x) := \frac{f(x)}{x}, \quad x \neq 0$$

und setzt f in Relation zur Variablen x. Teilweise existieren in der Literatur für Durchschnittsfunktionen einzelner ökonomischer Funktionen abweichende Bezeichnungsweisen bei speziellen Funktionen.

Von besonderem Interesse aus betriebswirtschaftlicher Sicht sind die **Extremwerte** von Durchschnittsfunktionen, zum Beispiel das Maximum des **Durchschnittsertrags** (Ziel: Maximierung der Produktivität; der Durchschnittsertrag wird auch **durchschnittliche Produktivität** genannt) oder das Minimum der **Stückkosten** (= Kosten pro Stück).

Beispiele

1. Beispiel:

Die Durchschnittsfunktion einer Kostenfunktion K(x) wird als Stückkostenfunktion k(x) bezeichnet. Für die Kostenfunktion $K(x) = 50 + 2x^2$ ergibt sich:

$$k(x) = \frac{K(x)}{x} = \frac{50 + 2x^2}{x} = \frac{50}{x} + 2x$$

$$k'(x) = -\frac{50}{x^2} + 2 = 0 \quad \Rightarrow \quad x_1 = 5, \; x_2 = -5$$

Der negative Zahlenwert x_2 ist betriebswirtschaftlich nicht sinnvoll (negative Ausbringungsmenge). Wegen

$$k''(x1) = \frac{100}{x_1^3} = \frac{100}{5^3} > 0$$

liegt bei $x_1 = 5$ ein Minimum vor: $k(5) = 20$. Da $k'(x) < 0$ für $0 < x < 5$ fallen die Stückkosten für kleine Ausbringungsmengen (k fällt streng monoton). Für $x > 5$ steigen die Stückkosten streng monoton, da nun $k'(x) > 0$.

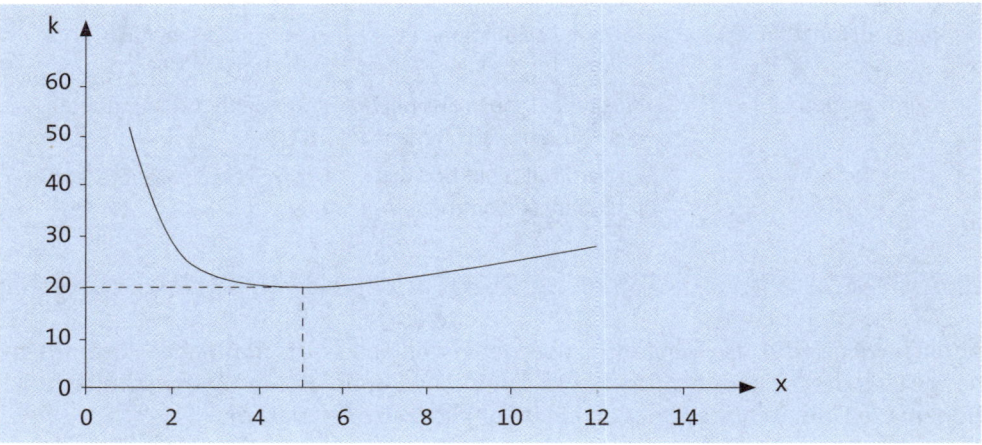

2. Beispiel:

Die Produktionsfunktion $x(r) = -r^3 + 6r^2 + 36r$ hat den **Durchschnittsertrag**

$$\overline{x}(r) = \frac{x(r)}{r} = \frac{-r^3 + 6r^2 + 36r}{r} = -r^2 + 6r + 36 \, ,$$

ein Polynom zweiten Grades. Wegen

$$\overline{x}'(r) = -2r + 6 \qquad \text{sowie} \qquad \overline{x}''(r) = -2 < 0$$

ergibt sich für $r_0 = 3$ ein Maximum des Durchschnittsertrags. Für $r_0 = 3$ optimiert das Unternehmen folglich seine Produktivität, es optimiert also sein Output/Input-Verhältnis.

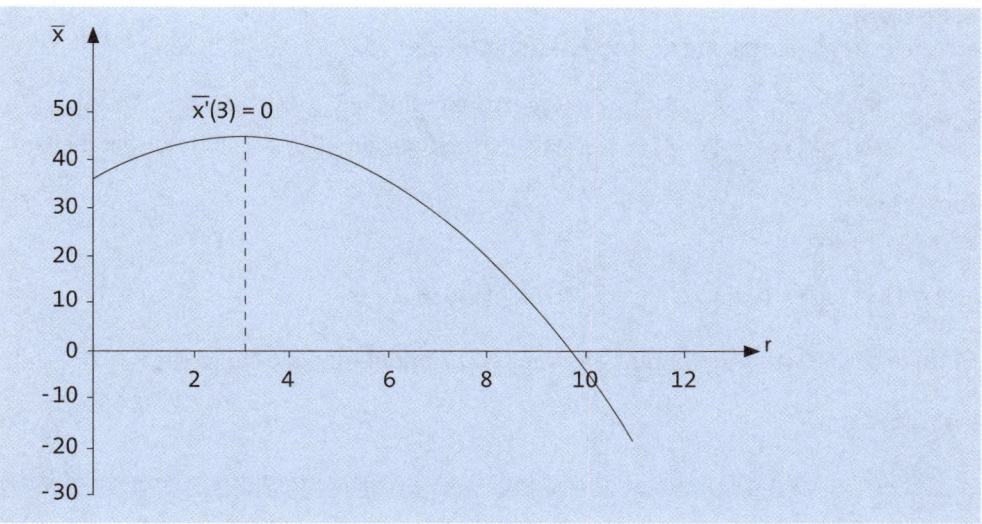

In Punkten $x_0 \neq 0$, in denen die erste Ableitung einer Durchschnittsfunktion verschwindet, stimmen die Funktionswerte der zugehörigen Grenz- und Durchschnittsfunktion überein:

$$\overline{f}'(x_0) = 0 \;\Rightarrow\; f'(x_0) = \overline{f}(x_0)$$

Diese Relation folgt aus einer Anwendung der Quotientenregel, vgl. Kapitel D.1.2:

$$\overline{f}'(x_0) = \left(\frac{f(x_0)}{x_0}\right)' = \frac{f'(x_0) \cdot x_0 - f(x_0) \cdot 1}{x_0^2} = 0$$

$$\Rightarrow\; f'(x_0) \cdot x_0 - f(x_0) = 0 \qquad\qquad \text{(Zähler muss gleich Null sein)}$$

$$\Rightarrow\; f'(x_0) = \frac{f(x_0)}{x_0} = \overline{f}(x_0)$$

3. Beispiel:
Bei der ertragsgesetzlichen Produktionsfunktion $x(r) = -r^3 + 6r^2 + 36r$ ergibt sich für $r_0 = 3$ eine Nullstelle der ersten Ableitung der Durchschnittsfunktion (vgl. obiges Beispiel; es handelt sich um das Produktivitätsmaximum). Die Funktionswerte der zugehörigen Grenz- und Durchschnittsfunktionen betragen:

$$x'(3) = 9 = \overline{x}(3)$$

4. Beispiel:

Für die ertragsgesetzliche Kostenfunktion $K(x) = x^3 - 5x^2 + 20x + 125$ folgt:

sowie
$$K'(x) = 3x^2 - 10x + 20 \quad \text{(Grenzkostenfunktion)}$$
$$k(x) = x^2 - 5x + 20 + \frac{125}{x} \quad \text{(Stückkostenfunktion = Durchschnittskostenfunktion)}$$

Ferner gilt:

$$k'(x) = 2x - 5 - \frac{125}{x^2} = 0$$

$$\Rightarrow 2x^3 - 5x^2 - 125 = 0 \quad \text{(Multiplikation mit } x^2\text{)}$$

Mithilfe des Newton-Verfahrens aus Kapitel D.7 findet man die Nullstelle $x_0 = 5$. Es gilt:

$$K'(5) = 45 = k(5)$$

Speziell bei Kostenfunktionen wird die Ausbringungsmenge x_0 bei **minimalen Stück-kosten** als **Betriebsoptimum** bezeichnet, das **Betriebsminimum** ist der Output bei **minimalen stückvariablen Kosten** (Durchschnittsfunktion der **variablen** Gesamtkosten).

Aufgabe 63 - 64 > Seite 239

5. Regel von de l'Hôpital zur Grenzwertbestimmung

Die Regel von de l'Hôpital gestattet häufig eine Grenzwertberechnung in Fällen, in denen eine Grenzwertbetrachtung nach Kapitel C.3.1 unbestimmte Ausdrücke wie 0/0 oder ∞/∞ liefert.

Beispiel

Die Produktionsfunktion $x(r) = 500re^{-r}$ soll für sehr große Werte von r untersucht werden, d. h., es wird gesucht:

$$\lim_{r \to \infty} x(r) = \lim_{r \to \infty} 500\, re^{-r} = 500 \cdot \lim_{r \to \infty} \frac{r}{e^r}.$$

Eine separate Betrachtung von Zähler und Nenner liefert den unbestimmten Ausdruck ∞/∞.

Damit die Regel von de l'Hôpital bei einer Grenzwertbestimmung für eine Funktion eingesetzt werden kann, muss f als Quotient $f(x) = g(x)/h(x)$ darstellbar sein. Die Funktionen $g(x)$ und $h(x)$ seien dazu in einer Umgebung von x_0 **stetig differenzierbar** (das heißt, g' und h' existieren und sind stetig; x_0 darf an dieser Stelle ausnahmsweise auch unendlich sein). Ferner sei $g(x_0) = h(x_0) = 0$ oder $g(x_0) = h(x_0) = \infty$. Dann gilt:

$$\lim_{x \to x_0} \frac{g(x)}{h(x)} = \lim_{x \to x_0} \frac{g'(x)}{h'(x)}.$$

Die Aussage des Satzes von de l'Hôpital bedeutet, dass anstelle der Funktionen g und h die Ableitungen g' und h' an der Stelle x_0 untersucht werden können. Damit wird ermittelt, „wie schnell" die beiden Funktionen gegen Null bzw. unendlich streben, womit der Quotient häufig auswertbar wird. Wichtig ist dabei, dass nicht die Quotientenregel beim Ableiten angewendet wird, sondern g und h separat differenziert werden.

Beispiel

$$\lim_{x \to 1} \frac{x^3 - 1}{x - 1} = \lim_{x \to 1} \frac{3x^2}{1} = 3$$

$x \to 0$

$$\lim_{x \to 0} \frac{e^x - 1}{x} = \lim_{x \to 0} \frac{e^x}{1} = 1$$

$$\lim_{x \to \infty} \frac{\sqrt{x}}{x + 1} = \lim_{x \to \infty} \frac{x^{0,5}}{x + 1} = \lim_{x \to \infty} \frac{0,5x^{-0,5}}{1} = \lim_{x \to \infty} \frac{1}{2\sqrt{x}} = 0$$

Bei betriebswirtschaftlichen Anwendungen interessiert meist das Verhalten einer Größe (Output, Gewinn, Kosten) für große Werte von x, also der Limes einer Funktion $f(x)$ für x gegen unendlich.

Beispiele

1. Beispiel:
Die vorherige Produktionsfunktion $x(r) = 500re^{-r}$ lässt sich mit $g(r) = 500r$ und $h(r) = e^r$ in Quotientenform schreiben. Es folgt:

$$\lim_{r \to \infty} x(r) = \lim_{r \to \infty} 500re^{-r} = \lim_{r \to \infty} \frac{500r}{e^r} = \lim_{r \to \infty} \frac{g(r)}{h(r)} = \lim_{r \to \infty} \frac{g'(r)}{h'(r)} = \lim_{r \to \infty} \frac{500}{e^r} = 0$$

Zähler und Nenner gehen in diesem Beispiel gegen unendlich, jedoch ist der Nenner dabei „schneller", da selbst seine Ableitung noch gegen unendlich geht.

2. Beispiel:

Gegeben sei die Kostenfunktion $K(x) = 5.000 \ln(x + 5)$. Für die zugehörige Stückkosten-funktion k gilt damit im Grenzwert für x gegen unendlich:

$$\lim_{x \to \infty} k(x) = \lim_{x \to \infty} \frac{5.000 \ln(x + 5)}{x} = 5.000 \cdot \lim_{x \to \infty} \frac{\ln(x + 5)}{x} = 5.000 \cdot \lim_{x \to \infty} \frac{1}{x + 5} = 0$$

Beachte, dass $g(x) = \ln(x + 5)$ und $h(x) = x$, was $g'(x) = (x + 5)^{-1}$ und $h'(x) = 1$ impliziert.

Die Regel von de l'Hôpital kann auch n-mal hintereinander angewendet werden:

$$\lim_{x \to x_0} \frac{g(x)}{h(x)} = \lim_{x \to x_0} \frac{g'(x)}{h'(x)} = \lim_{x \to x_0} \frac{g''(x)}{h''(x)} = \ldots = \lim_{x \to x_0} \frac{g^{(n)}(x)}{h^{(n)}(x)}$$

3. Beispiel:

$$\lim_{x \to \infty} \frac{4x^2 + x}{3x^2 - 5} = \lim_{x \to \infty} \frac{8x + 1}{6x} = \lim_{x \to \infty} \frac{8}{6} = \frac{4}{3}$$

Die Regel von de l'Hôpital kann auch auf unbestimmte Ausdrücke der Form $0 \cdot \infty$, $\infty - \infty$ oder 0^0, 1^∞ und ∞^0 angewendet werden. Dazu müssen diese Ausdrücke zu-nächst in Quotienten umgewandelt werden.

Im multiplikativen Fall $0 \cdot \infty$ liegt f in der Form $f(x) = u(x) \cdot v(x)$ vor, wobei:

$$\lim_{x \to x_0} u(x) = 0 \quad \text{und} \quad \lim_{x \to x_0} v(x) = \infty$$

Durch Umschreibung $f(x) = u(x) \cdot v(x) = \dfrac{u(x)}{\frac{1}{v(x)}}$

erhält man die nötige Quotientenform für die Regel von de l'Hôpital.

4. Beispiel:

Die Funktion $f(x) = x \cdot \ln(x)$ strebt bei Annäherung an den Nullpunkt von rechts ($\ln(x)$ ist für $x < 0$ nicht definiert) gegen $0 \cdot (-\infty)$. Mit $u(x) = \ln(x)$ und $v(x) = x$ folgt:

$$\lim_{x \to 0^+} f(x) = \lim_{x \to 0^+} x \cdot \ln(x) = \lim_{x \to 0^+} \frac{\ln(x)}{\frac{1}{x}} = \lim_{x \to 0^+} \frac{\frac{1}{x}}{-\frac{1}{x^2}} = \lim_{x \to 0^+}(-x) = 0$$

Der Fall $\infty - \infty$ (d. h. $f(x) = u(x) - v(x)$) kann mittels

$$u(x) - v(x) = v(x) \cdot \left(\frac{u(x)}{v(x)} - 1 \right)$$

in ein Produkt umgeschrieben werden, das nach obiger Methode dann wieder in einen Quotienten verwandelt werden kann.

5. Beispiel:

Sei $f(x) = e^x - x^2 = u(x) - v(x)$. Die Funktion kann umgeschrieben werden in:

$$f(x) = v(x) \cdot \left(\frac{u(x)}{v(x)} - 1 \right) = x^2 \cdot \left(\frac{e^x}{x^2} - 1 \right)$$

Unbestimmte Ausdrücke der Form 0^0, 1^∞ und ∞^0 sind nur möglich, wenn f in der Form

$$f(x) = u(x)^{v(x)}$$

vorliegt. Diese Fälle lassen sich mithilfe von

$$u(x)^{v(x)} = e^{\ln(u(x)^{v(x)})} = e^{v(x) \cdot \ln(u(x))}$$

ebenfalls auf den Fall eines multiplikativen f zurückführen, da u und v im Exponenten nun in einem Produkt stehen.

6. Beispiel:

Für die Funktion $f(x) = x^x$ im Grenzwert für x gegen 0^+ ergibt die obige Umformung:

$$\lim_{x \to 0^+} x^x = \lim_{x \to 0^+} e^{x \cdot \ln(x)}$$

Wegen $\quad \lim_{x \to 0^+} x \cdot \ln(x) = 0 \qquad$ (vergleiche obiges Beispiel)

folgt $\lim_{x \to 0^+} x^x = \lim_{x \to 0^+} e^{x \cdot \ln(x)} = e^0 = 1$.

Aufgabe 65 > Seite 239

6. Umkehrfunktion

Bei einigen ökonomischen Problemen kann es hilfreich sein, die Rolle von abhängiger und unabhängiger Variabler vertauschen zu können, die Gleichung $y = f(x)$ also nach x aufzulösen. Die Variable x wird in Abhängigkeit von y angegeben und so zur abhängigen Variablen. Die sich daraus ergebende Funktion $x = f^{-1}(y)$ ist die Umkehrfunktion von $f(x)$. Für diese Umkehrfunktion gilt:

$$f^{-1}(f(x)) = x \quad \text{und} \quad f(f^{-1}(x)) = x$$

Beispiel

Die Nachfragefunktion $x_N(p_N) = 200 - 10p_N$ drückt die Nachfrage x_N als Funktion des Nachfragepreises p_N aus. Auflösen nach p_N ergibt die $p_N(x_N)$-Variante der gleichen Nachfrage-Preis-Beziehung:

$$200 - 10p_N = x_N$$

$\Rightarrow -10p_N = x_N - 200$ (200 auf beiden Seiten subtrahiert)

$\Rightarrow p_N = p_N(x_N) = -0,1x_N + 20$ (Division durch (-10))

Die Umkehrfunktion $p_N(x_N)$ erlaubt nun die Ermittlung des Nachfragepreises p_N aus einer gegebenen Nachfragemenge x_N.

Damit eine Umkehrfunktion f^{-1} zu einer stetigen Funktion f in einem Intervall $]a,b[$ existiert, ist es erforderlich, dass zu jedem Funktionswert $f(x_0)$ aus der Wertemenge *genau ein* x_0 in $]a,b[$ vorliegt. Dies ist dann erfüllt, wenn f in $]a,b[$ entweder **streng monoton steigt** oder **streng monoton fällt**: $f'(x) > 0$ oder $f'(x) < 0$ in $]a,b[$.

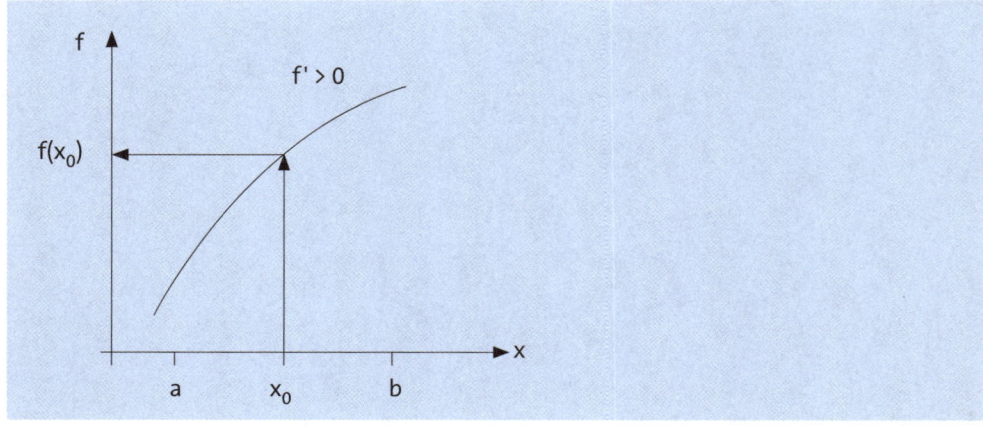

Geometrisch gesprochen bedeutet das Berechnen der Umkehrfunktion f^{-1} eine Spiegelung des Grafen von f an der ersten Winkelhalbierenden:

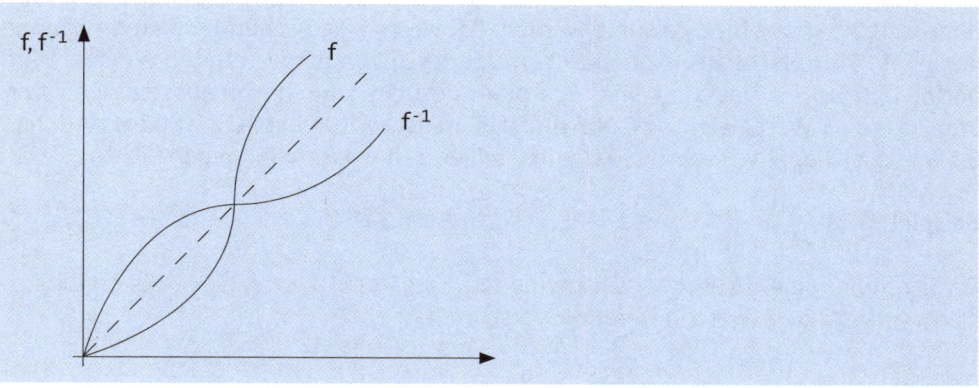

Aufgabe 66 > Seite 240

7. Numerische Nullstellenbestimmung

Soll die Lösungsmenge einer Gleichung der Form $f(x) = 0$ ermittelt werden (Nullstellenbestimmung bei einer Funktion f) und gelingt dies nicht auf analytische Weise (vgl. Kapitel A.4.4), können mithilfe **numerischer Verfahren** zumindest **Näherungslösungen** bestimmt werden. Eine weit verbreitete Methode hierfür ist das **Newton-Verfahren**, das aus einem gewählten Startwert x_0 iterativ Zahlenwerte x_n bestimmt ($n = 1, 2, 3, ...$), die gegen einen Nullstelle von f konvergieren. Die **Iterationsvorschrift** lautet:

$$x_n = x_{n-1} - \frac{f(x_{n-1})}{f'(x_{n-1})}, \qquad n = 1, 2, 3, ...$$

und erlaubt die Berechnung des Wertes x_n aus dem jeweils vorangegangenen Wert x_{n-1}. Die meist recht schnelle Konvergenz des Newton-Verfahrens lässt sich durch Umformung der Iterationsvorschrift verstehen. Es gilt:

$$x_n = x_{n-1} - \frac{f(x_{n-1})}{f'(x_{n-1})} \Rightarrow x_n - x_{n-1} = -\frac{f(x_{n-1})}{f'(x_{n-1})} \Rightarrow f'(x_n) = \frac{-f(x_{n-1})}{x_n - x_{n-1}}$$

Die rechte Seite der letzten Gleichung stellt nun fast einen Differenzenquotienten von f dar, es fehlt lediglich ein Term $f(x_n)$ im Zähler sowie die Forderung, dass x_n und x_{n-1} hinreichend nahe beieinander liegen, $\Delta x = x_n - x_{n-1}$ also hinreichend klein ist. Das Fehlen von $f(x_n)$ im Zähler deutet den Grund für die schnelle Konvergenz des Newton-Verfahrens an: Der Iterationswert x_n soll f gewissermaßen zum Verschwinden bringen, ist also durch die Konstruktion der Iterationsvorschrift fast schon eine Nullstelle von f.

Um einen geeigneten **Startwert** für die Iteration zu finden, sucht man zunächst zwei Werte a und b mit f(a) > 0 und f(b) < 0. Für stetiges f liegt damit zwischen a und b mindestens eine Nullstelle von f (Satz von Rolle, vgl. *Heuser*, Teil 1). Als Startwert x_0 kann dann z. B. $x_0 = (a + b)/2$ gewählt werden. Bei vielen praktischen Problemen können geeignete Startwerte aus ökonomischen Überlegungen heraus erraten werden. Wird beispielsweise der Zinssatz i eines Sparplans gesucht, kann davon ausgegangen werden, dass ein i-Wert zwischen 0,005 und 0,06 meist recht realistisch ist (Zins zwischen 0,5 und 6 %), negative oder zwei- bis dreistellige Zahlenwerte hingegen nicht.

Beispiel

Gesucht wird eine Lösung der Gleichung $f(x) = x^3 - 11x^2 + 8x + 20 = 0$. Es ergibt sich $f'(x) = 3x^2 - 22x + 8$, was zur Iterationsvorschrift

$$x_n = x_{n-1} - \frac{f(x_{n-1})}{f'(x_{n-1})} = x_{n-1} - \frac{x_{n-1}^3 - 11x_{n-1}^2 + 8x_{n-1} + 20}{3x_{n-1}^2 - 22x_{n-1} + 8}$$

führt. Als Startwert wird $x_0 = 1$ gewählt. Es folgt nun für n = 1, 2, 3 ...

$$x_1 = x_0 - \frac{f(x_0)}{f'(x_0)} = 1 - \frac{18}{-11} = 2{,}636363...$$

$$x_2 = x_1 - \frac{f(x_1)}{f'(x_1)} = 2{,}051782...$$

$$x_3 = x_2 - \frac{f(x_2)}{f'(x_2)} = 2{,}000535...$$

$$x_4 = x_3 - \frac{f(x_3)}{f'(x_3)} = 2{,}000000...$$

Bemerkung: Wird bei einer Newton-Iteration mit Rundungswerten gearbeitet, können sich geringfügig andere Iterationswerte x_n ergeben. An der Konvergenz des Verfahrens ändert sich jedoch i. A. nichts.

Offenbar ist x = 2 eine Nullstelle der Funktion, was Einsetzen bestätigt: f(2) = 0. Wäre ein gänzlich anderer Startwert gewählt worden, hätte sich z. B. ergeben:

$x_0 = 25$
$x_1 = 18{,}270817...$
$x_2 = 14{,}002032...$
$x_3 = 11{,}501094...$
$x_4 = 10{,}326592...$
$x_5 = 10{,}020810...$
$x_6 = 10{,}000092...$
$x_7 = 10{,}000000...$

Die Iteration wäre also gegen eine andere Nullstelle von f konvergiert: $f(10) = 0$. Auch hier gilt, dass die einzelnen Iterationswerte stark von etwaigen Rundungen abhängig sind, was am Ergebnis i. A. aber nichts ändert.

In **finanzmathematischen Anwendungen** kann das Newton-Verfahren dazu verwendet werden, aus den einzelnen Annuitäten eines Tilgungsplans den zu Grunde liegenden Zinssatz zu ermitteln.

Beispiel

Ein Schuldner tilge eine Schuld über 5.000 € mittels dreier Zahlungen über je 2.000 €, die er nach einem, zwei und drei Jahren tätige. Nach dem Äquivalenzprinzip aus Kapitel B.3.1 gilt:

$$5.000 = \frac{2.000}{q} + \frac{2.000}{q^2} + \frac{2.000}{q^3}$$

Um den vom Gläubiger verwendeten Zins i bzw. den Wachstumsfaktor $q = 1 + i$ zu ermitteln, werden beide Seiten der Gleichung zunächst mit q^3 multipliziert und dann alle Summanden auf eine Seite gebracht:

$$5.000q^3 - 2.000q^2 - 2.000q - 2.000 = 0$$

Division durch 1.000 liefert damit das Nullstellenproblem:

$$f(q) = 5q^3 - 2q^2 - 2q - 2 = 0$$

Da ein Wachstumsfaktor q gesucht wird, liegt es nahe, einen Startwert q_0 zwischen 1 und 1,5 zu wählen (entspräche einem Zins zwischen 0 und 50 %). Gewählt wird $q_0 = 1,2$. Es folgt:

$$q_n = q_{n-1} - \frac{f(q_{n-1})}{f'(q_{n-1})} = q_{n-1} - \frac{5q_{n-1}^3 - 2q_{n-1}^2 - 2q_{n-1} - 2}{15q_{n-1}^2 - 4q_{n-1} - 2}$$

$q_0 = 1,2$
$q_1 = 1,108108...$
$q_2 = 1,097159...$
$q_3 = 1,097010...$
$q_4 = 1,097010...$

Also $q = 1,09701...$, was einem Zinssatz von $i \approx 0,09701 = 9,701\,\%$ entspricht.

Ebenso kann mit dem Newton-Verfahren der bei einem Sparplan verwendete Zinssatz (= die Rendite) berechnet werden, wenn lediglich die Ein- und Auszahlungen bekannt sind.

Beispiel

Ein Sparer zahle zu Beginn des ersten, zweiten und dritten Jahres (Zeitpunkte 0, 1 und 2) jeweils 5.000 € in einen Sparplan ein. Am Ende des fünften Jahres (Zeitpunkt 5) wird ihm ein Betrag von 25.000 € überwiesen. Da beide Zahlungsströme äquivalent sein müssen, gilt:

$$5.000 + \frac{5.000}{q} + \frac{5.000}{q^2} = \frac{25.000}{q^5}$$

bzw.

$$5.000q^5 + 5.000q^4 + 5.000q^3 - 25.000 = 0,$$

was nach Division durch 5.000 auf das Nullstellenproblem

$$f(q) = q^5 + q^4 + q^3 - 5 = 0$$

führt. Die Newton-Iteration mit Startwert $q_0 = 1{,}2$ liefert $q \approx 1{,}1347$, was einem Zins von 13,47 % entspricht.

Aufgabe 67 - 68 > Seite 240

E. Integralrechnung von Funktionen einer Variablen

Die Integralrechnung stellt in gewisser Weise das Gegenstück zur Differenzialrechnung aus Kapitel D. dar. Während in der **Differenzialrechnung** Ableitungen von Funktionen gebildet werden, sucht die Integralrechnung nach Funktionen, deren Ableitung gleich einer gegebenen Funktion sind (Kapitel E.1). Da sich die Umkehrung der Differenzierung für viele Funktionen relativ schwierig gestaltet, greift man häufig auf **spezielle Integrationstechniken** zurück (Kapitel E.2). In den Wirtschaftswissenschaften findet die Integralrechnung von allem bei der Berechnung von **Konsumenten-** und **Produzentenrenten** Anwendung (Kapitel E.3), gestattet aber zum Beispiel auch die Gewinnung einer Kostenfunktion aus ihrer Grenzkostenfunktion.

Integralrechnung von Funktionen einer Variablen	Grundlagen der Integralrechnung
	Spezielle Integrationstechniken
	Ökonomische Anwendungen der Integralrechnung

1. Grundlagen der Integralrechnung

Die Integralrechnung beschäftigt sich mit zwei Hauptaufgaben:

► **Wie kann aus der Ableitung einer Funktion die Funktion selbst wieder gewonnen werden?** Beispiel wäre eine Grenzkostenfunktion K'(x), aus der die zugehörige Kostenfunktion K(x) hergeleitet werden soll. Die **Integration** einer Funktion wird in diesem Zusammenhang als **Umkehrung des Ableitungsprozesses** interpretiert. In Kapitel E.1.1 werden zur Beantwortung dieser Frage **unbestimmte Integrale** diskutiert.

► **Wie kann die Größe der Fläche unterhalb der Kurve von f gemessen werden?** Gesucht wird eine **Flächeninhaltsfunktion** F, die dazu verwendet werden kann, die Fläche unterhalb von f zwischen zwei Punkten a und b zu messen. Mithilfe **bestimmter Integrale** wird diese Frage in Kapitel E.1.2 beantwortet.

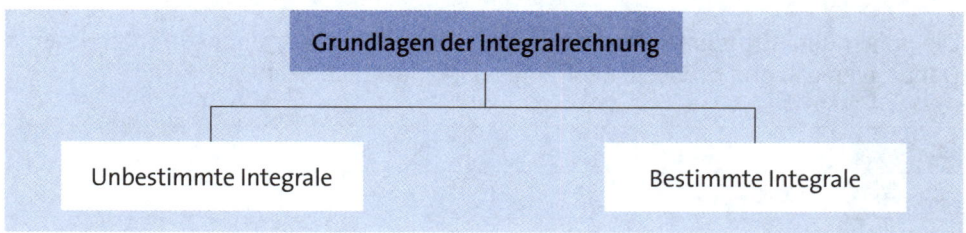

1.1 Unbestimmte Integrale

Eine differenzierbare Funktion F(x) heißt **Stammfunktion** zu einer stetigen Funktion f(x) in einem Intervall [a,b], wenn gilt: F'(x) = f(x), f also die **Ableitungsfunktion** von F ist.

Beispiel

Die folgenden Beispiele von Stammfunktionen zu einzelnen Funktionen f(x) lassen sich direkt mithilfe der Beispiele zur Ableitung von Funktionen aus Kapitel D.1.2 begründen:

$f(x) = 2 \implies F(x) = 2x$

$f(x) = x \implies F(x) = \frac{1}{2}x_2$ (Vorfaktor $\frac{1}{2}$ kompensiert Exponent 2 beim Differenzieren)

$f(x) = e^x \implies F(x) = e^x$

$f(x) = \frac{1}{x} \implies F(x) = \ln(x) \ (x > 0)$

Da die Ableitung einer **additiven Konstanten** gleich Null ist, ist mit F(x) auch F(x) + c ($c \in \mathbb{R}$) eine Stammfunktion von f. Die Stammfunktion einer Funktion ist folglich immer nur bis auf eine additive Konstante c bestimmt. Somit sind $F_1(x) = 2x + 1$, $F_2(x) = 2x - 1$, $F_3(x) = 2x + 100$ etc. alles Stammfunktionen der Funktion f(x) = 2. Mit anderen Worten: Ist eine Stammfunktion F von f gefunden, unterscheiden sich alle anderen Stammfunktionen hiervon nur durch eine additive Konstante c.

Die Menge aller Stammfunktionen zu einem **Integranden** f(x) wird **unbestimmtes Integral** genannt und mit

$$\int f(x)\, dx$$

bezeichnet.

Die folgenden **Grundintegrale** erleichtern die Ermittlung unbestimmter Integrale. Dabei seien a, b und c reelle Zahlen und n eine natürliche Zahl.

f(x)	$\int f(x)\, dx$
0	c
a	ax + c
x^n, $n \neq -1$	$\frac{x^{n+1}}{n+1} + c$
$(ax + b)^n$, $n \neq -1$, $a \neq 0$	$\frac{1}{a} \cdot \frac{(ax+b)^{n+1}}{n+1} + c$
$\frac{1}{x}$, $x > 0$	$\ln(x) + c$

f(x)	$\int f(x)\,dx$
$\frac{1}{x}$, $x < 0$	$\ln(-x) + c$
$\frac{1}{ax + b}$, $ax + b > 0, a \neq 0$	$\frac{1}{a}\ln(ax + b) + c$
$\frac{1}{ax + b}$, $ax + b < 0, a \neq 0$	$\frac{1}{a}\ln(-ax - b) + c$
e^x	$e^x + c$
$e^{ax + b}$, $a \neq 0$	$\frac{1}{a}e^{ax + b} + c$

Mithilfe folgender **Rechenregeln** lassen sich Stammfunktionen vieler komplizierter Funktionen finden (f(x) und g(x) seien stetige Funktionen):

$$\int k \cdot f(x)dx = k \cdot \int f(x)dx \qquad \text{(multiplikative Konstanten bleiben erhalten)}$$

und

$$\int (f(x) \pm g(x))dx = \int f(x)dx \pm \int g(x)dx \qquad \text{(Summanden können einzeln integriert werden)}$$

Beispiel

$f(x) = x^5 \qquad \Rightarrow \quad F(x) = \frac{1}{6}x^6 + c \qquad$ (Vorfaktor ⅙ kompensiert Faktor 6 beim Ableiten)

$f(x) = 2x^3 - x^2 + 5 \qquad \Rightarrow \quad F(x) = \frac{1}{2}x^4 - \frac{1}{3}x^3 + 5x + c$

$f(x) = (3x + 2)^6 \qquad \Rightarrow \quad F(x) = \frac{1}{3} \cdot \frac{(3x + 2)^7}{7} + c = \frac{(3x + 2)^7}{21} + c$

(Faktor 21 im Nenner kompensiert die 3 von der inneren Ableitung und die 7 aus dem Exponenten)

$f(x) = \frac{8}{(2x + 3)} \qquad \Rightarrow \quad F(x) = 8 \cdot \frac{1}{2} \cdot \ln(2x + 3) + c = 4\ln(2x + 3) + c$

(hier ist x > -1,5, ansonsten ist ln-Funktion nicht definiert)

Generell bietet sich die folgende **Strategie** bei der Suche nach Stammfunktionen an:

(1) Ermittle die Grundstruktur der Stammfunktion aus der Tabelle der Grundintegrale.

(2) Ergänze den gefundenen Ausdruck um geeignete konstante Faktoren, um etwaige innere Ableitungen oder nach dem Ableiten als multiplikative Faktoren auftretende ehemalige Exponenten zu kompensieren.

Beispiel

Die Struktur der Funktion (es sei stets $x \geq 0$)

$$f(x) = 3\sqrt{x} - \frac{7}{4x+5}$$

(„Wurzelfunktion minus 1/x-Funktion"; x tritt linear in beiden Termen auf) legt nahe, dass eine geeignete Stammfunktion F(x) aus zwei Summanden besteht, einem Term der Bauart $x^{3/2}$ und einer ln-Funktion:

$$F(x) \approx x^{\frac{3}{2}} - \ln(4x+5)$$

Beachte, dass wegen $x \geq 0$ stets $4x + 5 > 0$ gilt, das Argument der ln-Funktion also stets positiv ist (keine Betragsstriche nötig).

Konstante Vorfaktoren (hier: 3 und 7) bleiben beim Differenzieren erhalten und müssen folglich in der Stammfunktion berücksichtigt werden:

$$F(x) \approx 3x^{\frac{3}{2}} - 7\ln(4x+5)$$

Da sich beim Ableiten von $x^{3/2}$ ein Vorfaktor 3/2 und beim Ableiten der ln-Funktion ein Vorfaktor 4 (innere Ableitung) ergibt, müssen schließlich noch entsprechende Vorfaktoren vor die Terme gesetzt werden, damit beim Differenzieren von F(x) auch tatsächlich f(x) herauskommt:

$$F(x) = 3 \cdot \frac{2}{3} \cdot x^{\frac{3}{2}} - 7 \cdot \frac{1}{4} \cdot \ln(4x+5) + c = 2\sqrt{x^3} - \frac{7}{4}\ln(4x+5) + c$$

Für das unbestimmte Integral ergibt sich also:

$$\int \left(3\sqrt{x} - \frac{7}{4x+5}\right) dx = 2\sqrt{x^3} - \frac{7}{4}\ln(4x+5) + c,$$

was durch Probe bestätigt werden kann.

Aufgabe 69 > Seite 240

1.2 Bestimmte Integrale

Um die **Fläche** A zwischen dem Grafen einer **stetigen** Funktion f und der x-Achse zwischen zwei Punkten a und b auf der x-Achse zu berechnen, denke man sich das Intervall [a,b] in kleine **Teilintervalle** $[x_{i-1}, x_i]$ unterteilt:

$$a = x_0 < x_1 < x_2 < ... < x_{n-1} < x_n = b$$

Mithilfe von Zahlenwerten $\xi_i \in [x_{i-1}, x_i]$ aus den Intervallen kann die Fläche A näherungsweise durch eine Summe von Rechtecken berechnet werden:

$$A \approx f(\xi_1) \cdot (x_1 - x_0) + f(\xi_2) \cdot (x_2 - x_1) + ... + f(\xi_n) \cdot (x_n - x_{n-1})$$

Die einzelnen Rechtecke haben die Seitenlängen $f(\xi_i)$ und $(x_i - x_{i-1})$ und damit jeweils die Fläche $f(\xi_i) \cdot (x_i - x_{i-1})$.

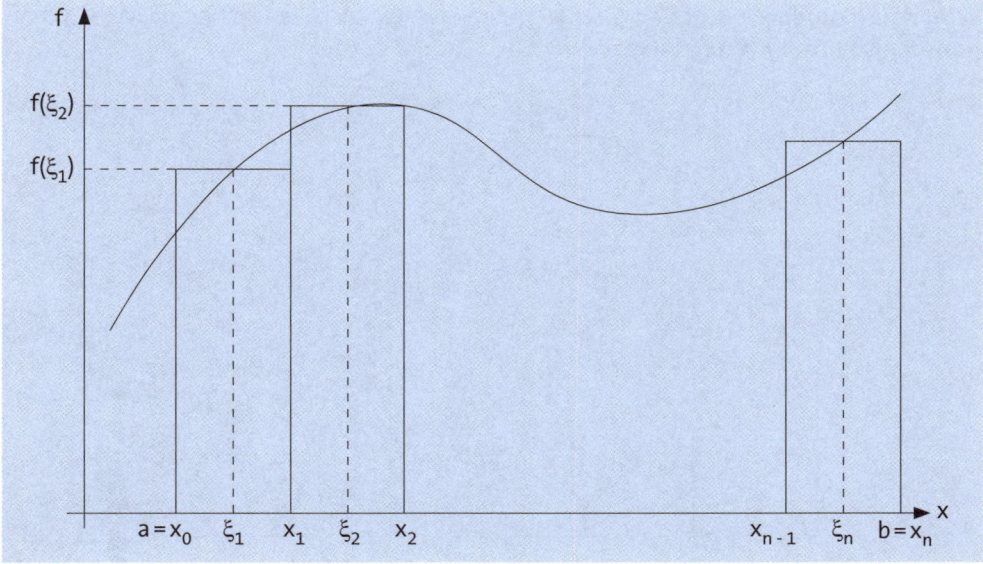

Haben alle Intervalle $[x_{i-1}, x_i]$ die gleiche Länge Δx, folgt

$$A \approx \sum_{i=1}^{n} f(\xi_i) \cdot \Delta x$$

im Grenzwert für Δx gegen Null ergibt sich (beachte, dass n dabei gegen unendlich geht):

$$A = \int_a^b f(x)dx := \lim_{\Delta x \to 0} \sum_{i=1}^{n} f(\xi_i) \cdot \Delta x$$

Der Integralausdruck $\int_a^b f(x)\,dx$ wird **bestimmtes Integral** genannt und bezeichnet die **Fläche** A zwischen x-Achse und dem Grafen der Funktion f. Die Parameter a und b heißen **untere** bzw. **obere Integrationsgrenze**, die Funktion f selbst **Integrand**. Das Integralzeichen (ein stilisiertes S für „Summe") deutet an, dass A durch Summenbildung über Rechtecke mit immer kleinerer Seitenlänge $\Delta x = (x_i - x_{i-1})$ berechnet wird. Für stetige Funktionen auf einem abgeschlossenen Intervall [a,b] kann gezeigt werden, dass der geforderte Grenzwert stets existiert (siehe etwa *Tietze*).

Um die Fläche zwischen dem Grafen einer stetigen Funktion f und der horizontalen Achse zu berechnen, denke man sich eine **Flächeninhaltsfunktion** A(x) gegeben, die die Fläche unterhalb von f zwischen den Punkten a und x > a angibt. Die Variable x wird dabei zur variablen oberen Integrationsgrenze, als Variable für f wird daher t verwendet:

$$A(x) = \int_a^x f(t)\,dt$$

Wird x nun durch $x + \Delta x$ ($\Delta x > 0$ sei klein) ersetzt, wächst die Fläche auf $A(x + \Delta x)$ an, nimmt also um $A(x + \Delta x) - A(x)$ zu.

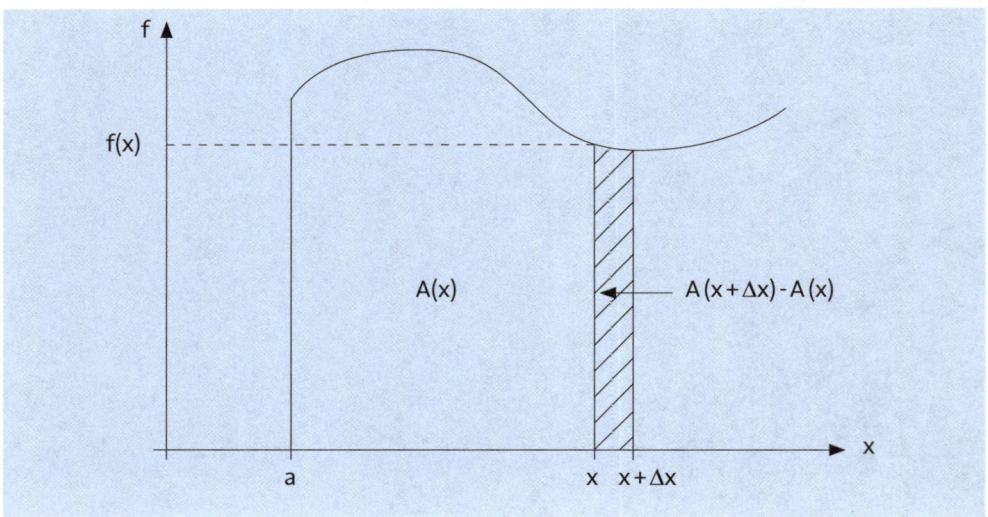

Die **Flächenzunahme** lässt sich für hinreichend kleines Δx näherungsweise durch $f(x) \cdot \Delta x$ abschätzen:

$$A(x + \Delta x) - A(x) \approx f(x) \cdot \Delta x$$

bzw.

$$A'(x) \approx \frac{A(x + \Delta x) - A(x)}{\Delta x} \approx f(x)$$

Diese Überlegung legt die Vermutung nahe, dass die **Flächeninhaltsfunktion** A(x) eine **Stammfunktion** von f ist. Der **erste Hauptsatz der Differenzial- und Integralrechnung** bestätigt dies für stetige Funktionen f im Intervall [a,x]:

$$A'(x) = \frac{d}{dx} \int_a^x f(t)dt = f(x)$$

Da x obere Integrationsgrenze ist, wird t auch hier als Funktionsparameter verwendet. Differenziert man ein bestimmtes Integral nach seiner oberen Grenze (hier: x), erhält man den Funktionswert des Integranden an der Stelle x. Der erste Hauptsatz der Integralrechnung schlägt eine Brücke zwischen dem **unbestimmten** und dem **bestimmten Integral**, da er letztlich aussagt, dass die **Flächeninhaltsfunktion** A eine **Stammfunktion** von f ist.

Da A und eine beliebige andere Stammfunktion F der stetigen Funktion f die Eigenschaft A' = f bzw. F' = f besitzen, unterscheiden sich A und F nur um eine additive Konstante c, die beim Differenzieren verschwindet: A(x) = F(x) + c. Mit Blick auf den ersten Hauptsatz der Differenzial- und Integralrechnung bedeutet dies:

$$A(x) = \int_a^x f(t)dt = F(x) + c$$

Für x = a ergibt sich A(a) = 0, da A(x) die Fläche oberhalb des Intervalls [a,x] angibt:

$$A(a) = \int_a^a f(t)dt = F(a) + c = 0$$

Damit folgt für die Konstante c = - F(a), also für die Fläche A(x):

$$A(x) = \int_a^x f(t)dt = F(x) + c = F(x) + (-F(a)) = F(x) - F(a)$$

Für die durch das **bestimmte Integral** beschriebene Fläche zwischen dem Grafen von f und der x-Achse in einem Intervall [a,b] folgt damit der **zweite Hauptsatz der Differenzial- und Integralrechnung**:

$$\int_a^b f(x)dx = F(b) - F(a) \, ,$$

wobei F eine **beliebige Stammfunktion** von f ist. Um den gesuchten Flächeninhalt zu berechnen, muss also eine **Stammfunktion von f** an den **Endpunkten** des betrachteten Intervalls [a,b] ausgewertet werden. Die Fläche ergibt sich dann als die Differenz der Funktionswerte F(b) und F(a). Der Übergang zur üblichen Variablen x ist nun auch für f selbst wieder möglich, da die obere Integrationsgrenze b fest ist.

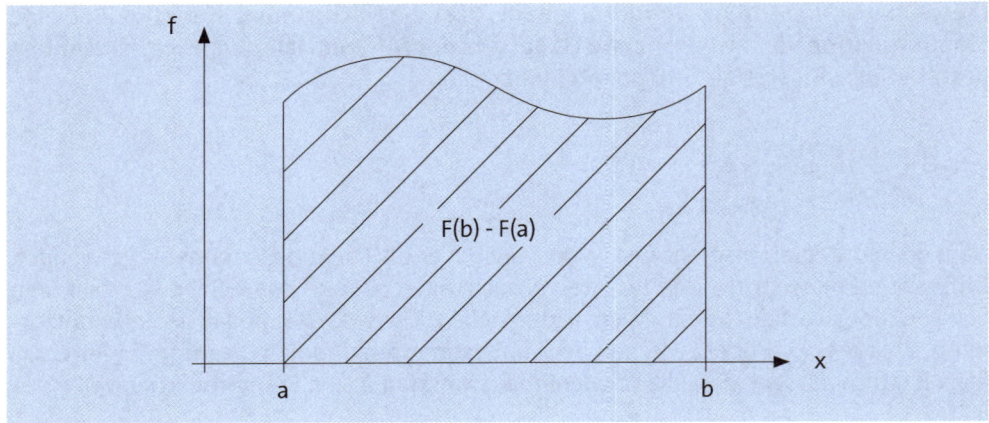

Bemerkung: Die Differenz F(b) - F(a) der Stammfunktionswerte an der oberen und unteren Integrationsgrenze wird im Folgenden abgekürzt durch die Schreibweise

$$F(x)\ \Big|_a^b = F(b) - F(a)$$

Beispiel

$$\int_0^2 x^2 dx = \frac{1}{3} x^3 \Big|_0^2 = \frac{1}{3} 2^3 - \frac{1}{3} 0^3 = \frac{8}{3}$$

$$\int_{-1}^2 e^x dx = e^x \Big|_{-1}^2 = e^2 - e^{-1} = e^2 - \frac{1}{e} \approx 7{,}02$$

$$\int_1^2 \frac{1}{x} dx = \ln(x) \Big|_1^2 = \ln(2) - \ln(1) = \ln(2) \approx 0{,}69$$

$$\int_1^2 (5x + 2)^3 dx = \frac{1}{20} (5x + 2)^4 \Big|_1^2 = \frac{1}{20} (5 \cdot 2 + 2)^4 - \frac{1}{20} (5 \cdot 1 + 2)^4 = 916{,}75$$

$$\int_0^1 \sqrt{x}\,dx = \int_0^1 x^{0,5} dx = \frac{2}{3} x^{1,5} \Big|_0^1 = \frac{2}{3} 1^{1,5} - \frac{2}{3} 0^{1,5} = \frac{2}{3}$$

Verläuft f ganz oder teilweise unterhalb der x-Achse im betrachteten Intervall [a,b], kann der Integralwert auch negativ oder null werden, da unterhalb der x-Achse liegende Flächenanteile ein negatives Vorzeichen tragen.

Beispiel

$$\int_{-1}^{0} x\,dx = \frac{1}{2}x^2\bigg|_{-1}^{0} = \frac{1}{2}\,0^2 - \frac{1}{2}(-1)^2 = -\frac{1}{2} = -0{,}5$$

$$\int_{-1}^{1} x\,dx = \frac{1}{2}x^2\bigg|_{-1}^{1} = \frac{1}{2}\,1^2 - \frac{1}{2}(-1)^2 = 0$$

$$\int_{0}^{2} (x^2 - 2)dx = \left(\frac{1}{3}x^3 - 2x\right)\bigg|_{0}^{2} = \left(\frac{1}{3}\,2^3 - 2\cdot 2\right) - \left(\frac{1}{3}\,0^3 - 2\cdot 0\right) = -\frac{4}{3} = -1{,}33...$$

Aufgabe 70 > Seite 241

2. Spezielle Integrationstechniken

Soll ein bestimmtes Integral einer komplizierten stetigen Funktion f berechnet werden, reichen die Kapitel E.1.2 vorgestellten Techniken zur Ermittlung einer Stammfunktion häufig nicht aus. In einzelnen Fällen kann dann mithilfe **partieller Integration** oder **Substitution** eine Stammfunktion gefunden werden.

2.1 Partielle Integration

Nach der **Produktregel** für die Ableitung eines Produkts zweier Funktionen u und v gilt:

$$(u(x) \cdot v(x))' = u'(x) \cdot v(x) + u(x) \cdot v'(x),$$

vgl. Kapitel D.1.2. Umstellen der Gleichung ergibt:

$$u'(x) \cdot v(x) = (u(x) \cdot v(x))' - u(x) \cdot v'(x)$$

Wird diese Gleichung nun formal über einem Intervall [a,b] integriert, folgt die **Regel für die partielle Integration** für **bestimmte Integrale**:

$$\int_a^b u'(x) \cdot v(x)dx = u(x) \cdot v(x)\Big|_a^b - \int_a^b u(x) \cdot v'(x)dx$$

Beim ersten Ausdruck auf der rechten Seite wird dabei ausgenutzt, dass Ableitung und Integral **Umkehroperationen** zueinander sind. Die Regel kann auch für **unbestimmte Integrale** formuliert werden:

$$\int u'(x) \cdot v(x)dx = u(x) \cdot v(x) - \int u(x) \cdot v'(x)dx$$

Die Regel von der partiellen Integration kann in Fällen angewendet werden, in denen sich ein Integrand **f als Produkt zweier Funktionen** u'(x) und v(x) schreiben lässt, von denen eine die Ableitung einer bekannten Funktion u(x) ist. Voraussetzung für den Erfolg der Methode ist, dass für f(x) = u'(x) • v(x) keine Stammfunktion angegeben werden kann, wohl aber für u(x) • v'(x).

Beispiel

Die Funktion $f(x) = e^x \cdot x$ soll über dem Integral [0,1] integriert werden. Eine Stammfunktion von f kann nicht ohne Weiteres mithilfe der Regeln aus Kapitel E.1.2 angegeben werden. Um mit partieller Integration zum Ziel zu kommen, setzt man $u'(x) = e^x$ und $v(x) = x$ und erhält:

$$\int_0^1 (e^x \cdot x)dx = u(x) \cdot v(x)\Big|_0^1 - \int_0^1 u(x) \cdot v'(x)dx = e^x \cdot x\Big|_0^1 - \int_0^1 (e^x \cdot 1)dx$$

$$= e^x \cdot x\Big|_0^1 - e^x\Big|_0^1 = (e^1 \cdot 1 - e^0 \cdot 0) - (e^1 - e^0) = e - (e-1) = 1$$

Entscheidend für den Erfolg bei diesem Beispiel ist die richtige Benennung der einzelnen Funktionen. Da die Ableitung von x gleich Eins ist, macht es Sinn, v(x) = x zu setzen, da so der x-Faktor aus dem Integranden verschwindet. Gleichzeitig ist bekannt, dass e^x sich selbst zur Stammfunktion hat, womit das Integral auf der rechten Seite letztlich zu einem Integral über die Funktion e^x wird. Hätte man die Funktionen x und e^x anders herum benannt (das heißt, $v(x) = e^x$, $u'(x) = x$) hätte dies zu

$$\int_0^1 (x \cdot e^x)dx = \frac{1}{2}x^2 \cdot e^x\Big|_0^1 - \int_0^1 \left(\frac{1}{2}x^2 \cdot e^x\right)dx$$

geführt, womit das Problem nicht lösbarer geworden wäre, da eine Stammfunktion für das Integral auf der rechten Seite nun noch schwerer anzugeben wäre.

Besonders sinnvoll ist die Regel der partiellen Integration immer in Fällen, wo sich f(x) als Produkt „e-Funktion mal Polynom" schreiben lässt, da so der Polynomgrad um eins gesenkt werden kann, während die e-Funktion erhalten bleibt.

Beispiel

Um das unbestimmte Integral

$\int (e^x \cdot (x^2 + x))dx$

zu berechnen, setzt man $u'(x) = e^x$ und $v(x) = x^2 + x$. Es folgt:

$\int (e^x \cdot (x^2 + x))dx = e^x \cdot (x^2 + x) - \int (e^x \cdot (2x + 1))dx$,

der Polynomgrad ist um eins reduziert worden. Nochmalige Anwendung der partiellen Integration auf das Integral über $e^x \cdot (2x + 1)$ mit $u'(x) = e^x$ und $v(x) = 2x + 1$ liefert

$\int (e^x \cdot (2x + 1))dx = e^x \cdot (2x + 1) - \int (e^x \cdot 2)dx$

und damit für das ursprüngliche Problem

$\int (e^x \cdot (x^2 + x))dx = e^x \cdot (x^2 + x) - e^x \cdot (2x + 1) + \int (e^x \cdot 2)dx$

$= e^x \cdot (x^2 + x) - e^x \cdot (2x + 1) - 2e^x = e^x \cdot (x^2 - x + 1)$.

Differenzieren unter Verwendung der Produktregel bestätigt, dass $e^x \cdot (x^2 - x + 1)$ eine Stammfunktion von $e^x \cdot (x^2 + x)$ ist.

Mithilfe partieller Integration kann auch eine **Stammfunktion des natürlichen Logarithmus** angegeben werden. Zu diesem Zweck setzt man $u'(x) = 1$ und $v(x) = \ln(x)$. Damit ist sichergestellt, dass im Integral auf der rechten Seite die Funktionen $u(x) = x$ und $v'(x) = 1/x$ auftauchen werden, womit dieses Integral berechenbar wird:

$$\int \ln(x)dx = \int (1 \cdot \ln(x))dx = x \cdot \ln(x) - \int (x \cdot \frac{1}{x})dx = x \cdot \ln(x) - \int 1 dx = x \cdot \ln(x) - x$$

Also ist $F(x) = x \cdot \ln(x) - x$ eine Stammfunktion von $\ln(x)$.

Aufgabe 71 > Seite 241

2.2 Substitutionsregel

Die Substitutionsregel der Integralrechnung kann auf Integranden angewendet werden, die sich in der Form $f(g(x)) \cdot g'(x)$ schreiben lassen („verkettete Funktion mal innere Ableitung", g sei **stetig differenzierbar** und **umkehrbar**). In solchen Fällen gilt:

$$\int_a^b f(g(x)) \cdot g'(x)dx = \int_{g(a)}^{g(b)} f(t)dt \, .$$

Das Integral der Funktion $f(g(x))$ über dem Intervall [a,b] wird also ersetzt durch das Integral der Funktion $f(t)$ über dem Intervall [g(a), g(b)]. Damit lässt sich ein komplizierter Integrand oftmals entscheidend vereinfachen, was die Suche nach einer Stammfunktion erleichtert. Die Umkehrbarkeit von g (z. B. durch strenge Monotonie im Integrationsbereich nachweisbar, vgl. Kapitel D.6) ist insofern wichtig, als die Transformation auf den neuen Integrationsbereich [g(a), g(b)] damit in jedem Falle eindeutig und umkehrbar ist. Nur so sind beide Integrale identisch.

Beispiele

1. Beispiel:
Der Integrand f des bestimmten Integrals

$$\int_0^1 f(x)dx = \int_0^1 (x^2 \sqrt{x^3 + 1})dx$$

besitzt die geforderte Form, da x^2 bis auf eine multiplikative Konstante die Ableitung der inneren Funktion $g(x) = x^3 + 1$ ist. Daher setzt man: $t = g(x) = x^3 + 1$. Wegen

$$\frac{dt}{dx} = \frac{d}{dx}g(x) = g'(x) = 3x^2$$

folgt formal $dt = 3x^2dx$. Wird g(x) durch den einfachen Laufparameter t ersetzt, muss parallel dx durch

$$\frac{1}{3x^2}dt$$

ersetzt werden. Damit wird der x^2-Faktor vor der Wurzel in f zum Verschwinden gebracht. An die Stelle der alten Integrationsgrenzen 0 und 1 treten nun entsprechend g(0) = 1 und g(1) = 2. Insgesamt folgt damit:

$$\int_0^1 f(x)dx = \int_0^1 (x^2 \sqrt{x^3 + 1})dx = \int_{g(0)}^{g(1)} \frac{1}{3}\sqrt{t}\, dt = \int_1^2 \frac{1}{3}t^{0,5}dt = \frac{1}{3} \cdot \frac{2}{3} t^{1,5}\Big|_1^2 = \frac{2}{9}t^{1,5}\Big|_1^2 = 0{,}406...$$

2. Beispiel:
Um das bestimmte Integral

$$\int_1^2 x \cdot e^{x^2} dx$$

zu berechnen, wird zunächst $g(x) = x^2$ gesetzt. Das x im Integranden ist bis auf einen Faktor 2 die Ableitung von g. Es gilt

$$\frac{dt}{dx} = \frac{d}{dx} g(x) = g'(x) = 2x \quad , \text{ also } dx = \frac{dt}{2x} .$$

Durch den Übergang zur Variablen t kürzt sich der x-Faktor in f gerade heraus. Gleichzeitig verschwindet der x^2-Term im Exponenten, der Integrand wird deutlich einfacher. Insgesamt ergibt sich:

$$\int_1^2 x \cdot e^{x^2} dx = \int_{g(1)}^{g(2)} \frac{1}{2} e^t dt = \int_1^4 \frac{1}{2} e^t dt = \frac{1}{2} e^t \Big|_1^4 = \frac{1}{2} e^4 - \frac{1}{2} e^1 = 25{,}939...$$

Beachte, dass $g(2) = 2^2 = 4$ und $g(1) = 1^2 = 1$ die neuen Integrationsgrenzen sind.

Aufgabe 72 > Seite 241

3. Ökonomische Anwendungen der Integralrechnung

Eine Anwendung der Integralrechnung in den Wirtschaftswissenschaften ist zum Beispiel die Gewinnung einer **Kostenfunktion** aus ihrer **Grenzkostenfunktion**, was bei Kenntnis zumindest eines Funktionswertes der Kostenfunktion möglich ist (Kapitel E.3.1). Besonders in der Volkswirtschaftslehre sind ferner **Konsumenten-** und **Produzentenrenten** von Interesse, die die Vorteilhaftigkeit eines Marktgleichgewichts für Nachfrager und Anbieter beschreiben (Kapitel E.3.2 und E.3.3).

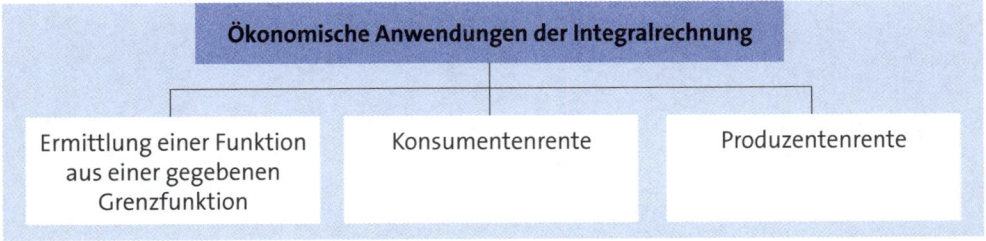

3.1 Ermittlung einer Funktion aus einer gegebenen Grenzfunktion

Ist die **Grenzfunktion** einer betriebswirtschaftlichen Funktion bekannt, nicht aber die Funktion selbst, kann die Funktion durch Integration ermittelt werden. Ist F eine Stammfunktion von f, gilt nach Kapitel E.1.2:

$$F(x) - F(a) = \int_a^x f(t)dt \quad \text{bzw.} \quad F(x) = F(a) + \int_a^x f(t)dt$$

F lässt sich aus f also herleiten, soweit ein Funktionswert F(a) bekannt ist.

Beispiel

Die Kostenfunktion K(x) eines Produktionsprozesses sei unbekannt. Bekannt sei lediglich, dass die Grenzkosten, die das Änderungsverhalten der Kostenfunktion abbilden, in etwa durch die Funktion $K'(x) = 50e^{0,01x}$ dargestellt werden können. Werden x = 100 Einheiten produziert, ergeben sich Kosten von K(100) = 113.591,41 €. Die Kostenfunktion K(x) ist eine Stammfunktion von $50e^{0,01x}$:

$$K(x) = K(100) + \int_{100}^x 50e^{0,01t}dt = K(100) + 5.000 \; e^{0,01t} \Big|_{100}^x$$

$$= K(100) + 5.000 \; e^{0,01x} - 5.000 \; e^{0,01 \cdot 100} = 113.591,41 + 5.000 e^{0,01x} - 13.591,41$$

$$= 100.000 + 5.000 \; e^{0,01x}$$

Der Funktionswert F(a) wird benötigt, da die Stammfunktion F(x) ansonsten nur bis auf eine additive Konstante c bestimmt werden kann, vgl. Kapitel E.1.1. Ohne die Kenntnis von K(100) im obigen Beispiel hätte lediglich das unbestimmte Integral hergeleitet werden können. Die genaue Struktur der Kostenfunktion hätte nicht ermittelt werden können.

Aufgabe 73 > Seite 241

3.2 Konsumentenrente

Ist eine monoton fallende **Nachfragefunktion** $p_N(x)$ gegeben (Preis p_N in Abhängigkeit von der Nachfrage x), errechnet sich der Umsatz (Erlös) im **Marktgleichgewicht** bei einer Nachfrage x_0 und einem Preis $p_0 = p_N(x_0)$ nach der Formel $E(x_0) = x_0 \cdot p_N(x_0) = x_0 \cdot p_0$ (Nachfrage mal Preis, genauer: Absatz mal Preis).

Diejenigen Nachfrager, die auch einen höheren Preis $p > p_0$ gezahlt hätten, sparen damit die Preisdifferenz $p - p_0$. Hätte jeder Nachfrager den für ihn höchstmöglichen Preis gezahlt, hätte sich ein Umsatz ergeben, der gerade der Fläche unterhalb der p_N-Kurve zwischen den Punkten 0 und x_0 entspricht. Diese Fläche wird durch das bestimmte Integral

$$\int_0^{x_0} p_N(x)\,dx$$

beschrieben.

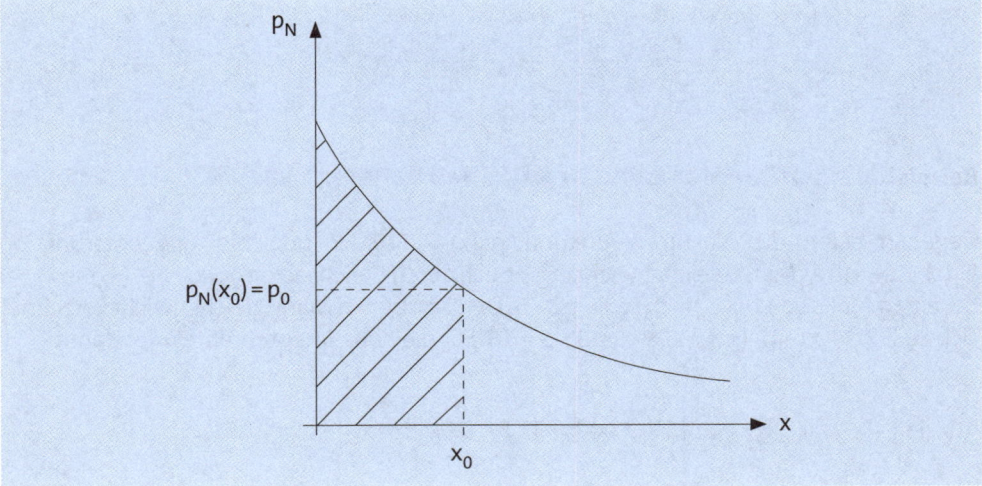

Der im Marktgleichgewicht erzielte Umsatz $E(x_0) = x_0 \cdot p_N(x_0)$ ist geringer als dieser theoretisch erzielbare Maximalumsatz. Die Differenz zwischen beiden Umsätzen wird als **Konsumentenrente** $K_R(x_0)$ bezeichnet:

$$K_R(x_0) = \int_0^{x_0} p_N(x)\,dx - x_0 \cdot p_0$$

Die Konsumentenrente ist damit ein Maß für die **Vorteilhaftigkeit**, die die Nachfrager aus einem Preis p_0 ziehen können, weil ihnen ein höherer Preis erspart geblieben ist. Geometrisch entspricht die Konsumentenrente der Fläche unterhalb des Grafen der Nachfragefunktion p_N über dem Intervall $[0,x_0]$ abzüglich des Rechtecks, das den tatsächlichen Umsatz $E(x_0) = x_0 \cdot p_N(x_0)$ beschreibt. Zur Berechnung der Konsumentenrente muss ein bestimmtes Integral über die Nachfragefunktion ausgewertet werden.

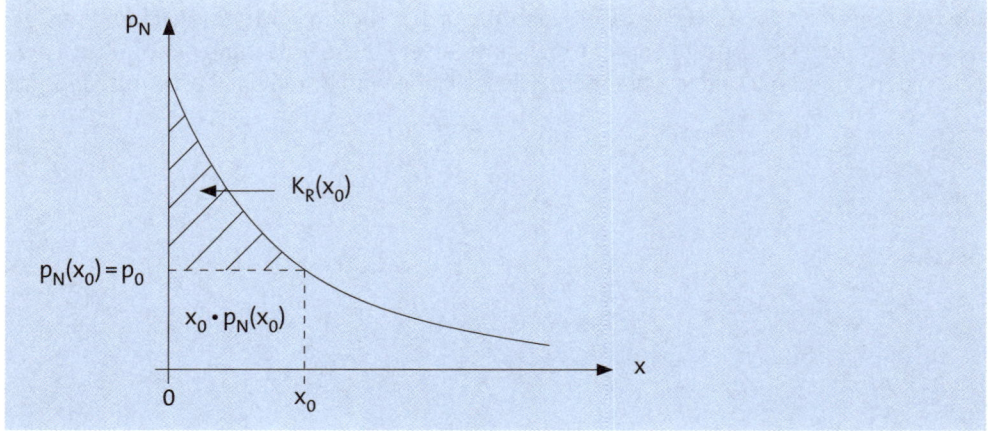

Beispiel

Gegeben seien die Nachfragefunktion $p_N(x) = 20 - 5x$ und die Angebotsfunktion $p_A(x) = 2 + x$. Das Marktgleichgewicht ergibt sich durch Gleichsetzen $p_N(x_0) = p_A(x_0)$ zu $x_0 = 3$ bei einem Preis von $p_N(x_0) = p_A(x_0) = p_0 = 5$. Der Umsatz im Marktgleichgewicht errechnet sich zu $E(x_0) = x_0 \cdot p_N(x_0) = x_0 \cdot p_0 = 3 \cdot 5 = 15$. Für die Konsumentenrente folgt damit:

$$K_R(x_0) = \int_0^{x_0} p_N(x)dx - x_0 \cdot p_0 = \int_0^3 (20 - 5x)dx - 3 \cdot 5 = \left. \left(20x - \frac{5}{2}x^2\right)\right|_0^3 - 15 = 22,5 \,.$$

Die Nachfrager haben also Ausgaben in Höhe von 22,5 Geldeinheiten gespart, weil der Gleichgewichtspreis $p_0 = p_N(x_0) = p_A(x_0) = 5$ zu Stande gekommen ist.

3.3 Produzentenrente

Liegt eine monoton steigende **Angebotsfunktion** $p_A(x)$ vor (Preis p_A in Abhängigkeit vom Angebot x) und wird im Marktgleichgewicht ein Angebot x_0 und ein Preis $p_0 = p_A(x_0)$ erzielt, errechnet sich der Umsatz zu $E(x_0) = x_0 \cdot p_A(x_0) = x_0 \cdot p_0$. Diejenigen Anbieter, die ihre Ware theoretisch auch zu einem niedrigeren Preis $p < p_0$ angeboten hätten, hätten dabei einen niedrigeren Umsatz

$$\int_0^{x_0} p_A(x)\,dx$$

erzielt. Der Ausdruck

$$P_R(x_0) = x_0 \cdot p_0 - \int_0^{x_0} p_A(x)\,dx$$

heißt **Produzentenrente** und gibt an, welchen Zusatzumsatz die Anbieter auf dem Markt im Marktgleichgewicht erzielen, weil sie ihre Ware zum Preis p_0 anbieten. Die Produzentenrente beschreibt damit die **Vorteilhaftigkeit** eines Verkaufs im Marktgleichgewicht aus Sicht der Anbieter.

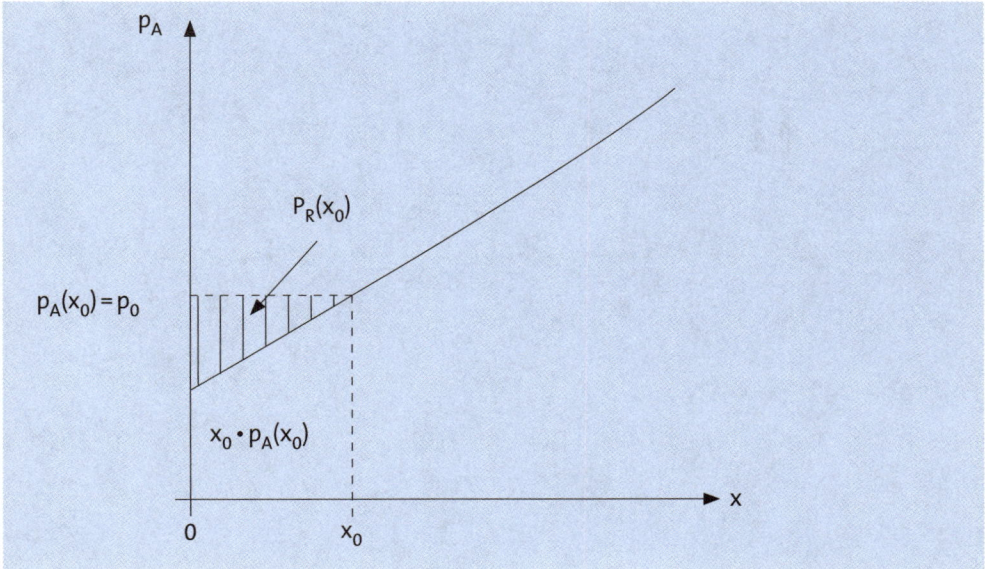

Beispiel

Die obigen Nachfrage- und Angebotsfunktionen $p_N(x) = 20 - 5x$ bzw. $p_A(x) = 2 + x$ und das zugehörige Marktgleichgewicht $x_0 = 3$ und $p_N(x_0) = p_A(x_0) = p_0 = 5$ implizieren für die Produzentenrente:

$$P_R(x_0) = x_0 \cdot p_0 - \int_0^{x_0} p_A(x)dx = 3 \cdot 5 - \int_0^3 (2 + x)dx = 15 - \left(2x + \frac{1}{2}x^2\right)\Big|_0^3 = 4,5$$

Die Anbieter erzielen also einen Zusatzumsatz von 4,5 Geldeinheiten, weil das berechnete Marktgleichgewicht zu Stande gekommen ist.

Liegen die Angebots- und Nachfragefunktionen eines Gutes vor, ergibt sich für die Konsumenten- und Produzentenrente grafisch:

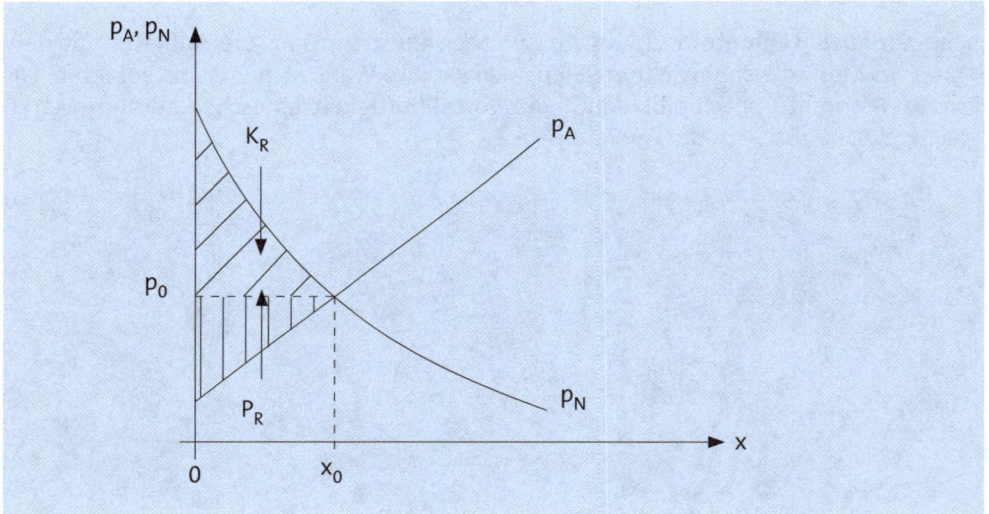

Aufgabe 74 > Seite 241

F. Funktionen mehrerer Variabler

Funktionen mehrerer unabhängiger Variabler verallgemeinern den Funktionsbegriff aus Kapitel C.1 und erhöhen so die Anwendbarkeit funktionsbasierter Modelle in den Wirtschaftswissenschaften. Liegen mehr als zwei unabhängige Variable vor, gestaltet sich die **grafische Darstellung** solcher Funktionen meist recht kompliziert und ist oft nur eingeschränkt möglich (Kapitel F.2). Das Änderungsverhalten von Funktionen mehrerer Variabler kann in einzelnen Fällen mithilfe des **Homogenitätsbegriffs** (Kapitel F.3) untersucht werden, meist wird jedoch auf Differenziale und den Ableitungsbegriff zurückgegriffen (Kapitel F.4). Speziell der Ableitungsbegriff ermöglicht darüber hinaus die Bestimmung **lokaler Extremwerte**.

Funktionen mehrerer Variabler	Begriff der Funktion mehrerer Variabler
	Grafische Darstellung von Funktionen mehrerer Variabler
	Homogenität
	Differenzialrechnung von Funktionen mehrerer Variabler

1. Begriff der Funktion mehrerer Variabler

Die funktionalen Beschreibungen ökonomischer Prozesse in den vorangegangenen Kapiteln beruhten auf der Annahme, dass eine abhängige Variable y nur von **einer unabhängigen Variablen** x abhängt. Die Variable y wurde damit zu einer Funktion der Variablen x: $y = f(x)$. Häufig hängen ökonomische Größen jedoch von **mehr als einer unabhängigen Variablen** ab, was die Einführung eines verallgemeinerten Funktionsbegriffs erforderlich macht.

Seien x,y,... insgesamt n unabhängige reelle Variable. Wird jeder **Wertekombination** (x,y,...) *genau eine* reelle Zahl zugeordnet, wird durch diese Zuordnung eine **Funktion f der n unabhängigen Variablen** x,y,... definiert: $f = f(x,y,...)$. Für n = 1 ergibt sich wieder der Funktionsbegriff der Kapitel C. - E. Alle Wertekombinationen (x,y,...) reeller Zahlen, für die die Funktion f erklärt ist, bilden zusammen den **Definitionsbereich** D_f der Funktion, alle auftretenden Funktionswerte den **Wertebereich** W_f.

Beispiele

1. Beispiel:
Die folgenden Funktionsgleichungen beschreiben Funktionen mehrerer Variabler:

$$f(x,y) = x + y \qquad\qquad (n = 2)$$

$$f(x,y) = 12 + xy^3 - x - y \qquad\qquad (n = 2)$$

$$f(x,y,z) = 2x^2 z - 4\sqrt{y^2 + 5} \qquad\qquad (n = 3)$$

$$f(x,y,z) = 15z^4 x + \frac{x + 1}{ye^x} \qquad\qquad (n = 3)$$

2. Beispiel:

Der Vertriebserfolg V eines Außendienstmitarbeiters hänge von seinem Provisionssatz P und der Qualität Q der von ihm verkauften Produkte ab: V = V(P,Q). Eine mögliche Funktion wäre:

$$V(P,Q) = 100 + 20P + 12Q$$

Für einen Provisionssatz von P = 10 und eine Qualität von Q = 2 ergibt sich die Wertekombination (10,2) und der Vertriebserfolg:

$$V(10,2) = 100 + 20 \cdot 10 + 12 \cdot 2 = 324$$

Eine Reduktion der Qualität Q auf Null bei gleichem Provisionssatz (Wertekombination (10,0)) bewirkt:

$$V(10,0) = 100 + 20 \cdot 10 + 12 \cdot 0 = 300$$

Der Außendienstmitarbeiter würde nach diesem Modell also trotz fehlender Qualität immer noch 300 Einheiten absetzen.

3. Beispiel:

Ein Produkt werde aus zwei Rohstoffen unter Einsatz von Energie angefertigt. Die Ausbringungsmenge x des Produkts ergebe sich aus den Mengen r_1 (= Menge Rohstoff 1), r_2 (= Menge Rohstoff 2) und r_3 (= Menge an Energie): $x = x(r_1,r_2,r_3)$. Es kann angenommen werden, dass eine Zunahme der drei Inputfaktoren zu einer Zunahme von x führt. Die Cobb-Douglas-Produktionsfunktion (vgl. *Feess/Tibitanzl*):

$$x(r_1,r_2,r_3) = 0{,}4 \cdot r_1^{0,2} \cdot r_2^{0,3} \cdot r_3^{0,5}$$

stellt eine multiplikative Beziehung zwischen den Inputfaktoren her. Die Inputfaktorkombination (10,4,12) bewirkt eine Ausbringungsmenge von:

$$x(10,4,12) = 0{,}4 \cdot 10^{0,2} \cdot 4^{0,3} \cdot 12^{0,5} = 3{,}328...$$

Wird stattdessen die Kombination (4, 4, 4) verwendet, ergibt sich:

$$x(4,4,4) = 0{,}4 \cdot 4^{0,2} \cdot 4^{0,3} \cdot 4^{0,5} = 1{,}6$$

Wird ein Inputfaktor auf Null gesetzt, kann kein Output mehr produziert werden, z. B. gilt für $r_3 = 0$:

$$x(4,4,0) = 0{,}4 \cdot 4^{0,2} \cdot 4^{0,3} \cdot 0^{0,5} = 0$$

Die meisten der in Kapitel C. diskutierten Begriffe gelten analog für Funktionen mehrerer Variabler, insbesondere lassen sich die Begriffe der **Stetigkeit** und **Beschränktheit** problemlos übertragen. Beim Stetigkeitsbegriff ist lediglich zu beachten, dass man sich einem Punkt $(x_0, y_0, ...)$ in einem höherdimensionalen Raum von mehr als zwei Seiten (von rechts und von links) nähern kann. Eine Funktion kann somit in einem Punkt in x-Richtung zunächst stetig erscheinen, in y-Richtung jedoch eine Sprungstelle haben.

Beispiel

Die Funktion

$$f(x,y) = \begin{cases} 1 \text{ für } x \geq 0 \\ 0 \text{ für } x < 0 \end{cases}$$

weist entlang aller Geraden der Form y = a Sprungstellen auf (Sprünge in x-Richtung, sobald x durch den Nullpunkt läuft). So ist für alle a-Werte f(0,a) = 1, aber

$$\lim_{x \to 0} f(x,a) = 0.$$

Zum Beispiel ist f(-0,1;a) = f(-0,01;a) = f(-0,001;a) = 0 etc. Die Funktion f ist in den Punkten (0,a) folglich nicht stetig.

2. Grafische Darstellung von Funktionen mehrerer Variabler

Die grafische Darstellung von Funktionen mehrerer Variabler muss sich auf den Fall zweier unabhängiger Variabler x und y beschränken (n = 2), da schon für den Fall n = 3 alleine drei Raumdimensionen für die Darstellung des Definitionsbereichs D_f benötigt werden. Folgende Darstellungsmöglichkeiten bestehen für eine Funktion f(x,y):

► **Kartesisches Koordinatensystem.** Hierzu wird ein perspektivisch ausgerichtetes x-y-Koordinatensystem um eine dritte Achse z ergänzt, die senkrecht nach oben zeigt. Die Funktion zeigt sich als **Oberfläche (Funktionsgebirge)** über der von x und y aufgespannten Ebene (z = f(x,y)). Jedem Punkt (x_0, y_0) in D_f entspricht dabei genau ein Wert auf der z-Achse, der senkrecht oberhalb des Punktes (x_0, y_0) aufgetragen wird. Im dreidimensionalen (x,y,z)-Koordinatensystem entsteht so der Punkt $(x_0, y_0, f(x_0, y_0))$. Alle derartigen Punkte zusammengenommen ergeben den Grafen von f.

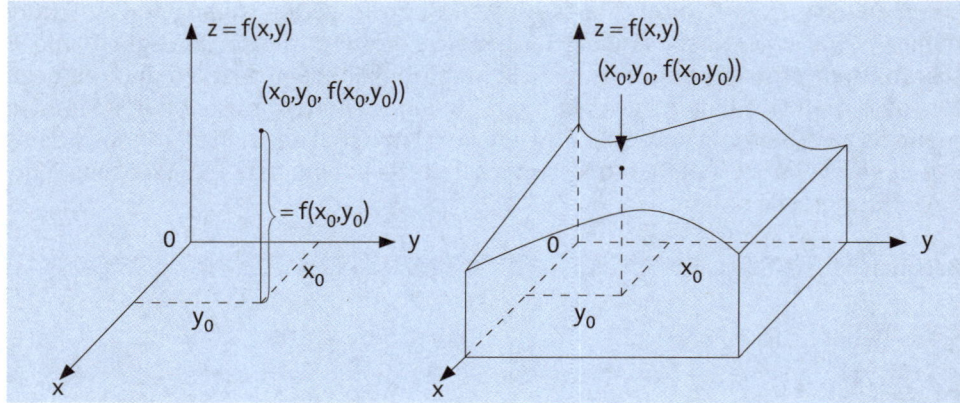

▸ Isoquanten beschreiben bei **Produktionsfunktionen** $x(r_1,r_2)$ alle Wertekombinationen (r_1,r_2), bei denen die Funktion $x(r_1,r_2)$ einen festen Funktionswert $c > 0$ annimmt. Man setzt hierzu $x(r_1,r_2) = c$ und löst die Gleichung nach einer der beiden Variablen auf. Die erhaltene Funktion $r_1 = r_1(r_2)$ bzw. $r_2 = r_2(r_1)$ kann dann als Funktion **einer unabhängigen Variablen** grafisch dargestellt werden.

Beispiel

Wird die Produktionsfunktion $x(r_1,r_2) = 5r_1r_2$ gleich 10 gesetzt, folgt bei Auflösung nach r_1:

$$\Leftrightarrow \quad \begin{aligned} x(r_1,r_2) &= 5r_1r_2 = 10 \\ r_1 &= r_1(r_2) = 10/5r_2 = 2/r_2 \end{aligned}$$

r_1 wird nun als Funktion der unabhängigen Variablen r_2 ausgedrückt und kann in einem r_1-r_2-Koordinatensystem dargestellt werden. Alle Punkte (r_1,r_2) in diesem Grafen erzeugen einen Funktionswert $x(r_1,r_2) = 10$. Für andere c-Werte ergeben sich entsprechend andere Isoquanten:

$$c = 5 \quad \Rightarrow \quad r_1 = r_1(r_2) = 5/5r_2 = 1/r_2$$
$$c = 15 \quad \Rightarrow \quad r_1 = r_1(r_2) = 15/5r_2 = 3/r_2$$

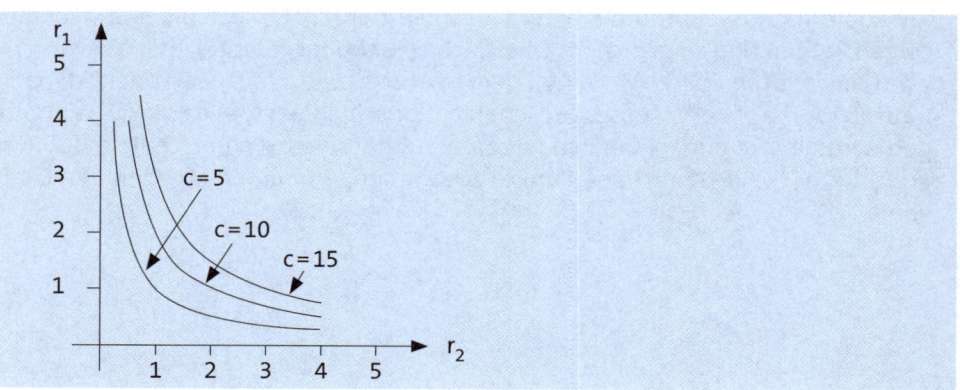

Bemerkung: In der Mikroökonomie wird der Begriff **Isoquante** bei Produktionsfunktionen $x(r_1, r_2)$, der Begriff **Indifferenzkurve** bei Nutzenfunktionen $U(x,y)$ und der Begriff **Isokostenkurve** bei Kostenfunktionen $K(x,y)$ verwendet. Rein mathematisch handelt es sich um dasselbe Phänomen. In allen Fällen wird die jeweilige Funktion gleich einem Wert c gesetzt und nach einer der Variablen aufgelöst. Die neue Funktion hat eine Variable weniger als die ursprüngliche Funktion und kann in einem zweidimensionalen kartesischen Koordinatensystem dargestellt werden.

Aufgabe 75 > Seite 242

▸ **Schnittebenen** ergeben sich, wenn für eine der beiden Variablen x und y ein fester Wert c eingesetzt wird und nur noch die andere Variable als wirklich variabel betrachtet wird. Für jeden Wert von c ergibt sich so eine Funktion f, die von **einer unabhängigen Variablen** abhängt und entsprechend visualisiert werden kann. Die Setzung x = c impliziert $f(x,y) = f(c,y)$, für einen festen y-Wert c folgt entsprechend $f(x,y) = f(x,c)$. Im ersten Fall entsteht so eine Funktion von y, im zweiten Fall eine Funktion von x.

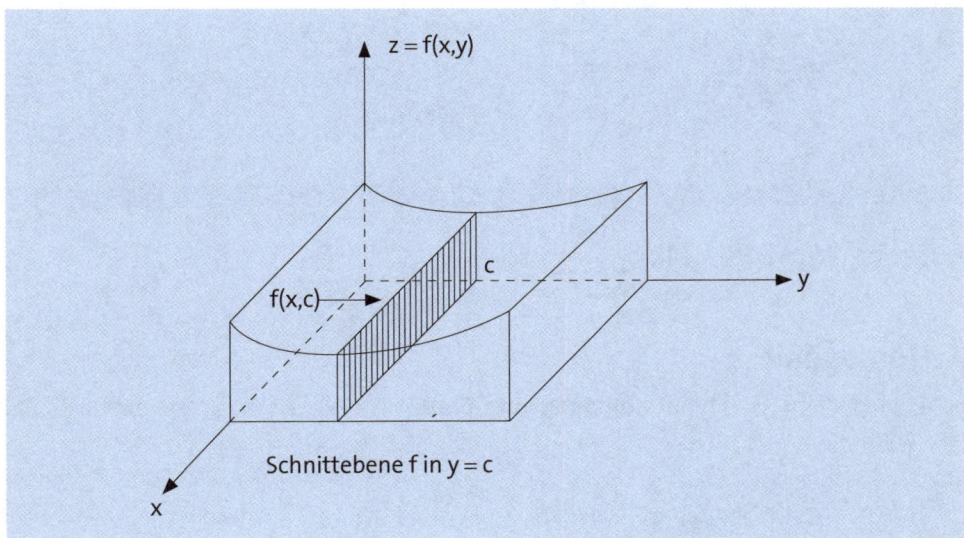

Beispiel

Wird bei der Funktion $f(x,y) = x + 2y$ der Variablen y ein fester Zahlenwert c zugeordnet, ergeben sich je nach Zahlenwert unterschiedliche Funktionen:

$$y = c = 0 \quad \rightarrow \quad f(x,y) = f(x,0) = x + 2 \cdot 0 = x$$
$$y = c = 1 \quad \rightarrow \quad f(x,y) = f(x,1) = x + 2 \cdot 1 = x + 2$$
$$y = c = 2 \quad \rightarrow \quad f(x,y) = f(x,2) = x + 2 \cdot 2 = x + 4$$

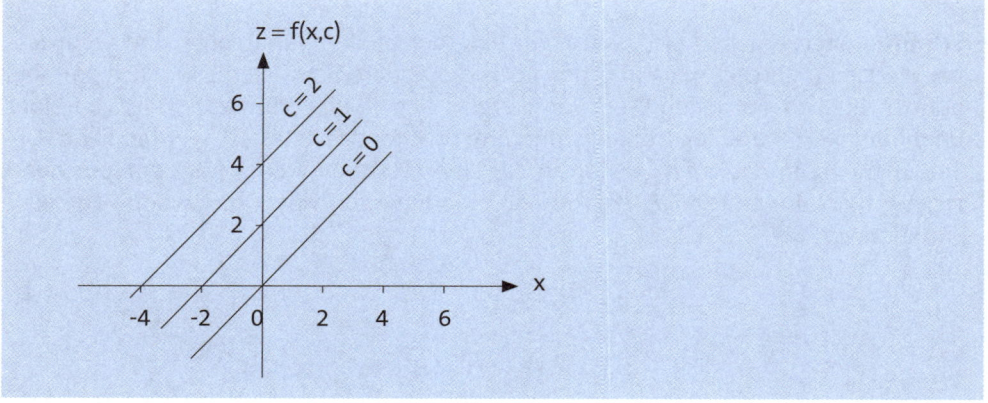

Aufgabe 76 > Seite 242

3. Homogenität

Eine Funktion $f(x,y, ...)$ heißt **homogen vom Grade r** ($r \in \mathbb{N}$), wenn für alle positiven Zahlen λ_0 gilt:

$$f(\lambda x, \lambda y, ...) = \lambda^r \cdot f(x,y, ...)$$

Homogenität ist damit keine spezifische Eigenschaft von Funktionen von mehr als einer unabhängigen Variablen, wird aber gerade für solche Funktionen in ökonomischen Anwendungen häufig verwendet. Ist eine Funktion f homogen, sind Aussagen darüber möglich, wie sich eine **simultane Veränderung aller unabhängigen Variablen** (werden mit λ multipliziert) auf den Funktionswert f auswirkt (wird mit Faktor λ^r multipliziert).

Beispiele

1. Beispiel:

Die Funktion $f(x,y) = xy$ ist homogen vom Grad 2, da

$$f(\lambda x, \lambda y) = (\lambda x) \cdot (\lambda y) = \lambda^2 xy = \lambda^2 \cdot f(x,y),$$

also $r = 2$. Anschaulich gesprochen heißt dies, dass eine simultane Verdoppelung von x und y (also $\lambda = 2$) zu einer Vervierfachung von f führt ($\lambda^2 = 2^2 = 4$).

2. Beispiel:

Die Cobb-Douglas-Produktionsfunktion $x(r_1, r_2, r_3) = 0{,}4 r_1^{0,2} r_2^{0,3} r_3^{0,5}$ ist homogen vom Grad 1, da:

$$x(\lambda r_1, \lambda r_2, \lambda r_3) = 0{,}4 \cdot (\lambda r_1)^{0,2} \cdot (\lambda r_2)^{0,3} \cdot (\lambda r_3)^{0,5}$$

$$= \lambda^{0,2+0,3+0,5} \cdot 0{,}4 \cdot r_1^{0,2} \cdot r_2^{0,3} \cdot r_3^{0,5} = \lambda \cdot x(r_1, r_2, r_3)$$

Werden alle drei Inputfaktoren um 20 % erhöht ($\lambda = 1{,}2$, d. h. alle Variablen r_i werden durch $1{,}2 r_i$ ersetzt), steigt die Ausbringungsmenge ebenfalls um 20 %. Offenbar sind alle Funktionen vom Typ

$$x(r_1, r_2, ..., r_n) = c \cdot r_1^{a_1} \cdot r_2^{a_2} \cdot ... \cdot r_n^{a_n}$$

homogen vom Grad $r = a_1 + a_2 + ... + a_n$, da

$$x(\lambda r_1, \lambda r_2, ..., \lambda r_n) = c \cdot (\lambda r_1)^{a_1} \cdot (\lambda r_2)^{a_2} \cdot ... \cdot (\lambda r_n)^{a_n}$$

$$= \lambda^{a_1 + a_2 + ... + a_n} \cdot c \cdot r_1^{a_1} \cdot r_2^{a_2} \cdot ... \cdot r_n^{a_n} = \lambda^{a_1 + a_2 + ... + a_n} \cdot x(r_1, r_2, ..., r_n).$$

Homogenität erleichtert die Untersuchung ökonomischer Funktionen, ist unter Funktionen jedoch eher die Ausnahme.

Beispiel

Die Funktionen

$$f(x,y) = x^2 + 2y, \quad f(x,y) = \sqrt{x+2} - y^3, \quad f(x,y,z) = xz - \frac{5y}{(12 - x)}$$

sind *nicht* homogen, da sich ein konstanter Faktor λ^r nicht herausziehen lässt, wenn alle Variablen durch ihr λ-Faches ersetzt werden.

Aufgabe 77 > Seite 242

4. Differenzialrechnung von Funktionen mehrerer Variabler

Die Differenzialrechnung von Funktionen mehrerer unabhängiger Variabler gestaltet sich deutlich komplizierter als in Kapitel D., da nun nicht mehr unmittelbar klar ist, in welche Richtung das Änderungsverhalten von f untersucht werden soll.

Der zu diesem Zweck verwendete Begriff der **partiellen Ableitung** (Kapitel F.4.1) erlaubt die Bildung auch **höherer Ableitungen** (Kapitel F.4.2) und ebnet so den Weg für die **Extremwertbestimmung** (Kapitel F.4.4). Weitere wichtige Anwendungen der partiellen Ableitung sind **Differenziale** und der **Elastizitätsbegriff** (Kapitel F.4.3 bzw. F.4.5).

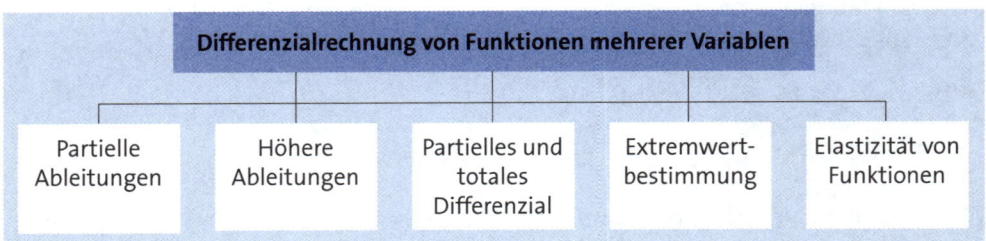

4.1 Partielle Ableitungen

Das Änderungsverhalten einer Funktion einer veränderlichen Variablen x wird durch den Differenzialquotienten beschrieben, vgl. Kapitel D. Partielle Ableitungen übertragen dieses Konzept auf Funktionen mehrerer veränderlicher Variabler. Dabei wird die partielle Ableitung einer Funktion f nach einer Variablen x so gebildet, dass alle anderen Variablen wie Konstanten behandelt werden, die Funktion folglich als Funktion nur dieser einen Variablen x betrachtet. Existiert der entsprechende Differenzialquotient, ist die Funktion f(x,y, ...) nach x **partiell ableitbar**.

Die partielle Ableitung einer Funktion f(x,y) im Punkte (x_0,y_0) nach ihrer **Variablen x** ist definiert als:

$$\frac{\partial f(x_0,y_0)}{\partial x} = \lim_{\Delta x \to 0} \frac{f(x_0 + \Delta x,y_0) - f(x_0,y_0)}{\Delta x}$$

Wird nach der **Variablen y** partiell differenziert, ergibt sich entsprechend (Änderung nun Δy in y):

$$\frac{\partial f(x_0,y_0)}{\partial y} = \lim_{\Delta y \to 0} \frac{f(x_0,y_0 + \Delta y) - f(x_0,y_0)}{\Delta y}$$

Alternative Bezeichnungsweisen für die partiellen Ableitungen nach x bzw. y sind:

$$\frac{\partial}{\partial x} f(x_0,y_0) = f_x(x_0,y_0) \quad \text{bzw.} \quad \frac{\partial}{\partial y} f(x_0,y_0) = f_y(x_0,y_0)$$

Die partiellen Ableitungen $f_x(x_0,y_0)$ bzw. $f_y(x_0,y_0)$ einer Funktion $f(x,y)$ in einem Punkt (x_0,y_0) beschreiben das **Änderungsverhalten von f** in x- bzw. y-Richtung, wobei die andere Variable jeweils festgehalten wird. Alle Ableitungsregeln für Funktionen einer unabhängigen Variablen behalten dabei ihre Gültigkeit, vgl. Kapitel D. Alle partiellen Ableitungswerte einer Funktion $f(x,y, ...)$ nach einer Variablen x bilden die (partielle) Ableitungsfunktion $f_x(x,y, ...)$, entsprechend gibt es eine Ableitungsfunktion $f_y(x,y, ...)$ etc.

Beispiele

1. Beispiel:
Die Funktion $f(x,y) = 3x^2 + xy - 5y$ hat die partiellen Ableitungen

$$f_x(x,y) = 6x + y \qquad \text{(y wie Konstante behandelt, - 5y verschwindet folglich)}$$

und

$$f_y(x,y) = x - 5 \qquad \text{(x wie Konstante behandelt, } 3x^2 \text{ verschwindet folglich).}$$

2. Beispiel:
Für die Kostenfunktion

$$K(x,y,z) = 5.000 + x^2 z + 2xyz + 4\sqrt{y}$$

(x, y und z seien die produzierten Mengen dreier Güter) ergeben sich als partielle **Grenzkostenfunktionen** (= erste partielle Ableitungen, vgl. Kapitel D.4):

$$K_x(x,y,z) = 2xz + 2yz$$

$$K_y(x,y,z) = 2xz + \frac{2}{\sqrt{y}}$$

$$K_z(x,y,z) = x^2 + 2xy$$

Partielle Ableitungen gestatten eine **Partialanalyse** des Änderungsverhaltens von f, insbesondere des **Monotonieverhaltens**. Ist eine partielle Ableitung f_x für alle x aus einem Intervall $]a_x,b_x[$ und festes y positiv ($f_x > 0$), steigt f in x-Richtung **streng monoton** an und umgekehrt. Allgemein gilt für partielle Ableitungen:

$f_x(x,y) > 0$ für $x \in]a_x,b_x[$ und festes y $\Rightarrow$ f **steigt streng monoton** in x-Richtung
$f_x(x,y) < 0$ für $x \in]a_x,b_x[$ und festes y $\Rightarrow$ f **fällt streng monoton** in x-Richtung
$f_y(x,y) > 0$ für $y \in]a_y,b_y[$ und festes x $\Rightarrow$ f **steigt streng monoton** in y-Richtung
$f_y(x,y) < 0$ für $y \in]a_y,b_y[$ und festes x $\Rightarrow$ f **fällt streng monoton** in y-Richtung

Beispiel

Die Cobb-Douglas-Produktionsfunktion $y(A,K) = A^{0,7}K^{0,3}$ (A = Arbeit, K = Kapital) hat die partiellen Ableitungen:

$$y_A(A,K) = 0,7 \cdot A^{-0,3} \cdot K^{0,3} = 0,7\left(\frac{K}{A}\right)^{0,3}$$

und

$$y_K(A,K) = 0,3 \cdot A^{0,7} \cdot K^{-0,7} = 0,3\left(\frac{A}{K}\right)^{0,7}$$

Wegen $y_A(A,K) > 0$ und $y_K(A,K) > 0$ für alle A, K > 0 steigt y in A- und K-Richtung **streng monoton** an. Eine Erhöhung eines der beiden Inputfaktoren erhöht immer den Output.

Aufgabe 78 > Seite 242

4.2 Höhere Ableitungen

Ist eine partielle Ableitungsfunktion einer Funktion f mehrerer unabhängiger Variabler selbst wieder nach einer Variablen differenzierbar, können höhere Ableitungen von f gebildet werden. Dabei ist zu beachten, dass nun auch gemischte Ableitungen auftreten können, bei denen die Funktion f(x,y) z. B. zuerst nach x und dann nach y abgeleitet wird oder umgekehrt.

Wird f(x,y) zweimal hintereinander nach der Variablen x in einem Punkt (x_0,y_0) differenziert (**partielle Ableitung zweiter Ordnung** von f nach x), wird dies durch die Schreibweisen

$$\frac{\partial}{\partial x}\left(\frac{\partial f(x_0,y_0)}{\partial x}\right) = \frac{\partial^2 f(x_0,y_0)}{\partial x^2} = f_{xx}(x_0,y_0)$$

dargestellt (analog bei Ableitung nach y). Eine gemischte zweite Ableitung, bei der zuerst nach x und dann y partiell differenziert wird, kann durch die Schreibweisen

$$\frac{\partial}{\partial y}\left(\frac{\partial f(x_0,y_0)}{\partial x}\right) = \left(\frac{\partial^2 f(x_0,y_0)}{\partial y\,\partial x}\right) = f_{xy}(x_0,y_0)$$

dargestellt werden. Die Reihenfolge, in der x und y dabei in den einzelnen Ausdrücken erwähnt werden, ist meist hinfällig, da nach dem **Satz von Schwarz** die gemischten zweiten Ableitungen f_{xy} und f_{yx} identisch sind, solange diese zweiten Ableitungen stetige Funktionen sind (vgl. *Heuser*, Teil 2):

$$\frac{\partial^2 f(x_0,y_0)}{\partial y\partial x} = \frac{\partial^2 f(x_0,y_0)}{\partial x\partial y} \quad \text{bzw.} \quad f_{xy}(x_0,y_0) = f_{yx}(x_0,y_0)$$

Der Satz von Schwarz gilt auch für höhere gemischte Ableitungen, sodass unter der Voraussetzung, dass alle auftretenden Ableitungen stetig sind, zum Beispiel auch

$$f_{xxxy}(x_0,y_0) = f_{xxyx}(x_0,y_0) = f_{xyxx}(x_0,y_0) = f_{yxxx}(x_0,y_0)$$

gilt. Wie schon für erste Ableitungen können auch für höhere Ableitungen **Ableitungsfunktionen** betrachtet werden.

Beispiel

$$f(x,y) = 3x^4y - xy^2$$
$$\Rightarrow \quad f_x(x,y) = 12x^3y - y^2, f_y(x,y) = 3x^4 - 2xy$$
$$\Rightarrow \quad f_{xx}(x,y) = 36x^2y, f_{yy}(x,y) = -2x$$

Für die gemischten Ableitungen ergibt sich:

$$f_{xy}(x,y) = \frac{\partial}{\partial y}\left(\frac{\partial f(x,y)}{\partial x}\right) = \frac{\partial}{\partial y}(12x^3y - y^2) = 12x^3 - 2y$$

und

$$f_{yx}(x,y) = \frac{\partial}{\partial x}\left(\frac{\partial f(x,y)}{\partial y}\right) = \frac{\partial}{\partial x}(3x^4 - 2xy) = 12x^3 - 2y$$

Da alle partiellen Ableitungen Polynome in x und y sind (und somit stetig), stimmen nach dem Satz von Schwarz die gemischten Ableitungen unabhängig von der Reihenfolge der Ableitungen überein:

$$f_{xy}(x,y) = 12x^3 - 2y = f_{yx}(x,y)$$

Die **zweiten partiellen Ableitungen** einer Funktion mehrerer Variabler nach einer Variablen (f_{xx}, f_{yy}, ...) gestatten weitergehende Aussagen über das **Änderungsverhalten von f**. Es gilt:

$f_{xx}(x,y) > 0$	$\Rightarrow$ f ist **konvex** in x-Richtung (bzw. f ist konvex bzgl. x)
$f_{xx}(x,y) < 0$	$\Rightarrow$ f ist **konkav** in x-Richtung (bzw. f ist konkav bzgl. x)
$f_{yy}(x,y) > 0$	$\Rightarrow$ f ist **konvex** in y-Richtung (bzw. f ist konvex bzgl. y)
$f_{yy}(x,y) < 0$	$\Rightarrow$ f ist **konkav** in y-Richtung (bzw. f ist konkav bzgl. y)

Beispiel

Für die Cobb-Douglas-Produktionsfunktion $y(A,K) = A^{0,7} K^{0,3}$ gilt $(A > 0, K > 0$, vgl. Kapitel F.4.1):

$$y_A(A,K) = 0,7A^{-0,3} K^{0,3} > 0$$

und

$$y_K(A,K) = 0,3A^{0,7} K^{-0,7} > 0$$

Für die zweiten partiellen Ableitungen nach A bzw. K ergibt sich:

$$y_{AA}(A,K) = -0,3 \cdot 0,7 \cdot A^{-1,3} \cdot K^{0,3} = -0,21A^{-1,3} K^{0,3} < 0$$

bzw.

$$y_{KK}(A,K) = -0,7 \cdot 0,3 \cdot A^{0,7} \cdot K^{-0,7} = -0,21A^{0,7} K^{-1,7} < 0$$

Damit steigt y in A- und K-Richtung jeweils **streng monoton** an und weist **konkaves** Verhalten bzgl. beider Variabler auf. Die Funktion y steigt mit zunehmendem A bzw. K in A- bzw. K-Richtung zwar immer weiter an, der Anstieg fällt aber immer geringer aus.

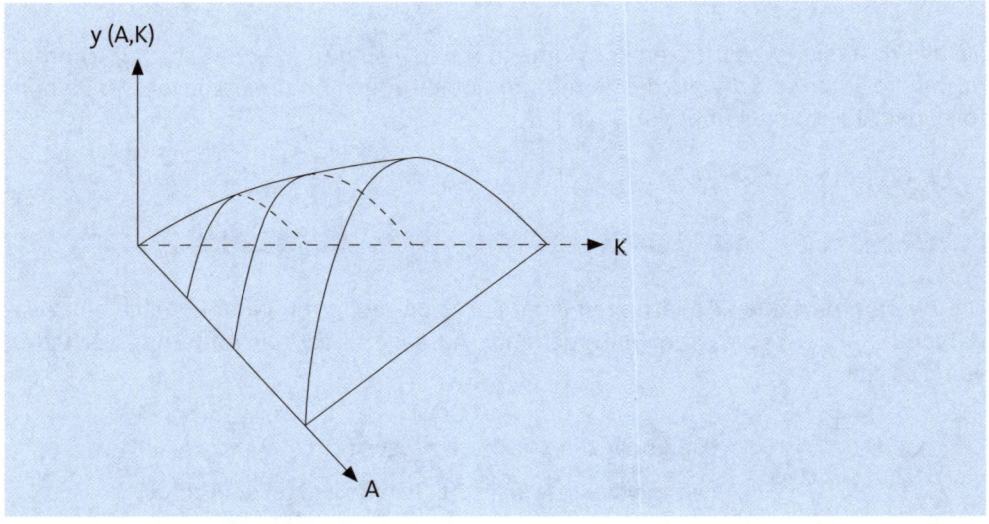

Aufgabe 79 > Seite 242

4.3 Partielles und totales Differenzial

Ausgangspunkt der Untersuchung von Funktionen mit **Differenzialen** ist die Beobachtung, dass eine kleine Änderung Δx in einer Variablen x eine kleine Änderung Δf in f hervorruft, was mithilfe der ersten Ableitung ausgedrückt werden kann. f hänge zunächst nur von einer Variablen x ab. Dann gilt:

$$\frac{\Delta f}{\Delta x} \approx \frac{df}{dx}$$

(in Worten: Differenzenquotient für kleines $\Delta x \approx$ Differenzialquotient)

$$\Leftrightarrow \quad \Delta f \approx \frac{df}{dx} \cdot \Delta x = f'(x) \cdot \Delta x$$

Diese Abschätzung besagt, dass die Änderung Δf in f ungefähr gleich der Ableitung von f mal der Änderung Δx in x ist. Beachte, dass Δf und Δx immer **kleine Änderungen** in f bzw. x darstellen (vgl. Differenzenquotient in Kapitel D.1.1), während mit den Ausdrücken df und dx **unendlich kleine Änderungen** gemeint sind, wie sie in Differenzialquotienten auftreten, vgl. Kapitel D.1.1.

Soll untersucht werden, wie eine Funktion **mehrerer unabhängiger Variabler** auf eine kleine Änderung in einer Variablen reagiert (z. B.: Wie verändern sich die Kosten eines Unternehmens, wenn die Ausbringungsmenge eines Produkts leicht erhöht wird?) ergeben sich **partielle Differenziale**:

$$\Delta_x f \approx \frac{\partial f}{\partial x} \cdot \Delta x, \quad \Delta_y f \approx \frac{\partial f}{\partial y} \cdot \Delta y \text{ etc.}$$

Beispiele

1. Beispiel:
Bei der Cobb-Douglas-Produktionsfunktion $y(A,K) = A^{0,7}K^{0,3}$ bedeutet eine Erhöhung des Inputwertes für A um 5 % (d. h. $\Delta A = 5\% \cdot A = 0{,}05 \cdot A$):

$$\Delta_A y \approx \frac{\partial y}{\partial A} \cdot \Delta A = 0{,}7 \cdot A^{-0,3} \cdot K^{0,3} \cdot 0{,}05 \cdot A = 0{,}035 A^{0,7}K^{0,3} = 3{,}5\% \cdot y(A,K)$$

Der Output y steigt also um etwa 3,5 %, wenn A um 5 % erhöht wird – unabhängig von den zu Grunde liegenden A- und K-Werten. Wird hingegen K um 5 % erhöht, ergibt sich ($\Delta K = 0{,}05 \cdot K$):

$$\Delta_K y \approx \frac{\partial y}{\partial K} \cdot \Delta K = 0{,}3 \cdot A^{0,7} \cdot K^{-0,7} \cdot 0{,}05 \cdot K = 0{,}015 A^{0,7}K^{0,3} = 1{,}5\% \cdot y(A,K) ,$$

y steigt nur um etwa 1,5 % an.

Beachte, dass eine 5%ige Erhöhung einer Variablen x immer bedeutet, dass $\Delta x = 5\% \cdot x$, und nicht etwa $\Delta x = 5\%$. Δx ist stets eine absolute Änderung der Variablen x.

Bei Funktionen mehrerer unabhängiger Variabler können die partiellen Differenziale zu einem **totalen Differenzial** zusammengefasst werden, das simultan die Auswirkungen aller (hinreichend kleinen) Änderungen auf den Funktionswert untersucht. Für eine Funktion f(x,y) zweier Variabler x und y gilt:

$$\Delta f \approx \frac{\partial f}{\partial x} \cdot \Delta x + \frac{\partial f}{\partial y} \cdot \Delta y$$

2. Beispiel:

Wird bei obiger Cobb-Douglas-Produktionsfunktion $y(A,K) = A^{0,7}K^{0,3}$ die Variable A um 5 % erhöht und K gleichzeitig um 2 % gesenkt, ergibt sich für den Output y:

$$\Delta y \approx \frac{\partial y}{\partial A} \cdot \Delta A + \frac{\partial y}{\partial K} \cdot \Delta K = 0,7 \cdot A^{-0,3} \cdot K^{0,3} \cdot 0,05 \cdot A + 0,3 \cdot A^{0,7} \cdot K^{-0,7} \cdot (-0,02) \cdot K$$

$$= 0,035 \cdot A^{0,7} \cdot K^{0,3} - 0,006 \cdot A^{0,7} \cdot K^{0,3} = 0,029 \cdot A^{0,7} \cdot K^{0,3} = 0,029 y(A,K),$$

y steigt also insgesamt um etwa 2,9 %.

Bemerkung: Die Tatsache, dass die Funktionen in den obigen Beispielen in den partiellen und totalen Differenzialen selbst wieder auftauchen, hängt mit der besonderen Struktur der verwendeten Funktionen zusammen. Differenziale werden gerne bei Funktionen angewendet, von denen bekannt ist, dass sie ein solches Verhalten zeigen, wie etwa Produktionsfunktionen nach Cobb-Douglas. Lässt sich eine Funktion aus den Differenzialen nicht reproduzieren, entsteht einfach eine Abschätzung für die Absolutänderung Δf in f.

Beispiel

Das (totale) Differenzial der Funktion $f(x) = x^2 + 1$ errechnet sich zu:

$$\Delta f \approx \frac{df}{dx} \cdot \Delta x = 2 \cdot x \cdot \Delta x$$

Eine 5%ige Erhöhung von x bewirkt:

$$\Delta f \approx \frac{df}{dx} \cdot \Delta x = 2 \cdot x \cdot 0,05 \cdot x = 0,1x^2$$

Die Absolutänderung Δf von f hängt nun vom zugrunde liegenden x-Wert ab. Eine Pauschalaussage wie bei den obigen Cobb-Douglas-Funktionen ist nicht mehr möglich.

Aufgabe 80 > Seite 242

4.4 Extremwertbestimmung

Die Extremwertbestimmung bei Funktionen mehrerer unabhängiger Variabler kann entweder **mit oder ohne Nebenbedingungen** durchgeführt werden. Werden Nebenbedingungen formuliert, sind nicht alle Wertekombinationen (x,y,...) bei der Suche nach **Extremwerten** zugelassen, sondern nur solche Wertekombinationen, die einer vorgegebenen mathematischen Beziehung genügen.

Beispiel

Wird allgemein ein Maximum der Umsatzfunktion

$E(x,y) = -2x^2 - 3y^2 + 2xy + 200x + 120y$

gesucht, dürfen x und y alle zulässigen Werte annehmen, also beliebige (positive) reelle Zahlen sein (**Extremwertsuche ohne Nebenbedingungen**, Kapitel F.4.4.1).

Oft müssen die Mengen x und y jedoch bestimmte Bedingungen erfüllen (Maschinenauslastung, Kapazitätsprobleme, Budgetrestriktionen etc.), die eine Einschränkung der möglichen x- und y-Werte bedingen. Wird ein Maximum des Umsatzes unter der Nebenbedingung x + y = 500 gesucht, bedeutet dies, dass nur Wertekombinationen mit x + y = 500 überhaupt auf die Existenz eines Maximums hin untersucht werden (**Extremwertsuche mit Nebenbedingungen**, Kapitel F.4.4.2).

4.4.1 Extremwerte ohne Nebenbedingungen

Um eine Funktion mehrerer unabhängiger Variabler auf Extremwerte ohne Nebenbedingungen hin zu untersuchen, kann prinzipiell wie bei Funktionen einer Variablen verfahren werden, d. h. es müssen erste und zweite Ableitungen ausgewertet werden. Der Einfachheit halber werden nur Funktionen zweier Variabler x und y betrachtet, für weitergehende Untersuchungen wird z. B. auf *Heuser*, Teil 2, verwiesen.

Eine **hinreichende Bedingung** für die Existenz eines **(relativen) Extremwertes** einer Funktion f(x, y) im Punkt (x_0, y_0) ist:

$$f_x(x_0,y_0) = f_y(x_0,y_0) = 0 \qquad \text{(sprich: f hat in } (x_0,y_0) \text{ einen } \textbf{stationären Punkt})$$

und

$$\Delta_f(x_0,y_0) := f_{xx}(x_0,y_0) \cdot f_{yy}(x_0,y_0) - f^2_{xy}(x_0,y_0) > 0$$

Der Begriff „relativ" deutet dabei an, dass der Extremwert lediglich in einer begrenzten Umgebung um (x_0,y_0) ein Extremwert von f sein muss, nicht aber der global maximal bzw. minimal mögliche Funktionswert, vgl. Kapitel D.3. Die Bedingung $\Delta_f > 0$ stellt sicher, dass die x- und y-Richtungen die Änderungen von f in alle anderen Richtungen dominieren. Damit gelten die in x- und y-Richtung gefundenen Aussagen auch für quer zur x- und y-Achse liegende Richtungen.

Ist ein Extremwert in (x_0,y_0) mithilfe obiger Bedingungen erkannt worden, gilt (vgl. Kapitel D.3):

$f_{xx}(x_0,y_0) > 0$ und $f_{yy}(x_0,y_0) > 0$ $\Rightarrow$ f hat ein (relatives) **Minimum** in (x_0,y_0)

$f_{xx}(x_0,y_0) < 0$ und $f_{yy}(x_0,y_0) < 0$ $\Rightarrow$ f hat ein (relatives) **Maximum** in (x_0,y_0)

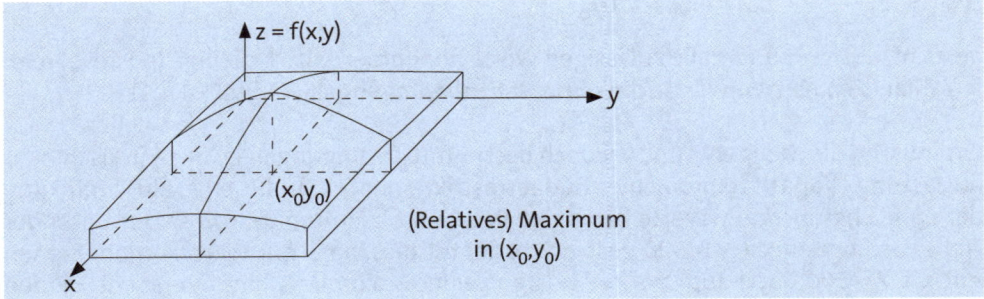

Vor der Untersuchung einer Funktion empfiehlt es sich aus Übersichtlichkeitsgründen, zunächst alle benötigten Ableitungen zu berechnen.

Beispiele

1. Beispiel:
Die Funktion $f(x,y) = 2x^2 + y^2 + 5x$ hat die partiellen Ableitungen

$f_x(x,y) = 4x + 5$, $f_y(x,y) = 2y$, $f_{xy}(x,y) = f_{yx}(x,y) = 0$, $f_{xx}(x,y) = 4$, $f_{yy}(x,y) = 2$

Die beiden partiellen Ableitungen erster Ordnung können nur gleich Null werden, wenn gleichzeitig $4x + 5 = 0$ und $y = 0$ gilt. Es folgt, dass der Punkt $(x_0,y_0) = (-1,25;0)$ ein **stationärer Punkt** von f ist. Es gilt weiter:

$\Delta_f(x_0,y_0) = 4 \cdot 2 - 0^2 = 8 > 0$,

also liegt in $(-1,25;0)$ ein Extremwert vor. Wegen $f_{xx}(x,y) > 0$ und $f_{yy}(x,y) > 0$ handelt es sich um ein **Minimum**. Der zugehörige Funktionswert beträgt $f(-1,25;0) = -3,125$.

2. Beispiel:
Ein Unternehmen, das zwei Güter mit Ausbringungsmengen x und y produziere, arbeite mit der **Kostenfunktion**

$K(x,y) = 3x^2 + xy + 5y^2 + 50$

und der **Umsatzfunktion** $E(x,y) = 20x + 30y$.

Damit gilt für den Gewinn G(x,y):

$G(x,y) = E(x,y) - K(x,y) = 20x + 30y - 3x^2 - xy - 5y^2 - 50$

Nullsetzen der ersten partiellen Ableitungen ergibt:

$G_x(x,y) = 20 - 6x - y = 0$

und

$G_y(x,y) = 30 - x - 10y = 0$,

ein lineares Gleichungssystem für die Variablen x und y, vgl. Kapitel G 2. Zur Lösung kann die zweite Gleichung nach x aufgelöst und das Ergebnis in die erste Gleichung eingesetzt werden. Diese hängt dann nur noch von y ab:

$G_y(x,y) = 30 - x - 10y = 0$
$\Rightarrow$
$x = 30 - 10y$

Also:

$G_x(x,y) = 20 - 6x - y = 20 - 6(30 - 10y) - y = 0$
$\Rightarrow$
$-160 + 59y = 0$
$\Rightarrow$
$y = 2{,}7118...$

Damit folgt für x:

$x = 30 - 10y = 2{,}8813...$

Also liegt in $(x_0,y_0) \approx (2{,}88 ; 2{,}71)$ ein stationärer Punkt vor. Weiter gilt:

$G_{xx}(x,y) = -6$, $G_{yy}(x,y) = -10$, $G_{xy}(x,y) = -1$

und damit

$\Delta_G(x_0,y_0) = (-6) \cdot (-10) - (-1)^2 = 59 > 0$

Also liegt ein Extremwert vor, wegen $G_{xx}(x_0,y_0) < 0$ und $G_{yy}(x_0,y_0) < 0$ ein relatives Maximum. Der maximale Gewinn beträgt $G(2{,}88 ; 2{,}71) \approx 19{,}49$.

Aufgabe 81 - 82 > Seite 243

4.4.2 Extremwerte mit Nebenbedingungen

Sind nicht alle Wertekombinationen (x,y,...) bei der Suche nach einem Extremwert einer Funktion f zugelassen, wird ein Extremwert mit Nebenbedingungen gesucht. Die Nebenbedingung wird meist über eine **lineare Funktionsgleichung** der Variablen ausgedrückt. Im einfachsten Falle wird ein Extremwert einer Funktion f(x,y,...) unter der Nebenbedingung g(x,y,...) = 0 gesucht, wobei g eine lineare Funktion der Variablen x,y,... ist.

Beispiel

Die Funktion

$$f(x,y) = 4 - x^2 - y^2$$

nimmt im Punkt (0,0) ihren Maximalwert an: f(0,0) = 4. Wird ein Maximum der Funktion f unter der Nebenbedingung

$$g(x,y) = x + y = 2$$

gesucht, wird der Maximalwert im Punkt (1,1) angenommen, der zugehörige Funktionswert beträgt nunmehr $f(1,1) = 4 - 1^2 - 1^2 = 2$. Der ursprüngliche Maximalwert 4 wird nicht mehr erreicht, da der Punkt (0,0) die geforderte Nebenbedingung x + y = 2 nicht erfüllt.

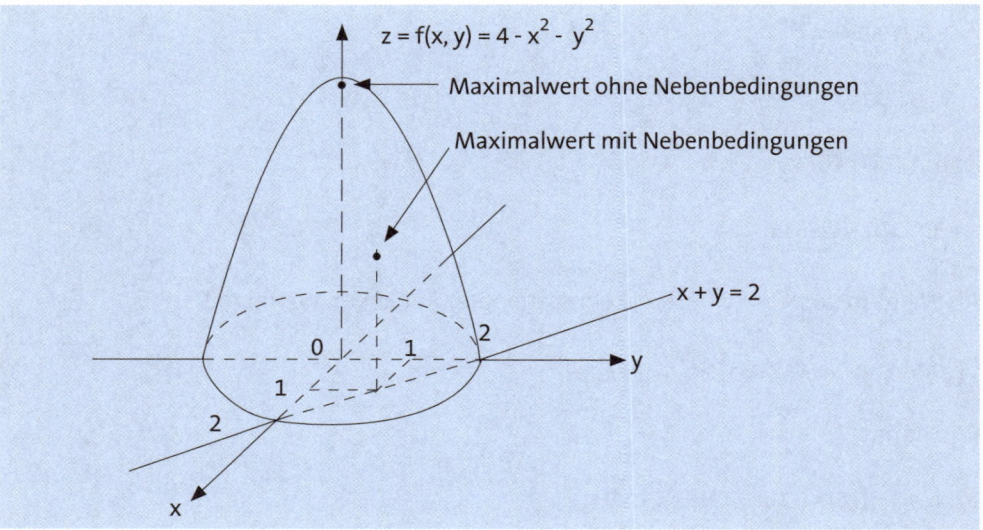

$$z = f(x, y) = 4 - x^2 - y^2$$

Maximalwert ohne Nebenbedingungen

Maximalwert mit Nebenbedingungen

x + y = 2

Für Extremwertprobleme einer Funktion f(x,y) mit hinreichend einfacher Nebenbedingung gibt es **zwei Lösungsstrategien**:

► Bei der **Substitutionsmethode** wird die Nebenbedingung nach einer Variablen aufgelöst und das Ergebnis in die Funktion f(x,y) eingesetzt. Die Funktion f wird damit zu einer **Funktion einer unabhängigen Variablen**. f wird dann auf die übliche Weise auf Extremwerte hin untersucht.

Beispiel

Die Umsatzfunktion $E(x,y) = 20x - 4x^2 + 40y - 8y^2$ soll unter der Nebenbedingung

$$g(x,y) = 2x + y - 12 = 0$$

auf Extremwerte hin untersucht werden. Die Nebenbedingung ist dabei so zu verstehen, dass von x und y zusammen aus Gründen der Kapazitätsauslastung genau so viele Einheiten produziert werden sollen, dass $2x + y = 12$ gilt. Auflösen der Nebenbedingung nach y liefert:

$$g(x,y) = 2x + y - 12 = 0$$
$$\Rightarrow y = 12 - 2x$$

Wird dies in E(x,y) eingesetzt, so folgt:

$$E(x,y) = E(x,12 - 2x) = 20x - 4x^2 + 40(12 - 2x) - 8(12 - 2x)^2 = -36x^2 + 324x - 672$$

E ist damit zu einer Funktion von x geworden: E = E(x). Nullsetzen der ersten Ableitung liefert $E'(x) = -72x + 324 = 0$, also x = 4,5. $E''(x) = -72 < 0$ zeigt an, dass ein Maximum vorliegt. Einsetzen in die Nebenbedingung liefert den zugehörigen y-Wert: $y = 12 - 2x = 12 - 2 \cdot 4,5 = 3$. Der maximale Umsatz unter der Nebenbedingung wird damit für x = 4,5 und y = 3 erzielt und beträgt E(4,5;3) = 57.

Die Substitutionsmethode reduziert die Dimension des Extremwertproblems und kann daher nur bei **maximal zwei unabhängigen Variablen** x und y eingesetzt werden.

► Die Methode von **Lagrange** kann auch bei Funktionen mit drei oder mehr unabhängigen Variablen zum Einsatz kommen, wird im Folgenden der Übersichtlichkeit halber aber nur für Funktionen zweier Variabler mit einer Nebenbedingung dargestellt. Die Idee ist, das ursprüngliche Extremwertproblem in ein neues Extremproblem zu verwandeln, das die geforderte **Nebenbedingung implizit beinhaltet**.

Zu diesem Zweck wird statt des Extremwertproblems für die Funktion f(x,y) unter der Nebenbedingung g(x,y) = 0 das Extremwertproblem für die **Lagrange-Funktion**

$$L(x,y,\lambda) := f(x,y) + \lambda \cdot g(x,y)$$

ohne Nebenbedingungen betrachtet und mit den Methoden aus Kapitel F.4.4.1 untersucht. Der Hilfsparameter λ ist dabei eine reelle Zahl, deren genauer Zahlenwert für die Lösung des Problems nicht von Bedeutung ist.

In der Praxis wird meist auf die Untersuchung der zweiten Ableitungen verzichtet. Stattdessen werden Plausibilitätsüberlegungen herangezogen, um den Charakter einer gefundenen stationären Stelle zu bestimmen. Die Lösung des Extremwertproblems einer Funktion mit n Variablen läuft damit auf die Lösung eines Systems von (n + 1) Gleichungen hinaus (hier Fall n = 2, also drei Gleichungen). Nullsetzen der ersten partiellen Ableitungen von L nach x, y und λ liefert:

$L_x(x,y,\lambda) = f_x(x,y) + \lambda \cdot g_x(x,y) = 0$ (partielle Ableitung nach x)
$L_y(x,y,\lambda) = f_y(x,y) + \lambda \cdot g_y(x,y) = 0$ (partielle Ableitung nach y)
$L_\lambda(x,y,\lambda) = g(x,y) = 0$ (partielle Ableitung nach λ entspricht gerade der Nebenbedingung)

Beispiel

Für obige Umsatzfunktion $E(x,y) = 20x - 4x^2 + 40y - 8y^2$ mit der Nebenbedingung

$g(x, y) = 2x + y - 12 = 0$

lautet die Lagrange-Funktion

$L(x,y,\lambda) = 20x - 4x^2 + 40y - 8y^2 + \lambda(2x + y - 12)$.

Die partiellen Ableitungen werden gleich Null gesetzt:

$L_x(x,y,\lambda) = 20 - 8x + 2\lambda = 0$ (Gleichung I)
$L_y(x,y,\lambda) = 40 - 16y + \lambda = 0$ (Gleichung II)
$L_\lambda(x,y,\lambda) = 2x + y - 12 = 0$ (Gleichung III)

Das resultierende lineare Gleichungssystem besteht aus drei Gleichungen mit den drei Unbekannten x, y und λ (siehe Kapitel G.2.2). Der spezielle Charakter der Lagrange-Funktion bringt es mit sich, dass die ersten n dieser Gleichungen nur linear von λ abhängen (hier: Gleichungen I und II), während die letzte Gleichung (die Nebenbedingung) unabhängig von λ ist. Es bietet sich deshalb meist an, zunächst λ aus den ersten n Gleichungen zu eliminieren, da der Zahlenwert des Hilfsparameters λ ohnehin nicht interessiert.

Wird das Doppelte von Gleichung II von Gleichung I subtrahiert, wird aus Gleichung I:

$-60 - 8x + 32y = 0$ (Gleichung I)

Wird nun das Vierfache von Gleichung III zu Gleichung I addiert, folgt:

$36y = 108$ bzw. $y = 3$

Für x folgt damit aus der Nebenbedingung (Gleichung III) $x = 4,5$ (vgl. Ergebnis mit Substitutionsmethode).

Die Lagrange-Methode kann auch für **Extremwertprobleme mit mehreren Nebenbedingungen** verwendet werden. Zu diesem Zweck werden die Nebenbedingungen

$$g_1(x,y) = 0, g_2(x,y) = 0, \dots$$

mit entsprechenden Lagrange-Faktoren λ_1, λ_2, ... multipliziert und dann zu f hinzuaddiert. Es ergibt sich eine Lagrange-Funktion

$$L(x,y,\lambda_1,\lambda_2,\dots) = f(x,y) + \lambda_1 \cdot g_1(x,y) + \lambda_2 \cdot g_2(x,y) + \dots$$

die dann in der üblichen Weise auf Extremwerte hin untersucht werden kann.

Bemerkung: Für die Anwendung der Lagrange-Methode ist es *nicht* entscheidend, dass die Nebenbedingung g(x,y) multipliziert mit λ zu f(x,y) *addiert* wird, eine Lagrange-Funktion

$$L(x,y,\lambda) := f(x,y) - \lambda \cdot g(x,y)$$

würde die gleichen Zahlenwerte für x und y liefern. Lediglich der Zahlenwert des Parameters λ würde sich verändern, dies ist jedoch nicht von Belang für die Lösung des Problems.

Aufgabe 83 - 84 > Seite 243

4.5 Elastizität von Funktionen

Die erste Ableitung einer Funktion f(x) einer Variablen x setzt die **absolute Änderung von f** in Relation zur **absoluten Änderung in x**. In vielen ökonomischen Anwendungen ist es jedoch wichtig zu erfahren, um wie viel % sich f in etwa ändert, wenn sich x um s % ändert (s „klein"). Die Antwort auf diese Frage kann mithilfe von **Elastizitäten** gegeben werden.

Die **Elastizität** $\varepsilon_{f,x}(x_0)$ (sprich: Elastizität von f bzgl. x im Punkt x_0) einer Funktion f einer Variablen x ist definiert als:

$$\varepsilon_{f,x}(x_0) := f'(x_0) \cdot \frac{x_0}{f(x_0)}$$

Um die Bedeutung der Elastizität von f bzgl. x zu verstehen, werden kleine relative Änderungen in f und x betrachtet:

$$\frac{\Delta f(x_0)}{f(x_0)} = \frac{f(x_0 + \Delta x_0) - f(x_0)}{f(x_0)} \quad \text{und} \quad \frac{\Delta x_0}{x_0}$$

Das Verhältnis der relativen Änderungen im Punkt x_0 beträgt dann im Grenzwert für Δx_0 gegen Null:

$$\lim_{\Delta x_0 \to 0} \frac{\Delta f(x_0) / f(x_0)}{\Delta x_0 / x_0} = \lim_{\Delta x_0 \to 0} \frac{\Delta f(x_0)}{\Delta x_0} \cdot \frac{x_0}{f(x_0)} = f'(x_0) \cdot \frac{x_0}{f(x_0)} = \varepsilon_{f,x}(x_0)$$

Die Elastizität in einem Punkt x_0 gestattet folglich Aussagen darüber, welche **relative Änderung** der Funktionswert $f(x_0)$ bei einer **relativen Änderung von x_0** erfährt. Im Gegensatz dazu beschreibt die gewöhnliche Ableitung in einem Punkt x_0, wie stark sich $f(x_0)$ absolut bei einer kleinen absoluten Änderung von x_0 ändert.

Wird die Elastizität von f bzgl. x für einen allgemeinen x-Wert bestimmt, ergibt sich eine entsprechende x-Abhängigkeit der Elastizität:

$$\varepsilon_{f,x}(x) := f'(x) \cdot \frac{x}{f(x)}$$

Beispiel

Die Produktionsfunktion $x(r) = 0{,}4r^{0,5}$ besitzt für alle r-Werte die konstante Elastizität

$$\varepsilon_{x,r}(r) = 0{,}4 \cdot 0{,}5 \cdot r^{-0,5} \cdot \frac{r}{0{,}4r^{0,5}} = 0{,}5$$

Für eine allgemeine Produktionsfunktion vom Typ $x(r) = ar^b$ würde sich $\varepsilon_{x,r}(r) = b$ ergeben. Wird der Input r um s % erhöht bzw. verringert, reagiert der Output $x(r)$ für alle r-Werte mit einer festen Erhöhung bzw. Verringerung um etwa $b \cdot s$ %.

Sind f und x wie in den meisten ökonomischen Anwendungen positiv, wird das **Vorzeichen von** $\varepsilon_{f,x}$ im Punkt x_0 alleine vom Vorzeichen der Ableitung $f'(x_0)$ bestimmt. Es gilt dann:

$$\begin{aligned}
\varepsilon_{f,x}(x_0) > 0 &\quad \Leftrightarrow \quad f'(x_0) > 0 \quad \Rightarrow \quad \text{f steigt in } x_0 \\
\varepsilon_{f,x}(x_0) < 0 &\quad \Leftrightarrow \quad f'(x_0) < 0 \quad \Rightarrow \quad \text{f fällt in } x_0
\end{aligned}$$

Ausnahmen ergeben sich z. B. bei Gewinnfunktionen G(x), deren Funktionswerte selbst auch negativ werden können (entspricht einem Verlust).

Wichtiger für die Interpretation des Zahlenwertes von $\varepsilon_{f,x}$ in einem Punkt x_0 ist der **Absolutwert der Elastizität**. Es gilt:

$\left| \varepsilon_{f,x}(x_0) \right| \approx 0 \quad \Rightarrow \quad$ f ist **unelastisch** in x_0
$\qquad\qquad\qquad\quad \Rightarrow \quad$ f reagiert fast gar nicht auf Änderungen in x

$\left| \varepsilon_{f,x}(x_0) \right| \approx 1 \quad \Rightarrow \quad$ f ist **proportional elastisch** in x_0
$\qquad\qquad\qquad\quad \Rightarrow \quad$ die relativen Änderungen in f und x sind etwa gleich

$\left| \varepsilon_{f,x}(x_0) \right| > 1 \quad \Rightarrow \quad$ f ist **elastisch** in x_0
$\qquad\qquad\qquad\quad \Rightarrow \quad$ f reagiert sehr heftig auf kleine Änderungen

Generell besagt die Elastizität, dass sich $f(x_0)$ um etwa $\varepsilon_{f,x}(x_0) \cdot s\,\%$ ändert, wenn sich x_0 um $s\,\%$ ändert. Elastizitäten sind ein Gradmesser dafür, wie stark der Einfluss von x auf f in einem Punkt x_0 ist.

Beispiel

Die Funktion $x(p) = 200 - 10p$ beschreibe den Absatz x eines Gutes als Funktion des Preises p. Für die Elastizität in einem Punkt p_0 gilt:

$$\varepsilon_{x,p}(p_0) = x'(p_0) \cdot \frac{p_0}{x(p_0)} = (-10) \cdot \frac{p_0}{200 - 10p_0} = \frac{-10p_0}{200 - 10p_0}$$

Für unterschiedliche Werte von p zeigt die Elastizität damit unterschiedliches Verhalten:

$p_0 = 0 \qquad \Rightarrow \quad \varepsilon_{x,p}(0) = 0 \qquad$ (x ist völlig unelastisch)
$p_0 = 10 \qquad \Rightarrow \quad \varepsilon_{x,p}(10) = -1 \qquad$ (x ist proportional elastisch)
$p_0 = 20 \qquad \Rightarrow \quad \varepsilon_{x,p}(20) = -\infty \qquad$ (x ist extrem elastisch)

Praktisch gesprochen bedeutet dies, dass eine kleine Preisänderung bei einem sehr niedrigen Preis nahe Null praktisch keine relative Änderung des Absatzes nach sich zieht, während bei einem sehr hohen Preis in der Nähe von $p_0 = 20$ schon eine geringe relative Preiserhöhung den Absatz zusammenbrechen lässt. In der Tat ist $x(19{,}8) = 2$ und $x(19{,}9) = 1$, die vergleichsweise geringe relative Preiserhöhung von 19,8 auf 19,9 halbiert also den Absatz.

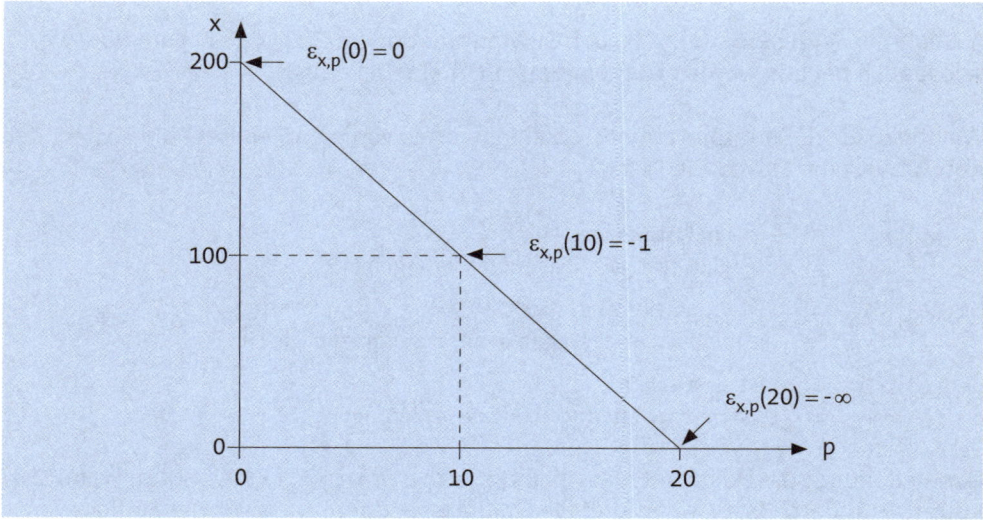

Aufgabe 85 > Seite 244

Für **Funktionen mehrerer unabhängiger Variabler** können **partielle Elastizitäten** nach den auftretenden Variablen gebildet werden. Die partiellen Elastizitäten einer Funktion $f(x,y)$ zweier Variabler x und y in einem Punkt (x_0, y_0) sind gegeben durch:

$$\varepsilon_{f,x}(x_0, y_0) := \frac{\partial f}{\partial x}(x_0, y_0) \cdot \frac{x_0}{f(x_0, y_0)}$$

bzw.

$$\varepsilon_{f,y}(x_0, y_0) := \frac{\partial f}{\partial y}(x_0, y_0) \cdot \frac{y_0}{f(x_0, y_0)}$$

Bei Funktionen mehrerer Variabler kann durch die Berechnung der partiellen Elastizitäten ermittelt werden, wie stark der Einfluss der einzelnen Variablen auf den jeweiligen Funktionswert ist.

Beispiel

Für die partiellen Elastizitäten der Produktionsfunktion $y(A,K) = 2AK^3$ in einem Punkt (A_0,K_0) gilt:

$$\varepsilon_{y,A}(A_0,K_0) = \frac{\partial y}{\partial A}(A_0,K_0) \cdot \frac{A_0}{y(A_0,K_0)} = 2K_0^3 \frac{A_0}{2A_0K_0^3} = 1$$

und

$$\varepsilon_{y,K}(A_0,K_0) = \frac{\partial y}{\partial K}(A_0,K_0) \cdot \frac{K_0}{y(A_0,K_0)} = 3A_0^2 \, 2K_0 \cdot \frac{K_0}{2A_0K_0^3} = 3$$

Anschaulich gesprochen bedeutet dies, dass eine Erhöhung von A um s % den Zahlenwert von y ebenfalls um s % erhöht (y ist bzgl. A proportional elastisch), während eine Erhöhung von K um s % den Zahlenwert von y um etwa 3 · s % ansteigen lässt.

Aufgabe 86 > Seite 244

Für eine **homogene** Funktion f = f(x,y,...) von n unabhängigen Variablen x, y, ... des **Homogenitätsgrads r** (vgl. Kapitel F.3), deren partielle Elastizitäten alle existieren, gilt die **Eulersche Homogenitätsrelation**:

$$\frac{\partial f}{\partial x} \cdot x + \frac{\partial f}{\partial y} \cdot y + \dots = r \cdot f(x,y,\dots)$$

$$\Rightarrow \quad \frac{\partial f}{\partial x} \cdot \frac{x}{f} + \frac{\partial f}{\partial y} \cdot \frac{y}{f} + \dots = r$$

$$\Rightarrow \quad \varepsilon_{f,x} + \varepsilon_{f,y} + \dots = r$$

(nach Division durch f entstehen links die partiellen Elastizitäten)

Ist f homogen, errechnet sich der Homogenitätsgrad r damit als Summe aller partiellen Elastizitäten.

Beispiel

Für die Cobb-Douglas-Produktionsfunktion $y(A,K) = A^{0,8}K^{0,2}$ gilt unabhängig vom gewählten Punkt (A_0,K_0):

$$\varepsilon_{y,A} = \frac{\partial y}{\partial A}(A_0,K_0) \cdot \frac{A_0}{y(A_0,K_0)} = 0,8$$

und

$$\varepsilon_{y,K} = \frac{\partial y}{\partial K}(A_0,K_0) \cdot \frac{K_0}{y(A_0,K_0)} = 0,2$$

also

$$\varepsilon_{y,A} + \varepsilon_{y,K} = 0,8 + 0,2 = 1$$

Wegen

$$y(\lambda A, \lambda K) = (\lambda A)^{0,8} \cdot (\lambda K)^{0,2} = \lambda \cdot A^{0,8}K^{0,2} = \lambda \cdot y(A,K)$$

ist der Homogenitätsgrad in der Tat gleich eins.

Aufgabe 87 > Seite 244

G. Lineare Algebra

1. Matrix- und Vektorrechnung

Komplizierte ökonomische Probleme, bei denen eine große Zahl von Einzelgrößen miteinander verflochten wird, lassen sich häufig mithilfe von **Matrizen** und **Vektoren** übersichtlich darstellen und lösen. Die **lineare Algebra** beschäftigt sich mit der speziellen Mathematik der Matrizen und Vektoren (Kapitel G.1) und stellt **Lösungsverfahren** für ökonomische Probleme in Matrixdarstellung bereit (Kapitel G.2).

Typische Anwendungen sind die **Teilbedarfsrechnung** (Kapitel G.2.3.1), die **innerbetriebliche Leistungsverrechnung** (Kapitel G.2.3.2) oder **lineare Optimierungsprobleme**, bei denen eine Zielgröße unter Berücksichtigung von Nebenbedingungen optimiert werden soll (Kapitel H.).

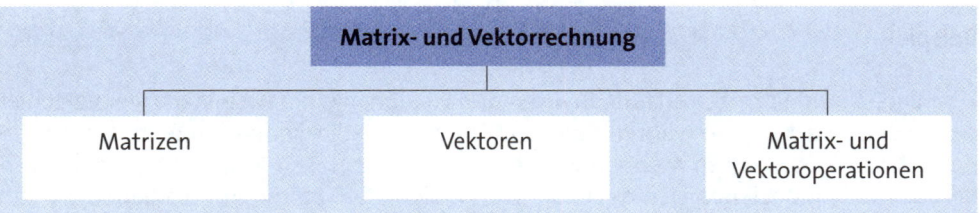

1.1 Matrizen

Eine **Matrix** A ist ein **rechteckiges Zahlenschema** aus m Zeilen und n Spalten (**m×n-Matrix** oder **(m, n)-Matrix**). Die **Einträge** in einer Matrix sind reelle Zahlen a_{ij}, wobei der erste Index i jeweils die **Zeilennummer**, der zweite Index j die **Spaltennummer** angibt. Der Eintrag a_{11} findet sich folglich an der Schnittstelle der 1. Zeile mit der 1. Spalte links oben in der Matrix, der Eintrag a_{23} an der Schnittstelle von 2. Zeile und 3. Spalte:

$$
A = \begin{bmatrix}
a_{11} & a_{12} & a_{13} & \cdots & a_{1n} \\
a_{21} & a_{22} & a_{23} & \cdots & a_{2n} \\
a_{31} & a_{32} & a_{33} & \cdots & a_{3n} \\
\vdots & \vdots & \vdots & \vdots & \vdots \\
a_{m1} & a_{m2} & a_{m3} & \cdots & a_{mn}
\end{bmatrix}
$$

Beispiele

$$A = \begin{bmatrix} 1 & 0 \\ 5 & 2 \end{bmatrix}, B = \begin{bmatrix} 1 & 9 & -2 \\ 0 & 2 & 6 \end{bmatrix}, C = \begin{bmatrix} 3 & 3 & -1 \\ 7 & 0 & -5 \\ -4 & 5 & 0 \end{bmatrix}, D = \begin{bmatrix} 2 \\ 7 \\ 0 \end{bmatrix}$$

Die Matrix A ist eine 2×2-Matrix, B eine 2×3-Matrix, C eine 3×3-Matrix und D eine 3×1-Matrix. Bezüglich der Einträge von A gilt: $a_{11} = 1$, $a_{12} = 0$, $a_{21} = 5$ und $a_{22} = 2$. Einträge a_{54} oder a_{13} sind für A nicht definiert, da A nur jeweils zwei Zeilen und zwei Spalten hat.

Matrizen eignen sich zur übersichtlichen Darstellung von Daten und ermöglichen in vielen Fällen eine effiziente mathematische Behandlung ökonomischer Probleme.

Beispiel

Eine Einzelhandelskette verkaufe in ihren drei Filialen in einer Kleinstadt vier verschiedene Seifenmarken. Die während eines Monats von jeder Seifenmarke in den einzelnen Filialen abgesetzten Mengen können mithilfe einer 3×4-Matrix dargestellt werden. Die Zeilen beziehen sich dabei auf die Filialen, die Spalten auf die Seifenmarken (Angaben jeweils in 1.000 Stück):

$$A = \begin{bmatrix} 1{,}2 & 0{,}4 & 1{,}5 & 2{,}7 \\ 0{,}3 & 1{,}3 & 0{,}9 & 1{,}0 \\ 1{,}5 & 0{,}7 & 0{,}8 & 2{,}2 \end{bmatrix}$$

Der Eintrag $a_{23} = 0{,}9$ besagt, dass in Filiale 2 von der Seifenmarke 3 im betrachteten Monat insgesamt $0{,}9 \cdot 1.000 = 900$ Stück verkauft worden sind.

Eine Matrix mit m = n (Anzahl der Zeilen gleich Anzahl der Spalten) heißt **quadratische Matrix**. Die Einträge a_{ii} bilden in einer quadratischen Matrix die **Diagonale**. Eine quadratische Matrix heißt **obere** bzw. **untere Dreiecksmatrix**, wenn alle Einträge unterhalb bzw. oberhalb der Diagonalen gleich Null sind. Stehen in einer quadratischen Matrix nur auf der Diagonalen Einträge ungleich Null, heißt die Matrix **Diagonalmatrix**. In einer Diagonalmatrix gilt somit $a_{ij} = 0$ für $i \neq j$, weshalb sie sowohl eine obere als auch eine untere Dreiecksmatrix ist.

Beispiel

Die folgenden Matrizen A und B sind obere Dreiecksmatrizen, C ist eine untere Dreiecksmatrix:

$$A = \begin{bmatrix} 1 & 1 \\ 0 & -1 \end{bmatrix}, B = \begin{bmatrix} 2 & 2 & 0 \\ 0 & 7 & 3 \\ 0 & 0 & -1 \end{bmatrix}, C = \begin{bmatrix} -5 & 0 & 0 \\ 10 & 4 & 0 \\ 6 & 3 & 7 \end{bmatrix}$$

Beachte, dass auch andere außer den geforderten Einträgen Null sein dürfen, zum Beispiel ist in der Matrix B auch der Eintrag $b_{13} = 0$, obwohl er nicht unterhalb der Diagonalen steht. Wäre in der Matrix A der Eintrag a_{12} gleich Null, würde sich die Diagonalmatrix

$$A = \begin{bmatrix} 1 & 1 \\ 0 & -1 \end{bmatrix}$$

ergeben.

Eine Diagonalmatrix, deren Diagonalelemente a_{ii} ($1 \leq i \leq n$) alle gleich Eins sind, heißt **Einheitsmatrix** (Bezeichnung E). Sind alle Einträge einer Matrix gleich Null, spricht man von einer **Nullmatrix** (Bezeichnung N):

$$E = \begin{bmatrix} 1 & 0 & 0 & \dots & 0 \\ 0 & 1 & 0 & \dots & 0 \\ 0 & 0 & 1 & \dots & 0 \\ \vdots & \vdots & \vdots & \ddots & \vdots \\ 0 & 0 & 0 & \dots & 1 \end{bmatrix} \quad bzw.\ N = \begin{bmatrix} 0 & 0 & 0 & \dots & 0 \\ 0 & 0 & 0 & \dots & 0 \\ 0 & 0 & 0 & \dots & 0 \\ \vdots & \vdots & \vdots & \ddots & \vdots \\ 0 & 0 & 0 & \dots & 0 \end{bmatrix}$$

Beachte, dass eine Einheitsmatrix immer quadratisch ist, während eine Nullmatrix auch unterschiedliche Anzahlen an Zeilen und Spalten haben kann.

Die **transponierte Matrix** A^T zu einer m×n-Matrix A ist diejenige n×m-Matrix, die sich durch Vertauschen der Zeilen und Spalten von A ergibt. Wird eine Matrix A zweimal transponiert, ergibt sich wieder A selbst: $(A^T)^T = A$.

Beispiel

$$A = \begin{bmatrix} 1 & 2 \\ 5 & 0 \end{bmatrix} \Rightarrow A^T = \begin{bmatrix} 1 & 5 \\ 2 & 0 \end{bmatrix}, B = \begin{bmatrix} 1 \\ 7 \end{bmatrix} \Rightarrow B^T = [\,1\ 7\,],$$

$$C = \begin{bmatrix} -1 & 3 & 4 \\ 10 & 0 & 9 \\ 0 & 3 & 5 \end{bmatrix} \Rightarrow C^T = \begin{bmatrix} -1 & 10 & 0 \\ 3 & 0 & 3 \\ 4 & 9 & 5 \end{bmatrix}$$

Aufgabe 88 > Seite 244

1.2 Vektoren

Eine m×1-Matrix wird **Spaltenvektor** genannt, eine 1×n-Matrix entsprechend **Zeilenvektor**. Ein Zeilenvektor kann als **transponierter Spaltenvektor** aufgefasst werden und umgekehrt. Während für Matrizen Großbuchstaben A, B etc. verwendet werden, werden **Vektoren** mit Kleinbuchstaben a, b etc. kenntlich gemacht, ihre Einträge tragen nur einen Index:

$$a = \begin{bmatrix} a_1 \\ a_2 \\ \vdots \\ a_m \end{bmatrix} \Leftrightarrow a^T = [a_1 \ a_2 \ \dots \ a_m]$$

Die Zahl der Einträge in einem Spalten- bzw. Zeilenvektor wird als **Dimension** des Vektors bezeichnet. Eine m×1-Matrix entspricht demnach einem Spaltenvektor der Dimension m (m Zeilen, eine Spalte). Da Vektoren eindimensionale Anordnungen von Zahlen sind, eignen sie sich in ökonomischen Anwendungen z. B. für die Darstellung von Preisen oder produzierten Mengen einzelner Güter.

Beispiel

Obige Einzelhandelskette stelle die Stückpreise der vier Seifenmarken mithilfe eines Spaltenvektors dar (Preisvektor p, eine 4×1-Matrix):

$$p = \begin{bmatrix} 1{,}29 \\ 2{,}09 \\ 039 \\ 0{,}99 \end{bmatrix}$$

Der Eintrag $p_1 = 1{,}29$ gibt damit den Preis für ein Stück der ersten Seifenmarke an, ein Stück der zweiten Seifenmarke kostet $p_2 = 2{,}09$ etc.

Bemerkung: Bei der Arbeit mit Matrizen und Vektoren ist es wichtig, dass eine einmal gewählte Nummerierung innerhalb einer Matrix oder eines Vektors beibehalten wird. Bezeichnet der Vektoreintrag p_1 den Stückpreis einer bestimmten Seifenmarke, darf dies nicht willkürlich geändert werden. Sollen auch die abgesetzten Stückzahlen der Seifenmarken mithilfe eines Spaltenvektors dargestellt werden, sollte sich der erste Eintrag in diesem Vektor auf dieselbe Seifenmarke beziehen wie im Preisvektor p.

1.3 Matrix- und Vektoroperationen

Mithilfe von Matrix- und Vektoroperationen können die durch Matrizen oder Vektoren dargestellten ökonomischen Zustände mathematisch miteinander verknüpft werden. Dies spielt vor allem bei der Verkettung von Produktionsprozessen oder bei der Gesamtanalyse ökonomischer Prozesse eine Rolle. Nicht alle Rechenregeln für reelle Zahlen können auf Matrizen und Vektoren übertragen werden.

1.3.1 Addition und Subtraktion von Matrizen

Die Addition bzw. Subtraktion zweier m×n-Matrizen A und B wird so vorgenommen, dass einander entsprechende Einträge (Einträge mit gleichem Zeilen- und Spaltenindex) addiert bzw. subtrahiert werden. So entsteht jeweils eine neue Matrix C = A + B bzw. C = A - B, für deren Einträge $c_{ij} = a_{ij} + b_{ij}$ bzw. $c_{ij} = a_{ij} - b_{ij}$ gilt. Weicht die Anzahl der Zeilen bzw. Spalten zweier Matrizen voneinander ab, können die Matrizen nicht addiert werden. Beispielsweise können zwei 2×3-Matrizen addiert oder voneinander subtrahiert werden, nicht aber eine 2×3- und eine 3×3-Matrix.

Beispiele

1. Beispiel:
Gegeben seien die 2×2-Matrizen

$$A = \begin{bmatrix} 1 & 0 \\ -1 & 4 \end{bmatrix}, B = \begin{bmatrix} 3 & 1 \\ 2 & 3 \end{bmatrix},$$

Damit ergibt sich:

$$A + B = \begin{bmatrix} 1 & 0 \\ -1 & 4 \end{bmatrix} + \begin{bmatrix} 3 & 1 \\ 2 & 3 \end{bmatrix} = \begin{bmatrix} 1+3 & 0+1 \\ (-1)+2 & 4+3 \end{bmatrix} + \begin{bmatrix} 4 & 1 \\ 1 & 7 \end{bmatrix} = B + A$$

sowie

$$A - B = \begin{bmatrix} 1-3 & 0-1 \\ (-1)-2 & 4-3 \end{bmatrix} = \begin{bmatrix} -2 & -1 \\ -3 & 1 \end{bmatrix} \quad \text{bzw.} \quad B - A = \begin{bmatrix} 3-1 & 1-0 \\ 2-(-1) & 3-4 \end{bmatrix} = \begin{bmatrix} 2 & 1 \\ 3 & -1 \end{bmatrix}$$

Beachte, dass für zwei Matrizen A und B mit gleicher Zeilen- und Spaltenanzahl stets

$$A + B = B + A \quad \text{und} \quad A - B = -(B - A) \quad \text{gilt.}$$

Die Matrixaddition kann in der Betriebswirtschaft dazu verwendet werden, um Daten aus kurzfristigen Zeiträumen (Monate, Quartale) zu einer längerfristigen Betrachtung zusammen zu fassen (Gewinnung von Gesamtjahreszahlen).

2. Beispiel:

Ein Unternehmen fertige drei Produkte P1, P2 und P3 an zwei Produktionsstandorten F1 und F2 in jeweils unterschiedlichen Mengen an. Für das erste und zweite Quartal eines Jahres werden die Produktionszahlen nach Produkt und Produktionsstandort in zwei 2×3-Matrizen QI und QII angeordnet (die Zeilen entsprechen den Standorten, die Spalten den Produkten):

1. Quartal: $QI = \begin{bmatrix} 200 & 100 & 0 \\ 50 & 500 & 800 \end{bmatrix}$

2. Quartal: $QII = \begin{bmatrix} 200 & 120 & 20 \\ 300 & 400 & 100 \end{bmatrix}$

Für das erste Halbjahr können die Produktionszahlen damit in einer Halbjahresmatrix H = QI + QII zusammengefasst werden:

$$H = QI + QII = \begin{bmatrix} 200+200 & 100+120 & 0+20 \\ 50+300 & 500+400 & 800+100 \end{bmatrix} = \begin{bmatrix} 400 & 220 & 20 \\ 350 & 900 & 900 \end{bmatrix}$$

Der Eintrag H_{12} errechnet sich dabei aus QI_{12} und QII_{12}: $100 + 120 = 220$.

Da Zeilen- und Spaltenvektoren als spezielle Matrizen aufgefasst werden können, genügt die Addition und Subtraktion von Vektoren den gleichen Regeln wie bei Matrizen.

3. Beispiel:

Die Preise der obigen vier Seifenmarken (Kapitel G.1.2) haben sich wie folgt verändert:

Seifenmarke 1 : Keine Veränderung
Seifenmarke 2 : + 0,10
Seifenmarke 3 : + 0,05
Seifenmarke 4 : + 0,10

Diese Preissteigerungen können in einem Preissteigerungsvektor s dargestellt werden:

$s = [0 \quad 0,10 \quad 0,05 \quad 0,10]^T$

Beachte, dass obiger Preisvektor ein Spaltenvektor ist, deshalb wird auch für s die Spaltenvektordarstellung gewählt. Die neuen Preise ergeben sich dann durch Vektoraddition:

$$p + s = \begin{bmatrix} 1,29 \\ 2,09 \\ 0,39 \\ 0,99 \end{bmatrix} + \begin{bmatrix} 0 \\ 0,10 \\ 0,05 \\ 0,10 \end{bmatrix} = \begin{bmatrix} 1,29 \\ 2,19 \\ 0,44 \\ 1,09 \end{bmatrix}$$

1.3.2 Matrix-Vektor-Multiplikation

Das **Produkt** $A \cdot b$ einer m×n-Matrix A mit einem Spaltenvektor b der Dimension n (einer n×1-Matrix, die von rechts an die Matrix A multipliziert wird) ist ein Spaltenvektor c, dessen Einträge c_i definiert sind durch:

$$A \cdot b = \begin{bmatrix} a_{11} & a_{12} & \cdots & a_{1n} \\ a_{21} & a_{22} & \cdots & a_{2n} \\ \vdots & \vdots & \vdots & \vdots \\ a_{m1} & a_{m2} & \cdots & a_{mn} \end{bmatrix} \cdot \begin{bmatrix} b_1 \\ b_2 \\ \vdots \\ b_n \end{bmatrix} = \begin{bmatrix} a_{11}b_1 + a_{12}b_2 + \ldots + a_{1n}b_n \\ a_{21}b_1 + a_{22}b_2 + \ldots + a_{2n}b_n \\ \vdots \\ a_{m1}b_1 + a_{m2}b_2 + \ldots + a_{mn}b_n \end{bmatrix} = \begin{bmatrix} c_1 \\ c_2 \\ \vdots \\ c_m \end{bmatrix} = c$$

Die Einträge b_j des Vektors b werden dabei jeweils mit den Einträgen a_{ij} einer Zeile von A multipliziert und dann addiert:

$$c_i = a_{i1}b_1 + a_{i2}b_2 + \ldots + a_{in}b_n = \sum_{j=1}^{n} a_{ij}b_{mj} = c_m, \ 1 \le i \le m$$

Beachte, dass die Matrix-Vektor-Multiplikation $A \cdot b$ nur möglich ist, wenn die Matrix A genauso viele Spalten hat, wie b Zeilen bzw. Einträge. Es gilt folglich:

(m×n-Matrix) · (Spaltenvektor der Dimension n)
= (Spaltenvektor der Dimension m)

bzw.

(m×n-Matrix) · (n×1-Matrix) = (m×1-Matrix)

Beispiel

Gegeben seien die Matrizen bzw. Spaltenvektoren

$$A = \begin{bmatrix} 1 & 2 \\ 2 & 6 \end{bmatrix}, B = \begin{bmatrix} 4 & 0 \\ -2 & 2 \\ 5 & 1 \end{bmatrix}, C = \begin{bmatrix} 1 & 2 & 6 \\ 4 & 2 & 8 \\ -4 & 5 & 5 \end{bmatrix}, d = \begin{bmatrix} 4 \\ 2 \end{bmatrix}, e = \begin{bmatrix} 6 \\ 0 \\ 2 \end{bmatrix}.$$

Dann gilt:

$$A \cdot d = \begin{bmatrix} 1 \cdot 4 + 2 \cdot 2 \\ 2 \cdot 4 + 6 \cdot 2 \end{bmatrix} = \begin{bmatrix} 8 \\ 20 \end{bmatrix}, B \cdot d = \begin{bmatrix} 4 \cdot 4 & + \ 0 \cdot 2 \\ (-2) \cdot 4 & + \ 2 \cdot 2 \\ 5 \cdot 4 & + \ 1 \cdot 2 \end{bmatrix} = \begin{bmatrix} 16 \\ -4 \\ 22 \end{bmatrix}$$

sowie

$$C \cdot e = \begin{bmatrix} 1 \cdot 6 & + 2 \cdot 0 + 6 \cdot 2 \\ 4 \cdot 6 & + 2 \cdot 0 + 8 \cdot 2 \\ (-4) \cdot 6 + 5 \cdot 0 + 5 \cdot 2 \end{bmatrix} = \begin{bmatrix} 18 \\ 40 \\ -14 \end{bmatrix}$$

Die Produkte A · e, B · e und C · d können nicht gebildet werden, da die Anzahl der Spalten der Matrizen in diesen Fällen nicht mit der Dimension der Spaltenvektoren (Anzahl der Zeilen der Spaltenvektoren) übereinstimmt.

Mithilfe der Matrix-Vektor-Multiplikation können Umsatzberechnungen für mehrere Produkte und Produktionsstandorte übersichtlich zusammengefasst werden.

Beispiel

Ein Unternehmen mit drei Produkten P1, P2 und P3, die an zwei Produktionsstandorten F1 und F2 in jeweils unterschiedlichen Mengen produziert werden, möchte die erzielten Umsätze von F1 und F2 während des ersten Quartals ermitteln. Hierzu wird die Absatzmatrix des ersten Quartals

$$X = \begin{bmatrix} 200 & 100 & 100 \\ 300 & 300 & 800 \end{bmatrix}$$

(Zeilen entsprechen Produktionsstandorten, Spalten den abgesetzten Mengen) mit einem Preisvektor $p = (200, 40, 30)^T$ multipliziert, das Ergebnis ist ein Umsatzvektor $e = [e_1, e_2]^T$:

$$e = X \cdot p = \begin{bmatrix} 200 & 100 & 100 \\ 300 & 300 & 800 \end{bmatrix} \cdot \begin{bmatrix} 200 \\ 40 \\ 30 \end{bmatrix} = \begin{bmatrix} 200 \cdot 200 & + 100 \cdot 40 & + 100 \cdot 30 \\ 300 \cdot 200 & + 300 \cdot 40 & + 800 \cdot 30 \end{bmatrix} = \begin{bmatrix} 47.000 \\ 96.000 \end{bmatrix} = \begin{bmatrix} e_1 \\ e_2 \end{bmatrix}$$

Die Gleichung $e = X \cdot p$ kann vereinfacht als Umsatz = abgesetzte Menge mal Preis gelesen werden. Die Einträge e_1 und e_2 von e entsprechen dabei den an den Produktionsstandorten F1 und F2 erzielten Gesamtumsätzen. An die Stelle der in Kapitel C.2.1 verwendeten Menge x ist nun die Matrix X getreten, die den Begriff Menge auf mehrere Produkte und Produktionsstandorte verallgemeinert.

Aufgabe 89 - 90 > Seite 245

Besteht die Matrix bei einer Matrix-Vektor-Multiplikation lediglich aus einem **Zeilen-vektor** a^T der Dimension n (Matrix ist eine 1×n-Matrix, a selbst ein Spaltenvektor), wird bei der Multiplikation ein **Skalarprodukt zweier Vektoren** gebildet:

$$c = a^T \cdot b = [a_1 \ a_2 \ \ldots \ a_n] \cdot \begin{bmatrix} b_1 \\ b_2 \\ \vdots \\ b_n \end{bmatrix} = a_1 b_1 + a_2 b_2 + \ldots + a_n b_n = \sum_{j=1}^{n} a_j b_j$$

Das Ergebnis c hat nun die Dimension eins, ist also eine reelle Zahl (**Skalar**).

Beispiele

▸ $[1 \ 0] \cdot \begin{bmatrix} 3 \\ 2 \end{bmatrix} = 1 \cdot 3 + 0 \cdot 2 = 3$

▸ $[-1 \ 2] \cdot \begin{bmatrix} 5 \\ 0 \end{bmatrix} = (-1) \cdot 5 + 2 \cdot 0 = -5$

▸ $[1 \ 2 \ 0 \ 6] \cdot \begin{bmatrix} -1 \\ 5 \\ 2 \\ 1 \end{bmatrix} = 1 \cdot (-1) + 2 \cdot 5 + 0 \cdot 2 + 6 \cdot 1 = 15$

Aufgabe 91 > Seite 245

1.3.3 Matrixmultiplikation

Eine Verallgemeinerung der Matrix-Vektor-Multiplikation stellt die **Multiplikation zweier Matrizen** A und B dar. Die Einträge der Produktmatrix C = A · B werden dabei aus **Skalarprodukten** der Zeilenvektoren von A mit entsprechenden **Spaltenvektoren** von B gebildet.

Sind A und B **quadratische n×n-Matrizen**, errechnet sich der Eintrag c_{11} links oben in der ebenfalls quadratischen n×n-Matrix C als das Skalarprodukt der ersten Zeile von A mit der ersten Spalte von B:

$$c_{11} = [a_{11} \ a_{12} \ \ldots \ a_{1n}] \cdot \begin{bmatrix} b_{11} \\ b_{21} \\ \vdots \\ b_{n1} \end{bmatrix} = a_{11} b_{11} + a_{12} b_{12} + \ldots + a_{1n} b_{n1}$$

Ein allgemeiner Eintrag c_{ij} der Produktmatrix C errechnet sich entsprechend als Skalarprodukt des i-ten Zeilenvektors von A mit dem j-ten Spaltenvektor von B:

$$c_{ij} = [a_{i1}\ a_{i2}\ ...\ a_{in}] \cdot \begin{bmatrix} b_{1j} \\ b_{2j} \\ \vdots \\ b_{nj} \end{bmatrix} = a_{i1}b_{1j} + a_{i2}b_{2j} + ... + a_{in}b_{nj}$$

Beispiel

Um das Produkt $C = A \cdot B$ der beiden 2×2-Matrizen

$$A = \begin{bmatrix} 1 & 2 \\ 3 & 4 \end{bmatrix} \text{ und } B = \begin{bmatrix} 5 & 6 \\ 7 & 8 \end{bmatrix}$$

zu berechnen, müssen die Einträge c_{11}, c_{12}, c_{21} und c_{22} der Matrix C als Skalarprodukte berechnet werden:

$$c_{11} = [1\ 2] \cdot \begin{bmatrix} 5 \\ 7 \end{bmatrix} = 1 \cdot 5 + 2 \cdot 7 = 19 \qquad \text{(1. Zeile von A mal 1. Spalte von B)}$$

$$c_{12} = [1\ 2] \cdot \begin{bmatrix} 6 \\ 8 \end{bmatrix} = 1 \cdot 6 + 2 \cdot 8 = 22 \qquad \text{(1. Zeile von A mal 2. Spalte von B)}$$

$$c_{21} = [3\ 4] \cdot \begin{bmatrix} 5 \\ 7 \end{bmatrix} = 3 \cdot 5 + 4 \cdot 7 = 43 \qquad \text{(2. Zeile von A mal 1. Spalte von B)}$$

$$c_{12} = [3\ 4] \cdot \begin{bmatrix} 6 \\ 8 \end{bmatrix} = 3 \cdot 6 + 4 \cdot 8 = 50 \qquad \text{(2. Zeile von A mal 2. Spalte von B)}$$

Insgesamt ergibt sich:

$$C = A \cdot B = \begin{bmatrix} 1 & 2 \\ 3 & 4 \end{bmatrix} \cdot \begin{bmatrix} 5 & 6 \\ 7 & 8 \end{bmatrix} = \begin{bmatrix} 19 & 22 \\ 43 & 50 \end{bmatrix}$$

Im Allgemeinen gilt $A \cdot B \neq B \cdot A$, ein **Kommutativgesetz** der Matrizenmultiplikation gilt also nicht (vgl. Kapitel A.2). Zum Beispiel ist für obige Matrizen A und B:

$$B \cdot A = \begin{bmatrix} 5 & 6 \\ 7 & 8 \end{bmatrix} \cdot \begin{bmatrix} 1 & 2 \\ 3 & 4 \end{bmatrix} = \begin{bmatrix} 23 & 34 \\ 31 & 46 \end{bmatrix} \neq A \cdot B$$

Ist A eine **allgemeine m×n-Matrix**, kann das Matrixprodukt A · B nur berechnet werden, wenn B (ebenfalls nicht notwendigerweise quadratisch) genau n Zeilen hat, also eine n×r-Matrix mit beliebiger Spaltenanzahl r ist. Für die Dimension der Produktmatrix A · B gilt dann:

> (m×n-Matrix) · (n×r-Matrix) = (m×r-Matrix),

also etwa

> (2×3-Matrix) · (3×5-Matrix) = (2×5-Matrix).

Weiterhin wird die Multiplikation dabei mithilfe von Skalarprodukten der **Zeilenvektoren** von A (m Zeilenvektoren der Dimension n) mit den **Spaltenvektoren** von B (r Spaltenvektoren der Dimension n) durchgeführt. Das Ergebnis ist eine m×r-Matrix C.

Beispiel

Gegeben seien die 2×2- bzw. 2×3-Matrizen:

$$A = \begin{bmatrix} 2 & 3 \\ 7 & 1 \end{bmatrix} \quad \text{und} \quad B = \begin{bmatrix} 2 & 5 & 3 \\ 1 & 5 & 0 \end{bmatrix}$$

Das Produkt B · A kann nicht gebildet werden, da B drei Spaltenvektoren hat, A aber nur zwei Zeilenvektoren. Das Produkt A · B kann hingegen gebildet werden, das Ergebnis ist eine 2×3-Matrix C:

$$C = A \cdot B = \begin{bmatrix} 2 & 3 \\ 7 & 1 \end{bmatrix} \cdot \begin{bmatrix} 2 & 5 & 3 \\ 1 & 5 & 0 \end{bmatrix} = \begin{bmatrix} 2 \cdot 2 + 3 \cdot 1 & 2 \cdot 5 + 3 \cdot 5 & 2 \cdot 3 + 3 \cdot 0 \\ 7 \cdot 2 + 1 \cdot 1 & 7 \cdot 5 + 1 \cdot 5 & 7 \cdot 3 + 1 \cdot 0 \end{bmatrix} = \begin{bmatrix} 7 & 25 & 6 \\ 15 & 40 & 21 \end{bmatrix}$$

Zur Berechnung des Eintrags c_{13} von C (1. Zeile, 3. Spalte) wird das Skalarprodukt der 1. Zeile von A mit der 3. Spalte von B gebildet:

$$c_{13} = [2 \; 3] \cdot \begin{bmatrix} 3 \\ 0 \end{bmatrix} = 2 \cdot 3 + 3 \cdot 0 = 6$$

Eine wichtige Anwendung der Matrizenmultiplikation ist die **Verkettung von Produktionsprozessen**, bei denen aus mehreren **Rohstoffen** zunächst **Zwischenprodukte** hergestellt werden, aus denen dann die **Endprodukte** gefertigt werden.

Beispiel

In einer Fabrik werden aus drei Rohstoffen (Mengen r_1, r_2 und r_3) zunächst drei Zwischenprodukte (Mengen z_1, z_2 und z_3) gefertigt, aus denen dann zwei Endprodukte in den Mengen x_1 und x_2 hergestellt werden. Mithilfe der Spaltenvektoren

$r = [r_1\ r_2\ r_3]^T$, $z = [z_1\ z_2\ z_3]^T$ und $x = [x_1\ x_2]^T$

und der Matrizen

$$B = \begin{bmatrix} b_{11} & b_{12} & b_{12} \\ b_{21} & b_{22} & b_{23} \\ b_{31} & b_{32} & b_{33} \end{bmatrix} \quad \text{bzw.} \quad A = \begin{bmatrix} a_{11} & a_{12} & a_{12} \\ a_{21} & a_{22} & a_{23} \end{bmatrix}$$

kann der Produktionsprozess unter der Annahme linearer Beziehungen zwischen allen beteiligten Größen in der Form

1) $z = B \cdot r$
2) $x = A \cdot z$

dargestellt werden. Soll die direkte Beziehung zwischen Rohstoffen und Endprodukten ohne Zwischenprodukte beschrieben werden, kann $x = A \cdot z = A \cdot (B \cdot r) = (A \cdot B) \cdot r$ ausgenutzt werden. Die Matrix $C = A \cdot B$ beschreibt dann die Beziehung zwischen Rohstoffen und Endprodukten ohne den Umweg über die Zwischenprodukte. Für die speziellen Matrizen

$$A = \begin{bmatrix} 1 & 2 & 2 \\ 3 & 1 & 4 \end{bmatrix} \quad \text{und} \quad B = \begin{bmatrix} 3 & 2 & 5 \\ 1 & 1 & 0 \\ 2 & 4 & 1 \end{bmatrix}$$

ergibt sich

$$C = \begin{bmatrix} 1 \cdot 3 + 2 \cdot 1 + 2 \cdot 2 & 1 \cdot 2 + 2 \cdot 1 + 2 \cdot 4 & 1 \cdot 5 + 2 \cdot 0 + 2 \cdot 1 \\ 3 \cdot 3 + 1 \cdot 1 + 4 \cdot 2 & 3 \cdot 2 + 1 \cdot 1 + 4 \cdot 4 & 3 \cdot 5 + 1 \cdot 0 + 4 \cdot 1 \end{bmatrix} = \begin{bmatrix} 9 & 12 & 7 \\ 18 & 23 & 19 \end{bmatrix}$$

Besonders übersichtlich lässt sich die Multiplikation zweier Matrizen mithilfe eines **Falkschen Schemas** darstellen. Das Falksche Schema nutzt aus, dass sich die Einträge der Produktmatrix $C = A \cdot B$ als Skalarprodukte der Zeilenvektoren von A mit den Spaltenvektoren von B errechnen. Ist A eine m×n-Matrix und B eine n×r-Matrix, stellt sich das Falksche Schema wie folgt dar:

				b_{11}	...	b_{1j}	...	b_{1r}
				$\vdots$	...	b_{2j}	...	$\vdots$
				$\vdots$	...	b_{3j}	...	$\vdots$
				$\vdots$		...		$\vdots$
				b_{n1}	...	b_{nj}	...	b_{nr}
a_{11}	...	...	... a_{1n}	c_{11}	...	$\Downarrow$	...	c_{1r}
$\vdots$	$\vdots$		$\vdots$	$\vdots$		$\Downarrow$		$\vdots$
a_{i1}	a_{i2}	a_{i3} ...	a_{in}	$\Rightarrow$	$\Rightarrow$	c_{ij}	...	$\vdots$
$\vdots$	$\vdots$		$\vdots$	$\vdots$				$\vdots$
a_{m1}	...	...	... a_{mn}	c_{m1}	...	...	...	c_{mr}

Ein beliebiger Eintrag c_{ij} der Matrix C errechnet sich als Skalarprodukt derjenigen Zeilen- bzw. Spaltenvektoren von A bzw. B, in deren Kreuzungspunkt sich c_{ij} befindet:

$$c_{ij} = [a_{i1}\ a_{i2}\ ...\ a_{in}] \cdot \begin{bmatrix} b_{1j} \\ b_{2j} \\ \vdots \\ b_{nj} \end{bmatrix} = a_{i1}b_{1j} + a_{i2}b_{2j} + ... + a_{in}b_{nj}$$

Für das Produkt der Matrizen A und B aus dem vorangegangenen Beispiel ergibt sich:

			3	**2**	5
			1	**1**	0
			2	**4**	1
1	2	2	9	**12**	7
3	1	4	18	23	19

Der Eintrag c_{12} errechnet sich als $1 \cdot 2 + 2 \cdot 1 + 2 \cdot 4 = 12$

Folgende Rechenregeln lassen sich für die Matrizenmultiplikation ableiten:

Regel	Bezeichnung bzw. Bemerkung
$(A \cdot B) \cdot C = A \cdot (B \cdot C)$	Assoziativgesetz
$A \cdot (B + C) = A \cdot B + A \cdot C$ $(A + B) \cdot C = A \cdot C + B \cdot C$	Distributivgesetze
$A \cdot E = E \cdot A = A$ (A quadratisch)	Multiplikation mit der Einheitsmatrix E reproduziert A selbst
$A \cdot N = N \cdot A = N$ (A quadratisch, N passend)	Multiplikation mit der Nullmatrix N ergibt die Nullmatrix
$(A \cdot B)^T = B^T \cdot A^T$	Transportieren eines Matrixprodukts
$A \cdot B \neq B \cdot A$ (im Allgemeinen)	Kommutativgesetz gilt nur in Ausnahmefällen

Aufgabe 92 > Seite 245

1.3.4 Inverse Matrix

Eine Matrix A^{-1} zu einer **quadratischen Matrix** A mit der Eigenschaft $A \cdot A^{-1} = A^{-1} \cdot A = E$ (Einheitsmatrix) wird **inverse Matrix zu A** genannt (auch **Inverse**). Wenn eine inverse Matrix zu einer quadratischen A existiert, ist sie **eindeutig bestimmt**. Existiert eine Inverse A^{-1} zu einer Matrix A, wird A **regulär** genannt, ansonsten **singulär**.

Beispiel

Die Matrix

$$A^{-1} = \begin{bmatrix} 0 & 1/3 \\ 1/2 & -1/6 \end{bmatrix}$$

ist die Inverse zu

$$A = \begin{bmatrix} 1 & 2 \\ 3 & 0 \end{bmatrix} \Rightarrow$$

$$A \cdot A^{-1} = \begin{bmatrix} 1 & 2 \\ 3 & 0 \end{bmatrix} \cdot \begin{bmatrix} 0 & 1/3 \\ 1/2 & -1/6 \end{bmatrix} = \begin{bmatrix} 1 & 0 \\ 0 & 1 \end{bmatrix}, \quad A^{-1} \cdot A = \begin{bmatrix} 0 & 1/3 \\ 1/2 & -1/6 \end{bmatrix} \cdot \begin{bmatrix} 1 & 2 \\ 3 & 0 \end{bmatrix} = \begin{bmatrix} 1 & 0 \\ 0 & 1 \end{bmatrix}$$

Bemerkung: Die inverse Matrix stellt das Analogon zur Division bei reellen Zahlen dar. Für eine reelle Zahl $a \neq 0$ kann stets eine Zahl $a^{-1} = 1/a$ angegeben werden, sodass $a \cdot a^{-1} = a^{-1} \cdot a = 1$ gilt. Wegen $A \cdot A^{-1} = A^{-1} \cdot A = E$ entspricht A^{-1} in der Matrizenrechnung der reellen Zahl a^{-1}, eine explizite Division $1/A$ kann mit einer Matrix A nicht sinnvoll durchgeführt werden. Die Einheitsmatrix E ist entsprechend das Analogon zur reellen Zahl 1.

Die inverse Matrix zu einer regulären Matrix A kann direkt aus der **Bestimmungsgleichung** $A \cdot A^{-1} = E$ hergeleitet werden. Diese Gleichung besteht für eine n×n-Matrix A aus n^2 Einzelgleichungen, den **Skalarprodukten** zur Berechnung der n^2 Einträge der Einheitsmatrix E. Da A^{-1} über n^2 Einträge verfügt, ergeben sich damit n^2 lineare Gleichungen mit n^2 Unbekannten (ein **lineares Gleichungssystem**, siehe folgendes Kapitel G.2).

Beispiel

Für die 2×2-Matrix

$$A = \begin{bmatrix} 1 & 2 \\ 3 & 0 \end{bmatrix}$$

aus obigem Beispiel führt die Bestimmungsgleichung (die Einträge von A^{-1} werden mit α_{ij} bezeichnet)

$$A \cdot A^{-1} = \begin{bmatrix} 1 & 2 \\ 3 & 0 \end{bmatrix} \cdot \begin{bmatrix} \alpha_{11} & \alpha_{12} \\ \alpha_{21} & \alpha_{22} \end{bmatrix} = \begin{bmatrix} 1 & 0 \\ 0 & 1 \end{bmatrix} = E$$

auf die Einzelgleichungen (Skalarprodukte):

$1 \cdot \alpha_{11} + 2 \cdot \alpha_{21} = e_{11} = 1$ (Gleichung I)
$1 \cdot \alpha_{12} + 2 \cdot \alpha_{22} = e_{12} = 0$ (Gleichung II)
$3 \cdot \alpha_{11} + 0 \cdot \alpha_{21} = e_{21} = 0$ (Gleichung III)
$3 \cdot \alpha_{12} + 0 \cdot \alpha_{22} = e_{22} = 1$ (Gleichung IV)

Aus Gleichung III folgt $\alpha_{11} = 0$, Gleichung IV liefert $\alpha_{12} = 1/3$. Einsetzen dieser Ergebnisse in die Gleichungen I bzw. II liefert die Zahlenwerte $\alpha_{21} = 1/2$ bzw. $\alpha_{22} = -1/6$.

Aufgabe 93 > Seite 246

2. Lineare Gleichungssysteme

Lineare Gleichungssysteme der Bauart „Matrix mal Vektor ergibt Vektor" (Kapitel G.2.1) treten in vielen Bereichen der Betriebswirtschaftslehre auf (Kapitel G.2.3). Für ihre Lösung kann entweder auf das **Gaußsche Eliminationsverfahren** (Kapitel G.2.2) oder computergestützte Verfahren zurückgegriffen werden.

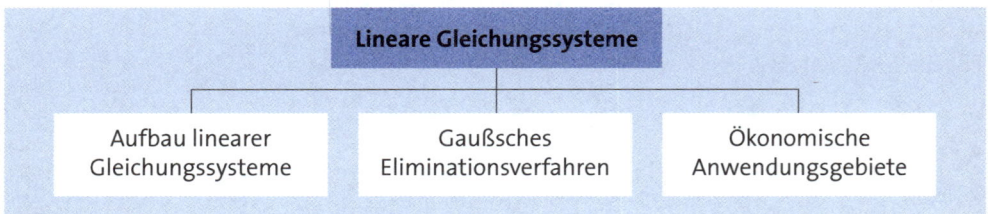

2.1 Aufbau linearer Gleichungssysteme

Unter einem linearen Gleichungssystem versteht man ein System aus m **linearen Gleichungen** mit n unbekannten Variablen $x_1, x_2, ..., x_n$:

$$a_{11}x_1 + a_{12}x_2 + ... + a_{1n}x_n = b_1$$
$$a_{21}x_1 + a_{22}x_2 + ... + a_{2n}x_n = b_2$$
$$...$$
$$a_{m1}x_1 + a_{m2}x_2 + ... + a_{mn}x_n = b_m$$

Die **Koeffizienten** a_{ij} bzw. b_i sind dabei reelle Zahlen. Die Lösung $x_1, x_2, ..., x_n$ eines linearen Gleichungssystems muss alle m Gleichungen gleichzeitig erfüllen, d. h. alle m linearen Gleichungen

$$a_{i1}x_1 + a_{i2}x_2 + ... + a_{in}x_n = b_i, 1 \leq i \leq m,$$

werden durch die x_j $(1 \leq j \leq n)$ erfüllt. Beachte, dass keinerlei Potenzen der x_j in den Gleichungen auftreten dürfen (z. B. x_3^2), ansonsten geht der lineare Charakter des Systems verloren.

Werden die Einzelgleichungen eines linearen Gleichungssystems als **Skalarprodukte** der Zeilen einer Matrix A mit einem Spaltenvektor x aufgefasst, lässt sich das Gleichungssystem in der Form Matrix A mal Vektor x = Vektor b schreiben:

$$
\begin{bmatrix}
a_{11} & a_{12} & ... & ... & a_{1n} \\
a_{21} & a_{22} & ... & ... & a_{2n} \\
\vdots & \vdots & & & \vdots \\
a_{m1} & a_{m2} & ... & ... & a_{mn}
\end{bmatrix}
\cdot
\begin{bmatrix}
x_1 \\
x_2 \\
\vdots \\
\vdots \\
x_n
\end{bmatrix}
=
\begin{bmatrix}
b_1 \\
b_2 \\
\vdots \\
b_m
\end{bmatrix}
$$

Da A eine rechteckige m×n-Matrix ist, wird durch die Matrix-Vektor-Multiplikation A • x aus dem n-dimensionalen Spaltenvektor x ein m-dimensionaler Spaltenvektor b: A • x = b.

Ist m > n (mehr Gleichungen als Unbekannte), heißt das lineare Gleichungssystem **überbestimmt**, im Falle m < n **unterbestimmt**. Die Ursache dieser Begrifflichkeiten liegt darin, dass jede Gleichung als Bedingung an die n unbekannten Variablen verstanden werden kann. Bestehen mehr Gleichungen (Bedingungen) als Unbekannte, kann es sein, dass das lineare Gleichungssystem keine Lösung hat, da die x_j nicht alle Bedingungen gleichzeitig erfüllen können. Liegen hingegen weniger Gleichungen als Unbekannte vor, können die Gleichungen keine eindeutige Lösung mehr bestimmen, das System ist unterbestimmt.

Beispiele

1. Beispiel:
Das Gleichungssystem

$$2x_1 + 3x_2 = 5$$
$$2x_1 + 2x_2 = 4$$
$$2x_1 - 4x_2 = 1$$

ist wegen m = 3 und n = 2 überbestimmt und besitzt keine Lösung. Zwar würden $x_1 = 1$ und $x_2 = 1$ die ersten beiden Gleichungen erfüllen, nicht jedoch die dritte Gleichung. Wird die dritte Gleichung durch

$$2x_1 - 4x_2 = -2$$

ersetzt, werden alle Gleichungen von $x_1 = 1$ und $x_2 = 1$ gelöst.

2. Beispiel:
Die Gleichung

$$2x_1 + 3x_2 = 5$$

stellt ein unterbestimmtes lineares Gleichungssystem mit m = 1 und n = 2 dar. Eine eindeutige Lösung existiert nicht, vielmehr kann für jeden beliebigen x_1-Wert ein x_2 gefunden werden, sodass x = (x_1, x_2) die Gleichung erfüllt. Dazu muss die Gleichung lediglich nach x_2 aufgelöst werden:

$$2x_1 + 3x_2 = 5$$
$$\Rightarrow 3x_2 = 5 - 2x_1$$
$$\Rightarrow x_2 = (5 - 2x_1)/3$$

Mögliche Lösungsvektoren wären etwa:

$$x = \begin{bmatrix} 1 \\ 1 \end{bmatrix}, \; x = \begin{bmatrix} -2 \\ 3 \end{bmatrix}, \; x = \begin{bmatrix} -5 \\ 5 \end{bmatrix}, \; \text{etc.}$$

Im Folgenden werden ausschließlich Gleichungssysteme untersucht, bei denen die Zahl n der Unbekannten mit der Zahl m der Gleichungen übereinstimmt: $m = n$. In solchen Fällen ist die Matrix A eine **quadratische n×n-Matrix**, die Vektoren x und b beide von **gleicher Dimension n**:

$$\begin{bmatrix} a_{11} & a_{12} & \cdots & \cdots & a_{1n} \\ a_{21} & a_{22} & \cdots & \cdots & a_{2n} \\ \vdots & \vdots & & \vdots & \\ a_{n1} & a_{m2} & \cdots & \cdots & a_{nn} \end{bmatrix} \cdot \begin{bmatrix} x_1 \\ x_2 \\ \vdots \\ x_n \end{bmatrix} = \begin{bmatrix} b_1 \\ b_2 \\ \vdots \\ b_n \end{bmatrix}$$

3. Beispiel:

Die folgenden Gleichungen bilden ein lineares Gleichungssystem aus $m = 2$ linearen Gleichungen und $n = 2$ Unbekannten x_1 und x_2:

$2x_1 + 4x_2 = 22$
$4x_1 - 3x_2 = -11$

In Matrix-Vektorschreibweise entspricht dieses lineare Gleichungssystem:

$$\begin{bmatrix} 2 & 4 \\ 4 & -3 \end{bmatrix} \cdot \begin{bmatrix} x_1 \\ x_2 \end{bmatrix} = \begin{bmatrix} 22 \\ -11 \end{bmatrix}$$

Allgemein sind folgende Lösungsstrukturen bei linearen Gleichungssystemen mit quadratischer Matrix A möglich:

▸ **A · x = b besitzt keine Lösung**, d. h. *keine* Wertekombination $(x_1, x_2, ..., x_n)$ löst gleichzeitig *alle* n Gleichungen.

Beispiel

Das lineare Gleichungssystem

$x_1 + x_2 = 4$
$x_1 + x_2 = 5$

besitzt keine Lösung, da die Summe der beiden Zahlen x_1 und x_2 nicht gleichzeitig gleich 4 *und* gleich 5 sein kann.

▸ **A · x = b besitzt unendlich viele Lösungen.**

Das lineare Gleichungssystem

$2x_1 + 2x_2 = 3$
$4x_1 + 4x_2 = 6$

besitzt unendlich viele Lösungen. Die zweite Gleichung ist gerade das Doppelte der ersten Gleichung, stellt also die gleiche mathematische Beziehung zwischen x_1 und x_2 her. Damit bilden alle Wertekombinationen (x_1, x_2) die Lösungsmenge, für die $2x_1 + 2x_2 = 3$ gilt. Wird diese Gleichung nach x_1 aufgelöst, erhält man für jeden beliebigen x_2-Wert denjenigen x_1-Wert, der zusammen mit diesem x_2-Wert die Gleichungen löst:

$$2x_1 + 2x_2 = 3$$
$$\Rightarrow \quad 2x_1 = 3 - 2x_2$$
$$\Rightarrow \quad x_1 = 1{,}5 - x_2$$

Lösungsvektoren sind damit u. a.:

$$x = \begin{bmatrix} 1{,}5 \\ 0 \end{bmatrix}, \ x = \begin{bmatrix} 0 \\ 1{,}5 \end{bmatrix}, \ x = \begin{bmatrix} -8{,}5 \\ 10 \end{bmatrix}, \ x = \begin{bmatrix} 0{,}5 \\ 1 \end{bmatrix}, \ \text{etc.}$$

▸ **A · x = b besitzt genau eine Lösung.**

Das lineare Gleichungssystem

$2x_1 + 4x_2 = 22$
$4x_1 - 3x_2 = -11$

besitzt genau eine Lösung: $x = [1,5]^T$, da nur dieser Lösungsvektor beide Gleichungen erfüllt:

$2 \cdot 1 + 4 \cdot 5 = 22$
$4 \cdot 1 - 3 \cdot 5 = -11$

Zwar würde die erste Gleichung auch durch den Vektor $x = [11,0]$ gelöst werden, nicht jedoch die zweite.

Bei den meisten praktischen Problemen mit ökonomischem Hintergrund kann unterstellt werden, dass genau eine Lösung vorliegt.

Existiert für ein lineares Gleichungssystem A · x = b mit quadratischer Matrix A **genau eine Lösung** x = $[x_1, x_2, ...,x_n]^T$, kann diese formal mithilfe der **inversen Matrix** A^{-1} bestimmt werden, vgl. Kapitel G.1.3.4. Hierzu wird die Gleichung A · x = b von links mit A^{-1} multipliziert, was auf

$$A^{-1} \cdot A \cdot x = A^{-1} \cdot b$$

führt. Wegen A^{-1} · A = E und E · x = x (Einheitsmatrix mal Vektor ergibt den Vektor selbst) folgt daraus

$$E \cdot x = x = A^{-1} \cdot b$$

Der n-dimensionale Spaltenvektor x ist gleich dem Matrix-Vektor-Produkt A^{-1} · b, zu dessen Berechnung zunächst die Inverse A^{-1} berechnet werden muss. Die Bestimmung der Matrixeinträge von A^{-1} führt auf ein lineares Gleichungssystem mit n^2 Gleichungen und ebenso vielen Unbekannten und stellt damit in der Praxis keine gangbare Lösung dar, vgl. Kapitel G.1.3.4.

Stattdessen werden Verfahren verwendet, die mithilfe moderner Rechneranlagen eine schnelle Lösung großer linearer Gleichungssysteme mit bis zu mehreren tausend Variablen gestatten. Kapitel G.2.2 diskutiert einen Grundtyp dieser Verfahren, das Gaußsche Eliminationsverfahren.

2.2 Gaußsches Eliminationsverfahren

Das Gaußsche Eliminationsverfahren (auch **Gauß-Algorithmus**) basiert auf der Beobachtung, dass die Lösung x eines linearen Gleichungssystems A · x = b, bei dem viele Matrixeinträge a_{ij} gleich Null sind, meist relativ einfach ermittelt werden kann. Ein gegebenes lineares Gleichungssystem wird deshalb durch **Äquivalenzumformungen** solange in äquivalente Gleichungssysteme umgewandelt, bis der Lösungsvektor x aus den Einzelgleichungen direkt bestimmt werden kann.

Zulässige Äquivalenzumformungen des Gaußschen Eliminationsverfahrens sind:

(1) Vertauschen von Zeilen

(2) Multiplikation oder Division einer Zeile mit einer reellen Zahl ≠ 0

(3) Addition und Multiplikation von Zeilen

Ziel der Äquivalenzumformungen ist es, das ursprüngliche System in eine obere Dreiecksmatrix D (**teilweise Elimination**) oder in die zugehörige n×n-Einheitsmatrix E (**vollständige Elimination**) zu überführen.

Wird in eine **obere Dreiecksmatrix** D überführt, ergibt sich ein lineares Gleichungssystem der Form

$$
\begin{bmatrix}
d_{11} & d_{12} & \cdots & \cdots & d_{1n} \\
0 & d_{22} & \cdots & \cdots & d_{2n} \\
\vdots & & \ddots & \ddots & \vdots \\
\vdots & & & \ddots & \vdots \\
0 & \cdots & \cdots & 0 & d_{nn}
\end{bmatrix}
\cdot
\begin{bmatrix}
x_1 \\
x_2 \\
\vdots \\
\vdots \\
x_n
\end{bmatrix}
=
\begin{bmatrix}
c_1 \\
c_2 \\
\vdots \\
\vdots \\
c_n
\end{bmatrix}
$$

wobei sich die Einträge des Spaltenvektors c aus der Anwendung der durchgeführten Äquivalenzumformungen auf den Spaltenvektor b ergeben. Besitzt das lineare Gleichungssystem eine eindeutige Lösung, sind alle Diagonaleinträge d_{jj} ungleich Null. Die x_j können nun durch **Rückwärtseinsetzen** berechnet werden, beginnend mit der letzten Gleichung:

$$
d_{nn}x_n = c_n
$$
$$
\Rightarrow \quad x_n = c_n/d_{nn}
$$

Die vorletzte Gleichung liefert dann (beachte, dass x_n nun bekannt ist):

$$
d_{n-1,n-1}x_{n-1} + d_{nn}x_n = c_{n-1}
$$
$$
\Rightarrow \quad x_{n-1} = (c_{n-1} - d_{nn}x_n)/d_{n-1,n-1}
$$

So können alle x_j-Werte nacheinander berechnet werden.

Noch einfacher gestaltet sich die x_j-Berechnung bei der vollständigen Elimination, da die (nun aufwändigeren) Äquivalenzumformungen auf ein System der Form

$$
\begin{bmatrix}
1 & 0 & \cdots & \cdots & 0 \\
0 & 1 & \ddots & \cdots & 0 \\
\vdots & \ddots & \ddots & \ddots & \vdots \\
\vdots & & \ddots & \ddots & 0 \\
0 & \cdots & \cdots & 0 & 1
\end{bmatrix}
\cdot
\begin{bmatrix}
x_1 \\
x_2 \\
\vdots \\
\vdots \\
x_n
\end{bmatrix}
=
\begin{bmatrix}
c_1 \\
c_2 \\
\vdots \\
\vdots \\
c_n
\end{bmatrix}
$$

führen, aus dem die x_j direkt abgelesen werden können: $x_j = c_j$.

Beispiel

Um obiges lineares Gleichungssystem

$$2x_1 + 4x_2 = 22 \qquad \text{(Gleichung I)}$$
$$4x_1 - 3x_2 = -11 \qquad \text{(Gleichung II)}$$

im Rahmen einer **teilweisen Elimination** zu lösen, muss der Eintrag $a_{21} = 4$ in der zweiten Gleichung eliminiert werden. Zu diesem Zweck wird wie folgt vorgegangen:

(1) Dividiere Gleichung II durch 2 (Grund: x_1 trägt dann denselben Koeffizienten wie in Gleichung I, die Gleichungen können nun subtrahiert werden, um x_1 aus Gleichung II zu eliminieren):

$$2x_1 + 4x_2 = 22 \qquad \text{(Gleichung I)}$$
$$2x_1 - 1{,}5x_2 = -5{,}5 \qquad \text{(Gleichung II)}$$

(2) Ersetze Gleichung II durch die Differenz aus Gleichung II und Gleichung I, d. h. subtrahiere Gleichung I von Gleichung II:

$$2x_1 + 4x_2 = 22 \qquad \text{(Gleichung I)}$$
$$-5{,}5x_2 = -27{,}5 \qquad \text{(Gleichung II)}$$

Nun ist ein äquivalentes lineares Gleichungssystem $D \cdot x = c$ mit einer oberen Dreiecksmatrix D und einem neuen Spaltenvektor c auf der rechten Seite entstanden:

$$\begin{bmatrix} 2 & 4 \\ 0 & -5{,}5 \end{bmatrix} \cdot \begin{bmatrix} x_1 \\ x_2 \end{bmatrix} = \begin{bmatrix} 22 \\ -27{,}5 \end{bmatrix}$$

Die zweite Gleichung $-5{,}5x_2 = -27{,}5$ liefert $x_2 = 5$. Wird dieses Ergebnis in Gleichung I eingesetzt, folgt:

$$2x_1 + 4x_2 = 22$$
$$\Rightarrow \quad x_1 = (22 - 4x_2)/2 = (22 - 4 \cdot 5)/2 = 1$$

Soll eine **vollständige Elimination** durchgeführt werden, muss das lineare Gleichungssystem $D \cdot x = c$ weiter umgeformt werden:

(3) Dividiere Gleichung I durch 2 und Gleichung II durch ($-5{,}5$). Durch diese Äquivalenzumformungen entstehen auf der Diagonalen der zugehörigen Matrix Einsen:

$$x_1 + 2x_2 = 11 \qquad \text{(Gleichung I)}$$
$$x_2 = 5 \qquad \text{(Gleichung II)}$$

(4) Subtrahiere das Doppelte von Gleichung II von Gleichung I:

$$x_1 = 1 \qquad \text{(Gleichung I)}$$
$$x_2 = 5 \qquad \text{(Gleichung II)}$$

Damit ist aus der Matrix D die 2×2-Einheitsmatrix E geworden:

$$\begin{bmatrix} 1 & 0 \\ 0 & 1 \end{bmatrix} \cdot \begin{bmatrix} x_1 \\ x_2 \end{bmatrix} = \begin{bmatrix} 1 \\ 5 \end{bmatrix}$$

Bei linearen Gleichungssystemen mit n > 2 bietet es sich aus Übersichtlichkeitsgründen an, die Umformungen direkt an der Matrix-Vektor-Darstellung des Systems durchzuführen. Da die Einträge des Spaltenvektors b an allen Äquivalenzumformungen der Matrix A teilnehmen, werden sie mit in die Matrixdarstellung integriert:

$$\left[\begin{array}{ccc|c} a_{11} & \cdots & a_{1n} & b_1 \\ \vdots & \ddots & \vdots & \vdots \\ a_{n1} & \cdots & a_{nn} & b_n \end{array}\right]$$

Beispiel

Gelöst werden soll das lineare Gleichungssystem:

$$\begin{array}{ll} 2x_1 + 3x_2 + 2x_3 = 9 & \text{(Gleichung I)} \\ 6x_1 + 3x_2 + 4x_3 = 17 & \text{(Gleichung II)} \\ 4x_1 - 2x_2 + x_3 = 4 & \text{(Gleichung III)} \end{array}$$

In Matrixdarstellung ergibt sich:

$$\left[\begin{array}{ccc|c} 2 & 3 & 2 & 9 \\ 6 & 3 & 4 & 17 \\ 4 & -2 & 1 & 4 \end{array}\right]$$

Um die erforderliche **obere Dreiecksstruktur** zu erhalten, werden zunächst in der ersten Spalte unterhalb a_{11} Nullen erzeugt:

(1) Subtrahiere das Dreifache von Gleichung I von Gleichung II und das Zweifache von Gleichung I von Gleichung III:

$$\left[\begin{array}{ccc|c} 2 & 3 & 2 & 9 \\ 0 & -6 & -2 & -10 \\ 0 & -8 & -3 & -14 \end{array}\right]$$

(2) Multipliziere Gleichung III mit 0,75:

$$\left[\begin{array}{ccc|c} 2 & 3 & 2 & 9 \\ 0 & -6 & -2 & -10 \\ 0 & -6 & -2,25 & -10,5 \end{array}\right]$$

(3) Subtrahiere Gleichung II von Gleichung III:

$$\left[\begin{array}{ccc|c} 2 & 3 & 2 & 9 \\ 0 & -6 & -2 & -10 \\ 0 & 0 & -0,25 & -0,5 \end{array}\right]$$

Gleichung III ($-0{,}25x_3 = -0{,}5$) liefert nun $x_3 = 2$. Eingesetzt in Gleichung II ergibt sich:

$-6x_2 - 2x_3 = -10$ bzw. $x_2 = (-10 + 2x_3)/-6 = (-10 + 2 \cdot 2)/-6 = 1$

Gleichung I liefert schließlich:

$2x_1 + 3x_2 + 2x_3 = 9$ bzw. $x_1 = (9 - 3x_2 - 2x_3)/2 = (9 - 3 \cdot 1 - 2 \cdot 2)/2 = 1$,

also ist $x = [1,1,2]^T$ der gesuchte Lösungsvektor.

Aufgabe 94 - 95 > Seite 246

2.3 Ökonomische Anwendungsbeispiele

2.3.1 Teilbedarfsrechnung

Bei der Modellierung **mehrstufiger Produktionsprozesse** ist es häufig von Bedeutung, die zur Produktion bestimmter Mengen der Endprodukte erforderlichen Rohstoffmengen berechnen zu können. Bei vielen Produktionsprozessen führt dieses **Teilbedarfsproblem** auf ein lineares Gleichungssystem, dessen Lösungsvektor die erforderlichen Mengen enthält.

Beispiel

Gegeben sei ein mehrstufiger Produktionsprozess, bei dem aus drei Rohstoffen R_1, R_2 und R_3 zunächst zwei Zwischenprodukte Z_1 und Z_2 gefertigt werden. Aus den Zwischenprodukten und den Rohstoffen entstehen dann in einer zweiten Produktionsstufe zwei Endprodukte X_1 und X_2. Die dabei verwendeten Mengen seien durch x_1, x_2 und x_3 für die Rohstoffe, x_4 und x_5 für die Zwischenprodukte und x_6 und x_7 für die Endprodukte gegeben. In einem **Gozintografen** lässt sich der Produktionsprozess übersichtlich darstellen:

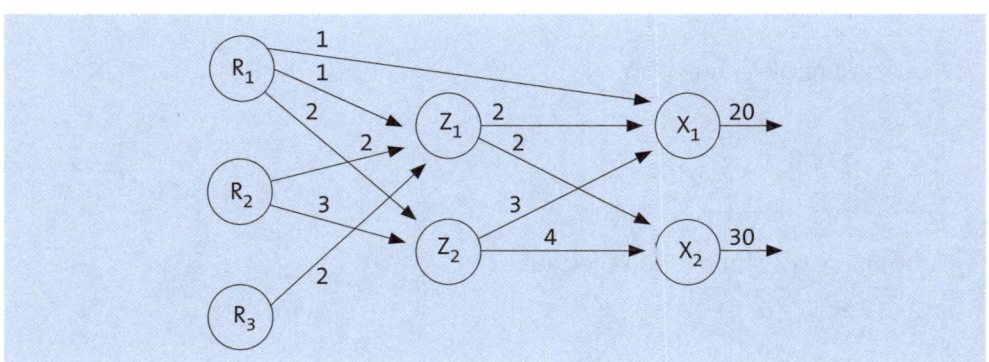

Die Zahlen an den Pfeilen im Gozintografen zeigen dabei die jeweils erforderlichen Mengen an, z. B. bedeutet die Zahl 2 am Pfeil von R_3 nach Z_1, dass zur Produktion von einer Einheit von Z_1 zwei Einheiten von R_3 benötigt werden. Bezogen auf die Mengen x_3 von R_3 und x_4 von Z_1 bedeutet dies: $x_3 = 2x_4$. Von X_1 sollen 20 Einheiten hergestellt werden, von X_2 30 Einheiten.

Insgesamt liefert der Gozintograf damit:

$x_1 = x_4 + 2x_5 + x_6$ (Rohstoff R_1)
$x_2 = 2x_4 + 3x_5$ (Rohstoff R_2)
$x_3 = 2x_4$ (Rohstoff R_3)
$x_4 = 2x_6 + 2x_7$ (Zwischenprodukt Z_1)
$x_5 = 3x_6 + 4x_7$ (Zwischenprodukt Z_2)
$x_6 = 20$ (Endprodukt X_1)
$x_7 = 30$ (Endprodukt X_2)

Werden alle Unbekannten $x_1, ..., x_7$ auf die linke Seite gebracht, ergibt sich das lineare Gleichungssystem

$$
\begin{array}{llll}
x_1 & - x_4 - 2x_5 - x_6 & = 0 & \text{(Rohstoff } R_1\text{)}\\
\quad x_2 & - 2x_4 - 3x_5 & = 0 & \text{(Rohstoff } R_2\text{)}\\
\quad\quad x_3 - 2x_4 & & = 0 & \text{(Rohstoff } R_3\text{)}\\
\quad\quad\quad x_4 & - 2x_6 - 2x_7 & = 0 & \text{(Zwischenprodukt } Z_1\text{)}\\
\quad\quad\quad\quad x_5 & - 3x_6 - 4x_7 & = 0 & \text{(Zwischenprodukt } Z_2\text{)}\\
\quad\quad\quad\quad\quad x_6 & & = 20 & \text{(Endprodukt } X_1\text{)}\\
\quad\quad\quad\quad\quad\quad x_7 & & = 30 & \text{(Endprodukt } X_2\text{)}
\end{array}
$$

bzw. in Matrixschreibweise $A \cdot x = b$:

$$
\begin{bmatrix}
1 & 0 & 0 & -1 & -2 & -1 & 0\\
0 & 1 & 0 & -2 & -3 & 0 & 0\\
0 & 0 & 1 & -2 & 0 & 0 & 0\\
0 & 0 & 0 & 1 & 0 & -2 & -2\\
0 & 0 & 0 & 0 & 1 & -3 & -4\\
0 & 0 & 0 & 0 & 0 & 1 & 0\\
0 & 0 & 0 & 0 & 0 & 0 & 1
\end{bmatrix}
\cdot
\begin{bmatrix}
x_1\\ x_2\\ x_3\\ x_4\\ x_5\\ x_6\\ x_7
\end{bmatrix}
=
\begin{bmatrix}
0\\ 0\\ 0\\ 0\\ 0\\ 20\\ 30
\end{bmatrix}
$$

Da bereits eine obere Dreiecksmatrix vorliegt, kann der Lösungsvektor x durch Rückwärtseinsetzen leicht bestimmt werden:

$x = [480 \quad 740 \quad 200 \quad 100 \quad 180 \quad 20 \quad 30]^T$

Aus 480 Einheiten des Rohstoffs R_1, 740 Einheiten des Rohstoffs R_2 und 200 Einheiten des Rohstoffs R_3 entstehen also 20 Einheiten von X_1 und 30 Einheiten von X_2.

In obigem Beispiel ergibt sich eine obere Dreiecksmatrix aus dem Gozintografen, da alle Rohstoff- und Zwischenproduktsströme auf die Endprodukte hin zulaufen. Wird jedoch eine gewisse Menge der Zwischen- oder Endprodukte benötigt, um Rohstoffe oder Zwischenprodukte herzustellen, entstehen **Schleifen** im Gozintografen, die dazu führen, dass auch Einträge unterhalb der Diagonalen in der Matrix A auftreten, was die Anwendung des Gaußschen Eliminationsverfahren erforderlich macht.

Beispiel

In einem zweistufigen Produktionsprozess werden aus zwei Rohstoffen R_1 und R_2 zunächst zwei Zwischenprodukte Z_1 und Z_2 gefertigt, aus denen schließlich ein Endprodukt X hergestellt wird. Geringe Mengen von Z_2 werden benötigt, um den Rohstoff R_1 zu produzieren. Der zugehörige Gozintograf

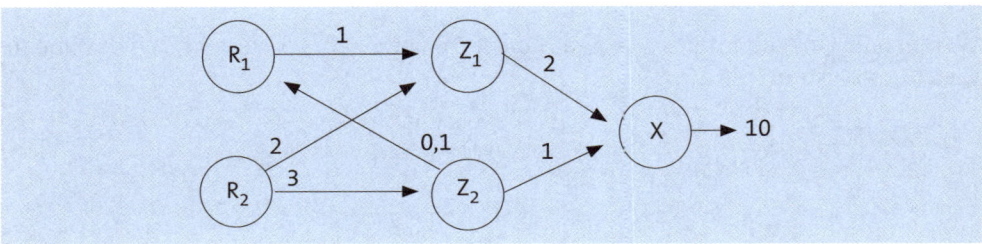

impliziert die Gleichungen:

$x_1 = x_3$ (Rohstoff R_1)
$x_2 = 2x_3 + 3x_4$ (Rohstoff R_2)
$x_3 = 2x_5$ (Zwischenprodukt Z_1)
$x_4 = 0{,}1x_1 + x_5$ (Zwischenprodukt Z_2)
$x_5 = 10$ (Endprodukt X)

Hieraus folgt in Matrixschreibweise das lineare Gleichungssystem

$$
\begin{bmatrix}
1 & 0 & -1 & 0 & 0 \\
0 & 1 & -2 & -3 & 0 \\
0 & 0 & 1 & 0 & -2 \\
-0{,}1 & 0 & 0 & 1 & -1 \\
0 & 0 & 0 & 0 & 1
\end{bmatrix}
\cdot
\begin{bmatrix}
x_1 \\
x_2 \\
x_3 \\
x_4 \\
x_5
\end{bmatrix}
=
\begin{bmatrix}
0 \\
0 \\
0 \\
0 \\
10
\end{bmatrix}
$$

Obwohl nur ein Eintrag unterhalb der Diagonalen ungleich Null ist, sind mehrere Äquivalenzumformungen erforderlich, um eine obere Dreiecksmatrix zu erhalten:

(1) Addition des 0,1-fachen der ersten Gleichung zur vierten Gleichung:

$$
\begin{bmatrix}
1 & 0 & -1 & 0 & 0 \\
0 & 1 & -2 & -3 & 0 \\
0 & 0 & 1 & 0 & -2 \\
0 & 0 & -0,1 & 1 & -1 \\
0 & 0 & 0 & 0 & 1
\end{bmatrix}
\cdot
\begin{bmatrix}
x_1 \\ x_2 \\ x_3 \\ x_4 \\ x_5
\end{bmatrix}
=
\begin{bmatrix}
0 \\ 0 \\ 0 \\ 0 \\ 10
\end{bmatrix}
$$

(2) Addition des 0,1-fachen der dritten Gleichung zur vierten Gleichung:

$$
\begin{bmatrix}
1 & 0 & -1 & 0 & 0 \\
0 & 1 & -2 & -3 & 0 \\
0 & 0 & 1 & 0 & -2 \\
0 & 0 & 0 & 1 & -1,2 \\
0 & 0 & 0 & 0 & 1
\end{bmatrix}
\cdot
\begin{bmatrix}
x_1 \\ x_2 \\ x_3 \\ x_4 \\ x_5
\end{bmatrix}
=
\begin{bmatrix}
0 \\ 0 \\ 0 \\ 0 \\ 10
\end{bmatrix}
$$

Es ergibt sich der Lösungsvektor $x = [20 \quad 76 \quad 20 \quad 12 \quad 10]^T$.

Bemerkung: Obiges lineares Gleichungssystem hätte man auch ohne Überführung in eine Dreiecksmatrix durch geschicktes Rückwärtseinsetzen lösen können. Beispielsweise gibt die 5. Gleichung x_5 direkt vor, durch Einsetzen in die 3. Gleichung erhält man daraus x_3. Ferner gilt $x_1 = x_3$, siehe 1. Gleichung. x_4 lässt sich dann mithilfe von x_1 und x_5 aus der 4. Gleichung gewinnen, danach kann auch x_2 mithilfe der 2. Gleichung abgeleitet werden.

Aufgabe 96 > Seite 247

2.3.2 Innerbetriebliche Leistungsverrechnung

Um die in einem Unternehmen anfallenden Kosten zu analysieren, wird das Unternehmen im Rahmen der **Kostenrechnung** in **Kostenstellen** aufgeteilt, die sich ihrerseits in **Hauptkostenstellen** (auch **Hauptbetriebe**) und **Hilfskostenstellen** (auch **Hilfsbetriebe**) untergliedern.

Hauptkostenstellen sind überall dort zu finden, wo die eigentlichen Produktions- und Absatzleistungen des Unternehmens erbracht werden, etwa in der Endmontage von Produkten. Hilfskostenstellen hingegen erbringen **innerbetriebliche Leistungen**, die nicht auf einem externen Markt angeboten werden, sondern an das Unternehmen als Ganzes, an Hauptkostenstellen oder an andere Hilfskostenstellen fließen. Beispiele wären die Bereiche Energie, Rohstoffe oder Wasser.

In der **innerbetrieblichen Leistungsverrechnung** werden die innerhalb eines Unternehmens erbrachten Leistungen mithilfe von **Verrechnungspreisen** einzelnen Kostenstellen zugeordnet. Der **Wert der produzierten Leistung** eines Hilfsbetriebes wird dabei zerlegt in **primäre Kosten**, die direkt bei der Bereitstellung von Leistungen entstehen (Materialkosten, Personalkosten, etc.), und **sekundäre Kosten**, die beim Empfang von Leistungen anderer Hilfsbetriebe entstehen:

Primäre Kosten + Sekundäre Kosten = Wert der produzierten Leistung

Die primären Kosten sind dabei durch die Struktur des Hilfsbetriebs fest vorgegeben, zur Berechnung der sekundären Kosten (empfangene Leistungen mal Verrechnungspreise) sowie des Wertes der produzierten Leistung (erbrachte Gesamtleistung mal Verrechnungspreis) werden **Verrechnungspreise** benötigt.

Das Hauptproblem dabei ist, dass die Verrechnungspreise einerseits bekannt sein müssen, um die sekundären Kosten zu berechnen, diese sich aber andererseits aus den Sekundärkosten selbst erst ergeben. Die damit gegebenen Verknüpfungen zwischen den Empfängern und Lieferanten innerbetrieblicher Leistungen führen auf ein **lineares Gleichungssystem**, dessen Lösungsvektor aus den gesuchten Verrechnungspreisen besteht.

Beispiel

In einem Unternehmen existieren neben einem Hauptbetrieb drei Hilfsbetriebe K_1, K_2 und K_3, die dem Unternehmen jeweils bestimmte Leistungen zur Verfügung stellen. Die einzelnen Hilfsbetriebe stellen ihre Leistungen nicht nur dem Hauptbetrieb, sondern auch den anderen Hilfsbetrieben zur Verfügung. Die erbrachten Einzelleistungen in Leistungseinheiten (LE) und primären Kosten in Geldeinheiten (GE) betragen:

	Empfang durch K_1	Empfang durch K_2	Empfang durch K_3	Empfang durch Hauptbetrieb	Gesamt-leistung	Primäre Kosten in GE
Lieferung durch K_1	0	1	2	17	20	24
Lieferung durch K_2	2	0	3	35	40	103
Lieferung durch K_3	2	3	0	15	20	87

Der Hilfsbetrieb K_2 erbringt dem Hilfsbetrieb K_1 Leistungen im Umfang von 2 LE, K_3 erhält von K_2 3 LE, der Hauptbetrieb 35 LE. Insgesamt hat K_2 damit eine Gesamtleistung im Umfang von 2 + 3 + 35 = 40 LE erbracht.

Die untereinander erbrachten Leistungen der Hilfsbetriebe können mithilfe einer Leistungsmatrix L dargestellt werden, die direkt aus obiger Tabelle hervorgeht:

$$L = \begin{bmatrix} 0 & 1 & 2 \\ 2 & 0 & 3 \\ 2 & 3 & 0 \end{bmatrix}$$

Die Nulleinträge auf der Diagonalen zeigen an, dass sich die Hilfsbetriebe nicht selbst Leistungen erbringen können.

Werden mit p_1, p_2 und p_3 die gesuchten Verrechnungspreise bezeichnet, führt die Gleichung primäre Kosten + sekundäre Kosten = Wert der produzierten Leistungen für die drei Hilfsbetriebe auf folgende Gleichungen:

K_1: $24 + 2p_2 + 2p_3 = 20p_1$
K_2: $103 + p_1 + 3p_3 = 40p_2$
K_3: $87 + 2p_1 + 3p_2 = 20p_3$

Die erste Gleichung besagt, dass K_1 bei primären Kosten von 24 je zwei Leistungseinheiten von K_2 und K_3 erhalten hat, die jeweils mit den Verrechnungspreisen p_2 und p_3 dieser Hilfsbetriebe multipliziert werden. Insgesamt hat K_1 20 Leistungseinheiten erbracht, die ihrerseits mit dem Verrechnungspreis p_1 von K_1 multipliziert werden müssen, um die Gesamtleistung von K_1 zu erhalten.

Mithilfe der Matrix-Vektor-Schreibweise entsprechen diese Gleichungen:

$$\begin{bmatrix} 24 \\ 103 \\ 87 \end{bmatrix} + \begin{bmatrix} 0 & 2 & 2 \\ 1 & 0 & 3 \\ 2 & 3 & 0 \end{bmatrix} \cdot \begin{bmatrix} p_1 \\ p_2 \\ p_3 \end{bmatrix} = \begin{bmatrix} 20p_1 \\ 40p_2 \\ 20p_3 \end{bmatrix}$$

(primäre Kosten + sekundäre Kosten = Wert der produzierten Leistung)

Beachte, dass die dabei auftretende Matrix die Transponierte L^T von L ist.

Werden alle p-abhängigen Größen auf eine Seite gebracht, ergibt sich das lineare Gleichungssystem

K_1: $20p_1 - 2p_2 - 2p_3 = 24$
K_2: $-p_1 + 40p_2 - 3p_3 = 103$
K_3: $-2p_1 - 3p_2 + 20p_3 = 87$

bzw.

$$\left[\begin{array}{ccc|c} 20 & -2 & -2 & 24 \\ -1 & 40 & -3 & 103 \\ -2 & -3 & 20 & 87 \end{array} \right]$$

Mithilfe des Gaußschen Eliminationsverfahrens wird der Lösungsvektor bestimmt:

$p = [2 \quad 3 \quad 5]^T$

Mit diesen Verrechnungspreisen errechnet sich der Wert der von allen Hilfsbetrieben dem Hauptbetrieb erbrachten Leistungen zu (siehe obige Tabelle): $2 \cdot 17 + 3 \cdot 35 + 5 \cdot 15 = 214$. Dieser Betrag ist gleich der Summe der primären Kosten: $24 + 103 + 87 = 214$. Dies besagt, dass der Wert aller dem Hauptbetrieb durch die Hilfsbetriebe erbrachten Leistungen den primären Kosten entspricht, die sekundären Kosten entsprechen hingegen den unter den Hilfsbetrieben erbrachten Leistungen.

Hilfsbetrieb K_1 hat insgesamt Leistungen im Wert von $2 \cdot 20 = 40$ erbracht. Um die primären Kosten von K_1 zu ermitteln, müssen von diesen 40 Geldeinheiten die Werte der von K_2 und K_3 dem Hilfsbetrieb K_1 erbrachten Leistungen abgezogen werden (zu den jeweiligen Verrechnungspreisen $p_2 = 3$ bzw. $p_3 = 5$):

$40 - 2 \cdot 3 - 2 \cdot 5 = 24$

Es ergeben sich wieder die primären Kosten von K_1 in Höhe von 24 GE.

Aufgabe 97 > Seite 247

H. Lineare Optimierung

Operations Research ist ein Zweig der Betriebswirtschaftslehre, der betriebswirtschaftliche Planungsprobleme mit Hilfe quantitativer Verfahren untersucht. Ein Spezialgebiet des Operations Research ist die lineare Optimierung, die sich mit der Optimierung **linearer Funktionen** unter **Nebenbedingungen** beschäftigt. Anwendungen der linearen Optimierung finden sich bei der Fertigungsplanung oder bei der Optimierung von Anlageportefeuilles in der Investmenttheorie. Die Nebenbedingungen ergeben sich dabei meist aus Kapazitätsgrenzen bei der Produktion oder externen Sachzwängen, die bei der Planung berücksichtigt werden müssen.

Grundtyp der Aufgaben in der linearen Optimierung sind die **linearen Programme** (Kapitel H.1), die entweder grafisch oder mithilfe des **Simplexverfahrens** gelöst werden können (Kapitel H.2 bzw. H.3). Speziell das Simplexverfahren ist dabei für praktische Anwendungen besonders interessant, da es problemlos auf großen Rechneranlagen realisiert werden kann.

Lineare Optimierung	Lineare Programme
	Grafische Lösung linearer Programme
	Simplexverfahren

1. Lineare Programme

Ein lineares Programm stellt die für ein lineares Optimierungsproblem notwendigen Vorgaben zusammen und besteht aus drei Teilen:

► Einer **linearen Zielfunktion** Z mehrerer Variabler $x_1, x_2, ..., x_n$, die entweder maximiert oder minimiert werden soll:

$$Z(x_1, x_2, ..., x_n) = c_1 x_1 + c_2 x_2 + ... + c_n x_n \rightarrow \text{max! oder min!}$$

Unter Verwendung der Spaltenvektoren $x = [x_1 \, x_2 \, ... \, x_n]^T$ und $c = [c_1 \, c_2 \, ... \, c_n]^T$ lässt sich Z auch als **Skalarprodukt** $Z = c^T \cdot x$ schreiben. Beachte, dass c^T ein Zeilenvektor ist.

► **Nebenbedingungen** (NB), die ebenfalls linear sind und bei der Maximierung bzw. Minimierung von Z berücksichtigt werden müssen:

$$a_{11} x_1 + a_{12} x_2 + ... + a_{1n} x_n \leq b_1$$
$$a_{21} x_1 + a_{22} x_2 + ... + a_{2n} x_n \leq b_2$$
$$...$$
$$a_{m1} x_1 + a_{m2} x_2 + ... + a_{mn} x_n \leq b_m$$

Anstelle der $\leq$-Zeichen können auch $\geq$-Zeichen in den Nebenbedingungen auftreten. In diesem Falle multipliziert man die betreffenden Ungleichungen mit (-1), um äquivalente $\leq$-Versionen der gleichen Nebenbedingungen zu erhalten.

Ein gefundenes Maximum oder Minimum der Zielfunktion Z muss alle m Nebenbedingungen **simultan** erfüllen. Mithilfe der m×n-Matrix

$$A = \begin{bmatrix} a_{11} & a_{12} & a_{13} & \cdots & a_{1n} \\ a_{21} & a_{22} & a_{23} & \cdots & a_{2n} \\ a_{31} & a_{32} & a_{33} & \cdots & a_{3n} \\ \vdots & \vdots & \vdots & \vdots & \vdots \\ a_{m1} & a_{m2} & a_{m3} & \cdots & a_{mn} \end{bmatrix}$$

und der Spaltenvektoren $x = [x_1\ x_2\ \ldots\ x_n]^T$ und $b = [b_1\ b_2\ \ldots\ b_m]^T$ lassen sich die Nebenbedingungen in der Form $A \cdot x \leq b$ schreiben. Dabei ist die $\leq$-Beziehung zwischen Spaltenvektoren elementweise zu verstehen, d. h. alle Einträge des Vektors $A \cdot x$ müssen kleiner oder gleich den entsprechenden Einträgen von b sein.

► **Nichtnegativitätsbedingungen** (NNB), die letztlich nur besagen, dass alle Variablen positiv sein sollen, was in betriebswirtschaftlichen Anwendungen naturgemäß sinnvoll ist:

$$x_1 \geq 0,\, x_2 \geq 0\,,\ldots,\, x_n \geq 0$$

Ein lineares Programm stellt damit eine **Extremwertaufgabe** dar, bei der eine lineare Zielfunktion $Z(x_1, x_2, \ldots ,x_n)$ unter gewissen Nebenbedingungen optimiert (maximiert oder minimiert) werden soll, wobei nur positive Variablenwerte zugelassen sind.

Beispiel

Ein Unternehmen, das zwei Produkte P_1 und P_2 in den Mengen x_1 und x_2 herstellt und verkauft, möchte seinen Umsatz maximieren. Für eine Einheit von P_1 verlangt das Unternehmen einen Preis von $c_1 = 4$, eine Einheit von P_2 wird zu einem Preis von $c_2 = 2$ angeboten. Von P_1 und P_2 können während des Betrachtungszeitraums jeweils höchstens 10 Einheiten produziert werden, von P_1 und P_2 zusammen können aus Kapazitätsgründen maximal 15 Einheiten produziert werden. Damit ergibt sich folgendes lineares Programm:

Maximiere die **Zielfunktion**

$$Z(x_1, x_2) = c_1 x_1 + c_2 x_2 = 4x_1 + 2x_2$$

unter den **Nebenbedingungen** (hier: Kapazitätsgrenzen bei der Produktion):

NB1: $x_1 \leq 10$ (nur maximal 10 Einheiten von P_1 möglich)
NB2: $x_2 \leq 10$ (nur maximal 10 Einheiten von P_2 möglich)
NB3: $x_1 + x_2 \leq 15$ (nur maximal 15 Einheiten von P_1 und P_2 zusammen möglich)

und den **Nichtnegativitätsbedingungen** (sinnvoll, da nur positive Absatz- bzw. Produktionsmengen möglich sind):

NNB1: $x_1 \geq 0$
NNB2: $x_2 \geq 0$

2. Grafische Lösung linearer Programme

Einfache lineare Programme mit **zwei unabhängigen** Variablen x_1 und x_2 können **grafisch** gelöst werden. Zu diesem Zweck muss man sich zunächst klar machen, welche Auswirkungen die Nebenbedingungen und Nichtnegativitätsbedingungen auf die Menge der zulässigen Lösungen haben. Als lineare Funktion der Variablen x_1 und x_2 ist Z für alle reellen Wertekombinationen (x_1, x_2) definiert, nicht alle Wertekombinationen sind jedoch für das Optimierungsproblem zugelassen.

Wegen der Nichtnegativitätsbedingungen müssen x_1 und x_2 zunächst **positiv** sein, d. h. es werden überhaupt nur Maximal- bzw. Minimalwerte von Z im **ersten Quadranten** eines kartesischen Koordinatensystems mit x_1- und x_2-Achse gesucht. Die Nebenbedingungen schränken den zulässigen Bereich weiter ein, sodass ein **beschränkter Bereich** innerhalb des ersten Quadranten entsteht, in dem Z zu optimieren ist.

Beispiel

Für das Beispiel aus dem vorangegangenen Kapitel ergibt sich: Wegen der Nebenbedingungen NB1 und NB2 dürfen x_1 und x_2 einen Wert von maximal 10 annehmen. Die Nebenbedingung NB3 kann zunächst als Gleichung geschrieben und dann nach x_2 aufgelöst werden:

$x_1 + x_2 = 15$ (NB3 als Gleichung)
$\Rightarrow x_2 = 15 - x_1$

Dies entspricht einer Geraden im x_1-x_2-Raum. Unterhalb der Geraden gilt stets $x_1 + x_2 < 15$, NB3 ist also erfüllt, oberhalb der Geraden ist NB3 verletzt. Die Gerade bildet damit die Grenze zwischen den Bereichen, in denen NB3 erfüllt bzw. nicht erfüllt ist.

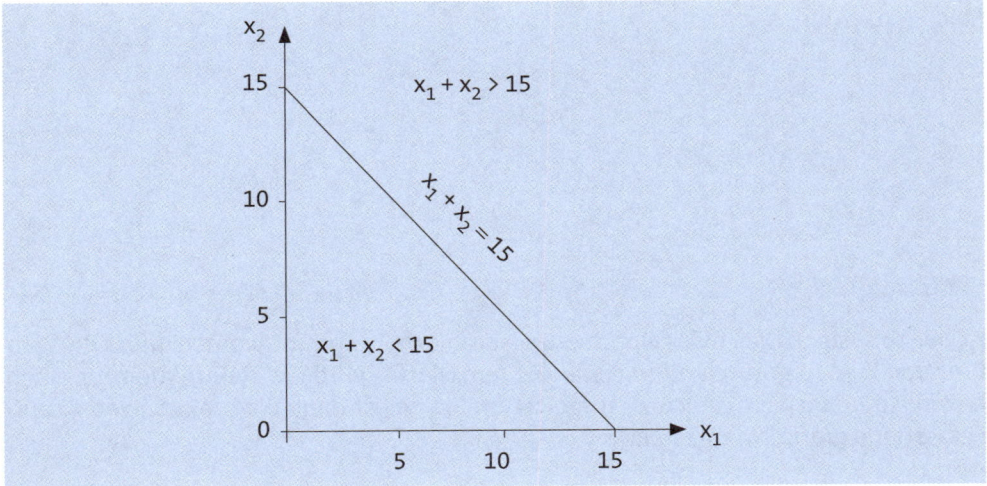

Werden alle Nebenbedingungen **simultan** berücksichtigt, ergibt sich der für die Maximierung von Z zulässige Bereich B:

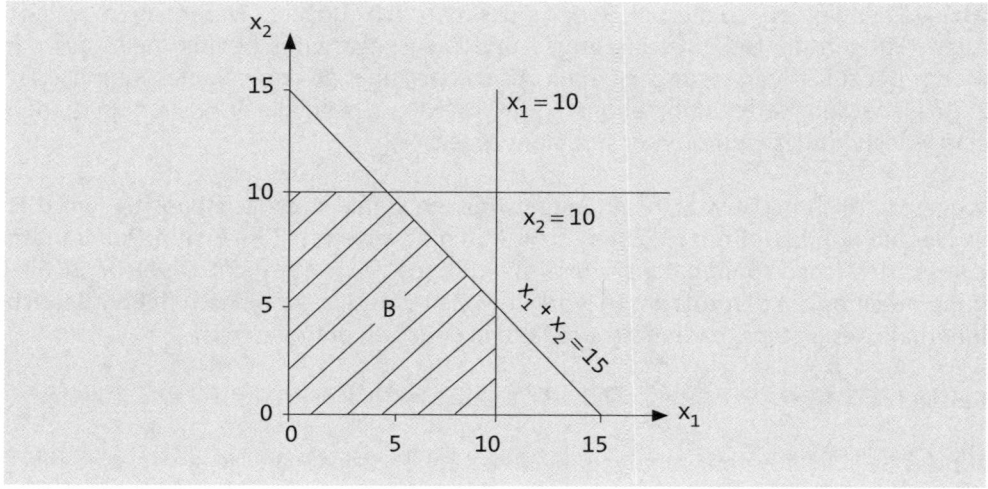

Würde auf die Nebenbedingung NB3 verzichtet werden, ergäbe sich ein größerer zulässiger Bereich:

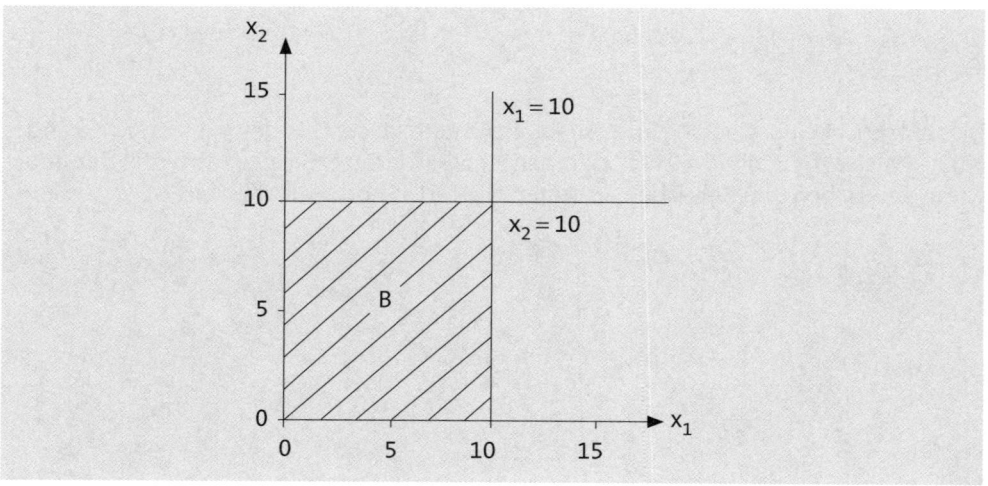

Ist der zulässige Bereich des Optimierungsproblems bestimmt worden, muss die Zielfunktion Z noch grafisch dargestellt werden. Hierfür wird die Zielfunktion für einen festen Funktionswert c nach x_2 aufgelöst und x_2 selbst dann als Funktion von x_1 aufgefasst und grafisch dargestellt:

$$Z(x_1, x_2) = c_1 x_1 + c_2 x_2 = c$$
$$\Rightarrow \quad x_2 = \frac{c - c_1 x_1}{c_2} = \frac{c}{c_2} - \frac{c_1}{c_2} x_1$$

Aufgrund der **Linearität** von Z ergibt sich für jeden c-Wert eine **Gerade** im x_1-x_2-Raum.

Beispiel

Für die Zielfunktion $Z(x_1,x_2) = 4x_1 + 2x_2$ aus obigem Beispiel gilt:

$$Z(x_1,x_2) = 4x_1 + 2x_2 = c$$

$$\Rightarrow \quad x_2 = \frac{c - 4x_1}{2} = \frac{c}{2} - 2x_1 = 0{,}5c - 2x_1$$

Für einzelne c-Werte ergibt dies die Geraden

$$c = 80 \quad \longrightarrow \quad x_2 = 40 - 2x_1$$
$$c = 60 \quad \longrightarrow \quad x_2 = 30 - 2x_1$$
$$c = 40 \quad \longrightarrow \quad x_2 = 20 - 2x_1$$

Die Geraden sind aufgrund ihrer identischen Steigung parallel und wandern für abnehmendes c immer weiter nach links unten im Schaubild:

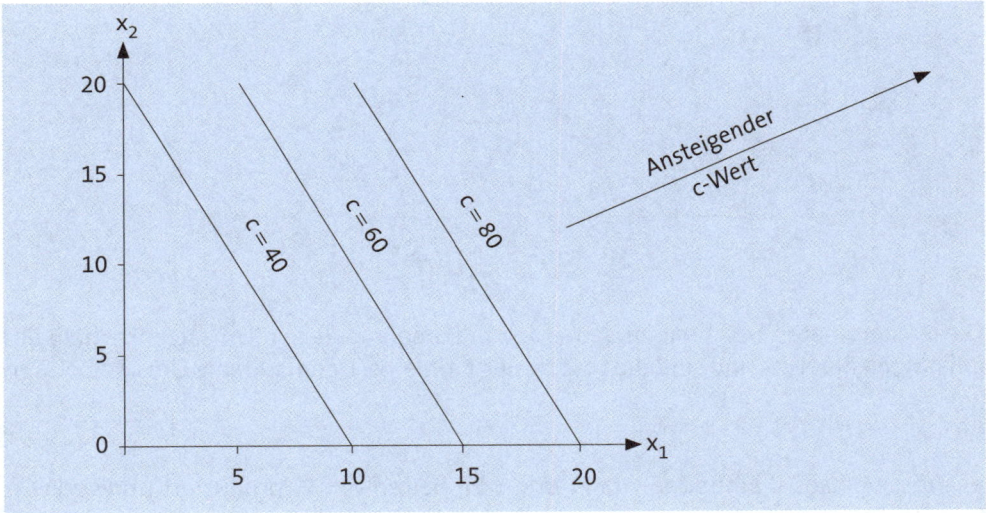

Soll der Funktionswert c zur Lösung eines linearen Optimierungsproblems maximiert werden, betrachtet man nun zunächst eine Gerade mit hohem c-Wert außerhalb des zulässigen Bereichs B und verschiebt die Gerade dann in Richtung des zulässigen Bereichs B so lange, bis B von der Geraden berührt wird. Der c-Wert der Geraden nimmt dabei ab und erreicht im Berührpunkt mit B sein Maximum für alle zulässigen Wertekombinationen (x_1,x_2) aus B. Die Koordinaten dieses Berührpunktes müssen damit die Lösung des linearen Optimierungsproblems sein. Soll c minimiert werden, kann man analog vorgehen und beginnt mit einer Geraden mit niedrigem c-Wert, der bei Verschiebung in Richtung B ansteigt.

Beispiel

Für obiges Beispiel eines Unternehmens, das seinen Umsatz mit zwei Produkten P_1 und P_2 unter bestimmten Nebenbedingungen und Positivitätsbedingungen an die produzierten Mengen x_1 und x_2 maximieren will, liefert die Geradenschar der Zielfunktion für $Z(x_1, x_2) = 4x_1 + 2x_2 = c$ rechts oben im Schaubild große c-Werte (= hohe Umsätze), nach links unten hin ergeben sich immer kleinere c-Werte. Eine erste Berührung einer Geraden mit dem zulässigen Bereich B findet für $x_1 = 10$ und $x_2 = 5$ statt.

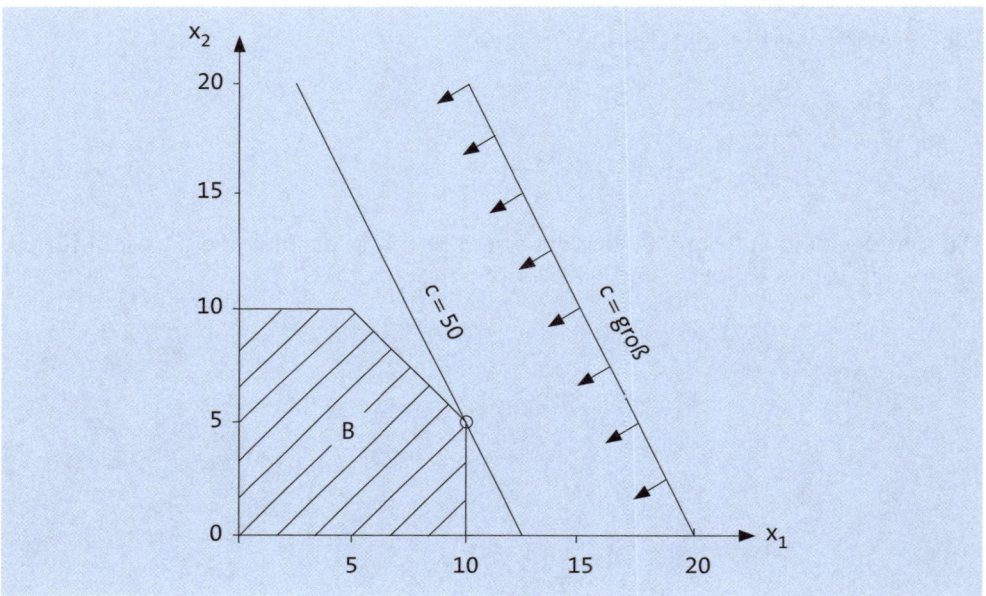

Diese Koordinaten beschreiben damit den maximal möglichen Umsatz innerhalb des zulässigen Bereichs und sind die Lösung des Problems. Der maximale Umsatz beträgt:

$$c = 4x_1 + 2x_2 = 4 \cdot 10 + 2 \cdot 5 = 50,$$

es müssen also 10 Einheiten von P_1 und 5 Einheiten von P_2 produziert und verkauft werden, um den Umsatz unter den gegebenen Nebenbedingungen zu maximieren.

Wird auf die Nebenbedingung NB3 verzichtet, können von P_1 und P_2 jeweils maximal 10 Einheiten produziert werden (NB1 und NB2), der maximale Umsatz muss dann für $x_1 = x_2 = 10$ erreicht werden. Die grafische Darstellung bestätigt dies: Nun wird der zulässige Bereich schon für $x_1 = 10$ und $x_2 = 10$ erreicht, was

$$c = 4x_1 + 2x_2 = 4 \cdot 10 + 2 \cdot 10 = 60$$

impliziert. Durch den Wegfall einer Nebenbedingung (produktionsbedingte Einschränkung) wird ein höherer Umsatz möglich.

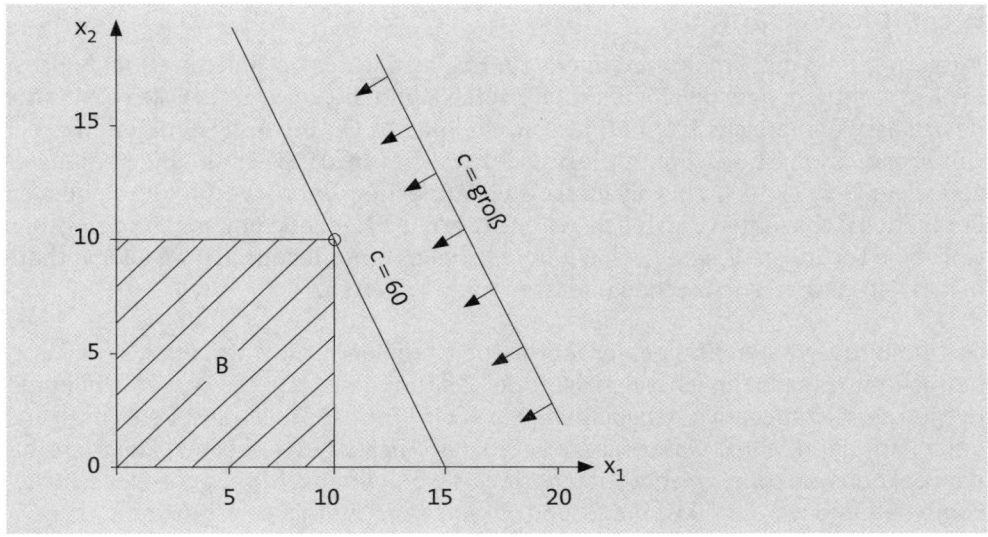

Eine lineare Optimierungsaufgabe muss **keine eindeutige Lösung** besitzen. Verläuft eine Kante des zulässigen Bereichs B parallel zu der aus der Zielfunktion hervorgehenden Geradenschar, kann es passieren, dass alle Punkte auf dieser Kante die Lösungsmenge bilden.

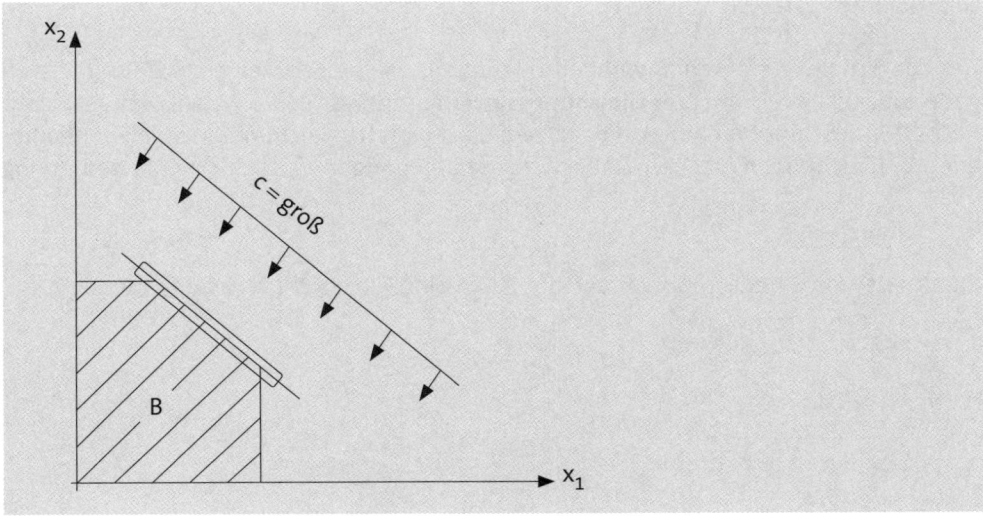

Aufgabe 98 > Seite 248

3. Simplexverfahren

Ausgangspunkt des Simplexverfahrens zur Lösung linearer Optimierungsprobleme ist die Beobachtung, dass die Zielfunktion Z ihren Optimalwert in einer **Ecke** oder **Kante** des zulässigen Bereichs B annimmt. Für ein lineares Optimierungsproblem aus der Güterproduktion ist dies unmittelbar nachzuvollziehen, da die Ecken und Kanten des zulässigen Bereichs (i. A. ein **Polyeder**) die **Vollauslastung** der zur Verfügung stehenden Produktionskapazitäten darstellen, wie sie durch die Nebenbedingungen vorgegeben sind. Eine Lösung im Inneren von B würde lediglich einer **Teilauslastung** aller vorhandenen Kapazitäten entsprechen und ist nicht zu erwarten.

Das Simplexverfahren für lineare Optimierungsprobleme mit n Variablen x_1, x_2, ..., x_n betrachtet deshalb zunächst den Wert der Zielfunktion $Z(x_1, x_2, ..., x_n)$ im Nullpunkt (wegen der Nichtnegativitätsbedingungen i. A. eine Ecke des zulässigen Bereichs B) und durchläuft dann schrittweise weitere Ecken des durch B beschriebenen Polyeders, bis der Funktionswert von Z nicht weiter optimiert werden kann. Die so gefundene Wertekombination $(x_1, x_2, ..., x_n)$ ist die Lösung des linearen Optimierungsproblems.

Das Simplexverfahren besitzt gegenüber der grafischen Lösungsmethode aus Kapitel H.2 zwei entscheidende Vorteile. Erstens erlaubt das Simplexverfahren die Lösung auch **höher dimensionierter linearer Optimierungsprobleme** mit mehr als zwei Variablen, während die grafische Methode schon für n = 3 praktisch kaum noch durchführbar ist (zulässiger Bereich B ist schon für n = 3 ein dreidimensionaler Polyeder und nur schwer zu visualisieren). Zweitens kann das Simplexverfahren auf **großen Rechneranlagen** realisiert werden, was eine effiziente und zuverlässige Lösung unterschiedlichster Einzelprobleme gestattet.

Um das Simplexverfahren anwenden zu können, muss eine lineare Optimierungsaufgabe zunächst in ein **lineares Gleichungssystem** umgewandelt werden. Dies geschieht mithilfe von **Schlupfvariablen**, die aus den einzelnen Ungleichungen der Nebenbedingungen **Gleichungen** machen. Dabei wird so vorgegangen, dass eine Nebenbedingung

$$a_{i1}x_1 + a_{i2}x_2 + ... + a_{in}x_n \leq b_i$$

durch Addition einer Schlupfvariablen $y_i \geq 0$ in eine Gleichung verwandelt wird:

$$a_{i1}x_1 + a_{i2}x_2 + ... + a_{in}x_n + y_i = b_i$$

Für $y_i > 0$ gilt dann:

$$a_{i1}x_1 + a_{i2}x_2 + ... + a_{in}x_n < b_i,$$

$y_i = 0$ impliziert:

$$a_{i1}x_1 + a_{i2}x_2 + ... + a_{in}x_n = b_i$$

In beiden Fällen ist die ursprüngliche Nebenbedingung erfüllt. Insgesamt wird damit aus den m Nebenbedingungen:

$$a_{11}x_1 + a_{12}x_2 + \dots + a_{1n}x_n + y_1 = b_1$$
$$a_{21}x_1 + a_{22}x_2 + \dots + a_{2n}x_n + y_2 = b_2$$
...
$$a_{m1}x_1 + a_{m2}x_2 + \dots + a_{mn}x_n + y_m = b_m$$

Da die Nebenbedingungen im betriebswirtschaftlichen Sinne als Kapazitätsbeschränkungen interpretiert werden können, deutet $y_i > 0$ eine **Teilauslastung** einer Kapazität an, $y_i = 0$ hingegen **Vollauslastung**. Beachte, dass genauso viele Schlupfvariable wie Nebenbedingungen benötigt werden.

Um aus der zu optimierenden Zielfunktion ebenfalls eine Gleichung zu machen, wird die Funktionsgleichung so umgeformt, dass auf der rechten Seite Null steht:

$$Z(x_1, x_2, \dots, x_n) = c_1x_1 + c_2x_2 + \dots + c_nx_n$$
$$\Rightarrow$$
$$-c_1x_1 - c_2x_2 - \dots - c_nx_n + Z = 0$$

Beispiel

Die Zielfunktion

$$Z(x_1, x_2) = 4x_1 + 2x_2$$

soll unter den Nebenbedingungen

NB1: $x_1 \leq 10$
NB2: $x_2 \leq 10$
NB3: $x_1 + x_2 \leq 15$

und den Nichtnegativitätsbedingungen $x_1 \geq 0$ und $x_2 \geq 0$ maximiert werden, vgl. Kapitel H.1. Durch Einführung der drei Schlupfvariablen y_1, y_2 und y_3 wird aus den Nebenbedingungen:

NB1: $x_1 + y_1 = 10$
NB2: $x_2 + y_2 = 10$
NB3: $x_1 + x_2 + y_3 = 15$

Insgesamt ist damit für die Variablen x_1, x_2, y_1, y_2 und y_3 das lineare Gleichungssystem

$$\begin{bmatrix} 1 & 0 & 1 & 0 & 0 \\ 0 & 1 & 0 & 1 & 0 \\ 1 & 1 & 0 & 0 & 1 \end{bmatrix} \cdot \begin{bmatrix} x_1 \\ x_2 \\ y_1 \\ y_2 \\ y_3 \end{bmatrix} = \begin{bmatrix} 10 \\ 10 \\ 15 \end{bmatrix}$$

entstanden. Für die Zielfunktion ergibt sich aus der Forderung eines optimalen Funktionswertes:

$$Z(x_1, x_2) = 4x_1 + 2x_2$$
$$\Rightarrow$$
$$-4x_1 - 2x_2 + Z(x_1, x_2) = 0$$

Das aus den Nebenbedingungen hervorgehende **lineare Gleichungssystem** besteht allgemein aus m Gleichungen mit n + m Variablen $x_1, ..., x_n, y_1, ..., y_m$, von denen allerdings nur die ursprünglichen Unbekannten $x_1, ..., x_n$ interessieren. Es spielt daher keine Rolle, dass das lineare Gleichungssystem **unterbestimmt** ist. Die Zahlenwerte der Schlupfvariablen $y_1, ..., y_m$ sind für die Lösung der linearen Optimierungsaufgabe nicht von Belang, da sie nur über den Kapazitätsauslastungsgrad bei einzelnen Nebenbedingungen Auskunft geben.

Liegt das lineare Optimierungsproblem in Gleichungsform vor, kann das **Simplextableau** erstellt werden. Dazu werden die Nebenbedingungen zusammen mit der Zielfunktion Z in den Zeilen einer Tabelle aufgetragen, die n + m Variablen $x_1, ..., x_n, y_1, ..., y_m$ sowie Z und b in den Spalten. Zunächst wird das Simplextableau für die Variablenwerte $x_1 = x_2 = ... = x_n = 0$ aufgestellt. Der zugehörige Zahlenwert Null der Zielfunktion Z befindet sich unten rechts im Simplextableau.

	x_1	...	x_n	y_1	...	y_m	Z	b
y_1	a_{11}	...	a_{1n}	1	...	0	0	b_1
...	...	...	...	...	...	...	...	...
y_m	a_{m1}	...	a_{mn}	0	...	1	0	b_m
Z	$-c_1$	...	$-c_n$	0	...	0	1	0

Die erste Zeile des Tableaus steht für die Gleichung (vgl. oben):

$a_{11}x_1 + a_{12}x_2 + ... + a_{1n}x_n + y_1 = b_1$

die letzte Zeile stellt die Zielfunktion dar:

$-c_1x_1 - c_2x_2 - ... - c_nx_n + Z = 0$

Beachte, dass in der Z-Spalte mit Ausnahme des letzten Eintrags nur Nullen stehen.

Alle weiteren Operationen des Simplexverfahrens werden nun anhand dieses Simplextableaus durchgeführt.

Beispiel

Für obiges Zahlenbeispiel ergibt sich für $x_1 = x_2 = 0$ das Simplextableau:

	x_1	x_2	y_1	y_2	y_3	Z	b
y_1	1	0	1	0	0	0	10
y_2	0	1	0	1	0	0	10
y_3	1	1	0	0	1	0	15
Z	-4	-2	0	0	0	1	0

In den drei mittleren Zeilen des Simplextableaus finden sich die Nebenbedingungen wieder, die unterste Zeile (**Zielfunktionszeile**) stellt die Zielfunktion dar: $-4x_1 - 2x_2 + Z(x_1,x_2) = 0$. Da zunächst noch $x_1 = x_2 = 0$ gilt, nimmt die Zielfunktion den Wert 0 an, er steht unten rechts in der b-Spalte. Die übrigen Einträge in der b-Spalte entsprechen den Zahlenwerten der Schlupfvariablen zu Beginn des Simplexverfahrens. In diesem Beispiel ist (vgl. erste mit letzter Spalte): $y_1 = 10$, $y_2 = 10$, $y_3 = 15$. Insgesamt liegen damit folgende Startwerte des Simplexverfahrens vor:

$x_1 = 0$, $x_2 = 0$, $y_1 = 10$, $y_2 = 10$, $y_3 = 15$, $Z = 0$

Grafisch befinden wir uns damit im Ursprung eines x_1-x_2-Koordinatensystems und gleichzeitig in einer Ecke des zulässigen Bereichs B.

Die Schlupfvariablen $y_1, ..., y_m$ bilden im Simplextableau eine **m × m-Einheitsmatrix** und werden als **Basisvariable** des Simplextableaus bezeichnet, die Variablen $x_1, ..., x_n$ werden **Nichtbasisvariable** genannt. Die Spalteneinträge einer Basisvariablen y_j sind mit Ausnahme der j-ten Position gleich Null, in der j-ten Position steht eine Eins, beispielsweise entspricht y_2 dem Spaltenvektor $[0 \ 1 \ 0 \ ... \ 0]^T$. Zusammen genommen bilden diese m-dimensionalen **Einheitsvektoren** eine Einheitsmatrix.

Ziel des Simplexverfahrens ist es, den Funktionswert von Z durch **Vertauschen der Basis- mit den Nichtbasisvariablen** systematisch zu optimieren. Grafisch gesprochen werden dabei die Ecken des zulässigen Bereichs B durchwandert, bis ein erneuter Variablentausch keine weitere Optimierung von Z mehr verspricht.

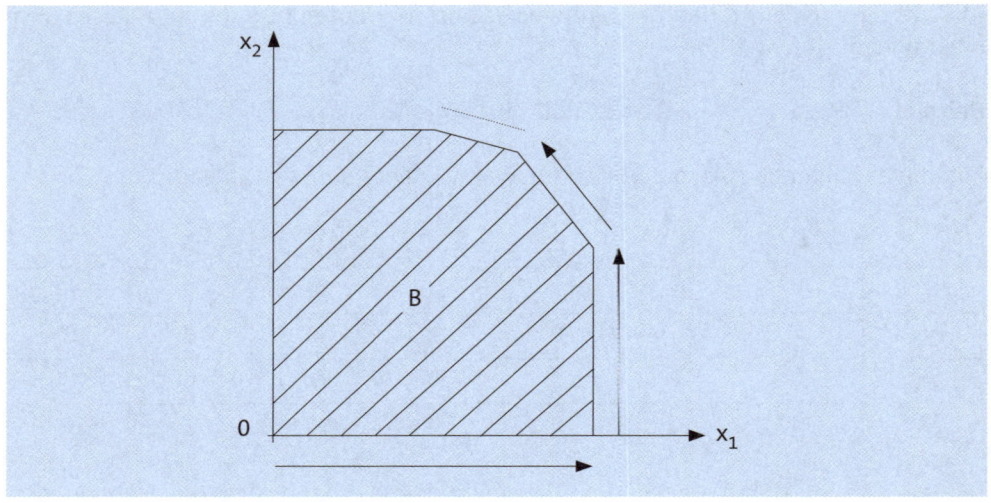

Um den Wert der Zielfunktion zu optimieren, sucht man nun zunächst den **negativs-ten Zahlenwert** in der Zielfunktionszeile und die zugehörige Variable x_i. Die betroffene Spalte im Simplextableau wird **Pivotspalte** genannt und zeigt an, welche der Nicht-basisvariablen zu einer Basisvariablen gemacht werden soll. Liegen mehrere gleich-große negative Zahlenwerte in der Zielfunktionszeile vor, kann ein beliebiger dieser Zahlenwerte zur Festlegung der Pivotspalte herangezogen werden. Steht kein negativer Zahlenwert mehr in der Zielfunktionszeile, kann davon ausgegangen werden, dass Z nicht weiter optimiert werden kann.

Mit Auswahl der Pivotspalte und der zugehörigen Nichtbasisvariablen wird grafisch gesprochen entschieden, in welche Richtung man sich vom Ursprung weg bewegen soll, um den Zahlenwert von Z zu optimieren.

Alle Einträge der b-Spalte werden nun durch die entsprechenden Einträge der Pivot-spalte dividiert (mit Ausnahme der Zielfunktionszeile), um die **Pivotzeile** zu ermitteln. Die Pivotzeile ist diejenige Zeile des Simplextableau, bei der die genannten Divisionen den niedrigsten Zahlenwert liefern. An der Schnittstelle von Pivotspalte und Pivotzeile befindet sich das **Pivotelement** (auch **Pivot**).

Beispiel

Der negativste Eintrag in der Zielfunktionszeile des obigen Simplextableaus ist -4, die zugehörige Nichtbasisvariable ist x_1. Zur Optimierung von Z soll also zunächst in x_1-Richtung gelaufen werden, x_1 wird damit zu einer Basisvariablen.

	x_1	x_2	y_1	y_2	y_3	Z	b
y_1	1	0	1	0	0	0	10
y_2	0	1	0	1	0	0	10
y_3	1	1	0	0	1	0	15
Z	-4	-2	0	0	0	1	0

Werden die Quotienten aus den Einträgen der b-Spalte mit der Pivotspalte gebildet, ergibt sich:

y_1-Zeile: 10 : 1 = 10
y_2-Zeile: 10 : 0 = nicht durchführbar
y_3-Zeile: 15 : 1 = 15

Damit wird die y_1-Zeile zur Pivotzeile, der Eintrag 1 am Schnittpunkt von Pivotspalte und Pivotzeile zum Pivot:

	x_1	x_2	y_1	y_2	y_3	Z	b
y_1	1	0	1	0	0	0	10
y_2	0	1	0	1	0	0	10
y_3	1	1	0	0	1	0	15
Z	-4	-2	0	0	0	1	0

Das eigentliche Vertauschen einer Basis- mit einer Nichtbasisvariablen wird mittels des **Pivotschrittes** vollzogen. Im Pivotschritt wird zunächst die Pivotzeile durch den Pivot dividiert, der Pivot selbst nimmt damit den Zahlenwert Eins an (**Normierung**). Danach werden alle anderen Einträge s_{ij} (i = Zeilenindex, j = Spaltenindex) des Simplextableaus durch den Ausdruck

s_{ij} - (j-ter Eintrag Pivotzeile) • (i-ter Eintrag Pivotspalte) / Pivotelement

ersetzt. Der j-te Eintrag der Pivotzeile steht in der gleichen Spalte wie s_{ij}, der i-te Eintrag der Pivotspalte in der gleichen Zeile wie s_{ij}.

Beispiel

Für das obige Beispiel ergibt die Normierung keine Veränderung der Zahlenwerte, da das Pivotelement bereits gleich Eins ist. Der Pivotschritt muss elementweise durchgeführt werden und soll am Eintrag $s_{41} = -4$ demonstriert werden.

Da s_{41} in der vierten Zeile des Tableaus steht (i = 4), wird der vierte Eintrag der Pivotspalte benötigt. Dies ist s_{41} selbst. Da s_{41} ferner in der ersten Spalte steht (j = 1), wird der erste Eintrag der Pivotzeile benötigt, in diesem Falle der Pivot $s_{11} = 1$. Damit wird s_{41} durch

$$s_{41} - s_{11} \cdot s_{41} / s_{11} = (-4) - 1 \cdot (-4) / 1 = -4 + 4 = 0$$

ersetzt. Der Zielfunktionswert 0 verändert sich ebenfalls: $0 \rightarrow 0 - 10 \cdot (-4)/1 = 40$. Der zugehörige Eintrag in der Pivotzeile beträgt hier 10, der zugehörige Eintrag in der Pivotspalte (-4). Insgesamt ergibt sich:

	x_1	x_2	y_1	y_2	y_3	Z	b
x_1	1	0	1	0	0	0	10
y_2	0	1	0	1	0	0	10
y_3	0	1	-1	0	1	0	5
Z	0	-2	4	0	0	1	**40**

Beachte, dass x_1 anstelle von y_1 zu einer Basisvariablen geworden ist, entsprechend steht in der Spalte unterhalb x_1 nun der Einheitsvektor $[1\ 0\ 0]^T$. Durch den Variablentausch sind wir im Punkt (10, 0) des zulässigen Bereichs angekommen, die Startwerte des Simplexverfahrens haben sich entsprechend verändert:

$$x_1 = 10, x_2 = 0, y_1 = 0, y_2 = 10, y_3 = 5, Z = 40$$

Die Zahlenwerte x_1, y_2, y_3 und Z können in der rechten Spalte des Tableaus direkt abgelesen werden, der Zahlenwert für y_1 ergibt sich aus der Nebenbedingung NB1: $x_1 + y_1 = 10$.

Solange sich noch negative Zahlenwerte in der Zielfunktionszeile befinden, kann davon ausgegangen werden, dass der Zielfunktionswert noch weiter optimiert werden kann, was weiteren Variablentausch erforderlich macht. Zu diesem Zweck müssen nun erneut Pivotspalte, Pivotzeile und Pivot ermittelt und dann ein weiterer Pivotschritt durchgeführt werden. Sobald nur noch positive Zahlenwerte in der Zielfunktionszeile stehen, wird das Simplexverfahren abgebrochen und der dann erzielte Z-Wert als Optimalwert akzeptiert.

Beispiel

In obigem Beispiel steht nach dem ersten Pivotschritt noch ein Zahlenwert -2 in der Zielfunktionszeile, der als einziger negativer Zahlenwert sofort die neue Pivotspalte festlegt. Um die Pivotzeile zu finden, werden wieder die Einträge der b-Spalte ganz rechts im Tableau durch die entsprechenden Einträge der Pivotspalte dividiert:

x_1-Zeile: $10 : 0 =$ nicht durchführbar
y_2-Zeile: $10 : 1 = 10$
y_3-Zeile: $5 : 1 = 5$

Dass nun ausgerechnet die erste Division nicht durchführbar ist (womit die erste Zeile nicht als Pivot infrage kommt), verwundert nicht weiter, da ein Tausch der Variablen x_1 gegen x_1 sowieso keinen Sinn ergeben würde. Offenbar wird nun die dritte Zeile zur Pivotzeile, da hier der niedrigste Quotientenwert auftritt. Der Eintrag $s_{32} = 1$ an der Schnittstelle von Pivotspalte und Pivotzeile wird zum Pivotelement:

	x_1	x_2	y_1	y_2	y_3	z	b
x_1	1	0	1	0	0	0	10
y_2	0	1	0	1	0	0	10
y_3	0	1	-1	0	1	0	5
z	0	-2	4	0	0	1	40

Nun wird wieder der Pivotschritt durchgeführt. Die Division der Einträge in der Pivotzeile durch den Pivot ändert wieder nichts (Pivot = 1), im Rest des Tableaus wird wieder nach obiger Rechenvorschrift jeder Wert s_{ij} neu berechnet. Der Spaltenvektor unterhalb x_2 wird dadurch zum Einheitsvektor $[0\ 0\ 1]^T$, da x_2 den ehemaligen Einheitsvektor y_3 ersetzt, der sich seinerseits verändert. Insgesamt ergibt sich:

	x_1	x_2	y_1	y_2	y_3	z	b
x_1	1	0	1	0	0	0	10
y_2	0	0	1	1	-1	0	5
x_2	0	1	-1	0	1	0	5
z	0	0	2	0	2	1	50

Der neue Zahlenwert $s_{ij} = s_{43} = 2$ (zuvor 4) in der Zielfunktionszeile errechnet sich dabei nach (vgl. altes Tableau):

$$s_{43} = 4 - (-1) \cdot (-2)/1 = 2$$

Der j-te Eintrag (hier der 3. Eintrag) der Pivotzeile des alten Tableaus lautet (-1), der i-te Eintrag (= 4. Eintrag) der Pivotspalte (-2).

Insgesamt ergibt sich für die Variablen und Z nach dem zweiten Pivotschritt:

$x_1 = 10, x_2 = 5, y_1 = 0, y_2 = 5, y_3 = 0, Z = 50$

Da nun alle Einträge in der Zielfunktionszeile positiv sind, ist keine weitere Optimierung mehr zu erwarten. In der Tat entspricht der erzielte Funktionswert für die Zielfunktion ($Z = 50$) dem in Kapitel H.2 grafisch ermittelten Ergebnis des Optimierungsproblems.

Die Zahlenwerte der Schlupfvariablen deuten den Auslastungsgrad der einzelnen Kapazitäten an: Für die Nebenbedingungen NB1 und NB3 liegt Vollauslastung vor ($y_1 = 0$, $y_3 = 0$), für NB2 Teilauslastung ($y_2 = 5$). Dies hängt damit zusammen, dass $x_2 = 5$ ist, obwohl für x_2 alleine ein Maximalwert 10 möglich wäre (NB2). Dieser Zahlenwert würde aber wegen $x_1 = 10$ die Nebenbedingung NB3 verletzen, wonach $x_1 + x_2 \leq 15$ gelten muss.

Insgesamt besteht das Simplexverfahren damit aus folgenden Einzelschritten:

(1) Formulierung des **linearen Programms**, wobei alle Nebenbedingungen in der $\leq$-Form vorliegen müssen. Notfalls wird mit (-1) multipliziert.

(2) Umwandeln der Ungleichungen in **Gleichungen** durch Addition von **Schlupfvariablen**. Ebenso wird die Zielfunktion in die Form $-c_1x_1 - c_2x_2 - \dots - c_nx_n + Z = 0$ gebracht.

(3) Aufstellen des **Simplextableaus**.

(4) Bestimmung der **Pivotspalte** und der **Pivotzeile**. Im Schnittpunkt befindet sich der **Pivot**.

(5) Durchführung des **Pivotschritts** und damit Vertauschen einer Basis- mit einer Nichtbasisvariablen.

(6) Soweit sich in der **Zielfunktionszeile** noch negative Zahlenwerte befinden, werden die Schritte 4) und 5) wiederholt, ansonsten kann die **Optimallösung** aus dem Tableau abgelesen werden.

Bemerkung: Das Simplexverfahren kann auch zur Lösung von Minimierungsaufgaben verwendet werden, Details hierzu finden sich in *Tietze*.

Aufgabe 99 - 100 > Seite 248

Aufgabe 1: Zahlenmengen

Wandeln Sie folgende Dezimalzahlen in Brüche um:

a) 1,1   b) 4,71   c) -5,0   d) 100,0
e) 100,2   f) -20,9   g) -0,1   h) -7,7

Lösung s. Seite 249

Aufgabe 2: Elementare Rechenregeln

Vereinfachen Sie – soweit möglich – folgende Brüche:

a) $\frac{10}{5}$ b) $-\frac{20}{80}$ c) $\frac{19}{3}$ d) $\frac{6}{100}$ e) $\frac{33}{123}$

f) $-\frac{15}{300}$ g) $\frac{a^2 - b^2}{a + b}$ h) $\frac{a^2 b^{15} c^3}{b^2 c^2}$ i) $\frac{4x^2 - 2y^2}{2x - y}$ j) $\frac{5a - 3b}{6b - 10a}$

k) $\frac{3ab + 5a^2 c^2}{bc^3}$ l) $\frac{x^5 - 3x^4}{yx^2 + zx^3}$ m) $\frac{\dfrac{7a^2 x^2}{b^2}}{\dfrac{x^2}{2b}}$ n) $\frac{\dfrac{(2a + 3b)}{(4a^2 - 9b^2)}}{\dfrac{(c^2 - d^2)}{(c + d)}}$

Lösung s. Seite 249

Aufgabe 3: Elementare Rechenregeln

Berechnen Sie folgende Ausdrücke:

a) $[(10 - 7) \cdot 2 - (3^2 - (7 - 4))] \cdot 2$ b) $(3^4 + 5 \cdot 2 - 1)^2 - 700 \cdot \left(\frac{1}{2}\right)^2$

c) $(2 - 5^3 \cdot 2)^2 + (6 \cdot 3 - 9) - \left(\frac{9}{2}\right)^4 \cdot 64$ d) $\frac{1}{12} - \frac{3}{7}$

e) $\frac{6}{5} + \frac{1}{2} \cdot \frac{3}{7} - \left(\frac{4}{3}\right)^2$ f) $\frac{3}{8} - \frac{3}{6} + \frac{3}{4} - \frac{3}{2}$

Lösung s. Seite 249

Aufgabe 4: Potenzrechnung mit ganzzahligem Exponenten

Vereinfachen Sie folgende Ausdrücke (n ∈ ℕ):

a) $\frac{a^n b^n c^n}{ab^{2n}}$ b) $\frac{z^3 y^2 x}{x^3 y^3 z^4}$ c) $z^{-4} \frac{(z^8)^3}{z^5 z^{-2}}$

Lösung s. Seite 249

Aufgabe 5: Potenzrechnung mit ganzzahligem Exponenten

Geben Sie folgende Ausdrücke in Dezimalschreibweise an:

a) 10^{-1} b) -10^{-5} c) $\frac{-3^{-2}}{4^5}$ d) $\frac{1}{(2 \cdot 5)^{-2}}$ e) $\frac{(-2)^6}{6^{-2}}$ f) $\frac{(-2)^{-2}}{2^2}$

Lösung s. Seite 249

Aufgabe 6: Potenzrechnung mit rationalem Exponenten

Vereinfachen Sie folgende Wurzelausdrücke unter Verwendung der Potenzgesetze für rationale Exponenten so weit wie möglich:

a) $\sqrt[6]{x^3}$ b) $\dfrac{\sqrt[4]{x^3}}{\sqrt{x}}$ c) $\sqrt{\dfrac{\sqrt{x}}{\sqrt{x^2}}}$ d) $\sqrt[3]{\dfrac{\sqrt[3]{x}}{\sqrt{x^3}}}$

Lösung s. Seite 249

Aufgabe 7: Logarithmusrechnung

Berechnen Sie folgende Ausdrücke:

a) $\log_8(24)$ b) $\log_5(125)$ c) $\log_4(2)$ d) $\lg(10)$ e) $\log_{10}(20) + \log_{20}(10)$

Lösung s. Seite 249

Aufgabe 8: Logarithmusrechnung

Formen Sie folgende Ausdrücke mithilfe der Logarithmusgesetze um:

a) $\ln(x^2 \cdot 2y^5)$ b) $\log_2(5/2^4)$ c) $\lg(10^4 \cdot 4^{10})$ d) $\ln(3e^x \cdot e^{-2x})$

Lösung s. Seite 249

Aufgabe 9: Äquivalenzumformungen

Bestimmen Sie die Definitionsbereiche folgender Terme:

a) $x^2 - 1$ b) $\sqrt{x-1}$ c) $\dfrac{1}{\sqrt{x+2}}$ d) $\ln\left(\sqrt{x^2+1}\right)$ e) $\dfrac{1}{1-e^x}$

Lösung s. Seite 249

Aufgabe 10: Lineare Gleichungen

Bestimmen Sie die Lösungsmengen folgender Gleichungen:

a) $x + 2 = 13 - 5x$ b) $8 - 7x = 14x + 25$ c) $3x + 2 = -3x - 2$

Lösung s. Seite 249

Aufgabe 11: Lineare Gleichungen

Die Nachfrage nach einem bestimmten PC werde durch den Term $40.000 - 20\,p_N$ beschrieben, wobei p_N den Nachfragepreis darstelle. Für welchen Nachfragepreis werden genau 10.000 PC nachgefragt?

Lösung s. Seite 250

Aufgabe 12: Quadratische Gleichungen

Bestimmen Sie die Lösungsmengen folgender Gleichungen:

a) $x^2 - 4x + 4 = 0$ b) $3x^2 = 9x - 6$ c) $-8x = 15 - x^2$

Lösung s. Seite 250

Aufgabe 13: Quadratische Gleichungen

Die Produktion von x Einheiten eines Gutes verursache Kosten in Höhe von $5.000 + 2x + x^2$. Für welche produzierte Menge $x > 0$ betragen die Kosten 15.200?

Lösung s. Seite 250

Aufgabe 14: Quadratische Gleichungen

Ein Anbieter von Teddybären erziele auf dem Markt einen Umsatz von $200p - 2p^2$, wobei p den Preis eines Teddybären beschreibe. Für welche Preise beträgt der Umsatz Null? Erklären Sie die Ergebnisse aus betriebswirtschaftlicher Sicht.

Lösung s. Seite 250

Aufgabe 15: Gleichungen höheren Grades

Bestimmen Sie die Lösungsmengen folgender Gleichungen:

a) $x^8 + 4x^4 - 5 = 0$ b) $2x^{10} - 200 = 0$ c) $7(x - 2)(x^2 + 6x - 16)(x^2 + 1)(x^5 - 100) = 0$

d) $10x^{10} + 5x^5 - 100 = 0$ e) $-5x^8 - 2 = 0$

Lösung s. Seite 250

Aufgabe 16: Gleichungen höheren Grades

Führen Sie folgende Polynomdivisionen durch:

a) $(x^3 - 2x^2 - 8x + 9) : (x - 1)$ b) $(2x^5 + 5x^4 - 4x^3 - 8x^2 + 7x + 5) : (2x + 5)$

Lösung s. Seite 250

Aufgabe 17: Bruchgleichungen

Bestimmen Sie die Lösungsmengen folgender Bruchgleichungen:

a) $\frac{10}{x + 2} = \frac{6}{x}$ b) $\frac{1}{x} = \frac{3x}{4} - \frac{2}{x}$ c) $\frac{16}{x - 2} = \frac{10}{x} + 1$

Lösung s. Seite 250

Aufgabe 18: Wurzelgleichungen

Bestimmen Sie die Lösungsmengen folgender Wurzelgleichungen:

a) $2\sqrt{x + 5} = 8$ b) $\sqrt{2x + 5} = x - 5$ c) $\sqrt{x} + \sqrt{x - 5} = 5$ d) $2x + \sqrt{x} = 10$

Lösung s. Seite 250

Aufgabe 19: Exponentialgleichungen

Bestimmen Sie die Lösungsmengen folgender Exponentialgleichungen:

a) $3^x = 81$ b) $10^x = 5$ c) $2^x = 5^{x - 1}$ d) $e^{2x+3} = 16$ e) $6e^{-x} = 2^{x + 2}$

Lösung s. Seite 251

Aufgabe 20: Logarithmusgleichungen

Bestimmen Sie die Lösungsmengen folgender Logarithmusgleichungen:

a) $\ln(x + 5) = 4$ b) $\ln(x^2 - 1) = \ln(x + 5)$ c) $\log_2(2x + 2) = 4$

Lösung s. Seite 251

Aufgabe 21: Ungleichungen

Bestimmen Sie die Lösungsmengen folgender Ungleichungen:

a) $x + 7 > 16$ b) $x^2 - 2 > 9 + 5x^2$ c) $\frac{3}{x - 2} > 7$ d) $\ln(x - 1) < 3$

Lösung s. Seite 251

Aufgabe 22: Ungleichungen

Der mit dem Verkauf von Bratwürsten auf einer Messe erzielbare Tagesumsatz werde durch den Term $100p - 25p^2$ beschrieben (p = Verkaufspreis einer Bratwurst in Euro). Für welchen Preis p wird ein Tagesumsatz von über 75 € erzielt? Tipp: Berechnen Sie zunächst diejenigen Verkaufspreise, für die ein Tagesumsatz von genau 75 € erzielt wird.

Lösung s. Seite 251

Aufgabe 23: Jährliche Verzinsung

a) Wie lange muss ein Kapital von 10.000 € bei einem Zins von 5 % und einfacher Verzinsung angelegt werden, um auf 15.000 € anzuwachsen?

b) Warum würde es genau doppelt so lange dauern, das Kapital auf 20.000 € anwachsen zu lassen?

c) Welcher Zins müsste in Teilaufgabe a) verwendet werden, um das Kapital bei einer Laufzeit von 10 Jahren zu verdreifachen?

Lösung s. Seite 251

Aufgabe 24: Unterjährliche Verzinsung

a) Auf welches Endkapital wächst ein Kapital von 80.000 € nach 72 Tagen bei einem Jahreszins von 2 % und einfacher Verzinsung an?

b) Welchen Jahreszins benötigen Sie, um ein Kapital von 45.000 € in 10 Tagen auf 45.100 € zu vergrößern (einfache Verzinsung)?

c) Wie viele Tage muss ein Kapital von 10.000 € bei taggenauer Verzinsung und einem Jahreszins von 4 % bei einfacher Verzinsung angelegt werden, um auf 10.100 € anzuwachsen?

Lösung s. Seite 251

Aufgabe 25: Jährliche Verzinsung

a) Herr Sparsam zahlt 5.000 € in einen Banksparplan ein. Die Bank verzinst die Einlage mit einem Jahreszins von 4,5 % über einen Zeitraum von 10 Jahren (Zinseszins). Berechnen Sie das Endkapital.

b) Wie lange müsste Herr Sparsam seine Einlage in diesem Sparplan bei ansonsten gleichen Konditionen belassen, damit er ein Endkapital von 30.000 € erzielt?

c) Welchen Zinssatz müsste die Bank bei ansonsten gleichen Bedingungen zu Grunde legen, damit sich die getätigte Einlage nach 10 Jahren verdreifacht?

Lösung s. Seite 252

Aufgabe 26: Jährliche Verzinsung

Frau Sparsam investiert 5.000 € in einen Sparplan, der zunächst 10 Jahre lang mit 4 %, dann 10 Jahre lang mit 5 % Zins arbeitet (Zinseszins). Berechnen Sie das Endkapital nach 20 Jahren.

Lösung s. Seite 252

Aufgabe 27: Unterjährliche Verzinsung

a) Frau Fleißig lege einen Betrag von 10.000 € für 117 Tage bei einem jährlichen Effektivzins von 4 % an (Zinseszins). Berechnen Sie das Endkapital (das Jahr zu 365 Tagen).

b) Berechnen Sie das Endkapital in a) bei Verwendung einfacher Verzinsung und 360 Tagen pro Jahr und ansonsten gleichen Bedingungen wie in a).

c) Berechnen Sie das Endkapital in a) für den Fall, dass der jährliche Nominalzins 4 % beträgt bei ansonsten gleichen Bedingungen und 365 Zinsperioden pro Jahr.

Lösung s. Seite 252

Aufgabe 28: Unterjährliche Verzinsung

Wie viele Tage muss ein Kapital von 10.000 € bei taggenauer Verzinsung und einem effektiven Jahreszins von 4 % angelegt werden, um auf 10.100 € anzuwachsen (Zinseszinsen, das Jahr zu 365 Tagen)? Vergleichen Sie das Ergebnis mit dem Ergebnis von Aufgabe 24 c).

Lösung s. Seite 252

Aufgabe 29: Unterjährliche Verzinsung

a) Berechnen Sie den konformen unterjährlichen Zinssatz zu einem effektiven Jahreszins von 6 % bei 12 jährlichen Zinsperioden.

b) Berechnen Sie mithilfe des Ergebnisses von a) das Endkapital, das eine Anlage von 2.000 € nach zwei Monaten Laufzeit bei Verwendung des konformen unterjährlichen Zinssatzes ergeben würde.

c) Welcher effektive Jahreszinssatz ergibt sich bei Verwendung eines konformen unterjährlichen Zinssatzes von 0,3 % und 12 jährlichen Zinsperioden?

Lösung s. Seite 252

Aufgabe 30: Gemischte Verzinsung

Herr Strebsam investiere am 01.07.2005 einen Betrag von 12.000 € in einen Sparplan mit gemischter Verzinsung und 4 % Jahreszins. Welches Endkapital würde sich zu folgenden Terminen ergeben:

a) 30.06.2006   b) 30.06.2010   c) 31.08.2010
d) 31.12.2010   e) 28.02.2011

Es werde auf Basis ganzer Monate gerechnet, also m = 12.

Lösung s. Seite 252

Aufgabe 31: Barwertbegriff und Äquivalenzprinzip

a) Frau Mutig beteilige sich mit einer Einlage von 50.000 € an einem Restaurant. Für die nächsten drei Jahre werden ihr Gewinne in Höhe von jeweils 20.000 € in Aussicht gestellt, fällig jeweils zum Jahresende. Am Ende des dritten Jahres soll sie ihr Startkapital wieder zurück erhalten. Berechnen Sie den Kapitalwert dieser Investition bei einem Kalkulationszinssatz von 6 %.

b) Welchen Gewinn müsste das Restaurant in den drei Jahren abwerfen (in jeweils gleicher Höhe), damit bei ansonsten gleichen Bedingungen ein Kapitalwert von 60.000 € erzielt wird?

Lösung s. Seite 253

Aufgabe 32: Barwertbegriff und Äquivalenzprinzip

Zur Unterhaltung einer Immobilie muss ein Investor in den nächsten fünf Jahren jährlich 10.000 € investieren (jeweils zum Jahresbeginn, die erste Zahlung ist sofort fällig; der Zinssatz betrage 8 %). Berechnen Sie den Barwert der erforderlichen Investitionen.

Lösung s. Seite 253

Aufgabe 33: Zeitrenten

a) Berechnen Sie den Barwert einer vorschüssigen Zeitrente über 20 Jahre mit jährlicher Rentenhöhe 1.000 € und einem Jahreszins von 3 %!

b) Erklären Sie, warum sich der Barwert in a) erhöht, wenn Sie den Zins herabsetzen!

c) Berechnen Sie den Barwert in a) für eine nachschüssige Rente bei ansonsten gleichen Bedingungen!

d) Ermitteln Sie die Endwerte der Renten in a) und c)!

e) Würden sich die Endwerte in d) erhöhen, wenn jeweils der Zins erhöht werden würde?

Lösung s. Seite 253

Aufgabe 34: Zeitrenten

Herr Glücklich hat in der Lotterie eine lebenslange vorschüssige Rente über 12.000 €
jährlich gewonnen. Welchem „Sofortgewinn" würde dieser Gewinn entsprechen,
wenn Herr Glücklich noch 5, 15 bzw. 50 Jahre lebt (Zinssatz sei 5 %)?

Lösung s. Seite 253

Aufgabe 35: Ewige Renten

Welche Preishöhe könnte die Stiftung von Herrn Nett aus vorherigen Beispiel ausschreiben,
wenn der Preis vorschüssig vergeben werden soll? Warum fällt der Preis nun geringer aus?

Lösung s. Seite 254

Aufgabe 36: Ewige Renten

Welchen Sofortgewinn müsste die Lotteriegesellschaft Herrn Glücklich aus Aufgabe 34
auszahlen, wenn er „ewig" leben würde, also zum Beispiel seine lebenslange Rente weiter-
vererben könnte? Erklären Sie mithilfe des Ergebnisses die Resultate von Aufgabe 34.

Lösung s. Seite 254

Aufgabe 37: Unterjährliche Zeitrenten mit jährlicher Zinsberechnung

Herr Rüstig bezieht von seinem ehemaligen Arbeitgeber im Rahmen einer betriebli-
chen Altersversorgung eine nachschüssige Rente in Höhe von monatlich 500 €.

a) Berechnen Sie den Endwert der Rentenzahlungen nach Ablauf von 20 Jahren, Zinssatz sei 6 %.

b) Erhöht sich der Endwert aus a), wenn die Rentenzahlungen vorschüssig erfolgen?

c) Welche maximale nachschüssige Monatsrente würde Herr Rüstig bei ansonsten
gleichen Bedingungen ($i = 0,06$ und $n = 20$) erhalten, wenn der Endwert 200.000 €
nicht überschreiten darf?

Lösung s. Seite 254

Aufgabe 38: Unterjährliche Zeitrenten mit jährlicher Zinsberechnung

Ein Großvater zahle für sein soeben geborenes Enkelkind 18 Jahre lang monatlich vorschüssig jeweils 50 € in einen Sparplan mit jährlicher Verzinsung ein ($i = 0,05$). Welches
Endkapital kann das Enkelkind im Alter von 18 Jahren erwarten?

Lösung s. Seite 254

Aufgabe 39: Unterjährliche Zeitrenten mit unterjährliche Zinsberechnung

a) Frau Klug investiert einen Einmalbeitrag von 200.000 € in eine sofort beginnende Zeitrente mit nachschüssigen monatlich Ratenzahlungen, 30 Jahren Laufzeit und einem effektiven Jahreszinssatz von 4 % bei monatlicher Verzinsung. Welche Ratenhöhe kann Frau Klug erwarten?

b) Welche Monatsrente würde Frau Klug erhalten, wenn bei ansonsten gleichen Bedingungen ein jährlicher Nominalzinssatz von 4 % zu Grunde gelegt würde?

Lösung s. Seite 255

Aufgabe 40: Grundlagen der Tilgungsrechnung

Ergänzen Sie die fehlenden Zahlenwerte in den folgenden Tilgungsplänen:

a)

Jahr j	Restschuld K_{j-1}	Zinsen $Z_j = K_{j-1} \cdot i$	Tilgung T_j	Annuität $A_j = Z_j + T_j$	Restschuld $K_j = K_{j-1} - T_j$
1	100.000	10.000		10.000	*100.000*
2	*100 T*	*10 T*	50.000	*60 T*	*50 T*
3	*50 T*	*5 T*	0	*5 T*	*50 T*
4	*50 T*	*5 T*	0	*5 T*	*50 T*
5	*50 T*	*5 T*	*50 T*	*60 T*	0

b)

Jahr j	Restschuld K_{j-1}	Zinsen $Z_j = K_{j-1} \cdot i$	Tilgung T_j	Annuität $A_j = Z_j + T_j$	Restschuld $K_j = K_{j-1} - T_j$
1	100.000	10.000	*-10.000*	0	*100 T*
2	*110 T*	*11 T*	*60 T*	71.000	*50 T*
3	*50 T*	*5 T*	*0*	*5 T*	50.000
4	*50 T*	*5 T*	*50 T*	55.000	*0*

Lösung s. Seite 255

Aufgabe 41: Grundlagen der Tilgungsrechnung

Ein Bauherr tilge ein Darlehen über 20.000 € mithilfe von vier Annuitäten über 7.005,31 € nach jeweils 1, 2, 3 und 4 Jahren, der Zins betrage 15 %. Berechnen Sie die Restschuld nach 1, 2 und 3 Jahren.

Lösung s. Seite 256

Aufgabe 42: Annuitätentilgung

Zur Unterhaltung einer Immobilie seien in den nächsten vier Jahren folgende Einzelinvestitionen erforderlich (fällig jeweils zum Jahresende):

Jahr	1	2	3	4
Investitionsbedarf in 1.000 €	50	50	0	80

Der Immobilienbesitzer möchte die Einzelinvestitionen über vier gleichgroße nachschüssige Annuitäten finanzieren. Berechnen Sie die erforderliche Annuitätenhöhe bei einem Zins von 6 %.

Lösung s. Seite 256

Aufgabe 43: Annuitätentilgung

Warum darf bei den obigen Umformungen durch $A - K_0 \cdot (q - 1) = A - K_0 \cdot i$ dividiert werden (der Ausdruck könnte schließlich gleich Null sein)? Warum darf bei der Formel für die Laufzeit durch $\ln(q)$ dividiert werden, der Ausdruck könnte schließlich ebenfalls Null sein?

Lösung s. Seite 256

Aufgabe 44: Annuitätentilgung

a) Herr Emsig tilge einen Hypothekenkredit über 150.000 € mit konstanten jährlichen Zahlungen über 18.000 € (Zins betrage 5 %). Nach wie vielen Jahren ist Herr Emsig schuldenfrei?

b) Welche Mindestannuität muss Herr Emsig bei gleichem Zinssatz zahlen, um jemals schuldenfrei zu werden (weiterhin werde eine konstante Annuitätenhöhe angenommen)?

c) Wie lange müsste Herr Emsig tilgen, wenn er mit seiner Bank eine anfängliche Tilgung von 2 % vereinbaren würde, sich die Annuitätenhöhe A also nach der Formel

$A = 0{,}02 \cdot K_0 + $ Zinsen im ersten Jahr

errechnet? Was würde eine Verdoppelung der anfänglichen Tilgung auf 4 % bewirken?

Lösung s. Seite 256

Aufgabe 45: Annuitätentilgung

a) Frau Schnell finanziere einen Sportwagen mit einem Annuitätendarlehen über 10 Jahre, der Zins betrage dabei aufgrund von Sonderkonditionen nur 0,4 %, die jährlichen Annuitäten 5.000 €. Berechnen Sie den Kaufpreis des Sportwagens.

b) Berechnen Sie die Annuitätenhöhe, mit der Frau Schnell bei gleichem Zins einem Kaufpreis von 50.000 € nach sechs Jahren schuldenfrei wäre.

Lösung s. Seite 257

Aufgabe 46: Annuitätentilgung

Eine Schuld über 25.000 € werde mittels zweier Annuitäten über je 20.000 € getilgt, die nach jeweils einem bzw. zwei Jahren gezahlt werden. Berechnen Sie mithilfe des Äquivalenzprinzips den verwendeten Zinssatz.

Lösung s. Seite 257

Aufgabe 47: Ratentilgung

a) Eine Musikfan finanziere seine Stereoanlage über eine Ratentilgung. Der Kaufpreis von 4.000 € werde mit fünf Jahresraten bei einem Zins von 9 % getilgt. Berechnen Sie die jährliche Tilgung sowie die Höhe der einzelnen Annuitäten.

b) Welche Annuitätenhöhe müsste der Musikfan aus a) jährlich zahlen, wenn er bei ansonsten gleichen Bedingungen seine Schulden über eine Annuitätentilgung begleichen würde?

Lösung s. Seite 257

Aufgabe 48: Polynome

Die Nachfrage x_N nach einer Müslimarke werde durch die Nachfragefunktion

$$x_N(p_N) = 300.000 - 1.500 p_N$$

beschrieben (p_N = Preis pro Packung, gemessen in €).

a) Berechnen Sie die Nachfrage bei einem Preis von 2 €.

b) Wie würde sich eine Verdoppelung des Preises von 1,5 € auf 3 € auf die Nachfrage auswirken?

c) Geben Sie die $p_N(x_N)$-Version der obigen Nachfragefunktion an, d. h. drücken Sie den Nachfragepreis p_N als Funktion der Nachfrage x_N aus, indem Sie die Funktionsgleichung nach p_N auflösen.

Lösung s. Seite 257

Aufgabe 49: Polynome

Der Absatz x eines Produkts errechne sich aus dem Preis p nach:

$$x(p) = 40 - 2p\,.$$

Geben Sie die zugehörige Umsatzfunktion E jeweils in Abhängigkeit vom Preis p und in Abhängigkeit von der abgesetzten Menge x an.

Lösung s. Seite 257

Aufgabe 50: Gebrochen-rationale Funktionen

Bestimmen Sie die Definitionsbereiche D_f folgender Funktionen:

a) $f(x) = \dfrac{x^7 - 3}{x + 1}$ b) $f(x) = 1 + \dfrac{68}{x^2 + 1}$ c) $f(x) = \dfrac{x^2 - 5}{x^2 - 1}$

d) $f(x) = \dfrac{6x + 6}{x^2}$ e) $f(x) = \dfrac{3x^2}{3x^2 + 6x - 9}$

Lösung s. Seite 258

Aufgabe 51: Wurzelfunktionen

Bestimmen Sie die Definitionsbereiche folgender Funktionen:

a) $f(x) = \sqrt{x + 1}$ b) $f(x) = 2\sqrt{2x+5} - \sqrt{x^3}$ c) $f(x) = \dfrac{1}{\sqrt{x - 7}} + \sqrt[3]{x^5 - 1}$

Lösung s. Seite 258

Aufgabe 52: Wurzelfunktionen

Der Absatz x einer Marke von Taschenrechnern hänge gemäß der Absatzfunktion

$$x(p) = 2.000\sqrt{36 - p}, \quad p \leq 36$$

vom Preis p ab.

a) Berechnen Sie den Absatz bei einem Preis von 20.

b) Für welchen Preis beträgt der Absatz 10.000 Einheiten?

Lösung s. Seite 258

Aufgabe 53: Logarithmusfunktionen

Die Produktionsfunktion $x(r) = 50\ln(3r^2 + 1)$ beschreibe den Output x eines Unternehmens als Funktion des Inputs r.

a) Für welche r-Werte ist x definiert? Welche r-Werte sind betriebswirtschaftlich sinnvoll?

b) Für welchen betriebswirtschaftlich sinnvollen Input r wird ein Output von 100 Einheiten erzielt?

Lösung s. Seite 258

Aufgabe 54: Grenzwerte

Berechnen Sie – falls möglich – folgende Grenzwerte:

a) $\lim\limits_{x \to 0} \sqrt{x + 1}$ b) $\lim\limits_{x \to 1} \dfrac{x^3 - 6x + 2}{x + 13x^2}$ c) $\lim\limits_{x \to -6} \dfrac{x^2 - 36}{x + 6}$ d) $\lim\limits_{x \to 2} \dfrac{1}{(x - 2)^2}$ e) $\lim\limits_{x \to -1} \dfrac{x + 2}{x - 1}$

Lösung s. Seite 258

Aufgabe 55: Stetigkeit von Funktionen

Geben Sie an, welche Form der Unstetigkeit im Punkte $x_0 = 1$ bei folgenden Funktionen vorliegt:

a) $f(x) = \dfrac{x^2 + 1}{x - 1}$ b) $f(x) = \dfrac{2}{(x - 1)^2}$ c) $f(x) = \dfrac{7x - 7}{x^2 - 1}$ d) $f(x) = \dfrac{\sqrt[3]{x + 1}}{x^7 - 1}$

Lösung s. Seite 259

Aufgabe 56: Asymptotisches Verhalten

Untersuchen Sie folgende Kostenfunktionen auf Asymptoten, dabei sei stets $x > 0$:

a) $K(x) = 500 + 2x^2$ b) $K(x) = 60 + 2x + \dfrac{10}{x^2 + 1}$

c) $K(x) = 6.000(2 - e^{-0,1x})$ d) $K(x) = 300 + 40x$

Lösung s. Seite 259

Aufgabe 57: Beschränktheit

Welche der folgenden Produktionsfunktionen sind für positive Inputwerte r nach oben beschränkt?

a) $x(r) = 0,5r^{0,7}$ b) $x(r) = 20r$ c) $x(r) = 600(30 - 30e^{-0,2r})$ d) $x(r) = 20\sqrt{r^3}$

Lösung s. Seite 259

Aufgabe 58: Symmetrie

Welche der folgenden Funktionen sind gerade, welche ungerade?

a) $f(x) = x^4 + 1$ b) $f(x) = \dfrac{3x^3}{x + 5}$ c) $f(x) = \dfrac{e^{-x}}{(x + 2)^2}$ d) $f(x) = \ln(x^2 + 1)$

Lösung s. Seite 260

Aufgabe 59: Ableitungsregeln

Geben Sie die Ableitungsfunktionen folgender Funktionen an:

a) $f(x) = 5x\sqrt{x}$ b) $f(x) = \dfrac{1}{x^2 - 1}$ c) $f(x) = 3x^{17} - 17x^3$ d) $f(x) = 2x^2\ln(x)$

e) $f(x) = \sqrt{(\ln(x))^3}$ f) $f(x) = 1,2x^{0,4}$ g) $f(x) = xe^{\sqrt{x}}$ h) $f(x) = (x^2 - 10)e^{-x}$

i) $f(x) = 3\sqrt{e^x}$ j) $f(x) = 7x^e$

Lösung s. Seite 260

Aufgabe 60: Höhere Ableitungen

Bilden Sie jeweils die erste, zweite und dritte Ableitungsfunktion der Funktionen:

a) $f(x) = x^2 e^{-x}$ b) $f(x) = x^{15} - x^{10}$ c) $f(x) = \ln(x^2)$

d) $f(x) = 2x\sqrt{x} - 5x^2$ e) $f(x) = \dfrac{x - 1}{5x + 2}$ f) $f(x) = e^{x^2}$

Lösung s. Seite 260

Aufgabe 61: Monotonie- und Krümmungsverhalten

Beschreiben Sie das Monotonieverhalten folgender Kostenfunktionen mithilfe ihrer Ableitungen. Ermitteln Sie zu diesem Zweck auch etwaige Wendepunkte.

a) $K(x) = 100 + 10e^{0,5x}$ b) $K(x) = 0,2x^3 - 6x^2 + 80x + 100$

c) $K(x) = 500 + 1,2x^{0,5}$ d) $K(x) = 80 + 4x^2$

Lösung s. Seite 261

Aufgabe 62: Extremwertbestimmung

Untersuchen Sie folgende Funktionen auf relative Maxima und Minima. Geben Sie nur solche Extremwerte an, die auch betriebswirtschaftlich sinnvoll sind. G(x) ist dabei eine Gewinnfunktion, die den Gewinn G als Funktion der Ausbringungsmenge x beschreibt.

a) $K(x) = 100 + 2x + 0,6x^2$ b) $E(p) = 260p - 13p^2$ c) $U(x) = 20xe^{-0,5x}$

d) $G(x) = 50\ln(x^5) - 12x^2 + 5x - 100$ e) $x(r) = -0,1r^3 + 7r^2 + 13,2r$

Lösung s. Seite 261

Aufgabe 63: Begriff der Grenz- und Durchschnittsfunktion

Berechnen Sie das Maximum des Durchschnittsertrags der Produktionsfunktion

$x(r) = -0,1r^3 - 7r^2 + 13,2r$.

Zeigen Sie, dass bei diesem r-Wert Durchschnittsertrag und Grenzertrag übereinstimmen.

Lösung s. Seite 261

Aufgabe 64: Begriff der Grenz- und Durchschnittsfunktion

Bestimmen Sie das Betriebsoptimum der Kostenfunktion $K(x) = 500 + 20x^2$ und das Betriebsminimum der Kostenfunktion $K(x) = 0,25x^3 - 4x^2 + 60x + 700$.

Lösung s. Seite 262

Aufgabe 65: Regel von de l'Hôpital zur Grenzwertbestimmung

Bestimmen Sie – falls möglich – die Grenzwerte folgender Kosten- und Produktionsfunktionen für x bzw. r gegen ∞:

a) $K(x) = 50 + \dfrac{x^2 + 2}{10x + 1}$ b) $\overline{x}(r) = \dfrac{2.000\ln(r^2 + 1)}{r^{0,5}}$ c) $G(x) = (400 + x^2)e^{-0,1x} - 400$

d) $U(x) = \dfrac{200\,x^3 + 2x}{5x^3}$ e) $K(x) = 500 + 2e^x - 0,5x^2$

Lösung s. Seite 262

Aufgabe 66: Umkehrfunktion

Berechnen Sie – falls möglich – die Umkehrfunktionen folgender Funktionen in dem angegeben Intervall:

a) $K(x) = 130 + 6,5x$, $x > 0$ b) $x(r) = 0,4r^{0,6}$, $r > 0$

c) $E(p) = \sqrt{400 - p}$, $0 \le p \le 400$ d) $x_A(p_A) = 200 + 40p_A$, $p_A > 0$

Lösung s. Seite 263

Aufgabe 67: Numerische Nullstellenbestimmung mittels Newton-Verfahren

a) Ein Schuldner tilge ein Darlehen über 200.000 € mit folgenden Zahlungen, die jeweils am Jahresende erfolgen:

Jahr j	1	2	3	4	5
Annuität A_j in €	0	100.000	50.000	60.000	50.000

Berechnen Sie den zu Grunde liegenden Zinssatz.

b) Ein Sparer zahlte vier Jahre lang jeweils zu Jahresbeginn einen Betrag von 1.000 € in einen Sparplan ein. Zu Beginn des fünften Jahres (nach Ablauf von vier Jahren) wird dem Sparer ein Betrag von 5.000 € von der Bank ausgezahlt. Ermitteln Sie den zu Grunde gelegten Zinssatz.

Lösung s. Seite 263

Aufgabe 68: Numerische Nullstellenbestimmung mittels Newton-Verfahren

Bestimmen Sie das Betriebsoptimum der Kostenfunktion $K(x) = 3.000 + 20x^2 + 5x^3$.

Lösung s. Seite 264

Aufgabe 69: Unbestimmte Integrale

Bestimmen Sie Stammfunktionen zu den Funktionen

a) $f(x) = x^3 - x^2 + x + 1$ b) $f(x) = 5e^{-5x} - 5x$ c) $f(x) = \frac{1}{3x + 5,2}$

d) $f(x) = (7x + 3)^5$ e) $f(x) = \sqrt{3x - 5}$ f) $f(x) = 3e^{2x - 5} + x^{-0,4}$

Lösung s. Seite 264

Aufgabe 70: Bestimmte Integrale

Berechnen Sie folgende bestimmte Integrale:

a) $\int_0^1 (x^2 + 1)dx$ b) $\int_0^1 \sqrt{x+4}\,dx$ c) $\int_{-2}^5 e^{2x-1}dx$ d) $\int_2^{10} \frac{4}{3x+2}\,dx$

e) $\int_{-1}^7 \frac{1}{(x+2)^3}\,dx$ f) $\int_2^3 (e^{3x} + 3\sqrt{x^5})dx$

Lösung s. Seite 265

Aufgabe 71: Partielle Integration

Berechnen Sie folgende Integrale mithilfe partieller Integration:

a) $\int (x+1)e^{2x}dx$ b) $\int_1^8 2(t^2 - t)e^{-t}\,dt$ c) $\int_1^{15} \ln(2x)dx$ d) $\int_2^{2,5} (5s^2 + 2)e^{2-s}ds$

Lösung s. Seite 265

Aufgabe 72: Substitutionsregel

Berechnen Sie die folgenden bestimmten Integrale mithilfe der Substitutionsregel:

a) $\int_1^2 x\sqrt{2x^2 - 1}\,dx$ b) $\int_2^4 2(x+2)e^{4x+x^2}dx$ c) $\int_2^{2,5} \frac{3x^2}{x^3 + 4}\,dx$ d) $\int_1^4 4x\ln(x^2 + 2)dx$ e) $\int_0^2 x^2 e^{x^3}dx$

Lösung s. Seite 266

Aufgabe 73: Ermittlung einer Funktion aus einer gegebenen Grenzfunktion

Ermitteln Sie die Produktionsfunktionen zu folgenden Grenzproduktivitäten:

a) $x'(r) = 0,54r^{-0,1}$, $x(300) = 101,756$

b) $x'(r) = \frac{100}{\sqrt{r}}$, $x(100) = 2.000$

c) $x'(r) = 0,6r^{-0,4} + 0,3r^{-0,7}$, $x(1.000) = 71,039$

Lösung s. Seite 267

Aufgabe 74: Produzentenrente

Berechnen Sie jeweils die Konsumenten- und Produzentenrente für folgende Paare von Nachfrage- und Angebotsfunktionen:

a) $p_N(x) = 100 - \frac{x^2}{2}$ bzw. $p_A(x) = 20 + 3x$

b) $p_N(x) = 20 - 2x$ bzw. $p_A(x) = 4 + 2x$

Lösung s. Seite 267

Aufgabe 75: Grafische Darstellung von Funktionen mehrerer Variabler

Bestimmen Sie zu folgenden Nutzenfunktionen $U(x,y)$ jeweils die Indifferenzkurve $y(x)$ für den U-Wert 100:

a) $U(x, y) = 10xy$ b) $U(x, y) = 10x + \sqrt{y}$ c) $U(x,y) = 5xe^y$

Lösung s. Seite 268

Aufgabe 76: Grafische Darstellung von Funktionen mehrerer Variabler

Bestimmen Sie zu folgenden Produktionsfunktionen jeweils die Schnittebenen für $r_2 = 10$:

a) $x(r_1,r_2) = 200r_1^{0,5}r_2^{0,5}$ b) $x(r_1,r_2) = 2r_1^2 + 16r_1r_2 + r_2^2$ c) $x(r_1,r_2) = \dfrac{r_1^2 + 2 + r_2}{r_1 r_2}$

Lösung s. Seite 268

Aufgabe 77: Homogenität

Bestimmen Sie – falls möglich – den Homogenitätsgrad folgender Funktionen:

a) $K(x,y) = 300 + x^2y^2$ b) $x(r_1,r_2,r_3) = 60r_1^{0,1}r_2^{0,2}r_3^{0,7}$ c) $x(r_1,r_2) = 600r_1^{1,5}r_2^{0,2}$

d) $U(x,y) = 300x^2y$ e) $C(Y) = Y^{0,5} + 12$

Lösung s. Seite 268

Aufgabe 78: Partielle Ableitungen

Bestimmen Sie alle partiellen Ableitungen der Funktionen

a) $K(x,y,z) = 200 + 20xyz + x^2 + 3y^2 + 5z^2 + 2xy$ b) $U(x,y) = 60xy^2$

c) $x(r_1,r_2) = 20r_1^{0,6}r_2^{0,4}$ d) $G(x,y) = -600 - x^2 - 2y^2 - xy + 80x + 60y$

Lösung s. Seite 268

Aufgabe 79: Höhere Ableitungen

Bestimmen Sie alle zweiten Ableitungen zweiter Ordnung der Funktionen aus Aufgabe 78.

Lösung s. Seite 268

Aufgabe 80: Partielles und totales Differenzial

Beantworten Sie folgende Fragen mithilfe von Differenzialen:

a) Wie wirken sich eine 5 %ige Erhöhung von A und eine parallele 2 %ige Absenkung von K auf den Output $y(A,K) = 20A^{0,6}K^{0,4}$ aus?

b) Wie wirken sich eine 1 %ige Absenkung von x und eine parallele 1 %ige Erhöhung von y auf den Nutzen $U(x,y) = 10x^2y^3$ aus?

c) Wie wirkt sich eine 4 %ige Erhöhung von x auf die Kostenfunktion $K(x,y) = 500 + x + y + xy$ bei $x_0 = 10$ und $y_0 = 15$ aus?

Lösung s. Seite 269

Aufgabe 81: Extremwerte ohne Nebenbedingungen

Bestimmen Sie die relativen Extremwerte folgender Funktionen:

a) $f(x,y) = 2x + 4y + 5xy - x^2 - 2y^2$ b) $K(x,y) = 200 + 2xe^{0,5y}$ c) $U(x,y) = -5x^2 - 5y^2 + 3x + 4y + 100$

Lösung s. Seite 269

Aufgabe 82: Extremwerte ohne Nebenbedingungen

a) Ein Unternehmen wirtschafte mit der Gewinnfunktion (x und y seien die Mengen zweier Güter)

$G(x,y) = -300 + 20x + 25y - 2x^2 - 2y^2$.

Welchen maximalen Gewinn kann das Unternehmen erzielen?

b) Ein Unternehmen produziere zwei Produkte mit den stückvariablen Kostenfunktionen

$k_{v1}(x) = 200 + 0,5x^2 - 10x$

bzw.

$k_{v2}(y) = 400 - y + y^3/147$.

Für welche Ausbildungsmengen x und y werden die gesamten stückvariablen Kosten $k_v = k_{v1} + k_{v2}$ dieses Unternehmens minimiert?

Lösung s. Seite 270

Aufgabe 83: Extremwerte mit Nebenbedingungen

Berechnen Sie den Maximalwert obiger Umsatzfunktion $E(x,y) = 20x - 4x^2 + 40y - 8y^2$ ohne die genannte Nebenbedingung und interpretieren Sie das Ergebnis. Warum wird dieser Maximalwert größer sein als der Maximalwert bei Berücksichtigung der Nebenbedingung?

Lösung s. Seite 271

Aufgabe 84: Extremwerte mit Nebenbedingungen

a) Ermitteln Sie den Maximalwert der Gewinnfunktion

$G(x,y) = 16x + 10y + 2xy - 4x^2 - 2y^2 - 20$

unter der Nebenbedingung $x + y = 4$ sowohl mithilfe der Substitutionsmethode als auch mithilfe der Lagrange-Methode.

b) Für einen Hersteller zweier Typen von Haushaltsgeräten (Ausbringungsmengen x und y) seien die folgenden Absatzfunktionen gegeben (p = Preis):

$p_x(x) = 15.000 - 3.000x$
$p_y(y) = 4.000 - 200y$

Für welche Ausbringungsmengen würde dieses Unternehmen seinen Tagesumsatz maximieren, wenn insgesamt genau 10 Haushaltsgeräte pro Tag produziert und verkauft werden sollen?

Lösung s. Seite 271

Aufgabe 85: Elastizität von Funktionen

Bestimmen Sie die Elastizität der Umsatzfunktion $E(p) = 200p - 10p^2$ bzgl. des Preises für die Preise $p = 1$, $p = 5$ und $p = 10$.

Lösung s. Seite 272

Aufgabe 86: Elastizität von Funktionen

a) Berechnen Sie die Elastizität der Kostenfunktion $K(x) = 0{,}1x^3 + 10x + 80$ bzgl. der Ausbringungsmenge x jeweils für die Ausbringungsmengen $x_1 = 10$, $x_2 = 100$ und $x_3 = 1.000$.

b) Berechnen Sie die partiellen Elastizitäten der Produktionsfunktion $y(A,K) = 20A^{0,1}K^{0,9}$ nach beiden Variablen! Interpretieren Sie die Ergebnisse.

c) Berechnen Sie die partiellen Elastizitäten der Kostenfunktion $K(x, y) = 5.000 + 0{,}1x + 20y + 50xy$ jeweils bzgl. der Ausbringungsmengen x und y für die Werte $x_0 = 10$ und $y_0 = 5$.

Lösung s. Seite 272

Aufgabe 87: Elastizität von Funktionen

Weisen Sie die Eulersche Homogenitätsrelation für die Nutzenfunktion $U(x,y) = 20x^2y$ nach.

Lösung s. Seite 272

Aufgabe 88: Matrizen

Bestimmen Sie die transponierten Matrizen zu den Matrizen

$$A = \begin{bmatrix} 1 & 0 \\ 0 & 3 \end{bmatrix}, B = \begin{bmatrix} -1 & -5 & -6 \\ 5 & -1 & 6 \end{bmatrix}, C = \begin{bmatrix} 1 & 2 & 6 \\ 1 & 9 & 0 \\ 2 & 2 & -3 \end{bmatrix}$$

Lösung s. Seite 273

Aufgabe 89: Matrix-Vektor-Multiplikation

Ein Unternehmen produziere Seife (Produkt 1) und Waschmittel (Produkt 2) in den drei Produktionsstandorten Sauberstadt (Standort 1), Spüldorf (Standort 2) und Abwaschhausen (Standort 3). In Sauberstadt werden täglich 5.000 Stück Seife und 2.000 Packungen Waschmittel, in Spüldorf 5.000 Stück Seife und 10.000 Packungen Waschmittel, in Abwaschhausen 8.000 Packungen Waschmittel hergestellt.

a) Stellen Sie die Tagesproduktion an Seife und Waschmittel in den drei Produktions- standorten mithilfe einer geeigneten Matrix dar. Die Spalten sollen dabei den Pro- dukten entsprechen.

b) Ein Stück Seife werde für 1,50 €, eine Packung Waschmittel für 5,50 € verkauft. Berechnen Sie die Tagesumsätze der drei Produktionsstandorte mit einer geeigneten Matrix-Vektor-Multiplikation unter der Annahme, dass alle produzierten Güter auch tatsächlich verkauft werden.

Lösung s. Seite 273

Aufgabe 90: Matrix-Vektor-Multiplikation

Bilden Sie alle möglichen Matrix-Vektorprodukte der folgenden Matrizen A und B mit den Vektoren c, d und e:

$$A = \begin{bmatrix} 2 & 0 \\ 0 & 3 \\ 6 & -2 \end{bmatrix}, B = \begin{bmatrix} 2 & 8 \\ 4 & 4 \end{bmatrix}, c = \begin{bmatrix} 1 \\ -1 \end{bmatrix}, d = \begin{bmatrix} 4 \\ 12 \end{bmatrix}, e = \begin{bmatrix} 1 \\ 1 \\ 1 \end{bmatrix}$$

Lösung s. Seite 273

Aufgabe 91: Matrixmultiplikation

Ein Maschinenbauunternehmen produziere und verkaufe innerhalb eines Geschäfts- jahres insgesamt 5.000 Elektromotoren (Stückpreis 12.000 €), 2.500 Drehbänke (Stück- preis 19.000 €), 7.000 Kleingeneratoren (Stückpreis 1.200 €) und 200 Transformato- ren (Stückpreis 23.000 €). Berechnen Sie den erzielten Gesamtumsatz mithilfe eines Skalarprodukts zweier geeigneter Vektoren.

Lösung s. Seite 273

Aufgabe 92: Inverse Matrix

a) Berechnen Sie alle möglichen Produkte der Matrizen

$$A = \begin{bmatrix} 2 & 8 & 3 \\ 0 & -2 & 5 \\ 0 & 0 & 4 \end{bmatrix}, B = \begin{bmatrix} 5 & 6 \\ -2 & 2 \end{bmatrix}, C = \begin{bmatrix} 2 & 1 \\ 0 & 1 \\ 1 & 1 \end{bmatrix}, D = \begin{bmatrix} 2 & 3 & 0 \\ 6 & 2 & 1 \end{bmatrix}$$

b) Bestätigen Sie für das Produkt B • D aus a), dass $(B \cdot D)^T = D^T \cdot B^T$ (siehe obige Rechenregel).

Lösung s. Seite 274

Aufgabe 93: Gaußsches Eliminationsverfahren

Bestimmen Sie die inversen Matrizen zu:

$$A = \begin{bmatrix} 2 & -2 \\ 1 & 1 \end{bmatrix}, B = \begin{bmatrix} 4 & 14 \\ 0,4 & 40 \end{bmatrix}, C = \begin{bmatrix} 3 & 1 \\ 0 & 1/2 \end{bmatrix}, D = \begin{bmatrix} 1 & 0 & 2 \\ 0 & 0 & 2 \\ 1 & 4 & 2 \end{bmatrix}$$

Lösung s. Seite 274

Aufgabe 94: Gaußsches Eliminationsverfahren

Bestimmen Sie die Lösungsvektoren folgender linearer Gleichungssysteme:

$$a) \begin{bmatrix} 2 & 2 \\ 1 & 5 \end{bmatrix} \cdot \begin{bmatrix} x_1 \\ x_2 \end{bmatrix} = \begin{bmatrix} 14 \\ 23 \end{bmatrix}, b) \begin{bmatrix} -6 & -8 & 5 \\ 3 & -3 & 6 \\ 5 & -5 & -5 \end{bmatrix} \cdot \begin{bmatrix} x_1 \\ x_2 \\ x_3 \end{bmatrix} = \begin{bmatrix} -22 \\ -3 \\ -5 \end{bmatrix}, c) \begin{bmatrix} 2 & -3 & 1 \\ 3 & 6 & -8 \\ 1 & 0 & 1 \end{bmatrix} \cdot \begin{bmatrix} x_1 \\ x_2 \\ x_3 \end{bmatrix} = \begin{bmatrix} -6 \\ 34 \\ 5 \end{bmatrix}$$

Lösung s. Seite 275

Aufgabe 95: Teilbedarfsrechnung

Die drei Filialbetriebe FB1, FB2 und FB3 eines Maschinenherstellers bestellen während eines Monats drei Maschinenkomponenten M1, M2 und M3 bei einem Zulieferer in jeweils unterschiedlichen Mengen:

	Bestellte Menge M1	Bestellte Menge M2	Bestellte Menge M3	Gesamtkosten in €
FB1	5	6	2	25.600
FB2	0	1	30	225.100
FB3	10	2	1	27.700

Ermitteln Sie die zu Grunde liegenden Preise der einzelnen Maschinenkomponenten.

Lösung s. Seite 276

Aufgabe 96: Teilbedarfsrechnung

In einem chemischen Betrieb werden aus drei Rohstoffen R_1, R_2 und R_3 zunächst zwei Zwischenprodukte Z_1 und Z_2 gefertigt, aus denen in einem zweiten Produktionsschritt das Endprodukt X hergestellt wird. Der zugehörige Gozintograph sei:

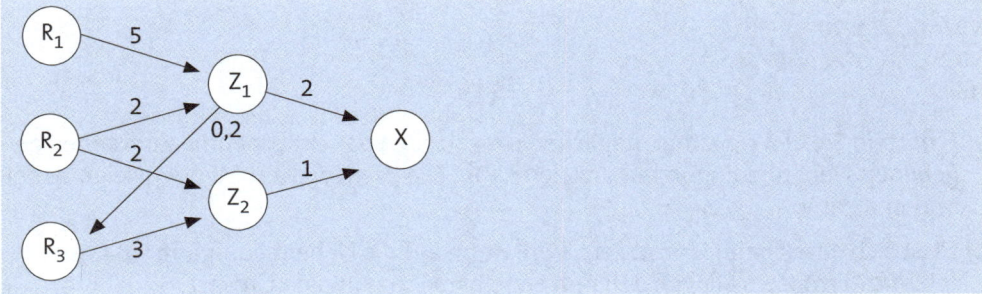

Berechnen Sie die zur Produktion von 100 Einheiten des Endprodukts erforderlichen Rohstoffmengen.

Lösung s. Seite 277

Aufgabe 97: Innerbetriebliche Leistungsverrechnung

In einem Unternehmen mit einem Hauptbetrieb und vier Hilfsbetrieben K_1, K_2, K_3 und K_4 bestehen folgende Leistungsströme unter den Hilfsbetrieben:

	Empfang durch K_1	Empfang durch K_2	Empfang durch K_3	Empfang durch K_4
Lieferung durch K_1	0	1	0	1
Lieferung durch K_2	1	0	0	0
Lieferung durch K_3	1	1	0	4
Lieferung durch K_4	1	0	2	0

Daneben sei bekannt, dass K_1, K_2, K_3 und K_4 primäre Kosten von 9, 117, 28 bzw. 51 GE aufweisen und Gesamtleistungen von 20, 40, 20 bzw. 10 LE erbringen. Stellen Sie das zur Bestimmung der Verrechnungspreise erforderliche lineare Gleichungssystem auf und ermitteln Sie die Verrechnungspreise der Hilfsbetriebe.

Lösung s. Seite 277

Aufgabe 98: Grafische Lösung linearer Programme

Ein Kleinunternehmen stelle zwei Produkte P_1 und P_2 in den Mengen x_1 bzw. x_2 her. P_1 werde für einen Stückpreis von 200 € verkauft, P_2 für 100 €. Aus Kapazitätsgründen müssen die produzierten Mengen folgenden Nebenbedingungen genügen:

NB1: $x_1 \leq 20$
NB2: $x_2 \leq 20$
NB3: $x_1 + x_2 \leq 30$
NB4: $3x_1 + x_2 \leq 60$

a) Ermitteln Sie den maximal möglichen Umsatz, den das Unternehmen unter den gegebenen Nebenbedingungen erzielen kann. Die produzierten Mengen seien dabei immer positiv.

b) Lässt sich ein höherer Umsatz erzielen, wenn auf die Nebenbedingung NB4 verzichtet wird? Ermitteln Sie ggf. den nun erzielbaren maximalen Umsatz.

Lösung s. Seite 278

Aufgabe 99: Simplexverfahren

Gegeben sei die Nutzenfunktion $U(x_1, x_2) = 6x_1 + 2x_2$, wobei x_1 und x_2 die konsumierten Mengen zweier Güter darstellen. Aufgrund von Budgetrestriktionen können beide Güter nicht in beliebiger Menge konsumiert werden. Folgende Restriktionen sind zu beachten:

$$x_2 \leq 10$$
$$x_1 + x_2 \leq 14$$
$$10x_1 + x_2 \leq 40$$

Ermitteln Sie diejenige Wertekombination (x_1, x_2), die den Nutzen U maximiert.

Lösung s. Seite 279

Aufgabe 100: Simplexverfahren

Ein Unternehmen verkaufe zwei Produkte P_1 und P_2 in den Mengen x_1 und x_2. Eine verkaufte Einheit von P_1 erwirtschafte einen Gewinn von 10.000 €, eine Einheit von P_2 20.000 €. Pro Tag können aus produktionstechnischen Gründen nur je maximal 10 Einheiten von P_1 und 15 Einheiten von P_2 produziert und verkauft werden. Insgesamt kann die Tagesproduktion von beiden Produkten zusammen 20 Einheiten nicht überschreiten.

a) Welche Stückzahlen von P_1 und P_2 muss das Unternehmen pro Tag produzieren und verkaufen, um seinen Tagesgewinn zu maximieren? Ermitteln Sie die Lösung mittels Simplexverfahren.

b) Würde sich das Ergebnis in a) ändern, wenn statt der für P_1 und P_2 zusammen geltenden Maximalstückzahl von 20 Einheiten eine Nebenbedingung $2x_1 + x_2 \leq 25$ gelten würde?

Lösung s. Seite 280

Lösung zu 1: Zahlenmengen

a) $\frac{11}{10}$, b) $\frac{471}{100}$, c) $-\frac{5}{1} = -5$, d) $\frac{100}{1} = 100$, e) $\frac{501}{5}$, f) $-\frac{209}{10}$, g) $-\frac{1}{10}$, h) $-\frac{77}{10}$

Lösung zu 2: Elementare Rechenregeln

a) 2, b) $-\frac{1}{4}$, c) $\frac{19}{3}$, d) $\frac{3}{50}$, e) $\frac{11}{41}$, f) $-\frac{1}{20}$, g) $a - b$, h) $a^2 b^{13} c$, i) $\frac{4x^2 - 2y^2}{2x - y}$

j) $-\frac{1}{2}$, k) $\frac{3a}{c^3} + \frac{5a^2}{bc}$, l) $\frac{x^3 - 3x^2}{y + zx}$, m) $\frac{14a^2}{b}$, n) $\frac{1}{(2a - 3b) \cdot (c - d)}$

Lösung zu 3: Elementare Rechenregeln

a) 0, b) 7.925, c) 35.269, d) $-\frac{29}{84}$, e) $-\frac{229}{630}$, f) $-\frac{7}{8}$

Lösung zu 4: Potenzrechnung mit ganzzahligem Exponenten

a) $\frac{a^{n-1} c^n}{b^n}$, b) $\frac{1}{x^2 yz}$, c) z^{17}

Lösung zu 5: Potenzrechnung mit ganzzahligem Exponenten

a) $0,1$, b) $-0,00001$, c) $-0,0001085$, d) 100, e) 2.304, f) $0,0625$

Lösung zu 6: Potenzrechnung mit rationalem Exponenten

a) $\sqrt{x} = x^{\frac{1}{2}}$, b) $\sqrt[4]{x} = x^{\frac{1}{4}}$, c) $\frac{1}{\sqrt[4]{x}} = x^{-\frac{1}{4}}$, d) $\frac{1}{\sqrt[18]{x^7}} = x^{-\frac{7}{18}}$

Lösung zu 7: Logarithmusrechnung

a) $\frac{\ln(24)}{\ln(8)} \approx 1,528$, b) 3, c) $\frac{1}{2}$, d) 1, e) $\frac{\ln(20)}{\ln(10)} + \frac{\ln(10)}{\ln(20)} \approx 2,0697$

Beispielsweise ist $5^3 = 125$ (Teilaufgabe b)), also folgt $\log_5(125) = 3$.

Lösung zu 8: Logarithmusrechnung

a) $2\ln(x) + \ln(2) + 5\ln(y)$, b) $\log_2(5) - \log_2(2^4) = \log_2(5) - 4$, c) $4\lg(10) + 10\lg(4) = 4 + 10\lg(4)$

d) $\ln(3) + \ln(e^x) + \ln(e^{-2x}) = \ln(3) + x - 2x = \ln(3) - x$

Lösung zu 9: Äquivalenzumformungen

a) $D_T = \mathbb{R}$, b) $D_T = \{x \in \mathbb{R} | x \geq 1\}$, c) $D_T = \{x \in \mathbb{R} | x > -2\}$, d) $D_T = \mathbb{R}$, e) $D_T = \mathbb{R} \setminus \{0\}$

Lösung zu 10: Lineare Gleichungen

a) $L_G = \{11/6\}$, b) $L_G = \{-17/21\}$, c) $L_G = \{-2/3\}$

Lösung zu 11: Lineare Gleichungen

$40.000 - 20p_N = 10.000 \Rightarrow p_N = 1.500$

Lösung zu 12: Quadratische Gleichungen

a) $LG = \{2\}$, b) $LG = \{1;2\}$, c) $LG = \{4 - \sqrt{31,4} + \sqrt{31}\}$

Lösung zu 13: Quadratische Gleichungen

$L_G = \{-102;100\}$

Nur die Lösung $x_2 = 100$ ist auch betriebswirtschaftlich sinnvoll, $x_1 = -102 < 0$ nicht.

Lösung zu 14: Quadratische Gleichungen

$200p - 2p^2 = 0$ impliziert $p_1 = 0$ und $p_2 = 100$. Für $p_1 = 0$ wird kein Umsatz erwirtschaftet, da die Teddybären umsonst abgegeben werden. Bei $p_2 = 100$ ist der Preis so hoch, dass die Nachfrage auf Null absinkt.

Lösung zu 15: Gleichungen höheren Grades

a) $L_G = \{-\sqrt[4]{1}, \sqrt[4]{1}\} = \{-1,1\}$. Es liegt Sonderfall II vor: $y = x^4$.

b) $L_G = \{-\sqrt[10]{100}, \sqrt[10]{100}\}$. Es liegt Sonderfall I vor.

c) $L_G = \{-8;2;\sqrt[5]{100}\}$. Es liegt Sonderfall III vor. Beachte, dass $(x^2 + 1)$ keine Nullstellen liefert. Die Nullstelle $x_2 = 2$ tritt zweimal auf.

d) $L_G = \{\sqrt[5]{2,922}\}$. Es liegt Sonderfall II vor: $y = x^5$.

e) $LG = \{\}$. Es liegt Sonderfall I vor, die Gleichung $x^8 = -0,4$ hat jedoch keine reelle Lösung.

Lösung zu 16: Gleichungen höheren Grades

a) $x^2 - x - 9$, b) $x^4 - 2x^2 + x + 1$

Lösung zu 17: Bruchgleichungen

a) $L_G = \{3\}$, b) $L_G = \{-2;2\}$, c) $L_G = \{-2;10\}$

In allen Fällen liegen die Elemente der Lösungsmenge in der Definitionsmenge D_G der Gleichung.

Lösung zu 18: Wurzelgleichungen

a) $L_G = \{11\}$, b) $L_G = \{10\}$, c) $L_G = \{9\}$, d) $L_G = \{4\}$

In den Teilaufgaben b) und d) liefert die Quadratur jeweils zusätzliche Lösungen, die aber nicht die Ursprungsgleichung erfüllen.

Lösung zu 19: Exponentialgleichungen

a) $L_G = \{4\}$, b) $L_G = \{0,699\}$, c) $L_G = \{1,756\}$, d) $L_G = \{-0,114\}$, e) $L_G = \{0,239\}$

Lösung zu 20: Logarithmusgleichungen

a) $L_G = \{49,598\}$, b) $L_G = \{-2;3\}$, c) $L_G = \{7\}$

Lösung zu 21: Ungleichungen

a) $L_G = \{x \in \mathbb{R}|x > 9\}$, b) $L_G = \{\}$, c) $L_G = \{x \in \mathbb{R}|2 < x < 2,429\}$

d) $L_G = \{x \in \mathbb{R}|1 < x < 21,086\}$

Teilaufgabe b) führt auf $-11 > 4x^2$, was für reelle x nicht erfüllbar ist. In Teilaufgabe d) ist die untere Grenze nötig, damit der ln-Term definierbar bleibt.

Lösung zu 22: Ungleichungen

Zu lösen ist die quadratische Gleichung $100p - 25p^2 = 75$ bzw. $-25p^2 + 100p - 75 = 0$, Lösungen sind $p_1 = 1$ und $p_2 = 3$. Für p-Werte zwischen diesen Nullstellen ist stets $100p - 25p^2 > 75$ (z. B. p = 2 einsetzen), für p-Werte kleiner 1 oder größer 3 hingegen $100p - 25p^2 < 75$ (z. B. p = 0 einsetzen). Da ein Polynom zweiten Grades keine weiteren Nullstellen haben kann, muss damit für $1 < p < 3$ ein Umsatz von mehr als 75 € erzielt werden.

Lösung zu 23: Jährliche Verzinsung

a) $n = \left(\frac{15.000}{10.000} - 1\right) \cdot \frac{1}{0,05} = 10$ Jahre

b) Da das Kapital linear anwächst, in gleichlangen Zeiträumen also immer gleich viele Zinsen erwirtschaftet werden.

c) $i = \left(\frac{3 \cdot 10.000}{10.000} - 1\right) \cdot \frac{1}{10} = 20\%$

Beachte, dass das Ergebnis in Teilaufgabe c) nicht von $K_0 = 10.000$ abhängt; K_0 kürzt sich raus.

Lösung zu 24: Unterjährliche Verzinsung

a) $K_{72/360} = 80.000 \cdot \left(1 + 0,02 \cdot \frac{72}{360}\right) = 80.320$ €

b) $i = \left(\frac{45.100}{45.000} - 1\right) \cdot \frac{360}{10} = 0,08 = 8\%$

c) $t = \left(\frac{10.100}{10.000} - 1\right) \cdot \frac{360}{0,04} = 90$ Tage

Lösung zu 25: Jährliche Verzinsung

a) $K_{10} = 5.000 \cdot (1 + 0,045)^{10} = 7.764,85\,€$

b) $n = \dfrac{\ln(30.000) - \ln(5.000)}{\ln(1 + 0,045)} = 40,71 \approx 41\ \text{Jahre}$

c) $i = \sqrt[10]{\dfrac{3 \cdot 5.000}{5.000}} - 1 = \sqrt[10]{3} - 1 = 0,116 = 11,6\,\%$

Beachte, dass das Ergebnis in Teilaufgabe c) nicht von $K_0 = 5.000$ abhängt; K_0 kürzt sich raus.

Lösung zu 26: Jährliche Verzinsung

$K_{20} = 5.000 \cdot (1 + 0,04)^{10} \cdot (1 + 0,05)^{10} = 12.055,81\,€$

Lösung zu 27: Unterjährliche Verzinsung

a) $K_{117/365} = 10.000 \cdot (1 + 0,04)^{117/365} = 10.126,52\,€$

b) $K_{117/360} = 10.000 \cdot \left(1 + 0,04 \cdot \dfrac{117}{360}\right) = 10.130,00\,€$

c) $K_{117/365} = 10.000 \cdot \left(1 + \dfrac{0,04}{365}\right)^{117} = 10.129,04\,€$

Lösung zu 28: Unterjährliche Verzinsung

$$t = \dfrac{365 \cdot (\ln(10.100) - \ln(10.000))}{\ln(1 + 0,04)} = 92,6\ \text{Tage}$$

In Lösungen zu 24: c) wurden mit einfacher Verzinsung nur 90 Tage benötigt.

Lösung zu 29: Unterjährliche Verzinsung

a) $i_k = (1 + 0,06)^{1/12} - 1 = 0,00487 = 0,487\,\%$

b) $K_{2/12} = 2.000 \cdot (1 + 0,00487)^{2} = 2.019,53\,€$

c) $i_e = (1 + 0,003)^{12} - 1 = 0,0366 = 3,66\,\%$

Lösung zu 30: Gemischte Verzinsung

a) $K_t = 12.000 \cdot \left(1 + 0,04 \cdot \dfrac{6}{12}\right) \cdot \left(1 + 0,04 \cdot \dfrac{6}{12}\right) = 12.484,80\,€$

b) $K_t = 12.000 \cdot \left(1 + 0,04 \cdot \dfrac{6}{12}\right) \cdot (1 + 0,04)^4 \cdot \left(1 + 0,04 \cdot \dfrac{6}{12}\right) = 14.605,45\,€$

c) $K_t = 12.000 \cdot \left(1 + 0,04 \cdot \dfrac{6}{12}\right) \cdot (1 + 0,04)^4 \cdot \left(1 + 0,04 \cdot \dfrac{8}{12}\right) = 14.700,91\,€$

d) $K_t = 12.000 \cdot \left(1 + 0,04 \cdot \dfrac{6}{12}\right) \cdot (1 + 0,04)^4 \cdot \left(1 + 0,04 \cdot \dfrac{12}{12}\right) = 12.000 \cdot \left(1 + 0,04 \cdot \dfrac{6}{12}\right) \cdot (1 + 0,04)^5$
$= 14.891,83\,€$

e) $K_t = 12.000 \cdot \left(1 + 0,04 \cdot \dfrac{6}{12}\right) \cdot (1 + 0,04)^5 \cdot \left(1 + 0,04 \cdot \dfrac{2}{12}\right) = 14.991,11\,€$

Lösung zu 31: Barwertbegriff und Äquivalenzprinzip

a) $K_0 = -50.000 + \dfrac{20.000}{1,06} + \dfrac{20.000}{1,06^2} + \dfrac{20.000}{1,06^3} + \dfrac{50.000}{1,06^3} = 45.441,20\ \text{€}$

b) Das Äquivalenzprinzip führt auf (G = gesuchter Gewinn):

$K_0 = -50.000 + \dfrac{G}{1,06} + \dfrac{G}{1,06^2} + \dfrac{G}{1,06^3} + \dfrac{50.000}{1,06^3} = 60.000\ \text{€}$

und damit zu

$G = \dfrac{60.000 + 50.000 - \dfrac{50.000}{1,06^3}}{\dfrac{1}{1,06} + \dfrac{1}{1,06^2} + \dfrac{1}{1,06^3}} = 25.446,59\ \text{€}.$

Lösung zu 32: Barwertbegriff und Äquivalenzprinzip

$K_0 = 10.000 + \dfrac{10.000}{1,08} + \ldots + \dfrac{10.000}{1,08^4} = 43.121,27\ \text{€}$

Bemerkung: K_0 ist ein Rentenbarwert (vorschüssige Zeitrente). Mit den Methoden von Kapitel B.2 lässt sich K_0 auch schreiben als

$K_0 = 10.000 \cdot \dfrac{1,08^5 - 1}{1,08 - 1} \cdot \dfrac{1}{1,08^{5-1}} = 43.121,27\ \text{€}.$

Lösung zu 33: Zeitrenten

a) $R_0 = R \cdot \ddot{a}_{20} = 1.000 \cdot \dfrac{1,03^{20} - 1}{1,03 - 1} \cdot \dfrac{1}{1,03^{19}} = 15.323,80\ \text{€}$

b) Da nun weniger Zinsen erwirtschaftet werden, muss zu Rentenbeginn ein höherer Geldbetrag (Rentenbarwert) vorliegen, um alle Raten zu finanzieren.

c) $R_0 = R \cdot a_{20} = 1.000 \cdot \dfrac{1,03^{20} - 1}{1,03 - 1} \cdot \dfrac{1}{1,03^{20}} = 14.877,48\ \text{€}$

d) Vorschüssiger Fall: $\quad R_{20} = R_0 \cdot q^{20} = 15.323,80 \cdot 1,03^{20} = 27.676,49\ \text{€}$

Nachschüssiger Fall: $\quad R_{20} = R_0 \cdot q^{20} = 14.877,48 \cdot 1,03^{20} = 26.870,38\ \text{€}$

e) Ja, da die einzelnen Ratenzahlungen aufgezinst, d. h. mit einer Potenz von $q = 1 + i > 1$ multipliziert, werden.

Lösung zu 34: Zeitrenten

5 Jahre: $\quad R_0 = 12.000 \cdot \ddot{a}_5 = 54.551,41\ \text{€}$
15 Jahre: $\quad R_0 = 12.000 \cdot \ddot{a}_{15} = 130.783,69\ \text{€}$
50 Jahre: $\quad R_0 = 12.000 \cdot \ddot{a}_{50} = 230.024,66\ \text{€}$

Lösung zu 35: Ewige Renten

$$R_0 = R \cdot \ddot{a}_\infty = R \cdot \frac{q}{q-1} \Rightarrow R = \frac{R_0 \cdot (q-1)}{q} = \frac{1.000.000 \cdot (1,05 - 1)}{1,05} = 47.619,05 \text{ €}$$

Der Preis fällt nun geringer aus, da die erste Rate sofort fällig ist und so weniger Zinsen erwirtschaftet werden können.

Lösung zu 36: Ewige Renten

$$R_0 = 12.000 \cdot \frac{1,05}{1,05 - 1} = 252.000 \text{ €}$$

Je größer n in Aufgabe 34, umso näher liegen die benötigten Rentenbarwerte am Rentenbarwert der ewigen Rente. Bei einem Rentenbarwert von 252.000 € können die Raten ewig gezahlt werden, da Ratenhöhe und erwirtschaftete Zinsen nun gleich sind.

Lösung zu 37: Unterjährliche Zeitrenten mit jährlicher Zinsberechnung

a) $R_k = 500 \cdot \left(12 + \frac{0,06 \cdot 11}{2}\right) = 6.165 \text{ €} \Rightarrow R_{20} = 6.165 \cdot \frac{1,06^{20} - 1}{1,06 - 1} = 226.783,17 \text{ €}$

b) Ja, da alle Raten einen Monat länger verzinst werden können.

c) Erst wird aus dem Endwert die konforme Ersatzrentenrate R_k ermittelt, aus dieser dann die monatliche Rate R.

$$R_{20} = R_k \cdot \frac{q^{20} - 1}{q-1} \Rightarrow R_k = R_{20} \cdot \frac{q-1}{q^{20} - 1} = 200.000 \cdot \frac{1,06 - 1}{1,06^{20} - 1} = 5.436,91 \text{ €}$$

$$R_k = R \cdot \left(m + \frac{i \cdot (m-1)}{2}\right) \Rightarrow R = \frac{R_k}{\left(m + \frac{i \cdot (m-1)}{2}\right)} = \frac{5.436,91}{\left(12 + \frac{0,06 \cdot (12-1)}{2}\right)} = 440,95 \text{ €}$$

Lösung zu 38: Unterjährliche Zeitrenten mit jährlicher Zinsberechnung

Die konforme Ersatzrentenrate errechnet sich zu

$$R_k = R \cdot \left(m + \frac{i \cdot (m+1)}{2}\right) = 50 \cdot \left(12 + \frac{0,05 \cdot (12+1)}{2}\right) = 616,25 \text{ €}.$$

Damit folgt für den Rentenendwert nach 18 Jahren

$$R_{18} = 616,25 \cdot \frac{1,05^{18} - 1}{1,05 - 1} = 17.336,58 \text{ €}.$$

Lösung zu 39: Unterjährliche Zeitrenten mit unterjährlicher Zinsberechnung

a) $i_k = (1 + 0{,}04)^{1/12} - 1 \approx 0{,}00327 = 0{,}327\,\% \Rightarrow q = 1{,}00327$

$$R_0 = R \cdot \frac{q^{n \cdot m} - 1}{q - 1} \cdot \frac{1}{q^{n \cdot m}} \Rightarrow R = R_0 \cdot q^{n \cdot m} \cdot \frac{q - 1}{q^{n \cdot m} - 1}$$

$$= 200.000 \cdot 1{,}00327^{30 \cdot 12} \cdot \frac{1{,}00327 - 1}{1{,}00327^{30 \cdot 12} - 1}$$

$$= 946{,}09 \, \euro$$

b) $i_p = \frac{0{,}04}{12} \approx 0{,}00333 = 0{,}333\,\% \Rightarrow q = 1{,}00333$

$$R_0 = R \cdot \frac{q^{n \cdot m} - 1}{q - 1} \cdot \frac{1}{q^{n \cdot m}} \Rightarrow R = R_0 \cdot q^{n \cdot m} \cdot \frac{q - 1}{q^{n \cdot m} - 1}$$

$$= 200.000 \cdot 1{,}00333^{30 \cdot 12} \cdot \frac{1{,}00333 - 1}{1{,}00333^{30 \cdot 12} - 1} = 954{,}37 \, \euro$$

Lösung zu 40: Grundlagen der Tilgungsrechnung

a)

Jahr j	Restschuld K_{j-1}	Zinsen $Z_j = K_{j-1} \cdot i$	Tilgung T_j	Annuität $A_j = Z_j + T_j$	Restschuld $K_j = K_{j-1} - T_j$
1	**100.000**	**10.000**	0	**10.000**	100.000
2	100.000	10.000	**50.000**	60.000	50.000
3	50.000	5.000	**0**	5.000	50.000
4	50.000	5.000	**0**	5.000	50.000
5	50.000	5.000	50.000	55.000	**0**

b)

Jahr j	Restschuld K_{j-1}	Zinsen $Z_j = K_{j-1} \cdot i$	Tilgung T_j	Annuität $A_j = Z_j + T_j$	Restschuld $K_j = K_{j-1} - T_j$
1	**100.000**	**10.000**	- 10.000	0	110.000
2	110.000	11.000	60.000	**71.000**	50.000
3	50.000	5.000	0	5.000	**50.000**
4	50.000	5.000	50.000	**55.000**	0

In beiden Fällen kann der Zinssatz i aus der ersten Zeile abgeleitet werden:
$i = Z_1 : K_0 = 10.000 : 100.000 = 0{,}1 = 10\,\%.$

(Die jeweils fett gedruckten Zahlenwerte waren vorgegeben.)

Lösung zu 41: Grundlagen der Tilgungsrechnung

Restschuld nach einem Jahr:

$$K_1 = \frac{7.005,31}{1,15} + \frac{7.005,31}{1,15^2} + \frac{7.005,31}{1,15^3} = 15.994,70 \, €$$

Restschuld nach zwei Jahren:

$$K_2 = \frac{7.005,31}{1,15} + \frac{7.005,31}{1,15^2} = 11.388,60 \, €$$

Restschuld nach drei Jahren:

$$K_3 = \frac{7.005,31}{1,15} = 6.091,57 \, €$$

Zu Beginn der Tilgung sind höhere Zinszahlungen fällig, gegen Ende nimmt dieser Anteil ab, folglich entfällt ein größerer Anteil der Annuitäten dann auf die Tilgung, die Restschuld sinkt schneller.

Lösung zu 42: Annuitätentilgung

Der Barwert der Investitionen beträgt:

$$K_0 = \frac{50.000}{1,06} + \frac{50.000}{1,06^2} + \frac{80.000}{1,06^4} = 155.037,13 \, €$$

Nach dem Äquivalenzprinzip gilt für die Annuitäten:

$$K_0 = A \cdot \frac{q^n - 1}{q - 1} \cdot \frac{1}{q^n} \Rightarrow A = K_0 \cdot \frac{q - 1}{q^n - 1} \cdot q^n = 155.037,13 \cdot \frac{1,06 - 1}{1,06^4 - 1} \cdot 1,06^4 = 44.742,40 \, €$$

Lösung zu 43: Annuitätentilgung

Da ein echter Schuldenabbau stattfinden soll, muss $A > K_0 \cdot i$ sein, da $K_0 \cdot i$ die Zinsbelastung im ersten Jahr (= Jahr mit der höchsten Zinsbelastung bei echtem Schuldenabbau) darstellt. Für $A = K_0 \cdot i$ würden die Annuitäten lediglich die Zinsbelastung decken, für $A < K_0 \cdot i$ würden die Schulden gar wachsen. Ebenso kann davon ausgegangen werden, dass ein Zinssatz $i > 0$ zu Grunde gelegt wird, was $q = 1 + i > 1$ und $\ln(q) > 0$ zur Folge hat.

Lösung zu 44: Annuitätentilgung

a) $n = \dfrac{\ln\left(\dfrac{18.000}{18.000 - 150.000 \cdot 0,05}\right)}{\ln(1,05)} = 11,05 \approx 11$ Jahre

b) Im ersten Jahr muss A größer als die Zinsbelastung sein, also $A > K_0 \cdot i = 7.500 \, €$. Anderenfalls werden die Schulden nicht abgebaut.

c) Die Annuitätenhöhe beträgt $A = K_0 \cdot 0,02 + K_0 \cdot i = K_0 \cdot 0,07 = 10.500 \, €$, also folgt:

$$n = \frac{\ln\left(\dfrac{10.500}{10.500 - 150.000 \cdot 0,05}\right)}{\ln(1,05)} = 25,68 \approx 26 \text{ Jahre}$$

Eine Verdoppelung der anfänglichen Tilgung führt zu
$A = K_0 \cdot 0,04 + K_0 \cdot i = K_0 \cdot 0,09 = 13.500\,€$ und damit zu $n = 16,62 \approx 17$ Jahre.

Lösung zu 45: Annuitätentilgung

a) $K_0 = 5.000 \cdot \dfrac{1,004^{10} - 1}{1,004 - 1} \cdot \dfrac{1}{1,004^{10}} = 48.917,37\,€$

b) $K_0 = A \cdot \dfrac{q^n - 1}{q - 1} \cdot \dfrac{1}{q^n} \Rightarrow A = K_0 \cdot \dfrac{q - 1}{q^n - 1} \cdot q^n = 50.000 \cdot \dfrac{1,004 - 1}{1,004^6 - 1} \cdot 1,004^6 = 8.450,39\,€$

Lösung zu 46: Annuitätentilgung

$K_0 = \dfrac{A}{q} + \dfrac{A}{q^2} \Rightarrow K_0 q^2 - Aq - A = 25.000q^2 - 20.000q - 20.000 = 0$

Um handlichere Zahlenwerte zu erhalten, wird die quadratische Gleichung durch 5.000 dividiert:

$5q^2 - 4q - 4 = 0$

$\Rightarrow q_{1,2} = \dfrac{4 \pm \sqrt{4^2 - 4 \cdot 5 \cdot (-4)}}{2 \cdot 5} \Rightarrow q_1 \approx 1,3798\,,\; q_2 \approx -0,5798$

q_2 ist als negativer Zahlenwert uninteressant, also folgt: $i = q_1 - 1 = 0,3798 = 37,98\,\%$.

Lösung zu 47: Ratentilgung

Die Tilgungshöhe beträgt $T = \dfrac{4.000}{5} = 800\,€$. Daraus folgt:

$A_1 = T + K_0 \cdot i = 800 + 4.000 \cdot 0,09 = 1.160\,€$
$A_2 = T + K_1 \cdot i = 800 + 3.200 \cdot 0,09 = 1.088\,€$
$A_3 = T + K_2 \cdot i = 800 + 2.400 \cdot 0,09 = 1.016\,€$
$A_4 = T + K_3 \cdot i = 800 + 1.600 \cdot 0,09 = 944\,€$
$A_5 = T + K_4 \cdot i = 800 + 800 \cdot 0,09 = 872\,€$

b) Das Äquivalenzprinzip liefert:

$K_0 = \dfrac{A}{q} + ... + \dfrac{A}{q^5} = A \cdot \left(\dfrac{1}{q} + ... + \dfrac{1}{q^5} \right)$, also $A = 1.028,37\,€$.

Lösung zu 48: Polynome

a) $x_N(2) = 300.000 - 1.500 \cdot 2 = 297.000$ Packungen

b) $x_N(1,5) - x_N(3) = 297.750 - 295.500 = 2.250$ Packungen weniger

c) $x_N(p_N) = 300.000 - 1.500p_N \Rightarrow p_N(x_N) = 200 - 0,000667x_N$
   (Erst - 300.000 auf beiden Seiten, dann Division durch - 1.500.)

Lösung zu 49: Polynome

$E(p) = p \cdot x(p) = 40p - 2p^2$. Soll E in Abhängigkeit von x angegeben werden, muss zunächst p durch x ausgedrückt werden: $x(p) = 40 - 2p \Rightarrow p(x) = 20 - 0,5x$.
Damit folgt $E(x) = x \cdot p(x) = 20x - 0,5x^2$.

Lösung zu 50: Gebrochen-rationale Funktionen

a) $D_f = \mathbb{R} \setminus \{-1\}$, b) $D_f = \mathbb{R}$, c) $D_f = \mathbb{R} \setminus \{-1;1\}$, d) $D_f = \mathbb{R} \setminus \{0\}$, e) $D_f = \mathbb{R} \setminus \{-3;1\}$

Lösung zu 51: Wurzelfunktionen

a) $D_f = \{x \in \mathbb{R} | x \geq -1\}$, b) $D_f = \{x \in \mathbb{R} | x \geq 0\}$, c) $D_f = \{x \in \mathbb{R} | x > 7\}$

In Teilaufgabe b) liefert der zweite Summand die strengere Bedingung, in Teilaufgabe c) der erste Summand. Beispielsweise ist der erste Summand in b) für x ≥ - 2,5 definiert, der zweite Summand jedoch erst für x ≥ 0. Damit sind für reelle x ≥ 0 beide Summanden und damit die gesamte Funktion definiert.

Lösung zu 52: Wurzelfunktionen

a) $x(20) = 2.000\sqrt{36 - 20} = 8.000$

b) $x(p) = 2.000\sqrt{36 - p} = 10.000 \Rightarrow \sqrt{36 - p} = 5 \Leftrightarrow p = 11$

Lösung zu 53: Logarithmusfunktionen

a) $D_x = \mathbb{R}$, da $3r^2 + 1 > 0$ für alle reellen r gilt. Betriebswirtschaftlich sinnvoll ist r ≥ 0, da ansonsten negativer Input vorliegt.

b) $50\ln(3r^2 + 1) = 100 \Rightarrow \ln(3r^2 + 1) = 2 \Rightarrow 3r^2 + 1 = e^2 \Rightarrow r^2 = \dfrac{e^2 - 1}{3}$

$\Rightarrow r_1 = \sqrt{\dfrac{e^2 - 1}{3}} \approx 1{,}459$, $r_2 = -\sqrt{\dfrac{e^2 - 1}{3}} \approx -1{,}459$

(r_2 ist betriebswirtschaftlich nicht sinnvoll.)

Lösung zu 54: Grenzwerte

a) $\lim\limits_{x \to 0} \sqrt{x + 1} = 1$ (x = 0 eingesetzt)

b) $\lim\limits_{x \to 1} \dfrac{x^3 - 6x + 2}{x + 13x^2} = -\dfrac{3}{14}$ (x = 1 eingesetzt)

c) $\lim\limits_{x \to -6} \dfrac{x^2 - 36}{x + 6} = -12$ (durch „vorsichtige" Annäherung an x = - 6 ermittelt)

d) $\lim\limits_{x \to 2} \dfrac{1}{(x - 2)^2}$ existiert nicht, der Ausdruck geht gegen unendlich. x = 2 ist eine Nullstelle des Nenners.

e) $\lim\limits_{x \to -1} \dfrac{x + 2}{x - 1} = -\dfrac{1}{2}$ (x = - 1 eingesetzt)

Lösung zu 55: Stetigkeit von Funktionen

a) Pol mit Vorzeichenwechsel. Bei Annäherung an eins von links ergeben sich große negative Zahlenwerte, bei Annäherung von rechts entsprechend große positive Zahlenwerte (der Zähler ist immer positiv).

b) Pol ohne Vorzeichenwechsel. Wegen der positiven Potenz im Nenner strebt die Funktion für x gegen eins immer gegen große positive Zahlenwerte.

c) Hebbare Lücke. Nenner und Zähler streben gegen Null, der gesamte Ausdruck gegen 3,5:

$$\frac{7x - 7}{x^2 - 1} = \frac{7(x - 1)}{(x + 1)(x - 1)} = \frac{7}{x + 1} \Rightarrow \frac{7}{2} = 3,5$$

d) Pol mit Vorzeichenwechsel. Bei Annäherung an eins von links ergeben sich große negative Zahlenwerte, bei Annäherung von rechts entsprechend große positive Zahlenwerte (Zähler ist in der Nähe von x = 1 immer positiv).

Lösung zu 56: Asymptotisches Verhalten

a) K hat als Polynom 2. Grades keine Asymptote.

b) Für große Werte von x strebt der letzte Summand gegen Null, sodass K(x) ≈ 60 + 2x für x gegen unendlich. Die Gerade y = 60 + 2x ist folglich eine schiefe Asymptote von K.

c) Für große positive Werte von x strebt die Exponentialfunktion $e^{-0,1x}$ gegen Null, sodass K(x) ≈ 6.000 • 2 = 12.000. Die Gerade y = 12.000 ist folglich eine waagerechte Asymptote von K.

d) K ist selbst eine Gerade.

Lösung zu 57: Beschränktheit

a) x ist nicht beschränkt, da eine positive Potenz von r für steigendes r immer größere Zahlenwerte annimmt.

b) x ist eine Gerade mit positiver Steigung und damit unbeschränkt.

c) Für große positive Werte von r geht der Ausdruck $e^{-0,2r}$ > 0 gegen Null, x nähert sich also von unten an die waagerechte Asymptote y = 600 • 30 = 18.000 an, die als obere Schranke fungiert: x(r) < 18.000.

d) x ist nicht beschränkt, da eine positive Potenz von r für steigendes r immer größere Zahlenwerte annimmt.

Lösung zu 58: Symmetrie

a) f ist gerade, da x nur in geraden Potenzen auftritt und somit $f(-x) = f(x)$ gilt.

b) f ist weder gerade noch ungerade, da sowohl gerade als auch ungerade Potenzen von x in f auftreten (die 5 im Nenner ist wegen $5 = 5x^0$ eine gerade Potenz von x).

c) f ist wegen der e-Funktion im Zähler weder gerade noch ungerade. Hinzu kommt, dass im Nenner gerade und ungerade Potenzen von x auftreten: $(x + 2)^2 = x^2 + 4x + 4$.

d) f ist gerade, da $\ln((-x)^2 + 1) = \ln(x^2 + 1)$.

Lösung zu 59: Ableitungsregeln

a) $f'(x) = 5 \cdot \sqrt{x} + 5x \cdot \dfrac{1}{2\sqrt{x}} = 7{,}5\sqrt{x}$ (Produktregel)

b) $f'(x) = \dfrac{0 \cdot (x^2 - 1) - 1 \cdot 2x}{(x^2 - 1)^2} = \dfrac{-2x}{(x^2 - 1)^2}$ (Quotientenregel)

c) $f'(x) = 51x^{16} - 51x^2 = 51(x^{16} - x^2)$ (Ableitungsregel für Potenzen)

d) $f'(x) = 4x \cdot \ln(x) + 2x^2 \cdot \dfrac{1}{x} = 4x\ln(x) + 2x$ (Produktregel)

e) $f'(x) = \dfrac{1}{2\sqrt{(\ln(x))^3}} \cdot 3(\ln(x))^2 \cdot \dfrac{1}{x} = \dfrac{3\sqrt{\ln(x)}}{2x}$ (zweimalige Anwendung der Kettenregel)

f) $f'(x) = 0{,}48x^{-0{,}6}$ (Ableitungsregel für Potenzen)

g) $f'(x) = 1 \cdot e^{\sqrt{x}} + x \cdot e^{\sqrt{x}} \cdot \dfrac{1}{2\sqrt{x}} = e^{\sqrt{x}}(1 + 0{,}5\sqrt{x})$ (Produktregel in Verbindung mit Kettenregel)

h) $f'(x) = 2x \cdot e^{-x} + (x^2 - 10) \cdot e^{-x} \cdot (-1) = e^{-x}(-x^2 + 2x + 10)$
(Produktregel in Verbindung mit Kettenregel (zusätzlicher Faktor (-1) ist innere Ableitung der e-Funktion))

i) $f'(x) = 3 \cdot \dfrac{1}{2\sqrt{e^x}} \cdot e^x = 1{,}5\sqrt{e^x}$ (Kettenregel)

j) $f'(x) = 7ex^{e-1}$ (Ableitungsregel für Potenzen)

Lösung zu 60: Höhere Ableitungen

a) $f'(x) = (2x - x^2)e^{-x} \Rightarrow f''(x) = (x^2 - 4x + 2)e^{-x} \Rightarrow f'''(x) = (-x^2 + 6x - 6)e^{-x}$

b) $f'(x) = 15x^{14} - 10x^9 \Rightarrow f''(x) = 210x^{13} - 90x^8 \Rightarrow f'''(x) = 2.730x^{12} - 720x^7$

c) $f'(x) = \dfrac{2}{x} \Rightarrow f''(x) = \dfrac{-2}{x^2} \Rightarrow f'''(x) = \dfrac{4}{x^3}$

d) $f'(x) = 3\sqrt{x} - 10x \Rightarrow f''(x) = \dfrac{3}{2}x^{-\frac{1}{2}} - 10 \Rightarrow f'''(x) = -\dfrac{3}{2}x^{-\frac{3}{2}}$

e) $f'(x) = \dfrac{7}{(5x + 2)^2} \Rightarrow f''(x) = \dfrac{-70}{(5x + 2)^3} \Rightarrow f'''(x) = \dfrac{1.050}{(5x + 2)^4}$

f) $f'(x) = 2xe^{x^2} \Rightarrow f''(x) = (4x^2 + 2)e^{x^2} \Rightarrow f'''(x) = (8x^3 + 12x)e^{x^2}$

Lösung zu 61: Monotonie- und Krümmungsverhalten

a) Es ist $K'(x) = 5e^{0,5x} > 0$ für alle x und $K''(x) = 2,5e^{0,5x} > 0$ für alle x. Folglich steigt K streng monoton und ist konvex (progressives Wachstum der Gesamtkosten).

b) Es ist $K'(x) = 0,6x^2 - 12x + 80$, $K''(x) = 1,2x - 12$ und $K'''(x) = 1,2$. Damit hat K bei x = 10 einen Wendepunkt, für x > 10 ist $K''(x) > 0$ (K ist hier konvex), für x < 10 ist $K''(x) < 0$ (K ist hier konkav). Um das Monotonieverhalten zu untersuchen, wird die Gleichung $K'(x) = 0$ betrachtet. Sie hat keine reellen Lösungen, K selbst damit keine Extremwerte. Da die erste Ableitung keine Nullstellen hat, muss sie überall das gleiche Vorzeichen haben, ansonsten müsste es bei einer stetigen Funktion einen Nulldurchgang geben. Da z. B. $K'(20) = 0,6 \cdot 20^2 - 12 \cdot 20 + 80 = 80 > 0$, muss $K'(x) > 0$ für alle x gelten, K ist also streng monoton steigend.

c) Es ist $K'(x) = 0,6x^{-0,5} > 0$ für x > 0 und $K''(x) = -0,03x^{-1,5} > 0$ für x > 0. Folglich steigt K streng monoton und ist konkav (degressives Wachstum der Gesamtkosten).

d) Es ist $K'(x) = 8x > 0$ für x > 0 und $K''(x) = 8 > 0$ für alle x. Folglich steigt K streng monoton und ist konvex (progressives Wachstum der Gesamtkosten).

Lösung zu 62: Extremwertbestimmung

a) Es ist $K'(x) = 2 + 1,2x$ und $K''(x) = 1,2$. Die Bedingung $K'(x) = 0$ führt auf x = -1,67; wegen $K''(-1,67) > 0$ liegt ein Minimum vor, das wegen x < 0 aber nicht betriebswirtschaftlich sinnvoll ist.

b) Es ist $E'(p) = 260 - 26p$ und $E''(p) = -26$. Die Bedingung $E'(p) = 0$ führt auf p = 10; wegen $E''(10) < 0$ liegt ein Maximum vor: $E(10) = 1.300$.

c) Es ist $U'(x) = (20 - 10x)e^{-0,5x}$ und $U''(x) = (5x - 20)e^{-0,5x}$. Die Bedingung $U'(x) = 0$ führt auf x = 2; wegen $U''(2) < 0$ liegt ein Maximum vor: $U(2) = 40e^{-1} \approx 14,72$.

d) Es ist $G'(x) = 250x^{-1} - 24x + 5$ und $G''(x) = -250x^{-2} - 24$. Die Bedingung $G'(x) = 0$ führt auf $x_1 = 3,33$ und $x_2 = -3,125$; x_2 ist kleiner als Null und damit betriebswirtschaftlich nicht von Interesse. Wegen $G''(x) < 0$ für alle x liegt ein Maximum vor: $G(3,33) = 84,33$.

e) Es ist $x'(r) = -0,3r^2 + 14r + 13,2$ und $x''(r) = -0,6r + 14$. Die Bedingung $x'(r) = 0$ führt auf $r_1 = 47,59$ und $r_2 = -0,92$. r_2 ist kleiner als Null und damit betriebswirtschaftlich nicht von Interesse. Wegen $x''(47,59) < 0$ liegt ein Maximum vor: $x(47,59) = 5.703,62$.

Lösung zu 63: Begriff der Grenz- und Durchschnittsfunktion

Der Durchschnittsertrag ist gegeben durch $\bar{x}(r) = -0,1r^2 + 7r + 13,2$. Nullsetzen der ersten Ableitung liefert r = 35. Wegen $\bar{x}''(35) = -0,2 < 0$ liegt ein Maximum vor: $\bar{x}(35) = 135,7$. Für den Grenzertrag gilt $x'(r) = -0,3r^2 + 14r + 13,2$, also $x'(35) = 135,7$. Damit stimmen Durchschnittsertrag und Grenzertrag im Maximum des Durchschnittsertrags überein.

Lösung zu 64: Begriff der Grenz- und Durchschnittsfunktion

Die Stückkostenfunktion zu $K(x) = 500 + 20x^2$ ist gegeben durch:

$$k(x) = \frac{K(x)}{x} = \frac{500}{x} + 20x \Rightarrow k'(x) = -\frac{500}{x^2} + 20 \Rightarrow k''(x) = \frac{1.000}{x^3}$$

Nullsetzen der ersten Ableitung liefert $x_1 = 5$ und $x_2 = -5$ (betriebswirtschaftlich uninteressant). Wegen $k''(5) > 0$ liegt ein Minimum der Stückkostenfunktion k vor (Betriebsoptimum bei $x_1 = 5$).

Die stückvariablen Kosten der Kostenfunktion $K(x) = 0{,}25x^3 - 4x^2 + 60x + 700$ sind gegeben durch $k_v(x) = 0{,}25x^2 - 4x + 60$, was $k_v'(x) = 0{,}5x - 4$ und $k_v''(x) = 0{,}5$ impliziert. Nullsetzen der ersten Ableitung liefert hier $x = 8$, wegen $k_v''(x) = 0{,}5 > 0$ liegt ein Minimum der stückvariablen Kosten vor (= Betriebsminimum bei $x = 8$).

Lösung zu 65: Regel von de l'Hôpital zur Grenzwertbestimmung

a) Der erste Summand von K ist konstant, kann deshalb vorerst außer Acht gelassen werden. Für den zweiten Summanden gilt nach der Regel von de l'Hôpital:

$$\lim_{x \to \infty} \frac{x^2 + 2}{10x + 1} = \lim_{x \to \infty} \frac{2x}{10} = \infty \text{, also folgt auch } \lim_{x \to \infty} K(x) = \infty$$

b) Bei dieser Durchschnittsfunktion muss die Regel von de l'Hôpital zweimal angewendet werden:

$$\lim_{r \to \infty} \frac{2.000\ln(r^2 + 1)}{r^{0,5}} = \lim_{r \to \infty} \frac{2.000 \cdot \frac{2r}{r^2 + 1}}{0{,}5r^{-0,5}} = 2.000 \cdot \lim_{r \to \infty} \frac{4r^{1,5}}{r^2 + 1} = 2.000 \cdot \lim_{r \to \infty} \frac{3r^{0,5}}{r}$$

$$= 2.000 \cdot \lim_{r \to \infty} 3r^{-0,5} = 0$$

c) Die Gewinnfunktion G wird zunächst als Quotient geschrieben, danach die Regel von de l'Hôpital angewendet. Der zweite (konstante) Summand wird dabei zunächst vernachlässigt:

$$\lim_{x \to \infty} \frac{400 + x^2}{e^{0,1x}} = \lim_{x \to \infty} \frac{2x}{0{,}1e^{0,1x}} = \lim_{x \to \infty} \frac{2}{0{,}01e^{0,1x}} = 0$$

Unter Berücksichtigung des zweiten Summanden bedeutet dies für G:

$$\lim_{x \to \infty} G(x) = -400$$

d) Auch hier wird die Regel von de l'Hôpital zweimal angewendet:

$$200 \cdot \lim_{x \to \infty} \frac{x^3 + 2x}{5x^3} = 200 \cdot \lim_{x \to \infty} \frac{3x^2 + 2}{15x^2} = 200 \cdot \lim_{x \to \infty} \frac{6x}{30x} = 200 \cdot \frac{1}{5} = 40$$

e) Unter Vernachlässigung des konstanten Summanden 500 ergibt sich:

$$2e^x - 0{,}5x^2 = 0{,}5x^2 \left(\frac{2e^x}{0{,}5x^2} - 1 \right) = 0{,}5x^2 \left(\frac{4e^x}{x^2} - 1 \right) = 0{,}5x^2 \left(\frac{4e^x - x^2}{x^2} \right)$$

Für den Klammerausdruck gilt nach zweimaliger Anwendung der Regel von de l'Hôpital:

$$\lim_{x \to \infty} \left(\frac{4e^x - x^2}{x^2} \right) = \lim_{x \to \infty} \left(\frac{4e^x - 2x}{2x} \right) = \lim_{x \to \infty} \left(\frac{4e^x - 2}{2} \right) = \infty$$

Da der Vorfaktor $0{,}5x^2$ ebenfalls gegen unendlich strebt, folgt:

$$\lim_{x \to \infty} K(x) = \infty$$

Lösung zu 66: Umkehrfunktion

a) $K(x) = 130 + 6{,}5x \Rightarrow x = x(K) = \dfrac{K - 130}{6{,}5} = 0{,}154K - 20$

b) $x(r) = 0{,}4r^{0{,}6} = 0{,}4r^{\frac{3}{5}} \Rightarrow r = r(x) = (2{,}5x)^{\frac{5}{3}} = 4{,}605 \cdot \sqrt[3]{x^5}$

c) $E(p) = \sqrt{400 - p} \Rightarrow p = p(E) = 400 - E^2$

d) $x_A(p_A) = 200 + 40p_A \Rightarrow p_A = p_A(x_A) = \dfrac{x_A - 200}{40} = 0{,}025x_A - 5$

Lösung zu 67: Numerische Nullstellenbestimmung mittels Newton-Verfahren

a) Das Äquivalenzprinzip liefert:

$$200.000 = \frac{100.000}{q^2} + \frac{50.000}{q^3} + \frac{60.000}{q^4} + \frac{50.000}{q^5}$$

$$f(q) = 20q^5 - 10q^3 - 5q^2 - 6q - 5 = 0$$

Da ein Aufzinsungsfaktor $q = 1 + i$ gesucht wird, bietet sich z. B. ein Startwert $q_0 = 1{,}2$ an (entspricht einem Zinssatz von 20 %). Das Newton-Verfahren

$$q_n = q_{n-1} - \frac{f(q_{n-1})}{f'(q_{n-1})} = q_{n-1} - \frac{20q_{n-1}^5 - 10q_{n-1}^3 - 5q_{n-1}^2 - 6q_{n-1} - 5}{100q_{n-1}^4 - 30q_{q-1}^2 - 10q_{n-1} - 6}$$

liefert dann die Zahlenwerte

$q_0 = 1{,}2$
$q_1 = 1{,}1106516 \dots$
$q_2 = 1{,}0875748 \dots$
$q_3 = 1{,}0861154 \dots$
$q_4 = 1{,}0861064 \dots$
$q_5 = 1{,}0861064 \dots$

Also $q \approx 1{,}0861$, was einem Zinssatz i von 8,61 % entspricht.

b) Das gleiche Vorgehen wie in Teilaufgabe a) liefert das Nullstellenproblem

$$f(q) = q^4 + q^3 + q^2 + q - 5 = 0.$$

Die dazugehörige Newton-Iteration ergibt $q \approx 1{,}0913$, was einem Zinssatz von 9,13 % entspricht.

Lösung zu 68: Numerische Nullstellenbestimmung mittels Newton-Verfahren

Für die Stückkostenfunktion k(x) zur Kostenfunktion $K(x) = 3.000 + 20x^2 + 5x^3$ gilt:

$$k(x) = 5x^2 + 20x + \frac{3.000}{x} \Rightarrow k'(x) = 10x + 20 - \frac{3.000}{x^2} \Rightarrow k''(x) = 10 + \frac{6.000}{x^3}$$

Nullsetzen der ersten Ableitung führt nach Multiplikation mit x^2 auf das Nullstellen-problem $f(x) = 10x^3 + 20x^2 - 3.000 = 0$. Als Startwert bietet sich zum Beispiel $x_0 = 5$ an, da die ersten beiden (positiven) Summanden dann von der gleichen Größenordnung sind wie der dritte (negative) Summand. Das Newton-Verfahren

$$x_n = x_{n-1} - \frac{f(x_{n-1})}{f'(x_{n-1})} = x_{n-1} - \frac{10x_{n-1}^3 + 20x_{n-1}^2 - 3.000}{30x_{n-1}^2 + 40x_{n-1}}$$

liefert dann die Zahlenwerte

$x_0 = 5$
$x_1 = 6{,}3155540 \dots$
$x_2 = 6{,}0970109 \dots$
$x_3 = 6{,}0896940 \dots$
$x_4 = 6{,}0896849 \dots$
$x_5 = 6{,}0896849 \dots$

Also werden die Stückkosten für $x \approx 6{,}0897$ minimiert. (Beachte, dass $k'' > 0$ für $x > 0$, also liegt tatsächlich ein Minimum vor.)

Lösung zu 69: Unbestimmte Integrale

a) $F(x) = \frac{1}{4}x^4 - \frac{1}{3}x^3 + \frac{1}{2}x^2 + x + c$

b) $F(x) = -e^{5x} - \frac{5}{2}x^2 + c$

c) $F(x) = \frac{1}{3}\ln(3x + 5{,}2) + c$ für $(3x + 5{,}2) > 0$

    $F(x) = \frac{1}{3}\ln(-3x - 5{,}2) + c$ für $(3x + 5{,}2) < 0$

d) $F(x) = \frac{1}{42}(7x + 3)^6 + c$

e) $F(x) = \frac{2}{9}(3x - 5)^{1{,}5} + c = \frac{2}{9}\sqrt{(3x - 5)^3} + c$

f) $F(x) = \frac{3}{2}e^{2x-5} + \frac{5}{3}x^{0{,}6} + c$

Lösung zu 70: Bestimmte Integrale

a) $\int_0^1 (x^2 + 1)dx = \frac{1}{3}x^3 + x \Big|_0^1 = \left(\frac{1}{3}1^3 + 1\right) - \left(\frac{1}{3}0^3 + 0\right) = \frac{4}{3}$

b) $\int_0^1 \sqrt{x + 4}\,dx = \frac{2}{3}(x + 4)^{1,5} \Big|_0^1 = \frac{2}{3}(1 + 4)^{1,5} - \frac{2}{3}(0 + 4)^{1,5} \approx 2,12$

c) $\int_{-2}^5 e^{2x-1}dx = \frac{1}{2}e^{2x-1} \Big|_{-2}^5 = \frac{1}{2}e^{2\cdot 5 - 1} - \frac{1}{2}e^{2\cdot(-2)-1} = \frac{1}{2}\left(e^9 - \frac{1}{e^5}\right) \approx 4.051,54$

d) $\int_2^{10} \frac{4}{3x + 2}\,dx = \frac{4}{3}\ln(3x + 2) \Big|_2^{10} = \frac{4}{3}\ln(3\cdot 10 + 2) - \frac{4}{3}\ln(3\cdot 2 + 2) = \frac{4}{3}(\ln(32) - \ln(8)) \approx 1,848$

Beachte, dass der Integrand im Intervall [2,10] positiv ist, weshalb in der ln-Funktion keine Minuszeichen auftreten (vgl. Kapitel E.1.1).

e) $\int_{-1}^7 \frac{1}{(x + 2)^3}dx = \frac{-1}{2(x + 2)^2} \Big|_{-1}^7 = \frac{-1}{2(7 + 2)^2} - \frac{-1}{2((-1) + 2)^2} = \frac{-1}{162} + \frac{1}{2} \approx 0,494$

f) $\int_2^3 \left(e^{3x} + 3\sqrt{x^5}\right)dx = \left(\frac{1}{3}e^{3x} + \frac{6}{7}\sqrt{x^7}\right)\Big|_2^3 = \left(\frac{1}{3}e^{3\cdot 3} + \frac{6}{7}\sqrt{3^7}\right) - \left(\frac{1}{3}e^{3\cdot 2} + \frac{6}{7}\sqrt{2^7}\right) \approx 2.596,94$

Lösung zu 71: Partielle Integration

a) Es wird $u'(x) = e^{2x}$ und $v(x) = x + 1$ gesetzt. Damit ergibt sich (unbestimmtes Integral):

$$\int e^{2x} \cdot (x + 1)dx = \frac{1}{2}e^{2x}(x + 1) - \int \frac{1}{2}e^{2x} \cdot 1dx = \frac{x + 1}{2}e^{2x} - \frac{1}{4}e^{2x}$$

b) Es wird $u'(t) = 2e^{-t}$ und $v(t) = t^2 - t$ gesetzt. Damit ergibt sich:

$$\int_1^8 2e^{-t} \cdot (t^2 - t)dt = -2e^{-t}(t^2 - t)\Big|_1^8 + \int_1^8 2e^{-t} \cdot (2t - 1)dt$$

Im zweiten Summanden wird nochmals die Produktregel angewendet, um den Polynomgrad auf Null zu reduzieren: $u'(t) = 2e^{-t}$ und $v(t) = 2t - 1$. Damit ergibt sich insgesamt:

$$\int_1^8 2e^{-t} \cdot (t^2 - t)dt = -2e^{-t}(t^2 - t)\Big|_1^8 - 2e^{-t}(2t - 1)\Big|_1^8 + \int_1^8 2e^{-t} \cdot 2dt = \frac{6}{e} - \frac{146}{e^8} \approx 2,16$$

c) Es wird $u'(x) = 1$ und $v(x) = \ln(2x)$ gesetzt. Damit ergibt sich:

$$\int_1^{15} 1 \cdot \ln(2x)dx = x\ln(2x)\Big|_1^{15} - \int_1^{15} x \cdot \frac{1}{x}dx = (x\ln(2x) - x)\Big|_1^{15} \approx 36,32$$

d) Es wird $u'(s) = e^{2-s}$ und $v(s) = 5s^2 + 2$ gesetzt. Damit ergibt sich:

$$\int_2^{2,5} e^{2-s} \cdot (5s^2 + 2)ds = -e^{2-s}(5s^2 + 2)\Big|_2^{2,5} + \int_2^{2,5} e^{2-s} \cdot 10s\,ds$$

Im zweiten Summanden wird nochmals die Produktregel angewendet, um den Polynomgrad auf Null zu reduzieren: $u'(s) = e^{2-s}$ und $v(s) = 10s$. Damit ergibt sich insgesamt:

$$\int_2^{2,5} e^{2-s} \cdot (5s^2 + 2)ds = -e^{2-s}(5s^2 + 2)\Big|_2^{2,5} - e^{2-s}10s\Big|_2^{2,5} + \int_2^{2,5} e^{2-s} \cdot 10\,ds = 52 - \frac{68,25}{\sqrt{e}} \approx 10,60$$

Lösung zu 72: Substitutionsregel

a) Es wird $t = g(x) = 2x^2 - 1$ gesetzt, die neuen Integrationsgrenzen sind $g(1) = 1$ und $g(2) = 7$. Es folgt:

$$\int_1^2 x\sqrt{2x^2 - 1}\,dx = \int_1^7 \frac{1}{4}\sqrt{t}\,dt = \frac{1}{6}t^{1,5}\Big|_1^7 = \frac{1}{6}7^{1,5} - \frac{1}{6}1^{1,5} \approx 2,92$$

b) Es wird $t = g(x) = 4x + x^2$ gesetzt, die neuen Integrationsgrenzen sind $g(2) = 12$ und $g(4) = 32$. Es folgt:

$$\int_2^4 2(x + 2)e^{4x + x^2}dx = \int_{12}^{32} e^t dt = e^t\Big|_{12}^{32} = e^{32} - e^{12} \approx 7,896 \cdot 10^{13}$$

c) Es wird $t = g(x) = x^3 + 4$ gesetzt, die neuen Integrationsgrenzen sind $g(2) = 12$ und $g(2,5) = 19,625$. Es folgt:

$$\int_2^{2,5} \frac{3x^2}{x^3 + 4}\,dx = \int_{12}^{19,625} \frac{1}{t}\,dt = \ln(t)\Big|_{12}^{19,625} = \ln(19,625) - \ln(12) \approx 0,49$$

d) Es wird $t = g(x) = x^2 + 2$ gesetzt, die neuen Integrationsgrenzen sind $g(1) = 3$ und $g(4) = 18$. Es folgt:

$$\int_1^4 4x\ln(x^2 + 2)dx = \int_3^{18} 2\ln(t)dt = (2t\ln(t) - 2t)\Big|_3^{18} = 36\ln(18) - 36 - 6\ln(3) + 6 \approx 67,46$$

e) Es wird $t = g(x) = x^3$ gesetzt, die neuen Integrationsgrenzen sind $g(0) = 0$ und $g(2) = 8$. Es folgt:

$$\int_0^2 x^2 e^{x^3}dx = \int_0^8 \frac{1}{3}e^t dt = \frac{1}{3}e^t\Big|_0^8 = \frac{e^8 - e^0}{3} \approx 993,32$$

Lösung zu 73: Ermittlung einer Funktion aus einer gegebenen Grenzfunktion

a) $x(r) = x(300) + \int_{300}^{r} 0{,}54t^{-0{,}1}dt = x(300) + 0{,}6t^{0{,}9}\Big|_{300}^{r} = 101{,}756 + 0{,}6r^{0{,}9} - 101{,}756 = 0{,}6r^{0{,}9}$

b) $x(r) = x(100) + \int_{100}^{r} \frac{100}{\sqrt{t}}dt = x(100) + 200\sqrt{t}\Big|_{100}^{r} = 2.000 + 200\sqrt{r} - 2.000 = 200\sqrt{r}$

c) $x(r) = x(1.000) + \int_{1.000}^{r} (0{,}6t^{-0{,}4} + 0{,}3t^{-0{,}7})dt = x(1.000) + (t^{0{,}6} + t^{0{,}3})\Big|_{1.000}^{r}$

$= 71{,}039 + r^{0{,}6} + r^{0{,}3} - 71{,}039 = r^{0{,}6} + r^{0{,}3}$

Bei den Teilaufgaben a) und c) ist gerundet worden.

Lösung zu 74: Produzentenrente

a) Aus $p_N(x) = p_A(x)$ folgt (quadratische Gleichung) $x_1 = -16$ (uninteressant, da eine negative Menge nicht möglich ist) und $x_2 = 10$. Das Marktgleichgewicht besteht damit für $x_0 = x_2 = 10$, das entspricht einem Preis von $p_A(10) = p_N(10) = 50$. Es folgt für die Konsumentenrente:

$K_R(x_0) = \int_0^{10} \left(100 - \frac{x^2}{2}\right)dx - 10 \cdot p_N(10) = \left(100x - \frac{x^3}{6}\right)\Big|_0^{10} - 10 \cdot 50 = \frac{1.000}{3} \approx 333{,}33$

Für die Produzentenrente gilt:

$P_R(x_0) = 10 \cdot p_A(10) - \int_0^{10} (20 + 3x)dx = 10 \cdot 50 - \left(20x + \frac{3}{2}x^2\right)\Big|_0^{10} = 150$

b) Aus $p_N(x) = p_A(x)$ folgt $x_0 = 4$, der Preis im Marktgleichgewicht beträgt $p_A(4) = p_N(4) = 12$. Es folgt für die Konsumentenrente:

$K_R(x_0) = \int_0^4 (20 - 2x)dx - 4 \cdot p_N(4) = (20x - x^2)\Big|_0^4 - 4 \cdot 12 = 16$

Für die Produzentenrente gilt:

$P_R(x_0) = 4 \cdot p_A(4) - \int_0^4 (4 + 2x)dx = 4 \cdot 12 - (4x + x^2)\Big|_0^4 = 16$

Lösung zu 75: Grafische Darstellung von Funktionen mehrerer Variabler

a) $10xy = 100 \Rightarrow y = y(x) = \dfrac{10}{x}$

b) $10x + \sqrt{y} = 100 \Rightarrow y = y(x) = (100 - 10x)^2$

c) $5xe^y = 100 \Rightarrow e^y = \dfrac{20}{x} \Rightarrow y = y(x) = \ln\left(\dfrac{20}{x}\right) = \ln(20) - \ln(x)$

Lösung zu 76: Grafische Darstellung von Funktionen mehrerer Variabler

a) $x(r_1,10) = 200\,r_1^{0,5}10^{0,5} \approx 632{,}46 r_1^{0,5} = 632{,}46\sqrt{r_1}$

b) $x(r_1,10) = 2r_1^2 + 160r_1 + 100$

c) $x(r_1,10) = \dfrac{r_1^2 + 12}{10r_1}$

Lösung zu 77: Homogenität λ

a) $K(\lambda x,\lambda y) = 300 + \lambda^4 x^2 y^2 \Rightarrow K$ ist nicht homogen, da $K(x,y)$ nicht reproduziert werden kann.

b) $x(\lambda r_1,\lambda r_2,\lambda r_3) = 60\lambda^{0,1}r_1^{0,1}\lambda^{0,2}r_2^{0,2}\lambda^{0,7}r_3^{0,7} = \lambda \cdot x(r_1,r_2,r_3) \Rightarrow r = 1$

c) $x(\lambda r_1,\lambda r_2) = 600\lambda^{1,5}r_1^{1,5}\lambda^{0,2}r_2^{0,2} = \lambda^{1,7} \cdot x(r_1,r_2) \Rightarrow r = 1,7$

d) $U(\lambda x,\lambda y) = 300\lambda^2 x^2 \lambda y = \lambda^3 \cdot U(x,y) \Rightarrow r = 3$

e) $C(\lambda Y) = \lambda^{0,5}Y^{0,5} + 12 \Rightarrow C$ ist nicht homogen, da $C(Y)$ nicht reproduziert werden kann.

Lösung zu 78: Partielle Ableitungen

a) $\dfrac{\partial K}{\partial x} = 20yz + 2x + 2y$, $\dfrac{\partial K}{\partial y} = 20xz + 6y + 2x$, $\dfrac{\partial K}{\partial z} = 20xy + 10z$

b) $\dfrac{\partial U}{\partial x} = 60y^2$, $\dfrac{\partial U}{\partial x} = 120xy$

c) $\dfrac{\partial x}{\partial r_1} = 12r_1^{-0,4}r_2^{0,4} = 12\left(\dfrac{r_2}{r_1}\right)^{0,4}$, $\dfrac{\partial x}{\partial r_2} = 8r_1^{0,6}r_2^{-0,6} = 8\left(\dfrac{r_1}{r_2}\right)^{0,6}$

d) $\dfrac{\partial G}{\partial x} = -2x - y + 80$, $\dfrac{\partial G}{\partial y} = -4y - x + 60$

Lösung zu 79: Höhere Ableitungen

a) $K_{xx} = 2$, $K_{yy} = 6$, $K_{zz} = 10$, $K_{xy} = K_{yx} = 20z + 2$, $K_{xz} = K_{zx} = 20y$, $K_{yz} = K_{zy} = 20x$

b) $U_{xx} = 0$, $U_{yy} = 120x$, $U_{xy} = U_{yx} = 120y$

c) $x_{r_1 r_1} = -4{,}8r_1^{-1,4}r_2^{0,4}$, $x_{r_2 r_2} = -4{,}8r_1^{0,6}r_2^{-1,6}$, $x_{r_1 r_2} = x_{r_2 r_1} = 4{,}8r_1^{-0,4}r_2^{-0,6}$

d) $G_{xx} = -2$, $G_{yy} = -4$, $G_{xy} = G_{yx} = -1$

Lösung zu 80: Partielles und totales Differenzial

a) Es gilt:

$$\Delta y \approx \frac{\partial y}{\partial A} \Delta A + \frac{\partial y}{\partial K} \Delta K = 12A^{-0,4}K^{0,4}\Delta A + 8A^{0,6}K^{-0,6}\Delta K$$

Wird nun für $\Delta A = 0,05A$ und für $\Delta K = -0,02K$ eingesetzt, ergibt sich:

$$\Delta y \approx 12A^{-0,4}K^{0,4}0,05A + 8A^{0,6}K^{-0,6}(-0,02)K = 0,6A^{0,6}K^{0,4} - 0,16A^{0,6}K^{0,4} = 0,44A^{0,6}K^{0,4}$$

$$= 0,022 \cdot 20A^{0,6}K^{0,4} = 0,022y(A,K) = 2,2\% \cdot y(A,K). \text{ Also nimmt y um etwa 2,2\% zu.}$$

b) Es gilt:

$$\Delta U \approx \frac{\partial U}{\partial x} \Delta x + \frac{\partial U}{\partial y} \Delta y = 20xy^3\Delta x + 30x^2y^2\Delta y$$

Wird nun für $\Delta x = -0,01x$ und für $\Delta y = 0,01y$ eingesetzt, ergibt sich:

$$\Delta U \approx 20xy^3(-0,01)x + 30x^2y^20,01y = -0,2x^2y^3 + 0,3x^2y^3 = 0,1x^2y^3 = 0,01 \cdot 10x^2y^3$$

$$= 0,01 \cdot U(x,y) = 1\% \cdot U(x,y). \text{ Also nimmt U um etwa 1\% zu.}$$

c) Es gilt:

$$\Delta K \approx \frac{\partial K}{\partial x} \Delta x + \frac{\partial K}{\partial y} \Delta y = (1+y)\Delta x + (1+x)\Delta y$$

Wird nun für $x = x_0 = 10$, für $\Delta x = 0,04x_0 = 0,04 \cdot 10$, für $y = y_0 = 15$ und für $\Delta y = 0$ (y soll sich nicht ändern) eingesetzt, ergibt sich:

$$\Delta K(x_0,y_0) \approx (1+15) \cdot 0,04 \cdot 10 + (1+10) \cdot 0 = 16 \cdot 0,04 \cdot 10 = 6,4$$

Also nimmt $K(x_0,y_0) = K(10,15)$ absolut um etwa 6,4 Einheiten zu.

Lösung zu 81: Extremwerte ohne Nebenbedingungen

a) Nullsetzen der ersten partiellen Ableitungen von f ergibt: $f_x = 2 + 5y - 2x = 0$ und $f_y = 4 + 5x - 4y = 0$, ein lineares Gleichungssystem für die Variablen x und y:

$-2x + 5y = -2$
$5x - 4y = -4$

Die Lösung errechnet sich zu $x = -28/17$ und $y = -18/17$, der Punkt $(-28/17; 18/17)$ $\approx (-1,647; -1,059)$ ist also ein stationärer Punkt von f. Wegen $\Delta f = f_{xx} \cdot f_{yy} - (f_{xy})^2 = (-2) \cdot (-4) - 5^2 = -17 < 0$ lässt sich jedoch kein Extremwert nachweisen.

Bemerkung: Offenbar wird die Extremwertbedingung $\Delta_f > 0$ in diesem Beispiel verletzt, weil die gemischten Ableitungen $f_{xy} = f_{yx} = 5$ zu groß ausfallen. Würde man z. B. den Koeffizienten 5 in $f(x, y)$ durch 1 ersetzen, würden sich gemischte Ableitungen $f_{xy} = f_{yx} = 1$ ergeben, die Bedingung wäre erfüllt. Da f_{xx} und f_{yy} beide kleiner Null sind, würde dann ein relatives Maximum vorliegen.

b) Nullsetzen der ersten partiellen Ableitungen von K ergibt: $K_x = 2e^{0,5y} = 0$ und $K_y = xe^{0,5y} = 0$. Die erste dieser beiden Bedingungen hat keine reelle Lösung, also liegt auch hier kein Extremwert vor.

c) Nullsetzen der ersten partiellen Ableitungen von U ergibt: $U_x = -10x + 3 = 0$ und $U_y = -10y + 4 = 0$, die Lösung errechnet sich zu $x = 0,3$ und $y = 0,4$. Wegen $\Delta_U = U_{xx} \cdot U_{yy} - (U_{xy})^2 = (-10) \cdot (-10) - 0^2 = 100 > 0$ liegt ein Extremwert vor, wegen $U_{xx} = U_{yy} = -10 < 0$ ein relatives Maximum. Der Funktionswert im Maximum beträgt $U(0,3;0,4) = 101,25$.

Lösung zu 82: Extremwerte ohne Nebenbedingungen

a) Nullsetzen der ersten partiellen Ableitungen von G ergibt: $G_x = 20 - 4x = 0$ und $G_y = 25 - 4y = 0$, die Lösung errechnet sich zu $x = 5$ und $y = 25/4 = 6,25$.

Wegen $\Delta_G = G_{xx} \cdot G_{yy} - (G_{xy})^2 = (-4) \cdot (-4) - 0^2 = 16 > 0$ liegt ein Extremwert vor, wegen $G_{xx} = G_{yy} = -4 < 0$ ein relatives Maximum. Der Funktionswert im Maximum beträgt $G(5;6,25) = -171,88$. Selbst der maximal mögliche Gewinn dieses Unternehmens ist damit negativ, das Unternehmen verlässt die Verlustzone also nicht.

Um einen positiven maximalen Gewinn zu erzielen, könnte man zum Beispiel versuchen, die Fixkosten zu senken, die in der Gewinnfunktion mit -300 zu Buche schlagen. Eine Absenkung von 300 auf 100 würde bei gleichem x und y-Wert einen maximalen Gewinn 28,12 nach sich ziehen.

b) Die stückvariablen Kosten k_v für beide Produkte zusammen errechnen sich zu:

$$k_v(x,y) = k_{v1}(x) + k_{v2}(y) = 600 - 10x - y + 0,5x^2 + \frac{1}{147}y^3$$

Nullsetzen der ersten partiellen Ableitungen ergibt

$$\frac{\partial k_v}{\partial x} = -10 + x = 0 \qquad \text{bzw.} \qquad \frac{\partial k_v}{\partial y} = -1 + \frac{1}{49}y^2 = 0,$$

was die Lösung $x = 10$ und $y = 7$ impliziert ($y = -7$ ist betriebswirtschaftlich sinnlos). Die zweiten Ableitungen nach x bzw. y sind jeweils positiv, die gemischte zweite Ableitung ist gleich Null. Damit liegt in (10,7) ein Minimum von k_v vor, der zugehörige Funktionswert beträgt $k_v(10,7) = 545,33$.

Bemerkung: Da die Funktion k_{v1} nur von der Variablen x, die Funktion k_{v2} nur von y abhängt, hätte man das gesuchte Minimum der stückvariablen Kosten auch durch separates Minimieren von k_{v1} und k_{v2} bestimmen können (Extremwertbestimmung nach Kapitel D.).

Lösung zu 83: Extremwerte mit Nebenbedingungen

Es gilt: $E_x(x,y) = 20 - 8x = 0 \Rightarrow x = 2,5$ und $E_y(x,y) = 40 - 16y = 0 \Rightarrow y = 2,5$. Wegen $E_{xx} = -8 < 0$ und $E_{yy} = -16 < 0$ sowie $\Delta_E = (-8)(-16) - 0 > 0$ liegt ein relatives Maximum vor. Der Maximalwert von E errechnet sich zu $E(2,5;2,5) = 75$. Bei Berücksichtung der Nebenbedingung wurde ein kleinerer Wert erzielt ($E(4,5;3) = 57$), da hier nicht über alle möglichen x- und y-Werte maximiert worden ist. Der Maximalwert bei Berücksichtung einer Nebenbedingung kann höchstens so groß sein, wie der Maximalwert ohne Nebenbedingung, da die Nebenbedingung eine Einschränkung der zulässigen (x,y)-Wertekombinationen darstellt.

Lösung zu 84: Extremwerte mit Nebenbedingungen

a) **Substitutionsmethode**

Aus der Nebenbedingung $x + y = 4$ wird $y = 4 - x$ gewonnen (y durch x ausgedrückt) und in die Funktion G eingesetzt, die damit nur noch von x abhängt:

$$G(x,y) = G(x,y(x)) = 16x + 10(4 - x) + 2x(4 - x) - 4x^2 - 2(4 - x)^2 - 20 = -8x^2 + 30x - 12$$

$G'(x) = -16x + 30$ impliziert $x = \frac{15}{8} = 1,875$, wegen $G''(1,875) = -16 < 0$ liegt ein Maximum vor. Der zugehörige y-Wert ergibt sich aus der Nebenbedingung:

$y = 4 - x = 2,125$

Für die Gewinnfunktion folgt: $G(1,875;2,125) = 16,125$.

Lagrange-Methode

Die Lagrangefunktion ist gegeben durch

$$L(x, y, \lambda) = 16x + 10y + 2xy - 4x^2 - 2y^2 - 20 + \lambda \cdot (x + y - 4).$$

Nullsetzen der ersten partiellen Ableitungen liefert:

$L_x(x, y, \lambda) = 16 + 2y - 8x + \lambda = 0$
$L_y(x, y, \lambda) = 10 + 2x - 4y + \lambda = 0$
$L_\lambda(x, y, \lambda) = x + y - 4 = 0$

Als Lösung des linearen Gleichungssystems ergibt sich $x = 1,875$ und $y = 2,125$.

b) Der Tagesumsatz des Unternehmens beträgt

$$E(x,y) = x \cdot p_x(x) + y \cdot p_y(y) = 15.000x - 3.000x^2 + 4.000y - 200y^2.$$

Mithilfe der Nebenbedingung wird y durch $10 - x$ ersetzt (Substitutionsmethode), sodass

$$E(x, y(x)) = -3.200x^2 + 15.000x + 20.000.$$

$E'(x) = -6.400x + 15.000 = 0$ führt auf $x = 2,344$, wegen $E''(2,344) = -6.400 < 0$ liegt ein Maximum vor. Der zugehörige y-Wert folgt aus der Nebenbedingung: $y = 10 - x = 7,656$. Der maximale Tagesumsatz beträgt $E(2,344;7,656) = 37.578,13$.

Lösung zu 85: Elastizität von Funktionen

Die Elastizität des Umsatzes bzgl. des Preises für diese Umsatzfunktion beträgt allgemein

$$\varepsilon_{E,p}(p) = E'(p) \cdot \frac{p}{E(p)} = (200 - 20p) \cdot \frac{p}{(200p - 10p^2)} = \frac{200p - 20p^2}{200p - 10p^2} = \frac{20 - 2p}{20 - p}$$

Damit folgt: $\varepsilon_{E,p}(1) = \frac{18}{19} \approx 0{,}95$, $\varepsilon_{E,p}(5) = \frac{10}{15} \approx 0{,}67$, $\varepsilon_{E,p}(10) = 0$

Lösung zu 86: Elastizität von Funktionen

a) Allgemein gilt:

$$\varepsilon_{K,x}(x) = K'(x) \cdot \frac{x}{K(x)} = \frac{0{,}3x^3 + 10x}{0{,}1x^3 + 10x + 80}$$

Damit folgt: $\varepsilon_{K,x}(10) = 1{,}429$, $\varepsilon_{K,x}(100) = 2{,}978$, $\varepsilon_{K,x}(1.000) = 2{,}999 \approx 3$

b) $\varepsilon_{y,A}(A,K) = 2A^{-0{,}9}K^{0{,}9} \dfrac{A}{20A^{0{,}1}K^{0{,}9}} = 0{,}1$

$\varepsilon_{y,K}(A,K) = 18A^{0{,}1}K^{-0{,}1} \dfrac{K}{20A^{0{,}1}K^{0{,}9}} = 0{,}9$

Damit ist y bzgl. A stark unelastisch, bzgl. K nahezu proportional elastisch.

c) Allgemein gilt:

$$\varepsilon_{K,x}(x,y) = K_x(x,y) \cdot \frac{x}{K(x,y)} = \frac{0{,}1x + 50xy}{5.000 + 0{,}1x + 20y + 50xy}$$

und

$$\varepsilon_{K,y}(x,y) = K_y(x,y) \cdot \frac{y}{K(x,y)} = \frac{20y + 50xy}{5.000 + 0{,}1x + 20y + 50xy}$$

Für die speziellen Zahlenwerte $x_0 = 10$ und $y_0 = 5$ ergibt sich damit $\varepsilon_{K,x}(10,5) = 0{,}329$ und $\varepsilon_{K,y}(10,5) = 0{,}342$. In beiden Fällen ist K unelastisch, reagiert also relativ unempfindlich auf kleine relative Schwankungen in x und y.

Lösung zu 87: Elastizität von Funktionen

Der Homogenitätsgrad r von U beträgt 3: $U(\lambda x, \lambda y) = 20(\lambda x)^2 \lambda y = \lambda^3 \cdot 20x^2 y = \lambda^3 \cdot U(x,y)$. Für die partiellen Elastizitäten von U bzgl. x und y gilt:

$$\varepsilon_{U,x}(x,y) = U_x(x,y) \cdot \frac{x}{U(x,y)} = 40xy \cdot \frac{x}{20x^2 y} = 2$$

und

$$\varepsilon_{U,y}(x,y) = U_y(x,y) \cdot \frac{y}{U(x,y)} = 20x^2 \cdot \frac{y}{20x^2 y} = 1$$

Also gilt in der Tat $\varepsilon_{U,x} + \varepsilon_{U,y} = 2 + 1 = 3 = r$.

Lösung zu 88: Matrizen

$$A^T = \begin{bmatrix} 1 & 0 \\ 0 & 3 \end{bmatrix} = A, B^T = \begin{bmatrix} -1 & 5 \\ -5 & -1 \\ -6 & 6 \end{bmatrix}, C^T = \begin{bmatrix} 1 & 1 & 2 \\ 2 & 9 & 2 \\ 6 & 0 & -3 \end{bmatrix}$$

Lösung zu 89: Matrix-Vektor-Multiplikation

a) Die geforderte Matrix ist $X = \begin{bmatrix} 5.000 & 2.000 \\ 5.000 & 10.000 \\ 0 & 8.000 \end{bmatrix}$.

b) Mit dem Preisvektor (Spaltenvektor) $p = [1,50 \quad 5,50]^T$ lassen sich die Tagesumsätze mithilfe der Matrix-Vektor-Multiplikation

$$e = X \cdot p = \begin{bmatrix} 5.000 & 2.000 \\ 5.000 & 10.000 \\ 0 & 8.000 \end{bmatrix} \cdot \begin{bmatrix} 1,50 \\ 5,50 \end{bmatrix} = \begin{bmatrix} 5.000 \cdot 1,50 + 2.000 \cdot 5,50 \\ 5.000 \cdot 1,50 + 10.000 \cdot 5,50 \\ 0 \cdot 1,50 + 8.000 \cdot 5,50 \end{bmatrix} = \begin{bmatrix} 18.500 \\ 62.500 \\ 44.000 \end{bmatrix}$$

darstellen. Der Eintrag $e_1 = 18.500$ gibt dabei z. B. den gesamten Tagesumsatz des Standortes 1 an.

Lösung zu 90: Matrix-Vektor-Multiplikation

Möglich sind folgende Matrix-Vektorprodukte:

$$A \cdot c = \begin{bmatrix} 2 & 0 \\ 0 & 3 \\ 6 & -2 \end{bmatrix} \cdot \begin{bmatrix} 1 \\ -1 \end{bmatrix} = \begin{bmatrix} 2 \\ -3 \\ 8 \end{bmatrix}, A \cdot d = \begin{bmatrix} 2 & 0 \\ 0 & 3 \\ 6 & -2 \end{bmatrix} \cdot \begin{bmatrix} 4 \\ 12 \end{bmatrix} = \begin{bmatrix} 8 \\ 36 \\ 0 \end{bmatrix}$$

$$B \cdot c = \begin{bmatrix} 2 & 8 \\ 4 & 4 \end{bmatrix} \cdot \begin{bmatrix} 1 \\ -1 \end{bmatrix} = \begin{bmatrix} -6 \\ 0 \end{bmatrix}, B \cdot d = \begin{bmatrix} 2 & 8 \\ 4 & 4 \end{bmatrix} \cdot \begin{bmatrix} 4 \\ 12 \end{bmatrix} = \begin{bmatrix} 104 \\ 64 \end{bmatrix}$$

Lösung zu 91: Matrix-Vektor-Multiplikation

Mithilfe des Preisvektors p^T (Zeilenvektor, der zugehörige Spaltenvektor heißt p)

[12.000 19.000 1.200 23.000]

und des Absatzvektors x (Spaltenvektor, hier transponiert dargestellt)

$[5.000 \quad 2.500 \quad 7.000 \quad 200]^T$

ergibt sich

$p^T \cdot x = 12.000 \cdot 5.000 + 19.000 \cdot 2.500 + 1.200 \cdot 7.000 + 23.000 \cdot 200 = 120.500.000 = 120,5$ Mio. €.

Lösung zu 92: Matrixmultiplikation

a) Möglich sind folgende Produkte:

$$A \cdot C = \begin{bmatrix} 2 & 8 & 3 \\ 0 & -2 & 5 \\ 0 & 0 & 4 \end{bmatrix} \cdot \begin{bmatrix} 2 & 1 \\ 0 & 1 \\ 1 & 1 \end{bmatrix} = \begin{bmatrix} 7 & 13 \\ 5 & 3 \\ 4 & 4 \end{bmatrix} , D \cdot A = \begin{bmatrix} 2 & 3 & 0 \\ 6 & 2 & 1 \end{bmatrix} \cdot \begin{bmatrix} 2 & 8 & 3 \\ 0 & -2 & 5 \\ 0 & 0 & 4 \end{bmatrix} = \begin{bmatrix} 4 & 10 & 21 \\ 12 & 44 & 32 \end{bmatrix}$$

$$C \cdot B = \begin{bmatrix} 2 & 1 \\ 0 & 1 \\ 1 & 1 \end{bmatrix} \cdot \begin{bmatrix} 5 & 6 \\ -2 & 2 \end{bmatrix} = \begin{bmatrix} 8 & 14 \\ -2 & 2 \\ 3 & 8 \end{bmatrix} , B \cdot D = \begin{bmatrix} 5 & 6 \\ -2 & 2 \end{bmatrix} \cdot \begin{bmatrix} 2 & 3 & 0 \\ 6 & 2 & 1 \end{bmatrix} = \begin{bmatrix} 46 & 27 & 6 \\ 8 & -2 & 2 \end{bmatrix}$$

$$C \cdot D = \begin{bmatrix} 2 & 1 \\ 0 & 1 \\ 1 & 1 \end{bmatrix} \cdot \begin{bmatrix} 2 & 3 & 0 \\ 6 & 2 & 1 \end{bmatrix} = \begin{bmatrix} 10 & 8 & 1 \\ 6 & 2 & 1 \\ 8 & 5 & 1 \end{bmatrix} , D \cdot C = \begin{bmatrix} 2 & 3 & 0 \\ 6 & 2 & 1 \end{bmatrix} \cdot \begin{bmatrix} 2 & 1 \\ 0 & 1 \\ 1 & 1 \end{bmatrix} = \begin{bmatrix} 4 & 5 \\ 13 & 9 \end{bmatrix}$$

b)

$$D^T \cdot B^T = \begin{bmatrix} 2 & 6 \\ 3 & 2 \\ 0 & 1 \end{bmatrix} \cdot \begin{bmatrix} 5 & -2 \\ 6 & 2 \end{bmatrix} = \begin{bmatrix} 46 & 8 \\ 27 & -2 \\ 6 & 2 \end{bmatrix}$$

$$B \cdot D = \begin{bmatrix} 5 & 6 \\ -2 & 2 \end{bmatrix} \cdot \begin{bmatrix} 2 & 3 & 0 \\ 6 & 2 & 1 \end{bmatrix} = \begin{bmatrix} 46 & 27 & 6 \\ 8 & -2 & 2 \end{bmatrix}$$

Also in der Tat $(B \cdot D)^T = D^T \cdot B^T$

Lösung zu 93: Inverse Matrix

$$A^{-1} = \begin{bmatrix} 1/4 & 1/2 \\ -1/4 & 1/2 \end{bmatrix}, B^{-1} = \begin{bmatrix} 0,25907 & -0,09067 \\ -0,00259 & 0,02591 \end{bmatrix}$$

$$C^{-1} = \begin{bmatrix} 1/3 & -2/3 \\ 0 & 2 \end{bmatrix}, D^{-1} = \begin{bmatrix} 1 & -1 & 0 \\ -1/4 & 0 & 1/4 \\ 0 & 1/2 & 0 \end{bmatrix}$$

In allen Fällen sind lineare Gleichungssysteme zur Gewinnung der Einträge der inversen Matrix zu lösen, die sich aus $A \cdot A^{-1} = E$ etc. ergeben.

Lösung zu 94: Gaußsches Eliminationsverfahren

a) Das lineare Gleichungssystem entspricht den Gleichungen

$$2x_1 + 2x_2 = 14 \qquad \text{(Gleichung I)}$$
$$x_1 + 5x_2 = 23 \qquad \text{(Gleichung II)}$$

Subtrahiere die Hälfte von Gleichung I von Gleichung II:

$$2x_1 + 2x_2 = 14 \qquad \text{(Gleichung I)}$$
$$4x_2 = 16 \qquad \text{(Gleichung II)}$$

Es folgt $x_2 = 4$, Auflösen von Gleichung I nach x_1 liefert $x_1 = 3$, also $x = [3 \ 4]^T$.

b) Das lineare Gleichungssystem entspricht den Gleichungen

$$-6x_1 - 8x_2 + 5x_3 = -22 \qquad \text{(Gleichung I)}$$
$$3x_1 - 3x_2 + 6x_3 = -3 \qquad \text{(Gleichung II)}$$
$$5x_1 - 5x_2 - 5x_3 = -5 \qquad \text{(Gleichung III)}$$

1) Multipliziere Gleichung I mit 5, Gleichung II mit 10 und Gleichung III mit 6 (In allen Gleichungen soll x_1 den gleichen Koeffizienten tragen.):

$$-30x_1 - 40x_2 + 25x_3 = -110 \qquad \text{(Gleichung I)}$$
$$30x_1 - 30x_2 + 60x_3 = -30 \qquad \text{(Gleichung II)}$$
$$30x_1 - 30x_2 - 30x_3 = -30 \qquad \text{(Gleichung III)}$$

2) Addiere Gleichung I jeweils zu den Gleichungen II und III, um x_1 in beiden Gleichungen zu eliminieren:

$$-30x_1 - 40x_2 + 25x_3 = -110 \qquad \text{(Gleichung I)}$$
$$-70x_2 + 85x_3 = -140 \qquad \text{(Gleichung II)}$$
$$-70x_2 - 5x_3 = -140 \qquad \text{(Gleichung III)}$$

3) Subtrahiere Gleichung II von Gleichung III:

$$-30x_1 - 40x_2 + 25x_3 = -110 \qquad \text{(Gleichung I)}$$
$$-70x_2 + 85x_3 = -140 \qquad \text{(Gleichung II)}$$
$$-90x_3 = 0 \qquad \text{(Gleichung III)}$$

Damit folgt durch Rückwärtseinsetzen: $x = [1 \ 2 \ 0]^T$

c) Das lineare Gleichungssystem entspricht den Gleichungen

$$2x_1 - 3x_2 + x_3 = -6 \qquad \text{(Gleichung I)}$$
$$3x_1 + 6x_2 - 8x_3 = 34 \qquad \text{(Gleichung II)}$$
$$x_1 + x_3 = 5 \qquad \text{(Gleichung III)}$$

1) Auch hier kann durch Äquivalenzumformungen eine obere Dreiecksgestalt hergestellt werden. Da jedoch schon ein Nulleintrag in Gleichung III vorhanden ist (Koeffizient von x_2), ist es geschickter, zunächst x_2 auch in Gleichung II zu eliminieren, um die Gleichungen II und III in zwei Gleichungen der Unbekannten x_1 und x_3 umzuwandeln. Zu diesem Zweck wird das Doppelte von Gleichung I zu Gleichung II addiert:

$$2x_1 - 3x_2 + x_3 = -6 \quad \text{(Gleichung I)}$$
$$7x_1 \quad - 6x_3 = 22 \quad \text{(Gleichung II)}$$
$$x_1 \quad + x_3 = 5 \quad \text{(Gleichung III)}$$

2) Multipliziere Gleichung III mit 6, dann addiere Gleichung II zu Gleichung III:

$$2x_1 - 3x_2 + x_3 = -6 \quad \text{(Gleichung I)}$$
$$7x_1 \quad - 6x_3 = 22 \quad \text{(Gleichung II)}$$
$$13x_1 \quad = 52 \quad \text{(Gleichung III)}$$

Nun kann die Lösung durch Rückwärtseinsetzen bestimmt werden: $x = [4 \ 5 \ 1]^T$

Lösung zu 95: Gaußsches Eliminationsverfahren

Die Textangaben führen auf folgende lineare Gleichungen (p_1, p_2 und p_3 seien die zugehörigen Preise):

$$5p_1 + 6p_2 + 2p_3 = 25.600 \quad \text{(Gleichung I)}$$
$$p_2 + 30p_3 = 225.100 \quad \text{(Gleichung II)}$$
$$10p_1 + 2p_2 + p_3 = 27.700 \quad \text{(Gleichung III)}$$

1) Subtrahiere von Gleichung III das Doppelte von Gleichung I:

$$5p_1 + 6p_2 + 2p_3 = 25.600 \quad \text{(Gleichung I)}$$
$$p_2 + 30p_3 = 225.100 \quad \text{(Gleichung II)}$$
$$-10p_2 - 3p_3 = -23.500 \quad \text{(Gleichung III)}$$

2) Addiere zu Gleichung III das Zehnfache von Gleichung II:

$$5p_1 + 6p_2 + 2p_3 = 25.600 \quad \text{(Gleichung I)}$$
$$p_2 + 30p_3 = 225.100 \quad \text{(Gleichung II)}$$
$$297p_3 = 2.227.500 \quad \text{(Gleichung III)}$$

Nun kann die Lösung durch Rückwärtseinsetzen bestimmt werden: $x = [2.000 \ 100 \ 7.500]^T$

Lösung zu 96: Teilbedarfsrechnung

Die Mengen der Rohstoffe werden mit x_1, x_2 und x_3 bezeichnet, die Mengen der Zwischenprodukte mit x_4 und x_5, die produzierte Menge des Endprodukts mit x_6. Der Gozintograph führt dann auf die Gleichungen

$$x_1 = 5x_4 \qquad \text{(Rohstoff } R_1\text{)}$$
$$x_2 = 2x_4 + 2x_5 \qquad \text{(Rohstoff } R_2\text{)}$$
$$x_3 = 3x_5 \qquad \text{(Rohstoff } R_3\text{)}$$
$$x_4 = 0{,}2x_3 + 2x_6 \qquad \text{(Zwischenprodukt } Z_1\text{)}$$
$$x_5 = x_6 \qquad \text{(Zwischenprodukt } Z_2\text{)}$$
$$x_6 = 100 \qquad \text{(Endprodukt X)} .$$

bzw. in Matrixschreibweise:

$$
\begin{bmatrix}
1 & 0 & 0 & -5 & 0 & 0 \\
0 & 1 & 0 & -2 & -2 & 0 \\
0 & 0 & 1 & 0 & -3 & 0 \\
0 & 0 & -0{,}2 & 1 & 0 & -2 \\
0 & 0 & 0 & 0 & 1 & -1 \\
0 & 0 & 0 & 0 & 0 & 1
\end{bmatrix}
\cdot
\begin{bmatrix}
x_1 \\ x_2 \\ x_3 \\ x_4 \\ x_5 \\ x_6
\end{bmatrix}
=
\begin{bmatrix}
0 \\ 0 \\ 0 \\ 0 \\ 0 \\ 100
\end{bmatrix}
$$

Dieses lineare Gleichungssystem kann nun entweder auf die übliche Weise (Umformung in obere Dreiecksmatrix) oder direkt durch geschicktes Rückwärtseinsetzen gelöst werden. Die Gleichungen für das Endprodukt und für Zwischenprodukt Z_2 liefern $x_5 = x_6 = 100$. Mit der Gleichung für Rohstoff R_3 folgt $x_3 = 3x_5 = 3 \cdot 100 = 300$. Da nun x_3 und x_6 bekannt sind, kann mit der Gleichung für Zwischenprodukt Z_1 die Menge x_4 berechnet werden: $x_4 = 0{,}2x_3 + 2x_6 = 0{,}2 \cdot 300 + 2 \cdot 100 = 260$. Damit folgt aus der Gleichung für Rohstoff R_2: $x_2 = 2x_4 + 2x_5 = 2 \cdot 260 + 2 \cdot 100 = 720$, für die Menge des Rohstoffs R_1 ergibt sich aus der entsprechenden Gleichung: $x_1 = 5x_4 = 5 \cdot 260 = 1.300$

Lösung zu 97: Innerbetriebliche Leistungsverrechnung

Die Beziehung „primäre Kosten + sekundäre Kosten = Wert der produzierten Leistungen" führt in diesem Beispiel auf die Gleichungen

$$9 \quad + p_2 + p_3 + p_4 = 20p_1 \qquad \text{(Gleichung I)}$$
$$117 + p_1 \quad + p_3 \quad = 40p_2 \qquad \text{(Gleichung II)}$$
$$28 \qquad\qquad + 2p_4 = 20p_3 \qquad \text{(Gleichung III)}$$
$$51 + p_1 \quad + 4p_3 \quad = 10p_4 \qquad \text{(Gleichung IV)}$$

bzw. auf das lineare Gleichungssystem (in Matrixschreibweise)

$$
\begin{bmatrix}
20 & -1 & -1 & -1 \\
-1 & 40 & -1 & 0 \\
0 & 0 & 20 & -2 \\
-1 & 0 & -4 & 10
\end{bmatrix}
\cdot
\begin{bmatrix}
p_1 \\ p_2 \\ p_3 \\ p_4
\end{bmatrix}
=
\begin{bmatrix}
9 \\ 117 \\ 28 \\ 51
\end{bmatrix}
$$

dessen Lösungsvektor sich zu $p = [1 \quad 3 \quad 2 \quad 6]^T$ errechnet.

Lösung zu 98: Grafische Lösung linearer Programme

a) Die Zielfunktion $Z(x_1,x_2) = 200x_1 + 100x_2$ entspricht für einen festen Funktionswert c der Geraden

$$200x_1 + 100x_2 = c \Rightarrow x_2 = \frac{c - 200x_1}{100} = \frac{c}{100} - 2x_1.$$

die Steigung der Geraden beträgt - 2. Berücksichtigung aller vier Nebenbedingungen führt auf:

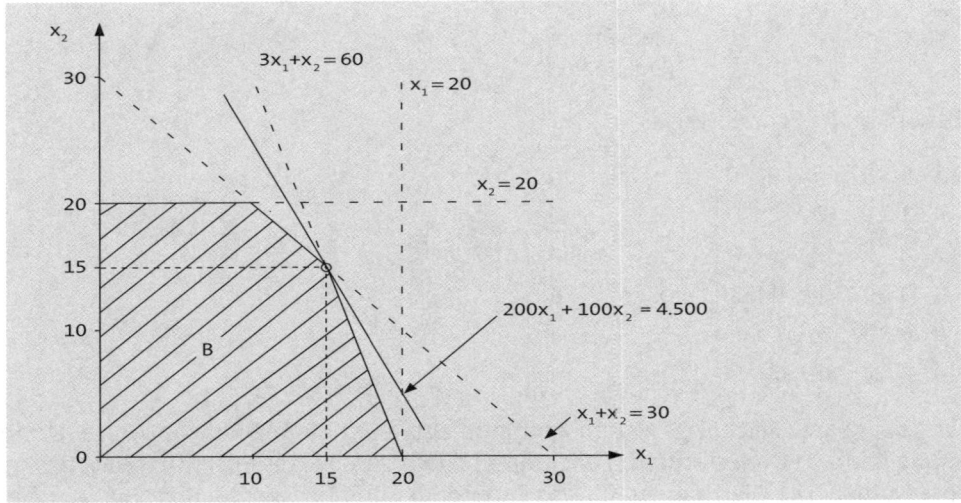

Der Maximalwert der Funktion Z wird für $x_1 = x_2 = 15$ erzielt: $Z(15,15) = 4.500$ €.

b) Wird auf die Nebenbedingung NB4 verzichtet, verändert sich der zulässige Bereich B. Nun wird Z für $x_1 = 20$ und $x_2 = 10$ maximiert: $Z(20,10) = 5.000$ €.

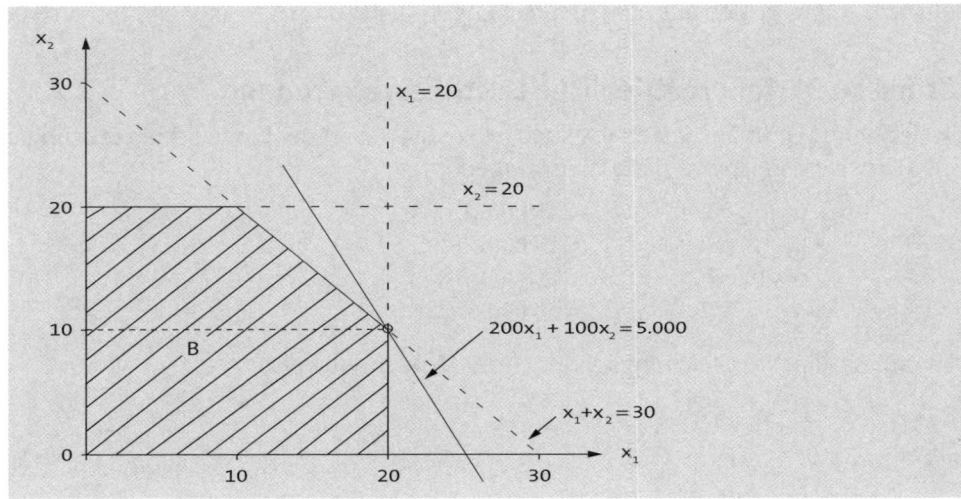

Lösung zu 99: Simplexverfahren

Die Zielfunktion $Z(x_1,x_2) = U(x_1,x_2)$ führt zusammen mit den Nebenbedingungen auf das Simplextableau (Pivotspalte ist hervorgehoben):

	x_1	x_2	y_1	y_2	y_3	Z	b
y_1	0	1	1	0	0	0	10
y_2	1	1	0	1	0	0	14
y_3	10	1	0	0	1	0	40
Z	-6	-2	0	0	0	1	0

Die zur Bestimmung der Pivotzeile nötigen Divisionen ergeben:

1. Zeile: 10 : 0 = nicht durchführbar
2. Zeile: 14 : 1 = 14
3. Zeile: 40 : 10 = 4 (Pivotzeile)

	x_1	x_2	y_1	y_2	y_3	Z	b
y_1	0	1	1	0	0	0	10
y_2	1	1	0	1	0	0	14
y_3	10	1	0	0	1	0	40
Z	-6	-2	0	0	0	1	0

Nun wird der Pivotschritt durchgeführt. Da das Pivotelement 10 ist, wird die Pivotzeile dabei durch 10 dividiert.

	x_1	x_2	y_1	y_2	y_3	Z	b
y_1	0	1	1	0	0	0	10
y_2	0	0,9	0	1	-0,1	0	10
x_1	1	0,1	0	0	0,1	0	4
Z	0	-1,4	0	0	0,6	1	24

Die Zwischenlösung ist damit $x_1 = 4$, $x_2 = 0$ und $Z(4,0) = 24$.

Der zweite Pivotschritt liefert (Pivotelement ist nun der Eintrag 1 in der x_2-Spalte):

	x_1	x_2	y_1	y_2	y_3	Z	b
x_2	0	1	0	0	0	0	10
y_2	0	0	-0,9	1	-0,1	0	1
x_1	1	0	-0,1	0	0,1	0	3
Z	0	0	1,4	0	0,6	1	38

Nun sind alle Einträge der Zielfunktionszeile positiv, die Lösung ist also gefunden: $x_1 = 3$, $x_2 = 10$ und $Z(3,10) = 38$. Beachte, dass wegen $x_1 + x_2 = 13 < 14$ die Nebenbedingung $x_1 + x_2 \leq 14$ nicht voll ausgeschöpft wird.

Lösung zu 100: Simplexverfahren

a) Die Zielfunktion lautet $Z(x_1,x_2) = 10.000x_1 + 20.000x_2$. Für dieses Zahlenbeispiel ergibt sich für $x_1 = x_2 = 0$ das Simplextableau (Pivotspalte ist hervorgehoben):

	x_1	x_2	y_1	y_2	y_3	Z	b
y_1	1	0	1	0	0	0	10
y_2	0	1	0	1	0	0	15
y_3	1	1	0	0	1	0	20
Z	-10.000	-20.000	0	0	0	1	0

Die zur Bestimmung der Pivotzeile nötigen Divisionen ergeben:

1. Zeile: $10 : 0 = $ nicht durchführbar
2. Zeile: $15 : 1 = 15$ (Pivotzeile)
3. Zeile: $20 : 1 = 20$

	x_1	x_2	y_1	y_2	y_3	Z	b
y_1	1	0	1	0	0	0	10
y_2	0	1	0	1	0	0	15
y_3	1	1	0	0	1	0	20
Z	-10.000	-20.000	0	0	0	1	0

Die Durchführung des Pivotschrittes liefert:

	x_1	x_2	y_1	y_2	y_3	Z	b
y_1	1	0	1	0	0	0	10
x_2	0	1	0	1	0	0	15
y_3	1	0	0	-1	1	0	5
Z	-10.000	0	0	20.000	0	1	**300.000**

Damit ergibt sich als Zwischenlösung $x_1 = 0$, $x_2 = 15$ und $Z(0,15) = 300.000$.

Die neue Pivotspalte ist nun die x_1-Spalte, Pivotzeile ist die y_3-Zeile

	x_1	x_2	y_1	y_2	y_3	Z	b
y_1	1	0	1	0	0	0	10
x_2	0	1	0	1	0	0	15
y_3	1	0	0	-1	1	0	5
Z	-10.000	0	0	20.000	0	1	**300.000**

Der zweite Pivotschritt liefert:

	x_1	x_2	y_1	y_2	y_3	Z	b
y_1	0	0	1	1	-1	0	5
x_2	0	1	0	1	0	0	15
x_1	1	0	0	-1	1	0	5
Z	0	0	0	10.000	10.000	1	**350.000**

Da nun alle Einträge der Zielfunktionszeile positiv sind, ist die Lösung gefunden:

$x_1 = 5$, $x_2 = 15$ und $Z(5,15) = 350.000$.

b) Wird die Nebenbedingung $x_1 + x_2 \leq 20$ durch die Nebenbedingung $2x_1 + x_2 \leq 25$ ersetzt, ergibt sich für $x_1 = x_2 = 0$ das Simplextableau (Pivotspalte und -zeile hervorgehoben):

	x_1	x_2	y_1	y_2	y_3	Z	b
y_1	1	0	1	0	0	0	10
y_2	0	1	0	1	0	0	15
y_3	2	1	0	0	1	0	25
Z	-10.000	-20.000	0	0	0	1	0

Der erste Pivotschritt liefert:

	x_1	x_2	y_1	y_2	y_3	Z	b
y_1	1	0	1	0	0	0	10
x_2	0	1	0	1	0	0	15
y_3	2	0	0	-1	1	0	10
Z	-10.000	0	0	20.000	0	1	**300.000**

Zwischenlösung ist damit $x_1 = 0$, $x_2 = 15$ und $Z(0,15) = 300.000$.

Der zweite Pivotschritt liefert (neues Pivotelement ist 2, die Pivotzeile wird daher durch 2 dividiert):

	x_1	x_2	y_1	y_2	y_3	Z	b
y_1	0	0	1	0,5	-0,5	0	5
x_2	0	1	0	1	0	0	15
x_1	1	0	0	-0,5	0,5	0	5
Z	0	0	0	15.000	5.000	1	**350.000**

Es ergibt sich also trotz Veränderung einer Nebenbedingung die gleiche Lösung wie in Teilaufgabe a): $x_1 = 5$, $x_2 = 15$ und $Z(5,15) = 350.000$.

Das MiniLex enthält die wichtigsten Begriffe, die in diesem Buch behandelt werden. Weitere Begriffe finden sich in: *Olfert/Rahn/Zschenderlein*, Lexikon der Betriebswirtschaftslehre, Kiehl

Ableiten
siehe **Differenzieren**

Ableitung
Zahlenwert des Differenzialquotienten einer **Funktion f** in einem Punkt x_0, soweit dieser Grenzwert existiert. Die Ableitung $f'(x_0)$ in x_0 beschreibt die Steigung der Tangenten an den Grafen von f in x_0 und ist damit ein Maß für die Steigung der Funktion f in x_0.

Ableitungsfunktion
Gesamtheit aller Ableitungswerte einer **Funktion f**, die damit ihrerseits eine Funktion der Variablen x bilden. Ist eine Funktion f in einem Punkt x_0 ihres Definitionsbereichs nicht differenzierbar (d. h., der Differenzialquotient $f'(x_0)$ existiert in x_0 nicht), ist die Ableitungsfunktion in x_0 nicht definiert.

Absatzfunktion
Funktion, die die Absatzmenge x und den Preis p eines Gutes zueinander in Relation setzt. Dabei wird entweder die Absatzmenge x als Funktion x(p) oder der Preis p als Funktion p(x) dargestellt (**Umkehrfunktion** zu x(p)). Mit steigendem Preis nimmt die abgesetzte Menge bei Absatzfunktionen i. A. ab.

Abzinsen, Diskontieren
Berechnung des **Anfangskapitals** K_0 (= **Barwert**) aus einem gegebenen **Endkapital**. Dabei werden die zwischen dem Zeitpunkt 0 und dem Endzeitpunkt angefallenen **Zinsen** wieder aus dem Endkapital herausgerechnet (es wird abgezinst bzw. diskontiert).

Angebotsfunktion
Funktion, die die Angebotsmenge x_A und den Angebotspreis p_A eines Gutes zueinander in Relation setzt. Dabei wird entweder die Angebotsmenge x_A als Funktion $x_A(p_A)$ oder der Angebotspreis p_A als Funktion $p_A(x_A)$ (**Umkehrfunktion** zu $x_A(p_A)$) dargestellt. Mit steigendem Angebotspreis nimmt die angebotene Menge bei Angebotsfunktionen i. A. zu. Am Schnittpunkt von Angebots- und Nachfragefunktion befindet sich das **Marktgleichgewicht**.

Annuität
Im Rahmen der **Tilgung** einer Schuld fällige Jahreszahlung A_j, die sich aus einem Zinsanteil Z_j (Zinsen auf die Restschuld) und einem Tilgungsanteil T_j (reduziert die Restschuld) zusammensetzt:

$$A_j = Z_j + T_j.$$

Annuitätentilgung
Tilgungsform, bei der die Annuitätenhöhe mit der Zeit konstant bleibt:

$$A_1 = A_2 = \ldots = A_n.$$

Da sich die Restschuld mit fortschreitender Tilgungsdauer immer weiter verringert, nimmt der Zinsanteil Z_j mit der Zeit ab, der Tilgungsanteil T_j bei der Annuitätentilgung entsprechend zu.

Äquivalenzprinzip
Grundsatz der Finanzmathematik, wonach zwei Zahlungen oder Zahlungsströme genau dann den gleichen Wert besitzen (= äquivalent sind), wenn sie den gleichen **Barwert** haben.

Äquivalenzumformung

Umformung einer Gleichung mit einer oder mehreren Unbekannten, bei der sich die Lösungsmenge der Gleichung nicht verändert. Mithilfe von Äquivalenzumformungen können Gleichungen mit unbekannter Lösungsmenge solange in äquivalente Gleichungen umgeformt werden, bis die Lösungsmenge direkt abgelesen werden kann.

Asymptote

Gerade, gegen die die Funktionswerte einer Funktion $f(x)$ für x gegen x_0 bzw. für x gegen $+\infty$ oder $-\infty$ konvergieren. An **Polstellen** liegen senkrechte Asymptoten $x = a$ vor, waagerechte und schiefe Asymptoten finden sich (wenn überhaupt) für große $|x|$-Werte. Liegt eine Asymptote vor, kann das Verhalten der Funktion für die entsprechenden x-Werte näherungsweise durch diese Asymptote beschrieben werden.

Aufzinsen

Berechnung des **Endkapitals** aus einem gegebenen **Anfangskapital** K_0. Dabei werden die zwischen dem Zeitpunkt 0 und dem Endzeitpunkt angefallenen **Zinsen** zu K_0 hinzugerechnet (es wird aufgezinst).

Barwert

Zeitwert einer Zahlung zum Zeitpunkt 0, die zu einem beliebigen Zeitpunkt in Vergangenheit, Gegenwart oder Zukunft erfolgt. Erfolgte die Zahlung in der Vergangenheit, müssen die bis zum Zeitpunkt 0 angesammelten Zinsen hinzugerechnet werden (**Aufzinsen**), wird die Zahlung in der Zukunft erfolgen, müssen bis dahin anfallende Zinsen aus der Zahlung herausgerechnet werden (**Abzinsen** bzw. **Diskontieren**). Der Barwert eines Zahlungsstromes ist gleich der Summe der Barwerte der Einzelzahlungen.

Beschränktheit von Funktionen

Eine Funktion ist innerhalb ihres Definitionsbereichs nach oben bzw. nach unten beschränkt, wenn für alle x-Werte aus dem Definitionsbereich $f(x) \leq c_o$ bzw. $c_u \leq f(x)$ gilt. Beschränktheit bedeutet, dass f nicht beliebig große bzw. beliebig kleine Funktionswerte annehmen kann. Die Funktion f kann sowohl nach oben als auch nach unten beschränkt sein, dann gilt $c_u \leq f(x) \leq c_o$.

Definitionsbereich

Zahlenmenge, für die ein Term, eine Gleichung oder eine Funktion im mathematischen Sinne definierbar ist (Bezeichnungen entsprechend D_T, D_G und D_f). Für nicht im Definitionsbereich liegende Zahlenwerte entstehen meist mathematische Ausdrücke, bei denen zum Beispiel durch Null dividiert oder eine Quadratwurzel aus einer negativen Zahl gezogen werden soll.

Differenzenquotient

Quotient der Differenz $f(x_0 + \Delta x) - f(x_0)$ zweier Funktionswerte einer Funktion f und der Differenz Δx der entsprechenden x-Werte. Der Differenzenquotient ist ein Näherungsmaß für die Steigung der Funktion zwischen x_0 und $x_0 + \Delta x$ und kann nur für kleine Δx sinnvoll berechnet werden. Im Grenzwert für Δx gegen Null geht der Differenzenquotient in den **Differenzialquotienten** über, der die Steigung im Punkt x_0 angibt.

Differenziale

Das Differenzial Δf einer Funktion f in einem Punkt x_0 gibt näherungsweise an, wie stark sich f in der Nähe von x_0 bei einer kleinen Änderung Δx von x_0 ändert. Für eine Funktion f einer unabhängigen Variablen x ist $\Delta f \approx f'(x_0) \cdot \Delta x$ (sprich: Absolutänderung von f in der Nähe von x_0 ist ungefähr gleich der Ableitung in x_0 mal der Absolutänderung von x_0) . Differenziale können vor allem dann sinnvoll eingesetzt werden, wenn der Punkt x_0 für die Berechnung der rechten Seite der Abschätzung keine Rolle spielt, wie etwa bei Cobb-Douglas Produktionsfunktionen.

Differenzialquotient
Grenzwert des **Differenzenquotienten** für beliebig kleine Δx-Werte. Dabei wird die Differenz zweier Funktionswerte durch die Differenz Δx der entsprechenden x-Werte dividiert und dieser Quotient für Δx gegen Null ausgewertet. Anschaulich gesprochen entspricht der Differenzialquotient der Steigung der Tangenten an f in x_0.

Differenzieren
Bilden des **Differenzialquotienten** einer Funktion in einem Punkt x_0 (auch Ableiten genannt). Hierzu wird der Grenzwert des **Differenzenquotienten** für beliebig kleine Δx gebildet. Existiert dieser Grenzwert, ist er die **Ableitung** von f in x_0, anderenfalls ist f in x_0 nicht differenzierbar.

Diskontieren
siehe **Abzinsen**

Durchschnittsfunktion
Quotient einer Funktion f und ihrer unabhängigen Variablen x: $f(x)/x$. Durchschnittsfunktionen sind in der Betriebswirtschaft von großer Bedeutung, da sie eine Messung des relativen Erfolges gestatten (erzielter Erfolg pro eingesetzte Mittel). Beispiele sind Stückkostenfunktionen (Gesamtkosten pro Ausbringungsmenge) oder Durchschnittserträge (Ausbringungsmenge pro eingesetzte Mittel bzw. Output pro Input).

Effektivzinssatz
Gesamtjahreszinssatz, der bei unterjährlicher Verzinsung mit m Zinsperioden pro Jahr auf das ganze Jahr gesehen erzielt wird. Der Effektivzinssatz i_e ist we-

gen auftretender **Zinseszinseffekte** bei unterjährlicher Verzinsung größer als der Nominalzinssatz i_m.

Elastizität
Modifizierter **Differenzialquotient**, bei dem nicht die absoluten, sondern die relativen Änderungen von f und x zueinander in Relation gesetzt werden. Die Elastizität $\varepsilon_{f,x}(x_0)$ gibt an, wie stark sich die Funktionswerte von f in einem Punkt x_0 relativ gesehen bei einer kleinen relativen Änderung der Variablenwerte ändern. Ein Elastizitätswert nahe ± 1 (f ist proportional elastisch) zeigt an, dass die relativen Änderungen in f in etwa genauso groß sind wie die relativen Änderungen in x. Elastizitätswerte nahe Null bedeuten, dass f auf Änderungen in x fast nicht reagiert (f ist unelastisch). Hat die Elastizität einen Betrag deutlich größer als eins, reagiert f sehr heftig auf kleine relative Änderungen in x (f ist elastisch).

Erlös- bzw. Umsatzfunktion
Funktion, die den Umsatz bzw. Erlös E eines Unternehmens entweder in Abhängigkeit vom Preis p oder von der abgesetzten Menge x ausdrückt. Grundlage ist eine **Absatzfunktion** $x(p)$ bzw. $p(x)$, mit deren Hilfe sich E in der Form $E(p) = p \cdot x(p)$ bzw. $E(x) = x \cdot p(x)$ schreiben lässt. Da für Absatzfunktionen häufig lineare Modellfunktionen verwendet werden, sind die entsprechenden Erlösbzw. Umsatzfunktionen Polynome zweiten Grades (quadratische Funktionen).

Erster Hauptsatz der Differenzial- und Integralrechnung
Die Flächeninhaltsfunktion A(x), die den Flächeninhalt zwischen dem Grafen einer Funktion f und der x-Achse misst, ist eine **Stammfunktion** von f, d. h. $A'(x) = f(x)$. Der erste Hauptsatz der Differenzial- und Integralrechnung schlägt damit eine Verbindung zwischen dem **bestimmten**

Integral und dem **unbestimmten Integral** (Begriff der Stammfunktion einer Funktion) und ermöglicht die Berechnung auch komplizierter Flächen in einem kartesischen Koordinatensystem, soweit diese Fläche durch eine analytisch darstellbare Funktion f(x) begrenzt wird.

Eulersche Homogenitätsrelation

Mathematische Beziehung bei **homogenen Funktionen** f(x, y, ...), wonach die Summe der partiellen Elastizitäten dieser Funktionen gleich dem Homogenitätsgrad r ist: $\varepsilon_{f,x} + \varepsilon_{f,y} + ... = r$.

Extremwerte

In einer beidseitigen Umgebung um einen Extremwert einer Funktion f gilt entweder $f(x_0) > f(x)$ (relatives **Maximum**) oder $f(x_0) < f(x)$ (relatives **Minimum**). Die Extremwerte müssen dabei nur in der beidseitigen Umgebung von x_0 größer oder kleiner als alle anderen Funktionswerte sein, weshalb der Extremwert nur ein relativer (lokaler), nicht aber ein globaler Extremwert von f ist. Ist f differenzierbar ist x_0, muss bei Vorliegen eines Extremwertes $f'(x_0) = 0$ gelten (notwendiges Kriterium; x_0 ist eine stationäre Stelle). Ist zusätzlich $f''(x_0) < 0$ bzw. $f''(x_0) > 0$, liegt ein relatives Maximum bzw. Minimum von f in x_0 vor (hinreichendes Kriterium).

Extremwerte mit Nebenbedingungen

Sonderform der **Extremwerte** bei Funktionen mehrerer Variabler, bei denen die Extremwerte nicht über alle möglichen Wertekombination (x, y, ...), sondern nur über eine eingeschränkte Untermenge des Definitionsbereichs von f gesucht werden (Ursachen: Budgetrestriktionen, produktionsbedingte Einschränkungen, etc.). Die Nebenbedingungen werden dabei durch Funktionen der Variablen ausgedrückt:

$g_1(x, y, ...) = 0, g_2(x, y, ...) = 0$ etc.

Als Lösungsstrategien bieten sich die **Substitutionsmethode** oder die Verwendung von **Lagrange-Funktionen** an.

Funktion einer unabhängigen Variablen

Abbildung bzw. Zuordnungsvorschrift, die jedem Element x einer Ausgangsmenge (dem Definitionsbereich D_f) genau ein Element y = f(x) einer Zielmenge zuordnet. Die Variable x wird dabei als unabhängige Variable, y = f(x) als abhängige Variable bezeichnet. In den Wirtschaftswissenschaften ermöglichen Funktionen eine übersichtliche Darstellung von Zusammenhängen ökonomischer Größen wie Ausbringungsmenge, Preis, Kosten etc.

Funktion mehrerer unabhängiger Variablen

Abbildung bzw. Zuordnungsvorschrift, die jeder Wertekombination (x, y...) einer Ausgangsmenge (dem Definitionsbereich D_f) genau ein Element f(x, y...) einer Zielmenge zuordnet. Im Unterschied zu Funktionen einer unabhängigen Variablen f(x) hängt der Funktionswert von mehreren voneinander unabhängigen Variablen x, y... ab.

Gaußsches Eliminationsverfahren

Verfahren zur Lösung linearer Gleichungssysteme A • x = b. Dabei werden die einzelnen linearen Gleichungen mit Hilfe von **Äquivalenzumformungen** solange in äquivalente Gleichungen mit gleicher Lösungsmenge umgeformt, bis der Lösungsvektor x aus dem linearen Gleichungssystem abgelesen werden kann. Bei teilweiser Elimination wird die Matrix A in eine obere Dreiecksmatrix überführt, bei vollständiger Elimination in eine Diagonalmatrix.

Gleichung

Aussageform, die zwei Terme T_1 und T_2 einander gleich setzt: $T_1 = T_2$. Hängen die Terme dabei von einer oder mehreren unbekannten Variablen ab, wird die Gleichung i. A. nicht für alle Variablenwerte zu einer wahren Aussage. Nur für Werte aus der Lösungsmenge wird die Gleichung dann erfüllt.

Grenzfunktion

Ableitungsfunktion einer ökonomischen Funktion. Die Ableitungsfunktion einer Kostenfunktion ist die Grenzkostenfunktion, der Grenzerlös bzw. Grenzumsatz ist entsprechend die Ableitungsfunktion einer Erlös- bzw. Umsatzfunktion. Bei einigen Funktionen wird die Ableitungsfunktion durch den Begriff **marginal** kenntlich gemacht, wie etwa bei der Konsumfunktion C(Y), deren Ableitungsfunktion C'(Y) marginale Konsumquote genannt wird.

Grenzwert einer Funktion

Streben bei Annäherung an einen Punkt x_0 aus dem Definitionsbereich D_f einer Funktion f die Funktionswerte gegen einen Zahlenwert g, heißt dieser Zahlenwert der Grenzwert von f für x gegen x_0 („f konvergiert in x_0 gegen g" bzw. „der Limes von f für x gegen x_0 ist g"). Ein Grenzwert in x_0 muss nicht existieren, in solchen Fällen divergiert f in x_0.

Hebbare Lücke

Form der Unstetigkeit einer Funktion f in einem Punkt a, bei der die Grenzwerte bei Annäherung an a von rechts und links existieren und übereinstimmen, f selbst in a aber nicht definiert ist. Die damit im Definitionsbereich D_f von f auftretende Lücke kann durch Definition einer neuen Funktion überbrückt werden, die mit f in allen Punkten außer a übereinstimmt und in a den Grenzwert von f als Funktionswert hat.

Homogenität von Funktionen

Eine Funktion f(x, y, ...) heißt homogen, wenn sie für alle reellen Zahlen $\lambda > 0$ die Relation $f(\lambda x, \lambda y, ...) = \lambda^r \cdot f(x, y, ...)$ erfüllt. Der Exponent r ist dabei der **Homogenitätsgrad** von f (f ist homogen vom Grad r). Mithilfe des Homogenitätsbegriffs können ökonomische Funktionen auf ihr Änderungsverhalten bei einer parallelen Änderungen aller Variabler (werden jeweils durch ihr λ-Faches ersetzt) untersucht werden.

Indifferenzkurve

Kurve aller Wertekombinationen (x, y) der unabhängigen Variablen einer **Nutzenfunktion** U(x, y), für die U einen festen Wert c annimmt. Die Gleichung U(x, y) = c wird dafür nach einer der beiden Variablen (z. B. y) aufgelöst, womit diese Variable zu einer Funktion der anderen Variablen wird: y = y(x). Der Graf von y ist die gesuchte Indifferenzkurve. Für alle Punkte auf dieser Kurve ist U(x, y) = c (vgl. auch **Isokostenkurve** und **Isoquante**).

Integral, bestimmtes

Fläche zwischen dem Grafen einer Funktion f(x) und der x-Achse in einem Intervall [a,b]. Diese Fläche errechnet sich mit Hilfe einer Stammfunktion F von f zu F(b) - F(a) (**siehe zweiter Hauptsatz der Differenzial- und Integralrechnung**).

Integral, unbestimmtes

Menge aller **Stammfunktionen** zu einem Integranden f(x). Diese Stammfunktionen erfüllen die Bedingung F'(x) = f(x) und unterscheiden sich nur um eine additive Konstante c. Das heißt, ist F(x) eine beliebige Stammfunktion von f(x), dann ist auch F(x) + c eine solche Stammfunktion.

Isokostenkurve

Kurve aller Wertekombinationen (x, y) der unabhängigen Variablen einer **Kostenfunktion** K(x, y), für die K einen festen

Wert c annimmt. Die Gleichung $K(x, y) = c$ wird dafür nach einer der beiden Variablen (z. B. y) aufgelöst, womit diese Variable zu einer Funktion der anderen Variablen wird: $y = y(x)$. Der Graf von y ist die gesuchte Isokostenkurve. Für alle Punkte auf dieser Kurve ist $K(x,y) = c$ (vgl. auch **Indifferenzkurve** und **Isoquante**).

Isoquante

Kurve aller Wertekombinationen (r_1, r_2) der unabhängigen Variablen einer **Produktionsfunktion** $x(r_1, r_2)$, für die x einen festen Wert c annimmt. Die Gleichung $x(r_1, r_2) = c$ wird dafür nach einer der beiden Variablen (z. B. r_2) aufgelöst, womit diese Variable zu einer Funktion der anderen Variablen wird: $r_2 = r_2(r_1)$. Der Graf von r_2 ist die gesuchte Isoquante. Für alle Punkte auf dieser Kurve ist $x(r_1, r_2) = c$ (vgl. auch **Indifferenzkurve** und **Isokostenkurve**).

Kalkulationszinssatz

Sicher erzielbarer Zinssatz, der bei der Berechnung von **Barwerten** verwendet wird. In der Investitionsrechnung werden Kalkulationszinssätze für die Berechnung von **Kapitalwerten** benötigt. Meist beruhen Kalkulationszinssätze auf Schätzungen und orientieren sich an marktüblichen Referenzwerten und Leitzinsen.

Kapitalwert

Barwert aller Zahlungen, die im Rahmen einer **Investition** über mehrere Jahre verteilt anfallen. Zur Berechnung des Kapitalwerts werden alle künftigen Gewinne und Verluste mit einem Kalkulationszinssatz diskontiert und die Barwerte dann addiert. Ein Kapitalwert von Null zeigt an, dass die geplante Investition eine Rendite in Höhe des Kalkulationszinssatz erzielen würde, ein positiver Kapitalwert bedeutet eine Rendite oberhalb des Kalkulationszinssatzes.

Konforme Ersatzrentenrate

Bei unterjährlichen **Zeitrenten** auftretender Rentenendwert der unterjährlichen Raten am Ende des ersten Jahres. Die konforme Ersatzrentenrate gibt den Zeitwert der unterjährlichen Ratenzahlungen des ersten Jahres zum Jahresende an, mit dessen Hilfe der Endwert einer über mehrere Jahre laufenden Zeitrente mit unterjährlichen Ratenzahlungen ermittelt werden kann.

Konkav

Form des Krümmungsverhaltens einer Funktion f, bei dem die erste Ableitung f' eine streng monoton fallende Funktion von x ist. Da das Änderungsverhalten von f' durch die erste Ableitung von f' dargestellt wird $((f')' = f'')$, muss $f''(x) < 0$ sein. Anschaulich gesprochen bedeutet dies, dass f' immer kleinere Zahlenwerte annimmt, unabhängig davon, ob f' positiv oder negativ ist, die Funktion f selbst also steigt oder fällt. Ist zusätzlich $f'(x) > 0$ (f steigt streng monoton), wird das Wachstumsverhalten von f als **degressiv** bezeichnet (f steigt zwar, wird aber immer flacher).

Konsumentenrente

Maß für die Vorteilhaftigkeit, die die Nachfrager aus dem Preis p_0 im Marktgleichgewicht (x_0, p_0) ziehen, weil ihnen ein höherer Preis erspart geblieben ist. Geometrisch entspricht die Konsumentenrente der Fläche unterhalb des Grafen der Nachfragefunktion p_N über dem Intervall $[0, x_0]$ abzüglich des Rechtecks, das den tatsächlichen Umsatz $E(x_0) = x_0 \cdot p_N(x_0)$ beschreibt. Zur Berechnung der Konsumentenrente muss ein **bestimmtes Integral** der **Nachfragefunktion** ausgewertet werden.

Konvex

Form des Krümmungsverhaltens einer Funktion f, bei dem die erste Ableitung f' eine streng monoton steigende Funktion von x ist. Da das Änderungsverhalten von f' durch die erste Ableitung von f' dargestellt wird ((f')' = f''), muss f''(x) > 0 sein. Anschaulich gesprochen bedeutet dies, dass f' immer größere Zahlenwerte annimmt, unabhängig davon, ob f' positiv oder negativ ist, die Funktion f selbst also steigt oder fällt. Ist zusätzlich f'(x) > 0 (f steigt streng monoton), wird das Wachstumsverhalten von f als **progressiv** bezeichnet (f steigt und wird dabei immer steiler).

Kostenfunktion

Funktion, die die Kosten K eines Unternehmens während eines Zeitraums in Abhängigkeit von der produzierten bzw. abgesetzten Menge x ausdrückt. K lässt sich generell in einen x-unabhängigen Fixkostenanteil K_f und einen x-abhängigen variablen Kostenanteil K_v zerlegen: $K(x) = K_f + K_v(x)$.

Kriterium, hinreichendes

Hat ein Kriterium hinreichenden Charakter für das Vorliegen einer Funktionseigenschaft, liegt diese Eigenschaft bei Erfüllung des Kriteriums in jedem Falle vor. Die Umkehrung muss nicht gelten. Zum Beispiel ist $f'(x_0) = 0$ und $f''(x_0) \neq 0$ ein hinreichendes Kriterium für das Vorliegen eines Extremwertes einer differenzierbaren Funktion f in x_0. Hat f jedoch in x_0 einen Extremwert, muss dieses hinreichende Kriterium nicht erfüllt sein.

Kriterium, notwendiges

Hat ein Kriterium notwendigen Charakter für das Vorliegen einer Funktionseigenschaft, kann diese Eigenschaft nicht vorliegen, wenn das Kriterium nicht erfüllt ist. Die Umkehrung muss nicht gelten. Liegt die Eigenschaft jedoch vor, muss auch das Kriterium erfüllt sein. Zum Beispiel ist $f'(x_0) = 0$ ein notwendiges Kriterium für das Vorliegen eines Extremwertes von f in x_0, es muss dort aber kein Extremwert vorliegen. Die Umkehrung gilt jedoch: Ist f differenzierbar in x_0 und hat dort einen Extremwert, so gilt $f'(x_0) = 0$.

Krümmung

Die Krümmung einer Funktion f beschreibt die Änderung der Änderung von f und kann durch die erste Ableitung der ersten Ableitung (die zweite Ableitung von f selbst) ausgedrückt werden. Unabhängig davon, ob f selbst steigt oder fällt, kann über das Krümmungsverhalten Information darüber gewonnen werden, wie sich das Änderungsverhalten von f ändert. $f''(x) > 0$ bedeutet, dass die erste Ableitung streng monoton steigt (f ist **konvex**), $f''(x) < 0$ entsprechend, dass die erste Ableitung streng monoton fällt (f ist **konkav**).

Lagrange-Funktion

Hilfsfunktion, die im Rahmen einer **Extremwertaufgabe mit Nebenbedingungen** für Funktionen f(x, y, ...) mehrerer unabhängiger Variabler gebildet wird. Die Nebenbedingung g(x, y, ...) = 0 wird dabei mit Hilfe eines Lagrange-Parameters λ explizit in der Lagrangefunktion L berücksichtigt, die damit eine Funktion von λ und den Variablen x, y, ... wird: $L(x, y, ..., \lambda) = f(x, y, ...) + \lambda \cdot g(x, y, ...)$. Anstelle des Extremwertes mit Nebenbedingungen der Funktion f wird dann der Extremwert ohne Nebenbedingungen der zugehörigen Lagrange-Funktion L gesucht.

Limes

siehe **Grenzwert einer Funktion**

Lineares Gleichungssystem

System von m Gleichungen mit n Unbekannten $x_1, ..., x_n$, die linear in den einzelnen Gleichungen auftreten. Ein lineares Gleichungssystem lässt sich in der Form $A \cdot x = b$ schreiben, wobei A eine m×n-

Matrix, b ein Spaltenvektor der Dimension m und x ein Spaltenvektor der Dimension n ist.

Lineares Programm

Optimierungsaufgabe, bei der eine lineare Zielfunktion $Z(x_1, x_2, ..., x_n)$ mehrerer unabhängiger Variabler unter Berücksichtigung von linearen Nebenbedingungen NB und Nichtnegativitätsbedingungen NNB maximiert oder minimiert werden soll. Als Lösungsverfahren bieten sich grafische Methoden oder das Simplexverfahren an. Die Nebenbedingungen und Nichtnegativitätsbedingungen stellen zumeist kapazitäts- oder verfahrensbedingte Einschränkungen aller reellen Wertekombinationen $(x_1, x_2, ..., x_n)$ dar, das Maximum bzw. Minimum von Z wird folglich nur in einem eingeschränkten zulässigen Bereich B gesucht.

Logarithmus

Der Logarithmus $\log_a(b)$ einer Zahl b zu einer Basis a ist definiert als die Lösung x der Exponentialgleichung $a^x = b$, d. h. $x = \log_a(b)$. Dabei muss $a > 0$, $b > 0$ und $a \neq 1$ gelten. Der Logarithmus gibt an, mit welchem Exponenten x die Basis a potenziert werden muss, um die Zahl b zu erhalten. Das Logarithmieren ist daher die Umkehroperation zum Potenzieren, eine Logarithmusfunktion $\log_a(x)$ entsprechend die **Umkehrfunktion** zu einer Exponentialfunktion.

Logarithmus, dekadischer

Logarithmus zur Basis 10:

$x = \lg(b) = \log_{10}(b)$.

Der Logarithmus zur Basis 10 gibt an, mit welchem Exponenten x die Zahl 10 potenziert werden muss, um die Zahl b zu erhalten: $10^x = b$.

Logarithmus, natürlicher

Logarithmus zur Basis e: $\ln(b) = \log_e(b)$. Der Logarithmus zur Basis e gibt an, mit welchem Exponenten x die Zahl $e \approx 2,71...$ potenziert werden muss, um die Zahl b zu erhalten: $e^x = b$.

Lösungsmenge

Menge aller Variablenwerte, die eine Gleichung löst. Wird ein Element der Lösungsmenge L_G in eine Gleichung eingesetzt, entsteht eine wahre Aussage.

Marktgleichgewicht

Zustand in einem Markt, in dem die Angebots- und Nachfragemenge eines Gutes sowie der Angebots- und Nachfragepreis des Gutes übereinstimmen: $x_A = x_N$ bzw. $p_A = p_N$. Geometrisch ergibt sich das Marktgleichgewicht als Schnittpunkt der Angebots- und Nachfragefunktion des Gutes.

Matrix

Rechteckiges Zahlenschema aus m Zeilen und n Spalten. Matrizen erlauben eine übersichtliche Darstellung von zweidimensionalen Daten, etwa von Umsatzzahlen eines Unternehmens, die sowohl nach Geschäftsjahr (Dimension Zeit; jede Zeile entspricht einem Jahr) als auch Filialbetrieb (Dimension Ort; jede Spalte entspricht einem Filialbetrieb) sortiert werden sollen.

Matrix, inverse

Matrix A^{-1} zu einer quadratischen Matrix A mit $A^{-1} \cdot A = A \cdot A^{-1} = E$ (= Einheitsmatrix). Mithilfe der inversen Matrix kann ein quadratisches **lineares Gleichungssystem** $A \cdot x = b$ formal gelöst werden: $x = A^{-1} \cdot b$.

Monotonie

Eine Funktion zeigt monotones Verhalten in einem Intervall wenn sich das Vorzeichen ihrer Ableitungsfunktion in diesem Intervall nicht ändert, die Funktion also entweder nur steigt oder nur fällt. Für $f'(x) \geq 0$ steigt die Funktion monoton an, für $f'(x) \leq 0$ fällt die Funktion monoton. Gelten die gleichen Beziehungen mit > anstelle von $\geq$ bzw. < anstelle von $\leq$, liegt jeweils strenge Monotonie vor.

Nachfragefunktion

Funktion, die die Nachfragemenge x_N und den Nachfragepreis p_N eines Gutes zueinander in Relation setzt. Dabei wird entweder die Nachfragemenge x_N als Funktion $x_N(p_N)$ oder der Nachfragepreis p_N als Funktion $p_N(x_N)$ (= **Umkehrfunktion** zu $x_N(p_N)$) dargestellt. Mit steigendem Nachfragepreis nimmt die nachgefragte Menge bei Nachfragefunktionen i. A. ab. Am Schnittpunkt von Angebots- und Nachfragefunktion befindet sich das **Marktgleichgewicht**.

Newton-Verfahren

Verfahren zur näherungsweisen Bestimmung von Nullstellen einer Funktion f (Lösungen der Gleichung $f(x) = 0$), deren Nullstellen mit Hilfe von Äquivalenzumformungen nicht ermittelt werden können. Das Newton-Verfahren arbeitet iterativ, d. h. aus einem gegebenen Iterationswert x_{n-1} wird ein besserer Iterationswert x_n berechnet. Für hinreichend großes n liegen die Iterationswerte immer näher bei einer Nullstelle von f (meist genügen 3 - 5 Iterationsschritte beginnend mit einem Schätzwert x_0).

Nominalzinssatz

Zinssatz, der bei unterjährlicher Verzinsung mit m Zinsperioden pro Jahr auf das ganze Jahr bezogen angegeben wird. Aus dem Nominalzinssatz i_m errechnet sich der Periodenzinssatz $i_p = i_m/m$, mit dem das Kapital während der einzelnen unterjährlichen Zinsperioden verzinst wird. Der Nominalzinssatz ist wegen auftretender Zinseszinseffekte kleiner als der

über das ganze Jahr erzielbare Effektivzinssatz i_e.

Nullstelle

Variablenwert x_0, für den eine Funktion f den Funktionswert Null annimmt: $f(x0) = 0$. Die Lösung vieler Gleichungen führt auf Nullstellenprobleme, die entweder durch Äquivalenzumformungen oder numerische Näherungsverfahren (Newton-Verfahren) gelöst werden.

Partielle Ableitung

Ableitung einer Funktion f mehrerer Variabler nach einer dieser Variablen. Die partielle Ableitung gibt an, wie sich f in Richtung dieser Variablen ändert. Alle anderen Variablen werden beim partiellen Differenzieren festgehalten bzw. wie konstante Parameter behandelt.

Partielle Integration

Spezielle Integrationsregel für Integranden, die sich als Produkt zweier geeigneter Funktionen schreiben lassen. Grundlage der partiellen Integration ist die **Produktregel** für die Differenzierung von Produkten von Funktionen.

Periodenzinssatz

Derjenige Zinssatz i_p, der bei unterjährlicher Verzinsung mit Zinseszinsen und einem gegebenen **Nominalzinssatz** i_m pro Zinsperiode verwendet wird. Bei m unterjährlichen Zinsperioden gilt: $i_p = i_m/m$. Während eines Jahres wird ein zu verzinsendes Kapital m mal mit ip verzinst. Der erzielbare **Effektivzinssatz** i_e ist wegen des Zinseszinseffektes größer als i_m.

Pol bzw. Polstelle

Form der Unstetigkeit einer Funktion f in einem Punkt a, bei der die Funktionswerte in der Nähe von a gegen $+\infty$ oder $-\infty$ streben und f selbst in a nicht definiert ist. Pole treten vor allem in den Nullstellen der Nenner von gebrochen-rationalen

Funktionen auf. Hat f unmittelbar rechts und links von a das gleiche Vorzeichen, liegt ein Pol ohne Vorzeichenwechsel vor, ansonsten ein Pol mit Vorzeichenwechsel.

Polynom

Linearkombination von Potenzfunktionen x^i, bei der die einzelnen Potenzfunktionen mit reellen Zahlen a_i multipliziert und dann addiert werden:

$$a_n x^n + a_{n-1} x^{n-1} + \dots + a_2 x^2 + a_1 x + a_0.$$

Der höchste dabei auftretende Exponent bestimmt den Grad n des Polynoms, das als Funktion f(x) der unabhängigen Variablen x aufgefasst werden kann. In den Wirtschaftswissenschaften spielen vor allem Polynome 1., 2. und 3. Grades eine wichtige Rolle bei der Modellierung von Umsätzen, Kosten, etc.

Polynomdivision

Division zweier Polynome, Ergebnis ist allgemein eine gebrochen-rationale Funktion mit Polynomen im Zähler und Nenner oder ein Polynom entsprechend niedrigeren Grades. Die Polynomdivision kann bei der Nullstellensuche zur Reduktion des Polynomgrads verwendet werden, soweit eine Nullstelle des betrachteten Polynoms bekannt ist.

Potenz

Die n-te Potenz a^n einer reellen Basis a ist definiert als das Produkt $a \cdot a \cdot \dots \cdot a$ (n mal der Faktor a). Der Exponent n gibt an, wie oft a mit sich selbst multipliziert wird. Der Potenzbegriff kann mit Einschränkungen auf ganze, rationale und reelle Exponenten erweitert werden. Wird a durch eine reelle Variable x ersetzt, entsteht eine **Potenzfunktion** x^n (= Monom).

Produktionsfunktion

Funktion, die die produzierte Menge eines Unternehmens (Output) in Abhängigkeit von einem oder mehreren Inputfaktoren ausdrückt. Übliche Inputfaktoren sind dabei Rohstoffe, Arbeit und Kapital.

Produktregel

Ableitungsregel, mit der die Ableitung des Produkts zweier Funktionen u(x) und v(x) bestimmt werden kann:

$$(u(x) \cdot v(x))' = u'(x) \cdot v(x) + u(x) \cdot v'(x).$$

Produzentenrente

Maß für die Vorteilhaftigkeit, die die Anbieter aus dem Preis p_0 im Marktgleichgewicht (x_0, p_0) ziehen, weil ihnen ein niedrigerer Preis erspart geblieben ist. Geometrisch entspricht die Produzentenrente der Fläche des Rechtecks, das den Umsatz $E(x_0) = x_0 \cdot p_N(x_0)$ beschreibt, abzüglich der Fläche unterhalb des Grafen der Angebotsfunktion pA über dem Intervall $[0, x_0]$. Zur Berechnung der Produzentenrente muss ein bestimmtes Integral der **Angebotsfunktion** ausgewertet werden.

Quotientenregel

Ableitungsregel, mit der die Ableitung des Quotienten zweier Funktionen u(x) und v(x) bestimmt werden kann:

$$(u(x)/v(x))' = (u'(x) \cdot v(x) - u(x) \cdot v'(x))/u(x)^2.$$

Ratentilgung

Tilgungsform, bei der Höhe der jährlichen Tilgung mit der Zeit konstant bleibt: $T_1 = T_2 = \dots = T_n$. Da sich die Restschuld mit fortschreitender Tilgungsdauer immer weiter verringert, nimmt der Zinsanteil Z_j mit der Zeit ab, die Annuitätenhöhe A_j bei der Ratentilgung ebenfalls.

Regel von de l'Hôpital

Regel zur Berechnung von Grenzwerten von Funktionen der Bauart g(x)/h(x), bei denen bloßes Einsetzen des Zielwertes x_0 einen mathematisch nicht definierten Ausdruck wie 0/0 oder ∞/∞ ergibt. Anstelle des Ausdruckes g(x)/h(x) wird der Quotient der Ableitungen g'(x)/h'(x) betrachtet. Dabei werden Zähler und Nenner separat differenziert, die **Quotientenregel** darf nicht verwendet werden.

Rente

Gesamtheit mehrerer Ratenzahlungen, die in regelmäßigen Abständen hintereinander erfolgen. Zu Beginn der Ratenzahlungen muss ein Kapitalstock vorliegen (= **Rentenbarwert**), der in einem Wechsel aus Ratenzahlungen und Verzinsungen im Laufe der Zeit aufgebraucht wird (Ausnahme: ewige Rente).

Rente, ewige

Rentenform, bei der unendlich viele Ratenzahlungen erfolgen. Bei einer ewigen Rente halten sich die Ratenzahlungen und die anfallenden Zinsen gerade die Waage, sodass der zu Rentenbeginn vorliegende **Rentenbarwert** nicht aufgezehrt wird, sondern erhalten bleibt.

Rente, nachschüssige

Rentenform, bei der die Ratenzahlungen zum Ende einer Rentenperiode erfolgen. Der zum Zeitpunkt 0 vorliegende Rentenbarwert wird zunächst verzinst, bevor die erste Ratenzahlung erfolgt.

Rente, unterjährliche

Rentenform, bei der die Ratenzahlungen nicht jährlich, sondern in kürzeren Zeitabständen erfolgen. Üblich sind vierteljährliche oder monatliche Ratenzahlungen.

Rente, vorschüssige

Rentenform, bei der die Ratenzahlungen zu Beginn einer Rentenperiode erfolgen. Der zum Zeitpunkt 0 vorliegende Rentenbarwert wird zunächst um eine oder mehrere Raten reduziert, bevor die erste Verzinsung erfolgt.

Rentenbarwert

Barwert einer Rente, der sich als die Summe der Barwerte der einzelnen Ratenzahlungen errechnet. Alternativ kann der Rentenbarwert durch Abzinsen (Diskontieren) des Rentenendwerts gewonnen werden:

$$R_0 = R_n \cdot q^{-n} = R_n \cdot (1 + i)^{-n} = R_n \cdot v^n.$$

Rentenendwert

Zeitwert einer Zeitrente zum Zeitpunkt n unmittelbar nach Ende der Ratenzahlungen. Der Rentenendwert errechnet sich als Summe der Endwerte aller Ratenzahlungen oder durch Aufzinsen des Rentenbarwerts:

$$R_n = R_0 \cdot q^n = R_0 \cdot (1 + i)^n = R_0 \cdot v^{-n}.$$

Rentenperiode

Zeitintervall, in dem bei einer Rente die einzelnen Ratenzahlungen erfolgen. Die Rentenperiode muss nicht identisch der zugehörigen **Zinsperiode** sein. Übliche Rentenperioden sind ein Jahr, ein Quartal oder ein Monat.

Satz von Schwarz

Theorem der Differenzialrechnung von Funktionen mehrerer unabhängiger Variabler x, y, …, wonach die gemischten zweiten Ableitungen nach zwei Variablen identisch sind, solange diese zweiten Ableitungen stetig sind, also etwa für eine Funktion f(x,y,z):

$$f_{xy} = f_{yx}, \; f_{xz} = f_{zx}, \; f_{yz} = f_{zy}.$$

Praktisch gesprochen bedeutet der Satz von Schwarz, dass bei der Bildung gemischter Ableitungen die Ableitungsreihenfolge gleichgültig ist.

Schnittebenen
Methode zur grafischen Darstellung von Funktionen $f(x,y)$ zweier unabhängiger Variabler. Dazu wird für eine der beiden Variablen ein fester Zahlenwert c eingesetzt, die Funktion f somit zu einer Funktion nur noch einer Variablen:

$f(x,y) = f(x,c)$ bzw. $f(x,y) = f(c,y)$.

Die Funktion kann nun in einem zweidimensionalen kartesischen Koordinatensystem dargestellt werden (entweder als Funktion von x oder y, und das jeweils für einen festen Zahlenwert c der anderen Variablen).

Simplexverfahren
Verfahren zur Lösung linearer Optimierungsaufgaben, bei dem die Ecken und Kanten des zulässigen Bereichs B der Aufgabe systematisch solange durchlaufen werden, bis keine weitere Maximierung bzw. Minimierung der Zielfunktion Z mehr möglich ist. Das Simplexverfahren eignet sich für die Implementierung auf großen Rechneranlagen.

Skalarprodukt
Für **Vektoren** definierte Form der Multiplikation, Ergebnis ist eine reelle Zahl (Skalar). Sind a und b Spaltenvektoren der Dimension n mit Einträgen a_i bzw. b_i ($1 \leq i \leq n$), ist $a^T \cdot b = a_1 b_1 + a_2 b_2 + ... + a_n b_n$.

Sprungstelle
Form der Unstetigkeit einer Funktion f in einem Punkt a, bei der die Funktionswerte in der Nähe von a gegen unterschiedliche Grenzwerte streben, f selbst in a aber definiert ist.

Stammfunktion
Funktion zu einem Integranden $f(x)$ mit $F'(x) = f(x)$. Der Integrand $f(x)$ ist die **Ableitungsfunktion** der Stammfunktion. Ist $F(x)$ eine beliebige Stammfunktion von $f(x)$, dann ist auch $F(x) + c$ eine solche Stammfunktion. Mithilfe von Stammfunktionen kann die Fläche zwischen dem Grafen einer Funktion und der x-Achse in einem Intervall [a,b] berechnet werden (siehe **bestimmtes Integral bzw. zweiter Hauptsatz der Differenzial- und Integralrechnung**).

Stationärer Punkt
Punkt x_0 im Definitionsbereich einer Funktion $f(x)$ mit $f'(x_0) = 0$. In einem stationären Punkt kann eine Funktion ein relatives Maximum oder Minimum aufweisen (stationärer Punkt bildet notwendige Bedingung).

Steigung
Geometrisch beschriebenes Änderungsverhalten einer Funktion f in einem Punkt x_0. Wird das Änderungsverhalten einer differenzierbaren Funktion f über die erste Ableitung ausgedrückt, gibt $f'(x_0)$ die Steigung der Tangenten an f in x_0 an. Die Steigung ist ein Maß dafür, ob f in x_0 steigt (Steigung positiv), fällt (Steigung negativ) oder sich nicht ändert (Steigung Null).

Stetigkeit
Eine Funktion $f(x)$ ist in einem Punkt a stetig, wenn die rechts- und linksseitigen Grenzwerte von f für x gegen a miteinander und mit dem Funktionswert $f(a)$ selbst übereinstimmen. Eine Funktion ist stetig, wenn sie in allen Punkten ihres Definitionsbereichs stetig ist. Anschaulich gesprochen können die Grafen stetiger Funktionen „ohne abzusetzen" in einem Strich durchgezeichnet werden.

Substitutionsmethode

Mögliche Lösungsstrategie bei **Extremwertproblemen** von Funktionen f zweier Variabler x und y mit einer Nebenbedingung $g(x,y) = 0$. Die Nebenbedingung wird dabei nach einer der Variablen (z. B. y) aufgelöst und das Ergebnis $y = y(x)$ in die zu maximierende oder minimierende Funktion $f(x,y)$ eingesetzt. Die durch die Nebenbedingung hergestellte Abhängigkeit der Variablen x und y wird somit ausgenutzt, um die Dimensionierung des Extremwertproblems zu reduzieren: $f(x,y) = f(x,y(x))$ = Funktion von x. Die Variable y ist folglich durch einen Term der Variablen x ersetzt („substituiert") worden.

Substitutionsregel

Integrationsregel, die bei Integranden der Form $f(g(x)) \cdot g'(x)$ angewendet wird. Dabei wird $g(x)$ durch eine neue Variable t ersetzt („substituiert"), der Integrand entsprechend durch $f(t)$. Das Integral erstreckt sich nun über das Intervall $[g(a),g(b)]$, eine Stammfunktion kann dann meist direkt angegeben werden.

Symmetrie von Funktionen

Bei der Symmetrie von Funktionen wird zwischen der Achsensymmetrie und der Punktsymmetrie unterschieden. Der Graf einer Funktion ist achsensymmetrisch zu einer senkrechten Geraden $x = a$, wenn $f(a + x) = f(a - x)$ für alle x aus dem Definitionsbereich D_f gilt. Speziell zur y-Achse ist f achsensymmetrisch ($a = 0$), wenn $f(x) = f(-x)$ gilt. Punktsymmetrie zum Ursprung $(0,0)$ liegt vor, wenn $f(-x) = -f(x)$.

Tilgung

Abbau einer Schuld mithilfe von Annuitätenzahlungen. Jede Annuität A_j besteht dabei aus einem Zinsanteil Z_j (zu zahlen auf die bestehende Restschuld) und einem Tilgungsanteil T_j, der die Restschuld reduziert: $A_j = Z_j + T_j$.

Umkehrfunktion

Wird eine Funktionsgleichung $y = f(x)$ nach ihrer Variablen x aufgelöst, entsteht eine äquivalente Gleichung $x = f^{-1}(y)$, die x als Funktion von y ausdrückt. Mithilfe dieser Umkehrfunktion f^{-1} können aus Funktionswerten die zugehörigen Variablenwerte zurück gewonnen werden. Eine hinreichende Bedingung für die Existenz einer Umkehrfunktion f^{-1} in einem Intervall ist die strenge Monotonie von f, d. h., es muss entweder $f''(x) > 0$ oder $f''(x) < 0$ in diesem Intervall gelten.

Umkehroperation

Mathematische Operation, die eine andere mathematische Operation rückgängig macht. Wird zu einem Term T beispielsweise eine reelle Zahl a addiert (T geht über in $T + a$), wird diese Operation durch das Subtrahieren von a wieder rückgängig gemacht: $T + a - a = T$. Folglich sind Addition und Subtraktion zueinander Umkehroperationen.

Ungleichung

Aussageform, die zwei Terme T_1 und T_2 miteinander vergleicht. Vier Formen von Ungleichungen sind möglich:

$$T_1 > T_2,\ T_1 \geq T_2,\ T_1 < T_2 \text{ und } T_1 \leq T_2.$$

Hängen die Terme dabei von einer oder mehreren unbekannten Variablen ab, wird die Ungleichung i. A. nicht für alle Variablenwerte zu einer wahren Aussage. Nur für Werte aus der Lösungsmenge wird die Ungleichung dann erfüllt.

Variable, abhängige

Variable Größe, die von einer oder mehreren anderen Variablen abhängt.

Variable, unabhängige

Variable Größe in einer Gleichung oder Input-Variable einer Funktion, die nicht von einer anderen Variablen abhängt.

Vektor

Spezialform der **Matrix** mit nur einer Zeile (Zeilenvektor; $1 \times n$-Matrix) oder nur einer Spalte (Spaltenvektor; $m \times 1$-Matrix). Vektoren können im Gegensatz zu allgemeinen Matrizen nur eindimensionale Daten darstellen, etwa die Umsatzzahlen eines Unternehmens nach dem Geschäftsjahr ordnen (Dimension Zeit; jeder Eintrag entspricht einem Jahr).

Verzinsung, einfache

Verzinsungsform, bei der angefallene Zinsen nicht dem Anfangskapital K_0 zugeschlagen werden und somit nicht an der weiteren Verzinsung teilnehmen. Wird auch **lineare Verzinsung** genannt, da das Anfangskapital **linear** anwächst.

Verzinsung, gemischte

Mischform aus Verzinsung mit Zinseszinsen und einfacher Verzinsung, bei der in angebrochenen Jahren zu Beginn und zum Ende der Verzinsung einfache Verzinsung verwendet wird. In den vollständigen Jahren dazwischen wird hingegen mit Zinseszins gerechnet.

Verzinsung mit Zinseszins

Verzinsungsform, bei der angefallene Zinsen dem Anfangskapital K_0 zugeschlagen werden und somit an der weiteren Verzinsung teilnehmen. Wird auch **zusammen gesetzte Verzinsung** genannt. Das Anfangskapital wächst **exponentiell**.

Verzinsung, unterjährliche

Verzinsungsform, bei der die Zinsen nicht jährlich, sondern unterjährlich (halbjährlich, quartalsweise oder monatlich) gut geschrieben werden.

Wachstum, degressives

Wachstumsverhalten einer streng monoton steigenden Funktion ($f'(x) > 0$), für die zusätzlich $f''(x) < 0$ gilt. Die Funktion f nimmt dabei zwar immer größere Zahlenwerte an, das Wachstum selbst verlangsamt sich mit steigendem x jedoch.

Wachstum, progressives

Wachstumsverhalten einer streng monoton steigenden Funktion ($f'(x) > 0$), für die zusätzlich $f''(x) > 0$ gilt. Die Funktion f nimmt dabei nicht nur immer größere Zahlenwerte an, das Wachstum selbst verstärkt sich auch noch mit steigendem x.

Wurzel

Die positive n-te Wurzel einer Zahl $a \geq 0$ ist die positive Lösung der **Potenzgleichung** $x^n = a$, wobei n eine natürliche Zahl ist. Die positive n-te Wurzel x einer Zahl a gibt folglich an, mit welcher Potenz n die Zahl x potenziert werden muss, um a zu erhalten. Bei geradem n hat die Potenzgleichung $x^n = a$ zwei reelle Lösungen (eine positive und eine negative), ansonsten nur eine.

Zeitrenten

Rentenform, bei der eine begrenzte Zahl an Ratenzahlungen erfolgt. Bei einer Zeitrente mit Rentenperiode = Zinsperiode sind die einzelnen Ratenzahlungen größer als die anfallenden Zinsen, sodass der zu Rentenbeginn vorliegende Rentenbarwert im Laufe der Zeit vollständig aufgezehrt wird.

Zeitwert

Wert einer Zahlung zu einem Zeitpunkt t. Ein spezieller Zeitwert ist der **Barwert**, der den Wert einer Zahlung zum Zeitpunkt 0 (meist die Gegenwart) angibt. Durch Berechnung von Zeitwerten zum gleichen Zeitpunkt t können zeitlich separierte Zahlungen miteinander verglichen werden. Voraussetzung ist ein Zinssatz, der während des gesamten Betrachtungszeitraums vorliegt.

Zinsen
Nutzungsentgelt, das bei einer Kapitalüberlassung fällig wird. Die Zinsen steigen mit der Dauer der Kapitalüberlassung.

Zinsperiode
Zeitintervall, in dem Zinsen fällig werden. Übliche Zinsperioden sind ein Jahr, ein Quartal oder ein Monat.

Zinssatz
Relativer Anteil i eines Kapitals, der während eines Zeitraums (ein Jahr, ein Monat etc.) als Zinsen fällig wird.

Zinssatz, konformer unterjährlicher
Unterjährlicher Zinssatz i_k, der einem vorgegebenen **Effektivzinssatz** i_e bei m unterjährlichen Zinsperioden entspricht: $i_k = (1 + i_e)^{1/m} - 1$. Wird ein Kapital unterjährlich m mal mit i_k verzinst, ergibt sich ein Effektivzinssatz i_e, d. h. auf das ganze Jahr gesehen wird ein Zinssatz i_e erzielt.

Zweiter Hauptsatz der Differenzial- und Integralrechnung
Der zweite Hauptsatz der Differenzial- und Integralrechnung besagt, dass die Fläche zwischen dem Grafen einer Funktion f(x) und der x-Achse in einem Intervall [a,b] gleich der Differenz zweier Stammfunktionswerte F(b) - F(a) ist. F ist dabei eine beliebige Stammfunktion von f, erfüllt also F' = f. Damit wird das Problem der Berechnung der Fläche zwischen dem Grafen einer Funktion f und der x-Achse in einem Intervall [a, b] auf die Auswertung einer Stammfunktion in den Begrenzungspunkten a und b des Intervalls reduziert.

A. Grundlagen

Bosch, K., Brückenkurs Mathematik, 12. Auflage, München/Wien 2005

Eichholz/Vilkner, Taschenbuch der Wirtschaftsmathematik, 3. Auflage, Leipzig 2002

Hoffmann, S., Mathematische Grundlagen für Betriebswirte, 6. Auflage, Herne/Berlin 2002

Nollau, V., Mathematik für Wirtschaftswissenschaftler, 4. Auflage, Stuttgart/Leipzig/Wiesbaden 2003

Ohse, D., Mathematik für Wirtschaftswissenschaftler, Bd. 1, Analysis, 6. Auflage, München 2004

Peters, H., Wirtschaftsmathematik, 4. Auflage, Stuttgart 2012

Preuß/Wenisch, Lehr- und Übungsbuch Mathematik, Bd. 1, Grundlagen – Funktionen – Trigonometrie, 2. Auflage, Leipzig 2003

Schwarze, J., Mathematik für Wirtschaftswissenschaftler, Elementare Grundlagen für Studienanfänger, 7. Auflage, Herne/Berlin 2003

Schwarze, J., Mathematik für Wirtschaftswissenschaftler, Bd. 1, Grundlagen, 12. Auflage, Herne/Berlin 2005

Tietze, J., Einführung in die angewandte Wirtschaftsmathematik, 16. Auflage, Braunschweig/Wiesbaden 2010

B. Finanzmathematik

Bosch, K., Mathematik für Wirtschaftswissenschaftler, 14. Auflage, München/Wien 2003

Eichholz/Vilkner, Taschenbuch der Wirtschaftsmathematik, 3. Auflage, Leipzig 2002

Grundmann/Luderer, Formelsammlung Finanzmathematik, Versicherungsmathematik, Wertpapiermathematik, 2. Auflage, Stuttgart/Leipzig/Wiesbaden 2003

Kobelt/Schulte, Finanzmathematik, 7. Auflage, Herne/Berlin 1999

Luderer, B., Starthilfe Finanzmathematik, Stuttgart/Leipzig/Wiesbaden 2002

Martin, T., Finanzmathematik, Leipzig 2003

Olfert, K., Kompakt-Training Investition, 6. Auflage, Herne 2012

Peters, H., Wirtschaftsmathematik, 4. Auflage, Stuttgart 2012

Preuß/Wenisch, Lehr- und Übungsbuch Mathematik, Bd. 1, Grundlagen – Funktionen – Trigonometrie, 2. Auflage, Leipzig 2003

Tietze, J., Einführung in die Finanzmathematik, 10. Auflage, Braunschweig/Wiesbaden 2009

C. Funktionen einer Variablen

Eichholz/Vilkner, Taschenbuch der Wirtschaftsmathematik, 3. Auflage, Leipzig 2002

Feess/Tibitanzl, Mikroökonomie, Repetitorium Dr. Manz, 3. Auflage, München 2004

Hoffmann, S., Mathematische Grundlagen für Betriebswirte, 6. Auflage, Herne/Berlin 2002

Nollau, V., Mathematik für Wirtschaftswissenschaftler, 4. Auflage, Stuttgart/Leipzig/Wiesbaden 2003

Ohse, D., Mathematik für Wirtschaftswissenschaftler, Bd. 1, Analysis, 6. Auflage, München 2004

Peters, H., Wirtschaftsmathematik, 4. Auflage, Stuttgart 2012

Tietze, J., Einführung in die angewandte Wirtschaftsmathematik, 16. Auflage, Braunschweig/ Wiesbaden 2010

D. Differenzialrechnung von Funktionen einer Variablen

Bosch, K., Mathematik für Wirtschaftswissenschaftler, 14. Auflage, München/Wien 2003

Eichholz/Vilkner, Taschenbuch der Wirtschaftsmathematik, 3. Auflage, Leipzig 2002

Feess/Tibitanzl, Mikroökonomie, Repetitorium Dr. Manz, 3. Auflage, München 2004

Heuser, H., Lehrbuch der Analysis Teil 1, 15. Auflage, Stuttgart/Leipzig/Wiesbaden 2003

Hoffmann, S., Mathematische Grundlagen für Betriebswirte, 6. Auflage, Herne/Berlin 2002

Holland/Holland, Mathematik im Betrieb, 7. Auflage, Wiesbaden 2004

Mohr/Plappert, Mathematik für Wirtschaftsinformatiker, Alfdorf 2004

Nollau, V., Mathematik für Wirtschaftswissenschaftler, 4. Auflage, Stuttgart/Leipzig/Wiesbaden 2003

Ohse, D., Mathematik für Wirtschaftswissenschaftler, Bd. 1, Analysis, 6. Auflage, München 2004

Peters, H., Wirtschaftsmathematik, 4. Auflage, Stuttgart 2012

Preuß/Wenisch, Lehr- und Übungsbuch Mathematik; Bd. 2, Analysis, 2. Auflage, Leipzig 2000

Schwarze, J., Mathematik für Wirtschaftswissenschaftler, Bd. 2, Differential- und Integralrechnung, 12. Auflage, Herne/Berlin 2005

Tietze, J., Einführung in die angewandte Wirtschaftsmathematik, 16. Auflage, Braunschweig/ Wiesbaden 2010

E. Integralrechnung von Funktionen einer Variablen

Bosch, K., Mathematik für Wirtschaftswissenschaftler, 14. Auflage, München/Wien 2003

Eichholz/Vilkner, Taschenbuch der Wirtschaftsmathematik, 3. Auflage, Leipzig 2002

Feess/Tibitanzl, Mikroökonomie, Repetitorium Dr. Manz, 3. Auflage, München 2004

Mohr/Plappert, Mathematik für Wirtschaftsinformatiker, Alfdorf 2004

Nollau, V., Mathematik für Wirtschaftswissenschaftler, 4. Auflage, Stuttgart/Leipzig/Wiesbaden 2003

Ohse, D., Mathematik für Wirtschaftswissenschaftler, Bd. 1, Analysis, 6. Auflage, München 2004

Schwarze, J., Mathematik für Wirtschaftswissenschaftler, Bd. 2, Differential- und Integralrechnung, 12. Auflage, Herne/Berlin 2005

Tietze, J., Einführung in die angewandte Wirtschaftsmathematik, 16. Auflage, Braunschweig/ Wiesbaden 2010

F. Funktionen mehrerer Variabler

Bosch, K., Mathematik für Wirtschaftswissenschaftler, 14. Auflage, München/Wien 2003

Eichholz/Vilkner, Taschenbuch der Wirtschaftsmathematik, 3. Auflage, Leipzig 2002

Feess/Tibitanzl, Mikroökonomie, Repetitorium Dr. Manz, 3. Auflage, München 2004

Heuser, H., Lehrbuch der Analysis, Teil 2, 12. Auflage, Stuttgart/Leipzig/Wiesbaden 2002

Mohr/Plappert, Mathematik für Wirtschaftsinformatiker, Alfdorf 2004

Nollau, V., Mathematik für Wirtschaftswissenschaftler, 4. Auflage, Stuttgart/Leipzig/Wiesbaden 2003

Ohse, D., Mathematik für Wirtschaftswissenschaftler, Bd. 1, Analysis, 6. Auflage, München 2004

Preuß/Wenisch, Lehr- und Übungsbuch Mathematik; Bd. 2, Analysis, 2. Auflage, Leipzig 2000

Schwarze, J., Mathematik für Wirtschaftswissenschaftler, Bd. 2, Differential- und Integralrechnung, 12. Auflage, Herne/Berlin 2005

Tietze, J., Einführung in die angewandte Wirtschaftsmathematik, 16. Auflage, Braunschweig/Wiesbaden 2010

G. Lineare Algebra

Anton, H., Lineare Algebra, Heidelberg/Berlin 2004

Bosch, K., Mathematik für Wirtschaftswissenschaftler, 14. Auflage, München/Wien 2003

Eichholz/Vilkner, Taschenbuch der Wirtschaftsmathematik, 3. Auflage, Leipzig 2002

Holland/Holland, Mathematik im Betrieb, 7. Auflage, Wiesbaden 2004

Mayer/Weber, Lineare Algebra für Wirtschaftswissenschaftler, Wiesbaden 2004

Mohr/Plappert, Mathematik für Wirtschaftsinformatiker, Alfdorf 2004

Nollau, V., Mathematik für Wirtschaftswissenschaftler, 4. Auflage, Stuttgart/Leipzig/Wiesbaden 2003

Ohse, D., Mathematik für Wirtschaftswissenschaftler, Bd. 2, Lineare Algebra, 4. Auflage, München 2005

Peters, H., Wirtschaftsmathematik, 4. Auflage, Stuttgart 2012

Preuß/Wenisch, Lehr- und Übungsbuch Mathematik, Bd. 3, Lineare Algebra – Stochastik, 2. Auflage, Leipzig 2001

Schwarze, J., Mathematik für Wirtschaftswissenschaftler, Bd. 3, Lineare Algebra, Lineare Optimierung und Graphentheorie, 12. Auflage, Herne/Berlin 2005

Tietze, J., Einführung in die angewandte Wirtschaftsmathematik, 16. Auflage, Braunschweig/Wiesbaden 2010

H. Lineare Optimierung

Bosch, K., Mathematik für Wirtschaftswissenschaftler, 14. Auflage, München/Wien 2003

Eichholz/Vilkner, Taschenbuch der Wirtschaftsmathematik, 3. Auflage, Leipzig 2002

Holland/Holland, Mathematik im Betrieb, 7. Auflage, Wiesbaden 2004

Mayer/Weber, Lineare Algebra für Wirtschaftswissenschaftler, Wiesbaden 2004

Nollau, V., Mathematik für Wirtschaftswissenschaftler, 4. Auflage, Stuttgart/Leipzig/Wiesbaden 2003

Peters, H., Wirtschaftsmathematik, 4. Auflage, Stuttgart 2012

Schwarze, J., Mathematik für Wirtschaftswissenschaftler, Bd. 3, Lineare Algebra, Lineare Optimierung und Graphentheorie, 12. Auflage, Herne/Berlin 2005

Tietze, J., Einführung in die angewandte Wirtschaftsmathematik, 16. Auflage, Braunschweig/Wiesbaden 2010

Der schnelle Einstieg in die Finanzierung

Die wichtigsten Grundlagen – kompakt und leicht verständlich dargestellt

Auf das Wesentliche konzentriert vermittelt dieses bewährte Lehrbuch Ihnen einen schnellen Einstieg in die relevanten Bereiche der Unternehmensfinanzierung. Anschaulich erläutert durch zahlreiche Beispiele und Abbildungen erfahren Sie alles über die Instrumente der Finanzierung und deren wichtigste Teilbereiche wie die Kredit-, Beteiligungs- oder Innenfinanzierung.

50 praxisbezogene Übungen inklusive Lösungen helfen Ihnen, das Gelernte zu vertiefen und zu festigen. Ein MiniLex(ikon) mit 150 bis 200 Stichworten ermöglicht einen schnellen Zugriff auf die wichtigsten Definitionen zum Thema. In seiner einzigartigen Kombination aus aktuellem Inhalt und lernunterstützender Darstellung eignet sich das Kompakt-Training Finanzierung für alle Bereiche der Ausbildung, zum Selbststudium und auch für die tägliche Praxis!

Kompakt-Training Finanzierung
Olfert
8., aktualisierte Auflage · 2014 · 271 Seiten · € 18,90
ISBN 978-3-470-49748-8

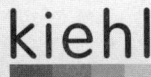

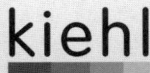